rororo

Zu diesem Buch

Die Chemie, schreibt der Autor, ist «die schöne Unbekannte unter den Wissenschaften». Gerade das Unbekannte aber ängstigt uns am meisten. Das Buch versucht, den Blick für den Reiz dieser faszinierenden Naturwissenschaft zu schärfen und sie so begreifbar zu machen. Dabei hilft eine Darstellung, die auf Vorkenntnisse weitgehend verzichtet. Illustrationen verdeutlichen komplexe Abläufe, und Formeln bleiben überschaubar und auf ein Minimum beschränkt. Zehn Ausflüge in die unterschiedlichen Bereiche der Anorganischen Chemie und eine Fülle nachvollziehbarer historischer und moderner Versuche unterstreichen das Hauptziel des Autors, «nicht Fachleute zu belehren, sondern verunsicherten Laien Chemie nahezubringen».

Der Autor

Dieter Neubauer, 1934 geboren, studierte Chemie in Heidelberg. Nach der Promotion arbeitete er bei der BASF/Ludwigshafen in den Bereichen Forschung und Produktion, bevor er das Werk der BASF Española in Tarragona/Spanien leitete. Von 1988 bis 1994 war er Geschäftsführer der Rheinischen Olefinwerke in Wesseling.

Dieter Neubauer

Demokrit läßt grüßen

Eine andere Einführung in die Anorganische Chemie

Rowohlt Taschenbuch Verlag

rororo science
Lektorat Angelika Mette

Originalausgabe
Veröffentlicht im Rowohlt Taschenbuch Verlag GmbH,
Reinbek bei Hamburg, Oktober 1999

Redaktion Gerald Bosch
Illustration Regina Otteni, Grafik Design
Umschlaggestaltung Barbara Hanke
Satz Sabon PostScript (PageOne)
Gesamtherstellung Clausen & Bosse, Leck
Printed in Germany
ISBN 3 499 60550 3

Inhalt

ZEHNTER AUSFLUG

Fluch oder Segen?

Die Chemie ist eine biblische Wissenschaft, denn sie ernährt die Hungrigen, kleidet die Nackten und heilt die Kranken. Dennoch ist es Mode geworden, vor der Chemie Angst zu haben. Die Chemische Industrie gilt vielen Zeitgenossen als *der* Umweltverschmutzer schlechthin. Dies kommt nicht ganz von ungefähr, denn lange waren es ihre Emissionen, die als gefährlich oder unheilbringend eingestuft wurden. Als die Unternehmen ihre Anlagen mit Wäschen, Katalysatoren und Filtern nachgerüstet hatten, verlagerten echte und vorgebliche Umweltschützer die Diskussion auf die Produkte selbst. Einige von ihnen sind schwer abbaubar, reichern sich in Nahrungsketten an, sind giftig, erregen Krebs oder verändern das Erbgut. Eine teuflische Wissenschaft? Oder nach wie vor ein Segen für die Menschheit?

Gerade das Unbekannte ängstigt uns am meisten. Und unbekannt ist die Chemie als Fach vielen, seitdem sie im Schulunterricht abgewählt werden kann oder nur noch nach ökologischen Gesichtspunkten unterrichtet wird. Als schwierig galt sie ohnehin schon immer. So wurde aus ihr die schöne Unbekannte unter den Wissenschaften.

Dieses Buch versucht, Chemie begreifbar zu machen, den Blick für den Reiz dieser faszinierenden Naturwissenschaft zu schärfen, die Angst zu mindern und Chancen und Risiken nüchtern gegeneinander abzuwägen. Vielleicht gelingt es.

Helfen will dabei eine Darstellung, die auf Vorkenntnisse weitgehend verzichtet. Wenige, einfach und sicher auszuführende Versuche sollen das Verständnis vertiefen und das Gedächtnis stützen. ‹Formeln› bleiben auf ein Minimum beschränkt, die Nomenklatur wird nur andeutungsweise erläutert. Der fachkundige Leser möge verzeihen, wenn manche Vergleiche zu schlicht, manche Erklärungen zu einfach oder gar zu platt erscheinen, wenn Plausibilitätsbetrachtungen statt Beweisen überwiegen, wenn historische Experimente modern erklärt werden. Hauptziel dieses Buches ist es nicht, Fachleute zu belehren, sondern verunsicherten Laien Chemie nahezubringen. Für alle Hinweise, wie das noch besser gelingen könnte, bin ich jederzeit dankbar.

Ein folgenreiches Gedankenexperiment

Stellen wir uns einmal einen Würfel vor, der aus einem leicht zerschneidbaren Material bestehen soll, und zerlegen ihn in Gedanken in acht Würfel der halben Kantenlänge. Von diesen acht zerteilen wir wieder einen in gleicher Weise und erhalten acht Würfel von einem Viertel der ursprünglichen Kantenlänge. Wir wählen davon einen aus und spalten ihn auf ein Achtel der Kantenlänge, dann auf ein Sechzehntel, auf ein Zweiunddreißigstel, auf ein Vierundsechzigstel, auf ein Hundertachtundzwanzigstel und so fort. Wir denken uns immer feinere Schneidewerkzeuge aus und erhalten immer winzigere Würfel.

Läßt sich dieser Vorgang beliebig oft wiederholen? Oder erhalten wir zu guter Letzt acht Würfel, die mit keinem noch so feinen Werkzeug weiter teilbar sind? Unteilbare Teilchen von winziger Größe?

Zu welcher Antwort neigen Sie?

Die Frage ist uralt. Schon vor fast zweieinhalbtausend Jahren hat sie sich der griechische Philosoph Leukipp gestellt und beantwortet: Der Teilungsvorgang läßt sich nicht unendlich oft wiederholen. Zuletzt stoßen wir auf unteilbare Teilchen. Er nannte sie *Atome* (was in seiner Muttersprache «unteilbar» bedeutet). Beweise hatte er keine, seine Behauptung war pure philosophische Spekulation.

Wenig ist von diesem erstaunlichen Mann bekannt. Es war wohl sein genialer Schüler Demokrit aus Abdera, einem in der Antike griechischen Städtchen im Westen der heutigen Türkei, der den Grundgedanken des Leukipp weiterentwickelte. Demokrit stellte sich vor, es gäbe nur wenige verschiedene Arten von Atomen. Sie sollten in rastlosem Wirbel beständig unterwegs sein, sich bald – gleichsam mit Häkchen – aneinanderketten oder sich wieder trennen und auf diese Weise Werden, Bestehen und Vergehen der Dinge bewirken. So wie mit den wenigen Buchstaben des Alphabets unendlich viele verschiedene Wörter gebildet werden können, sollten aus unserer Nahrung durch die stets sich erneuernden Verbindungen der Atome Muskeln, Fett, Sehnen, Adern, Zähne und Knochen des menschlichen Körpers entstehen und nach dem Tode auch wieder vergehen.

Damit löste Demokrit ein Problem, über das seine Vorgänger und Zeitgenossen vergeblich nachgedacht hatten, und vielleicht war es ihm bewußt, daß er mit seiner Atomlehre den Schlüssel zum Garten der Erkenntnis gefunden hatte. Aber er dachte noch weiter: Einzig die Atome sollten unvergänglich sein, zwischen ihnen sollte sich jedoch ein *Nichts* befinden, das Vakuum, die Leere. Auch das war für die Griechen revolutionär, denn sie konnten sich nicht vorstellen, daß es ein Nichts geben könnte. Und umgekehrt sollte es unmöglich sein, aus nichts Atome zu machen. *Aus nichts kommt nichts, und aus etwas kann nie nichts werden*, so ungefähr hat es Demokrits Bewunderer Lukrez, ein römischer Dichter und Zeitgenosse Caesars, etwa 350 Jahre später formuliert.

Auch über Demokrit wissen wir nicht viel. Er zeichnete sich als Mathematiker aus und lehrte, eine maßvolle, vernünftige Lebensweise sei der sicherste Weg zum Glück. Der Grieche starb, ungefähr neunzigjährig, um 370 vor Christus. Christoph Martin Wieland setzte ihm in seinem Schildbürgerroman «Die Abderiten» mit dem *lachenden Philosophen* ein spätes literarisches

Denkmal. Seine Zeitgenossen berichteten, daß Demokrit, der offenbar wohlhabend war, weite Reisen in den Orient bis nach Mesopotamien und Ägypten unternahm. Von seinen Schriften ist nichts erhalten. Was wir über seine Lehre wissen, haben seine Gegner, zu denen auch Platon zählte, für uns aufgeschrieben. Glücklicherweise hat Lukrez Demokrits Gedanken und Epikurs darauf beruhende Philosophie zu einem fünfbändigen Lehrgedicht verarbeitet, das nahezu vollständig und ohne grobe Abschreibfehler die zweitausendfünfzig turbulenten Jahre bis in die Gegenwart überdauerte. Lukrez hat sein ganzes Dichterleben diesem Werk gewidmet, und manche seiner Theorien und Beweise beeindrucken uns heute noch, beispielsweise seine Erklärung von der unterschiedlichen Dichte der Stoffe (Atome sollten unterschiedlich schwer und unterschiedlich dicht gepackt sein). Die Gelehrten des Altertums und des Mittelalters gingen indessen fast alle einen anderen Weg, denn kein einziges Experiment stützte Lukrez' eindrucksvolles Gedankengebäude. Empedokles' Lehre von den vier «Elementen» Feuer, Wasser, Luft und Erde setzte sich schließlich durch und errang einen späten, wenn auch nicht endgültigen Sieg.

Noch am Anfang unseres Jahrhunderts galt vielen Wissenschaftlern die Atomlehre als eine nützliche Hypothese, die zur Erklärung mancher Erkenntnisse der Physik und Chemie diente, aber keinen wirklichen Hintergrund besaß. Dabei ist es schon mit bescheidenem Aufwand möglich, die Wirbelbewegung der Atome zu beobachten, wie der erste Versuch zeigen wird. Aber vorher ist noch folgende Frage interessant:

Wie oft hätte Leukipp den Würfel teilen müssen, um auf ein Atom zu kommen? Hundert- oder tausendmal?

Heute wissen wir es. Wäre er von einem Würfel mit einem Zentimeter Kantenlänge ausgegangen, so hätte er nach 25 oder 26 Teilungsoperationen ein Atom erhalten. Schnelle Rechner ermitteln daraus, daß die Atomdurchmesser offensichtlich bei zweihundert Milliardstel Millimeter liegen. Aber diese Erkenntnis werden wir uns selbst erarbeiten.

Versuch 1
Der Tanz der Atome

Wir bringen einen Tropfen Milch auf einen Objektträger, dekken ihn mit einem Deckglas ab und betrachten das Präparat unter dem Mikroskop bei 300- bis 500facher Vergrößerung. (Hierzu benötigen wir kein besonders teures Gerät, zur Not reicht ein Mikroskop aus, wie man es für Schüler im Spielzeugfachhandel kaufen kann; es muß nur einen waagerechten Objekttisch haben oder entsprechend aufgestellt werden.) Natürlich sehen wir größere und kleinere Fetttröpfchen, alle schön kugelrund. Diese liegen jedoch keineswegs ruhig unter dem Objektiv, sondern bewegen sich in unregelmäßigen Zickzackbahnen durch das Gesichtsfeld. Die kleineren Tröpfchen machen dabei größere Sprünge und bewegen sich schneller als die großen.

Wiederholen wir den Versuch bei niedrigerer Temperatur (zum Beispiel im Winter auf dem Balkon), so erkennen wir, daß sich die Fetttröpfchen langsamer bewegen und weniger weit springen. Umgekehrt wird die Bewegung viel lebhafter, wenn wir in einem kräftig geheizten Raum arbeiten und vielleicht darüber hinaus das Präparat auch noch vorsichtig angewärmt haben.

Diese rätselhafte Bewegung kleiner Objekte hat der englische Botaniker Robert Brown bereits 1827 beobachtet, aber erst 1905 gelang keinem Geringeren als Albert Einstein die theoretische Erklärung: Was man beobachten kann, sind nicht die Atome oder

Moleküle* selbst, sondern die Auswirkungen ihrer Bewegung. Die Wassermoleküle der Milch schießen durch den Raum, kommen aber nicht weit, weil sie immer wieder mit anderen Wassermolekülen zusammenstoßen. Sie stoßen auch auf die Fetttröpfchen der Milch, und diese weichen unter dem Anprall zurück, ähnlich wie ein großer Ball hin- und hergeschubst wird, wenn von mehreren Seiten Spieler auf ihn einboxen. Kleinere Bälle fliegen unter den unregelmäßigen Faustschlägen wilder hin und her als große, weil diese mehr Masse haben und mühsamer zu beschleunigen sind. Außerdem bieten große Bälle so vielen Spielern ausreichenden Platz für wohlgezielte Schläge, daß – pro Zeiteinheit betrachtet – aus allen Richtungen fast gleich viele Schläge auf dem Ball landen, ihre Wirkung sich also nahezu aufhebt. Ähnlich widerfährt den großen Fetttröpfchen ein zwar lebhaftes, aber von allen Seiten ziemlich gleichmäßiges Bombardement von Wassermolekülen; sie bewegen sich träge und wenig, während die kleineren Tröpfchen per Zufall mal von rechts häufiger geschlagen werden als von links und deshalb deutlich nach links ausweichen.

Wir sehen also die Wirkung der Molekularbewegung, oder um es mit Demokrits Worten auszudrücken: *Wir sehen indirekt die wirbelnde Bewegung der Atome*. Ähnliche Beobachtungen machen wir an Ascheteilchen des Tabakrauchs, die von den Luftmolekülen herumgestoßen werden, an kleinen Sporen von Farnen, Moosen oder Pilzen im Wasser oder an den Rußteilchen von Tusche – überhaupt an allen Objekten, die klein und leicht genug sind, um auf ungleichmäßige Molekülstöße durch Zurückprallen zu reagieren. Unsere Hautnerven registrieren das stärkere oder schwächere Bombardement durch die Wasser- oder Luftmoleküle mit dem Gefühl «heiß» oder «kalt». Für spätere Zwecke ist es wichtig zu wissen, daß die Molekularbewegung bei höheren Tem-

* Als Molekül bezeichnen wir die chemische Verbindung von zwei oder mehr Atomen.

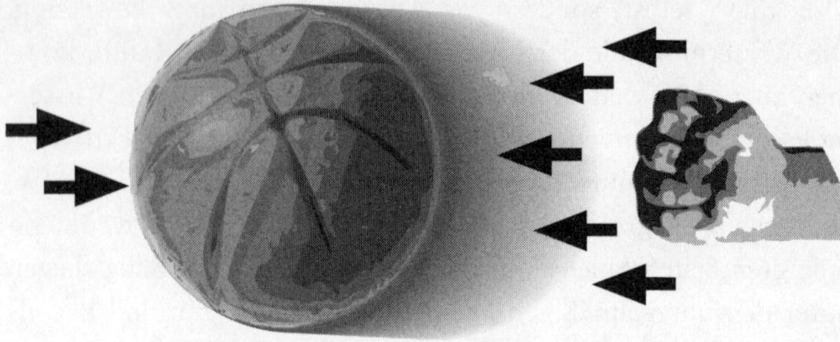

Abbildung 1 Der Ball fliegt nach links, weil zufällig von rechts mehr Faustschläge auf ihn eindreschen als von links.

peraturen stärker und bei niedrigeren schwächer wird. Auch das hatte Demokrit bereits behauptet.

Lukrez ging noch weiter und versuchte das Umhertaumeln von Staubkörnchen im Sonnenlicht (das natürlich andere Ursachen hat) mit Stößen der Atome zu begründen: Nach seiner Auffassung stießen die Atome größere, noch unsichtbare Atomverbindungen an, diese wiederum noch größere, und diese Kettenreaktion pflanzte sich fort bis zur Größe von Staubteilchen, die wir sehen können («De Rerum Natura», 2. Buch, Verszeile 125–141).

Erster Ausflug

Mit Demokrit in die Physikalische Chemie

Wie läßt sich die bisher gewonnene Erkenntnis überprüfen? Wir haben gesehen, daß die Moleküle von Flüssigkeiten ungeordnet umherschwirren. Dabei stoßen sie mit anderen Molekülen elastisch zusammen, prallen zurück oder seitlich ab. Kein Wunder, daß Flüssigkeiten leicht beweglich sind, daß wir sie umgießen oder in ein beliebig geformtes Gefäß füllen können, wenn ihre Moleküle solche Bewegungsfreiheit haben!

Von unbegrenzter Freiheit kann allerdings nicht die Rede sein, denn es gibt einige auffällige Begrenzungen. Zunächst einmal bilden alle Flüssigkeiten eine Oberfläche aus, die offensichtlich für die Moleküle undurchdringlich ist. Diese Oberfläche wirkt wie eine unsichtbare Haut, welche die darunter befindlichen Moleküle zusammenhält. Die Haut ist sogar in Grenzen belastbar, wie der folgende Versuch zeigt.

Versuch 2
Die schwimmende Nadel

Wir legen eine trockene Stecknadel (ohne Plastikkopf) vorsichtig auf eine Wasseroberfläche. Sie schwimmt! Ähnlich verhält sich auch eine Rasierklinge (*Abbildung 2*). Beide gehen unter, wenn wir einen Tropfen Spülmittel ins Wasser geben. Selbst-

Abbildung 2 Die Rasierklinge liegt auf der Wasseroberfläche; sie schwimmt.

verständlich gelingt der Versuch auch mit anderen Flüssigkeiten wie Speiseöl und Nähmaschinenöl, schwieriger wird es mit Brennspiritus und Petroleum.

Offensichtlich wirken bei aller Bewegungsfreiheit zwischen den Molekülen Anziehungskräfte, die für einen gewissen Zusammenhalt sorgen. Auf ein Molekül in der Mitte eines Wasserbehälters wirken die Anziehungskräfte in alle Richtungen gleich stark, weil es nach allen Seiten Nachbarn besitzt. Anders verhält es sich an der Oberfläche: Hier ist ein Molekül nur seitlich und nach unten von Nachbarn umgeben, nicht jedoch nach oben hin. Die Anziehungskräfte, die von den seitlichen Nachbarn ausgehen, heben sich gegenseitig ziemlich genau auf. Da es keine Anziehungskräfte von oben gibt, verhindern die unteren Nachbarn mit ihrer Anhänglichkeit, daß unser Oberflächenmolekül nach oben schwingt. Es kann die Oberfläche nicht in Richtung Gasraum verlassen, und da es seinen seitlichen Nachbarn ebenso geht, bildet sich an der Oberfläche eine Schicht von Molekülen, die sich seitlich an den Nachbarn festhalten und nach unten gut verankert sind *(Abbildung 3)*. Tatsächlich entsteht dadurch eine Art unsichtbare Haut, die sich auch sonst bemerkbar macht, indem sie beispielsweise einen Tropfen zusammenhält, bis er unter dem eigenen Gewicht vom Wasserhahn abreißt. Wenn wir uns eine Menge von Demonstranten vorstellen, die sich so gut wie möglich aneinanderklammern, haben wir einen brauchbaren Vergleich: Hier bildet sich ein kreisförmiger Haufen, der sowohl die Randfiguren festhält als auch der Polizei das Eindringen erschwert. Ähnlich verhindert die «Haut» des Wassers das Eindringen der Nadel, bis das Spülmittel die Oberflächenspannung absenkt, das heißt, die Stärke der gegenseitigen Anziehungskräfte verringert. Anziehungskräfte herrschen auch zwischen Flüssigkeiten und Festkörpern; ihnen ist es zu verdanken, daß beispielsweise ein Handtuch trocknet, der Docht den Brennstoff gegen die Schwerkraft zur Flamme befördert, Ackerboden das Regenwasser hält und die Malerfarbe an der Decke haftet.

Die Anziehungskräfte sorgen also für den Zusammenhalt der Flüssigkeit, während die Molekularbewegung die totale Unordnung anstrebt. Diese Molekularbewegung ist nun nicht für alle Moleküle gleich stark, sondern schwankt um einen Mittelwert. So ist es zu erklären, daß es den schnellsten eben doch gelingt, die Anziehungskraft der Nachbarmoleküle zu überwinden und aus der Flüssigkeit heraus in den darüberliegenden Gasraum zu fliegen: Die Flüssigkeit verdunstet. Dadurch verarmt die Restflüssigkeit an «schnellen» Molekülen, die Durchschnittsgeschwindigkeit sinkt – mit anderen Worten, die Flüssigkeit kühlt sich ab (chemisch ausgedrückt: durch die «Verdunstungskälte»). Dieser Abkühlungseffekt läßt uns frieren, wenn wir uns nach einem warmen Bad nicht abtrocknen, und er wirkt erfrischend angenehm, wenn bei trockenem, heißem Wetter der Schweiß auf unserer Haut verdun-

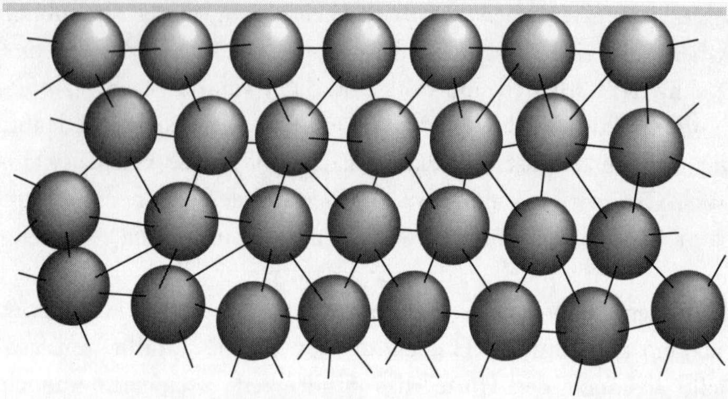

Abbildung 3 Die Moleküle an der Oberfläche werden von den seitlichen und unteren Nachbarn festgehalten; sie bilden eine unsichtbare Haut. Bei Molekülen im Inneren der Flüssigkeit wirken dagegen die Anziehungskräfte in alle Richtungen.

stet. Nur weil es diesen Effekt gibt, ist es möglich, eine Sauna zu betreten, in der die Luft auf 80 Grad Celsius oder mehr aufgeheizt wurde. Er tritt aber auch an der Oberfläche großer Seen oder Meere auf und wirkt dort mäßigend auf das Klima, denn die Verdunstung von Wasser an der Gewässeroberfläche kühlt das nicht verdunstete Wasser ab und dieses wiederum die darüber lagernden Luftmassen. Deshalb ist es am Strand nie so heiß wie im trockenen Landesinneren.

Ganz anders wird es, wenn die Luft aufgrund vorheriger Verdunstung schon mit Wasserdampf gesättigt ist und deshalb keine weiteren Wassermoleküle mehr aufnimmt, etwa in den Tropen während der Regenzeit. Dann entkommen zwar in der Zeiteinheit immer noch Wassermoleküle in die Luft, aber gleich viele stürzen aus dem Luftraum in die Flüssigkeit und erhöhen dort wieder die Zahl der «schnellen» Moleküle, so daß die Temperatur nicht abnimmt. Der Schweiß trocknet nicht mehr auf unserer Haut, und wir empfinden dann die Hitze als ausgesprochen unangenehm, das Gefühl der Schwüle stellt sich ein.

Da es in einer warmen Flüssigkeit mehr «schnelle» Moleküle gibt als in einer kalten, erklärt unser Modell auch, warum die Verdunstung mit zunehmender Temperatur schneller und mit abnehmender langsamer wird.

Wenn wir nun die Flüssigkeit immer weiter erhitzen, so erreichen wir eine Temperatur, bei der auch im Innern der Flüssigkeit zahlreiche Moleküle so schnell werden, daß sie die Anziehungskraft ihrer Nachbarn überwinden. Sie bilden eine Dampfblase, in der sie sich viel freier bewegen als vorher, weil sie mehr Platz beanspruchen und im Durchschnitt weiter von ihren anhänglichen Nachbarmolekülen entfernt sind. Aufgrund der größeren Entfernung wirken auch deren Anziehungskräfte nicht so stark bremsend oder, etwas salopp formuliert, haben die Moleküle im Dampfraum an Lebensqualität gewonnen (mehr Freiheit und weniger Zusammenstöße mit den Nachbarn sind ja auch durchaus menschliche Wunschvorstellungen). Die zurückgebliebenen Moleküle bilden um die Dampfblase mit Hilfe ihrer Anziehungskräfte eine neue Oberfläche. Der Dampf ist spezifisch leichter als die Flüssigkeit, eben aufgrund der größeren Molekülabstände; die Blase steigt auf und platzt an der Oberfläche, und die Flüssigkeit siedet. Durch weitere Energiezufuhr werden immer mehr Moleküle auf die Geschwindigkeit beschleunigt, die ihnen das Entweichen in eine Dampfblase ermöglicht, bis zuletzt die gesamte Flüssigkeit verdampft ist. Erst dann steigt die Temperatur im Siedegefäß über den Siedepunkt der Flüssigkeit, denn jetzt wird die zugeführte Wärmeenergie nicht mehr zum Verdampfen gebraucht. Die Moleküle, so können wir es uns leicht merken, sind bei ihrem «Ausbruchsversuch» untereinander solidarisch. Bevor nicht alle, aber wirklich alle Moleküle die Freiheit des Dampfraums genießen, wird jegliche von außen zugeführte Energie ausschließlich an die noch in flüssigem Zustand «gefangenen» verteilt, um auch ihnen das Entkommen zu ermöglichen.

Umgekehrt hört das Sieden sofort auf, wenn die Wärmezufuhr stockt. Der Chemiker sagt: Das Sieden ist ein *endothermer* Vorgang, ein Vorgang, bei dem Wärmeenergie verbraucht wird. Wir können dafür eine einfache Reaktionsgleichung formulieren:

$$\text{Flüssigkeit} + \text{Wärmeenergie} \rightarrow \text{Dampf}$$

Für den Fall des Wassers merken wir uns, daß 540 000 Kalorien (oder etwa 4,19mal so viele Joule) nötig sind, um ein Kilogramm Wasser zu verdampfen. Das ist erstaunlich viel, wenn wir uns daran erinnern, daß 1000 Kalorien ausreichen, um 1000 Gramm Wasser um ein Grad Celsius zu erwärmen. Wir können also mit der Wärmeenergie, die ausreicht, um ein Kilogramm Wasser zu verdampfen, auch alternativ 5,4 Kilogramm Wasser von 0 auf 100 Grad Celsius aufheizen.

Im Dampfraum herrscht, wie bereits gesagt, ein noch wilderes Gewirbel von Molekülen als in der Flüssigkeit. Da die Abstände zwischen ihnen größer sind, herrscht weniger Gedränge, und die freie Weglänge, die ein Molekül zwischen zwei Zusammenstößen zurücklegen kann, ist im Durchschnitt erheblich größer.

Steht der Dampf nicht mehr mit der Flüssigkeit in Verbindung, wird er als *Gas* bezeichnet. In Gasen, die auf Temperaturen weit über dem Siedepunkt erhitzt wurden und nicht zusammengepreßt werden, haben sich die Abstände zwischen den Molekülen so vergrößert, daß die zwischenmolekularen Anziehungskräfte überhaupt keine Rolle mehr spielen. Es herrscht für alle Moleküle totale Freiheit und insgesamt totales Chaos. Für die menschliche Gesellschaft mag das kein erstrebenswerter Zustand sein, aber für Gase ist er typisch. Wir nennen ein solches Gas deshalb *ideal*.

Das Wort *Chaos* stammt aus dem Griechischen und bedeutet ursprünglich «Luftraum», sinnbildlich auch «verworrene Urmasse». Niederländische Naturforscher benutzten es im 17. Jahrhundert, um luftförmige Stoffe zu bezeichnen. In der Adaption an den niederländischen Sprachgebrauch ging das o verloren. Aus *chas* wurde im Schriftverkehr nach den Regeln der niederländischen Rechtschreibung «gas», was die deutschen Kollegen wiederum einfach abschrieben und deutsch aussprachen. Lange Zeit wurde Gas hauptsächlich synonym mit Leuchtgas und Stadtgas verwendet oder war aufgrund der Gasangriffe im Ersten Weltkrieg negativ besetzt. Mittlerweile kennen auch Laien aus dem täglichen Leben einige Gase wie Erdgas, Wasserstoff, Sauerstoff, Stickstoff oder Luft, ein Gemisch aus den beiden letzteren. Es trifft sich also sehr gut, daß der Ursprung des Wortes Gas den chaotischen Tanz der Gasmoleküle ideal beschreibt.

Man kann im übrigen die Geschwindigkeit berechnen, mit der Gasmoleküle umherfliegen, und das Ergebnis experimentell nachprüfen. Sie liegt für Luft bei 1800 Kilometern pro Stunde, wenn wir bei null Grad Celsius und normalem Luftdruck arbeiten. Das entspricht in etwa der Geschwindigkeit einer Gewehrkugel. Die mittlere freie Weglänge zwischen zwei Zusammenstößen liegt dagegen bei einem Hundertstel Millimeter, was in etwa einem Zehntel einer «Haaresbreite» entspricht.

Die verhältnismäßig großen Abstände zwischen den Gasmolekülen haben zur Folge, daß sich Gase viel leichter zusammenpressen (komprimieren) lassen als Flüssigkeiten. Wir haben das schon oft beim Aufpumpen eines Fahrrades getan. Dabei steigt der Druck, und zwar auf das Doppelte, wenn wir das Gas auf die Hälfte seines ursprünglichen Rauminhalts komprimieren, und auf das Dreifache bei Kompression auf ein Drittel – diese Reihe läßt sich beliebig fortsetzen. Als Gesetzmäßigkeit gilt:

$$\text{Druck} \times \text{Volumen} = \text{konstant}$$

Dieses von Boyle und Mariotte * vor über 300 Jahren formulierte Gesetz ist mit den frei herumfliegenden Molekülen sehr leicht erklärlich, wenn wir ein Gedankenexperiment mit unserer Luftpumpe anstellen.

Wir beginnen es damit, daß wir den Kolben ganz herausziehen und das Luftloch verstopfen. Nun ist Luft eingeschlossen, die unter einem Druck von einem Bar steht. Die Luftmoleküle trommeln also von innen so heftig und so zahlreich an Wandungen und Kolben der Pumpe, daß dieser mit einem Bar Gegendruck belastet werden muß, wenn er nicht mit genau diesem Druck gegen die Verschraubung am Ende des Luftraums gepreßt werden soll. Diesen Gegendruck leistet vorläufig der äußere Luftdruck von ebenfalls einem Bar, oder mit anderen Worten trommeln von außen genau so viele Luftmoleküle genauso heftig gegen den Kolben wie von innen.

Das Druckgleichgewicht verschiebt sich, wenn wir den Kolben bis zur Pumpenmitte drücken. Weil den eingeschlossenen Molekülen jetzt nur noch halb soviel Raum zur Verfügung steht, herrscht größeres Gedränge, und es prasseln nun doppelt so viele Moleküle auf Innenwände und Kolben. Sie erzeugen einen Druck von zwei Bar, und wir müssen jetzt zwei Bar Gegendruck aufwenden, um den Kolben an seinem neuen Ort zu halten. Zur Hälfte leistet dies wieder der äußere Luftdruck mit seinen trommelnden Molekülen, die andere Hälfte erledigt unser allmählich ermüdender Arm oder eine entsprechend gespannte Feder.

* Der Engländer Robert Boyle (1627–1691) forschte in Oxford und London über Luft, Atmung, Verbrennung und osmotischen Druck. Sein bekanntestes Werk trägt den bezeichnenden Titel «The Sceptical Chymist»; er gilt als Mitbegründer der modernen Atomtheorie. Der Franzose Edme Mariotte (1620–1684) war ein vielseitiger Physiker, der in Paris lehrte. Das nach Boyle und ihm benannte Gesetz entdeckte er im Jahre 1679, 17 Jahre später als Boyle, aber ohne dessen Arbeit zu kennen.

All das gilt allerdings nur bei gleichbleibender Temperatur. Lassen wir diese nämlich steigen, so erhöht sich der Druck bei gleichbleibendem Volumen um 1/273 mit jedem Grad Temperaturanstieg; andererseits nimmt auch das Volumen bei gleichbleibendem Druck mit jedem zusätzlichen Grad Celsius um 1/273 zu. Damit sind wir schon ganz nahe am Grundsatz des «Idealen Gasgesetzes», das im Rahmen dieses Buches jedoch nicht weiter erläutert werden kann.

Vom Gas zurück zur Flüssigkeit

Wenn wir nun umgekehrt ein Gas abkühlen, so werden die darin enthaltenen Moleküle im Durchschnitt langsamer. Sie brauchen weniger Platz, und dementsprechend nimmt bei gleichbleibendem Druck der Rauminhalt ab (pro Grad Celsius wieder um 1/273). Da sich die Moleküle näher kommen, beginnen die zwischenmolekularen Anziehungskräfte wieder zu wirken; das vorher ideale Gas wird «real», weil es sich noch ein wenig stärker zusammenzieht, als nach der 1/273-Regel zu erwarten wäre. Schließlich erreichen wir eine Temperatur, bei der die langsamsten Gasmoleküle sich gegenseitig einfangen und mit Hilfe der Anziehungskräfte so dicht aneinanderlegen, daß eine Flüssigkeit entsteht. Wir können wieder an die Demonstranten denken, die sich aneinanderklammern und dadurch eine für die Polizei undurchdringliche kreisrunde Masse bilden – ein anschauliches Bild, um sich vorzustellen, wie eine Flüssigkeitsoberfläche entsteht. Da die Moleküle in der Flüssigkeit nur noch sehr eingeschränkte Bewegungsmöglichkeiten haben, werden sie viel langsamer, als sie im Gasraum waren. Sie verlieren Energie, chemisch formuliert, wird Kondensationsenergie frei, die deshalb so genannt wird, weil man den Vorgang als *Kondensation* (Verdichtung) bezeichnet. Sie ist natürlich nach

Menge und Art nichts anderes als die uns bereits bekannte Verdampfungswärme, die wir gebraucht haben, um die Moleküle in den Dampfraum hineinzukatapultieren (siehe Seite 22). Hier erhalten wir sie von jedem Molekül zurück und stellen dabei etwas verblüfft fest, daß bei unseren Operationen keine Energie verlorenging, aber auch keine gewonnen wurde. Wir erinnern uns an die Behauptung Demokrits, die offensichtlich nicht nur für Atome, sondern auch für Energie gilt: *Aus nichts kann nie etwas entstehen, und aus etwas kann nie nichts werden.*

Der Versuch, das Dampf-Flüssigkeits-Gemisch weiter abzukühlen, bewirkt, daß immer mehr Moleküle langsam genug werden, um sich zur Flüssigkeit zusammenzuballen. Dabei wird nach und nach die gesamte Kondensationswärme frei. Dies führt dazu, daß die Temperatur trotz Kühlung nicht weiter absinkt. Erst wenn nahezu alle Moleküle in der Flüssigkeit wieder eingefangen sind, bewirkt die Kühlung, daß die Flüssigkeitsmoleküle noch langsamer werden können und daß die Temperatur unter den Siedepunkt absinkt. Es gibt also wieder so etwas wie ein solidarisches Verhalten unter den Molekülen; erst wenn (fast) alle in der Flüssigkeit eingefangen sind, dürfen die schon verflüssigten noch langsamer werden. (Beim Verdampfen galten ähnliche Regeln: Erst nachdem alle aus der Flüssigkeit in die Freiheit des Dampfraums entwichen waren, durften die Gasmoleküle noch weiter beschleunigen.) Beide Operationen finden bei derselben Temperatur statt: Der Siedepunkt ist identisch mit dem Kondensationspunkt. Die Kondensation ist eine Umkehrung des Siedens, und wir können die Reaktionsgleichung von Seite 22 auch von rechts nach links lesen:

$$\text{Dampf} \rightarrow \text{Flüssigkeit} + \text{Wärmeenergie}$$

Aus diesem Grund werden Verdampfung und Kondensation als reversible (*umkehrbare*) Vorgänge bezeichnet.

In der Natur spielt sich die Kondensation in riesigem Ausmaß ab. Sie führt zur Bildung von Tau, Nebel und Wolken. Ähnlich wie die Verdunstung die Hitze mildert, verhindert die Kondensation allzu brüske Kälteeinbrüche. Sicher haben Sie gemerkt, daß diese klimabildenden Vorgänge unterhalb des Siedepunkts von Wasser ablaufen, und durch die Moleküle verursacht werden, die schon unterhalb des Siedepunkts von Wasser in die Luft verdunsteten und dort für die Luftfeuchtigkeit verantwortlich sind (siehe Seite 19). Die Tau- und Wolkenbildung ist die Umkehrung der Verdunstung, die ja ebenfalls unterhalb von 100 Grad Celsius stattfindet. Sie beruht darauf, daß kalte Luft weniger Wasserdampf aufnehmen kann als warme und deshalb beim Abkühlen die langsamsten Wasserdampfmoleküle zu Wasser kondensieren. (Die Tatsache, daß viele Wolken sogar aus Eiskristallen bestehen, wollen wir hier vernachlässigen.)

Ohne Übertreibung können wir also sagen, daß das Klima auf unserem Planeten ohne die Verdampfungs- und Kondensationswärme des Wassers sehr viel schroffer, ja für die allermeisten Lebewesen unerträglich wäre. Eine Vorstellung davon vermittelt uns die trockene Wüste, in der auf glühend heiße Tage mit mehr als 50 Grad Celsius häufig frostklirrende Nächte mit Temperaturen um den Gefrierpunkt folgen.

Nach alldem wird verständlich, warum sich die Gase durch energisches Zusammenpressen (Komprimieren mit Hilfe eines Kompressors) bei gleichbleibender Temperatur verflüssigen lassen. Der Kompressor vermindert die Abstände zwischen den Gasmolekülen immer mehr, bis die immer stärker werdenden zwischenmolekularen Anziehungskräfte ausreichen, um die frei herumschwirrenden Moleküle zu einer Flüssigkeit zusammenzukleben. Höherer Druck wirkt also in diesem Falle ähnlich wie niedrigere Temperatur.

Die Geschwindigkeit, mit der die Moleküle bei einer bestimmten Temperatur reisen, ist bei verschiedenen Molekülen unterschiedlich. Leichte Moleküle fliegen schneller als «schwere Brummer», was ganz einleuchtend ist, wenn wir an den Vergleich mit PKW und LKW denken. Die allerleichtesten, wie Wasserstoff und Helium, aber auch Sauerstoff und Stickstoff der Luft, sind bei Zimmertemperatur immer noch so schnell, daß sie sich selbst bei extrem hohem Druck nicht zu einer Flüssigkeit zusammenlegen. Erst wenn sich die Moleküle durch Abkühlen verlangsamen, kommt es dazu. Die Temperatur, bei der dies möglich wird, heißt *kritische Temperatur*, während man den Druck, der bei dieser Temperatur für die Verflüssigung erforderlich ist, als *kritischen Druck* bezeichnet. Die nachfolgende Tabelle zeigt einige kritische Temperaturen und Drücke:

Wasserstoff	−239,9 °C	12,8 bar
Sauerstoff	−118,8 °C	49,7 bar
Ammoniak	+132,4 °C	112,0 bar

Wasserstoff, einer der vielversprechendsten Träger für erneuerbare Energie, hat also den schwerwiegenden Nachteil, daß er erst bei sehr tiefen Temperaturen verflüssigt werden kann (siehe Seite 45).

Von der Flüssigkeit zum Kristall

Zwischen den Molekülen einer Flüssigkeit gibt es viel weniger Platz als zwischen Gasmolekülen. Deshalb lassen sich Flüssigkeiten wesentlich geringer zusammenpressen als Gase. Auch das ist uns aus dem Alltag geläufig: Das Hydraulik-Bremssystem eines Autos überträgt zuverlässig den Druck Ihres Fußes auf die Bremsbacken, die sich an die Bremsbeläge pressen. Wäre das Hydrauliksystem mit Luft gefüllt, so müßten Sie recht lange pumpen, um eine Bremswirkung zu erzielen.

Deshalb darf man niemals eine kalte Flüssigkeit in einen Behälter einfüllen, ohne einen Gasraum frei zu lassen. Tut man es dennoch, so sprengt die sich ausdehnende Flüssigkeit das Gefäß, sobald sie sich erwärmt. Dieser Effekt führte in Spanien im heißen Sommer des Jahres 1976 zu einer Katastrophe. Ein Tanklastwagen war in der Raffinerie Tarragona so vollständig mit flüssigem Propylen beladen worden, daß die sich in der Mittagshitze ausdehnende Flüssigkeit den Behälter sprengte, ausgerechnet vor dem Campingplatz «Los Alfaques». Ein Teil des freiwerdenden Propylens verdampfte blitzschnell und entzündete sich an den Gaskochern der Camper. Es gab mehrere hundert Tote und zahlreiche Verletzte.

Was passiert nun, wenn wir die Temperatur einer Flüssigkeit immer weiter absenken? Wir wissen schon, daß die Molekularbewegung immer langsamer wird, die Abstände zwischen den Molekülen abnehmen, und die zwischenmolekularen Anziehungskräfte immer stärker werden. Rein äußerlich ist dieser Vorgang daran zu erkennen, daß die Flüssigkeit immer zäher («viskoser») wird und sich kaum noch bewegen läßt. Sie wird ölig, sirup- oder honigartig und erstarrt im Extremfall zu einem Glas.

Tatsächlich ist unser Fenster- oder Flaschenglas nichts anderes als eine stark «unterkühlte» Flüssigkeit. Glasmoleküle sind immer noch zu extrem langsamen Bewegungen fähig; daß Glas fließt, sehen wir an der Tatsache, daß ein an den Enden waagerecht aufgehängter Glasstab sich im Laufe der Jahre nach unten durchbiegt.

Das ist allerdings eine Ausnahme. Vom Wasser wissen wir, daß es zwar auch mit abnehmender Temperatur merklich zäher wird (deshalb werden Schwimmrekorde nicht im kalten, sondern im etwa 29 Grad Celsius warmen Wasser erzielt) und bei null Grad Celsius zu Eis erstarrt. Daß es aber dabei kristallisiert, erkennen wir mit einer guten Lupe am Rauhreif, an Schneeflocken oder an den Eisblumen auf den Autofensterscheiben. Auf ähnliche Weise kann man bei entsprechenden Temperaturen alle Flüssigkeiten auskristallisieren lassen.

Beim Kristallisationsvorgang geben die Moleküle ihr ungeordnetes Umherstreifen im Raum auf und werden seßhaft. Unter dem übermächtigen Einfluß der zwischenmolekularen Anziehungskräfte nehmen sie sozusagen in Reih und Glied geordnete Plätze ein, die sie dann auch beibehalten. Da diese Reih- und Glied-Ordnung in allen drei Raumrichtungen etabliert wird, entsteht ein dreidimensionales Gitter von Molekülen. Die Molekularbewegung entartet zu einem Hin- und Herschwingen in drei Dimensionen um diesen festen Gitterplatz, sozusagen zu einem ohnmächtigen Zittern. Weil die Moleküle nicht mehr gegeneinander verschiebbar sind, ist der Kristall fest und besitzt nicht mehr die (wenn auch eingeschränkte) Beweglichkeit einer Flüssigkeit. Versuch 3 vermittelt uns ein Bild von diesem erstaunlichen Vorgang.

Versuch 3
Spontane Ordnung

Wir schütteln eine Handvoll Murmeln in einer flachen Schale oder einem tiefen Teller. Das wilde Durcheinander, das wir zunächst beobachten, macht einer regelmäßigen Anordnung der Kugeln Platz, wenn wir die Schüttelbewegungen vermindern oder gar einstellen. Unter dem Einfluß der Schwerkraft, welche die Murmeln vom Tellerrand zur Tellermitte treibt, entsteht ein regelmäßiges Muster von je sechs Kugeln, die alle eine zentrale Kugel berühren. Diese Sechseckmuster durchdringen sich gegenseitig (*vergleiche Abbildung 4*).

Bei diesem Analogieversuch steht die nachlassende Bewegung für die absinkende Temperatur einerseits, die Schwerkraft hingegen als ordnendes Prinzip für die zwischenmolekularen Anziehungs-

Abbildung 4 Murmeln ordnen sich unter dem Einfluß der Schwerkraft in regelmäßigen Sechsecken an , die sich überschneiden.

kräfte. Mit Hilfe des Tellers entsteht eine flächenhafte (zweidimensionale) Ordnung, während natürlich die in allen Richtungen wirkenden Anziehungskräfte eine dreidimensionale regelmäßige Molekülanordnung, eben ein Kristallgitter erzeugen.

Beim Kristallisieren verlieren die Moleküle Bewegungsenergie, da sie ja seßhaft werden. Diese Energie wird als *Kristallisationswärme* frei. Die Temperatur bleibt deshalb trotz weiterer Abkühlung auf dem Erstarrungs- oder Gefrierpunkt stehen. Auch hier bewirkt wieder die «Solidarität» unter den Molekülen, daß erst alle Moleküle kristallisiert sein müssen, bevor der Wärmeentzug zu einer weiteren Verminderung der Schwingungsbewegungen der

Moleküle (also einer weiteren Abkühlung) genutzt wird. Im Falle des Wassers besteht folgende Reaktionsgleichung:

$$\text{Wasser} - \text{Wärmeenergie} \rightarrow \text{Eis}$$

Man kann übrigens berechnen und auch weitgehend experimentell nachprüfen, daß bei –273 Grad Celsius alle Schwingungen aufhören. Man nennt diese Temperatur deshalb auch den *absoluten Nullpunkt*. Die absolute Temperatur gibt uns an, um wieviel Grad Celsius wir über dem absoluten Nullpunkt liegen. Sie wird zu Ehren eines britischen Kälteforschers in «Kelvin» gemessen; 293 Kelvin entsprechen also 293 – 273 = 20 Grad Celsius.

Die Kristallisationswärme, die beim Erstarren einer Flüssigkeit frei wird, ist natürlich nichts anderes als die Schmelzwärme, die umgekehrt benötigt wird, um einen Feststoff zu schmelzen. Klar, daß hier Energie gebraucht wird, um die träge herumsitzenden, nur schwingenden Moleküle eines Kristalls so zu beschleunigen, daß sie ihre Gitterplätze verlassen und sich in der Schmelze, also einer Flüssigkeit, weitgehend frei bewegen. Beim Wasser beträgt sie immerhin 80 Kilokalorien oder etwa 333 Kilojoule pro Kilogramm. Wir messen sie im nächsten Versuch.

Versuch 4
Die Schmelzwärme des Eises

Wir füllen in einen mittelgroßen Topf 1 kg Eiswürfel und übergießen diese mit 800 g (= 800 ml) siedendem Wasser. Nach kurzer Zeit und kräftigem Umrühren ist alles Eis geschmolzen und die Wassertemperatur dennoch mehr oder weniger genau bei null Grad Celsius stehengeblieben.

Demnach wurden 800 g Wasser um 100 Grad Celsius abgekühlt, um 1 kg Eis zu schmelzen. Da bekanntlich 1 kcal fähig ist,

1 kg Wasser um 1 Grad Celsius zu erwärmen, hat das siedende Wasser $0{,}8 \times 100 = 80$ kcal Wärme an das 1 kg Eis abgegeben. Das Eis hat diese Wärmemenge verbraucht, um zu schmelzen. Die Schmelzwärme des Eises beträgt demnach 80 kcal pro kg.

Es wird Sie vielleicht nicht erstaunen, daß auch die Kristallisationswärme (= Schmelzwärme) auf das Klima einen mäßigenden Einfluß hat. Dieser macht sich ebenfalls besonders in Küstennähe oder an großen Seen bemerkbar und bewirkt, daß im Winter durch die freiwerdende Kristallisationswärme jähe Temperaturstürze gebremst werden, vorausgesetzt natürlich, daß das Meer zufriert, wie beispielsweise die Ostsee. Eisbildung mildert also die Kälte, so paradox das auch klingen mag. Umgekehrt bremst die erforderliche Schmelzwärme im Frühjahr eine allzu rasche Erwärmung.

Noch wichtiger, weil unabhängig von größeren Gewässern, ist das Freiwerden der Kristallisationsenergie bei der Entstehung von Schnee und Rauhreif. Bei der Wolkenbildung spielt sie ebenfalls ihre Rolle, da viele Wolken nicht aus Wassertröpfchen, sondern aus Eiskristallen bestehen.

Die Obstbauern Südtirols nutzen in eisigen Frühlingsnächten die Kristallisationswärme zum Schutz der empfindlichen Blüten, indem sie über ihre blühenden Obstbäume Wasser versprühen. Die Wassertropfen gefrieren, geben dabei die Kristallisationswärme ab und halten dadurch die Temperatur auf dem Nullpunkt fest. Noch bevor alles Wasser zu Eis erstarrt ist und die Temperatur dann weiter absinken kann, geht meistens die Sonne auf. Die Blüten haben die null Grad Celsius ihrer Eishülle ohne Schaden ertragen, das Eis schmilzt im Tagesverlauf wieder ab.

Daß ein ähnliches Verfahren zum Schutz von Kartoffelpflanzen schon zu Zeiten der Inkas im bolivianischen Hochland gebräuchlich war, aber wohl in den Wirren der Eroberung durch die Spanier in Vergessenheit geriet, erkannten aufmerksame Archäologen, als sie dort die Überreste einer Bewässerungsanlage ausgruben. Sie restaurierten den Staudamm und überredeten die Indios, ihre kärglichen Äcker wieder kurz vor dem Einbruch der frostklirrenden Nächte zu bewässern, so wie das ihre Vorfahren einst getan hatten. Seither hat sich die Ernte verzehnfacht.

Als Gleichung läßt sich das Ganze so formulieren:

$$\text{Wasser} \rightarrow \text{Eis} + \text{Wärmeenergie}$$

Selbstverständlich läßt sich diese Gleichung auch von rechts nach links lesen, weil Schmelzen und Kristallisieren reversible Vorgänge sind.

Alles zu unanschaulich? Der Festkörper gleicht einem Klassenzimmer, in dem die Schüler auf ihren regelmäßig angeordneten Schulbänken sitzen. Mit merklicher Unruhe, aber dennoch durch die Autorität des Lehrers auf ihren Plätzen festgehalten, erwarten sie die große Pause. In dieser dürfen sie zwar den engen Schulhof nicht verlassen, aber doch regellos umherlaufen. Jetzt gleichen sie einer Flüssigkeit, deren Moleküle durch einen Behälter zusammengehalten werden, aber durchaus eine (wenn auch eingeschränkte) Bewegungsfreiheit genießen. Erst nach Schulschluß, wenn sie beliebig ausschwärmen dürfen, gleichen sie in ihrer unbeschränkten Freiheit einem *idealen Gas*. Die Autorität der Lehrer ist den ordnenden zwischenmolekularen Kräften vergleichbar, sie ist beim Unterricht stark, in der Pause schon schwächer und nach Schulende gleich null. Die Bewegungsmöglichkeit der Schüler ist stark eingeschränkt beim Unterricht und am höchsten in der Freizeit, sie entspricht der Bewegungsgeschwindigkeit und damit dem Energieinhalt der Moleküle (auch die Lehrer beobachten mit Kummer, daß die Energie ihrer Schüler beim Verlassen des Schulhofs schlagartig zunimmt). Ein bißchen schlicht, aber vielleicht eine gute Eselsbrücke.

Die Leistungsfähigkeit unseres einfachen Atommodells, das weitgehend der Vorstellung Demokrits entspricht, ist ganz erstaunlich. Wir haben mit seinem Wechselspiel zwischen anarchistischem Bewegungsdrang und ordnenden Anziehungskräften nicht nur viel über die verschiedenen *Aggregatszustände* fest, flüssig, dampf- und gasförmig gelernt, sondern auch die Vorgänge des Schmelzens, Siedens, Kondensierens und Kristallisierens begriffen. Nebenbei fielen Erkenntnisse über Klima und Wetter, über Obstanbau und Frostschutz für Kartoffelpflanzen an. Viele weitere physikalische oder physikalisch-chemische Vorgänge lassen sich mit diesem Atommodell erklären: die Fortpflanzung des Schalls, die Wärmeleitung, die Erwärmung eines Gases, das rasch komprimiert wird (oft am vorderen Ende unserer Fahrradpumpe erfühlt), das allmähliche Sich-Vermischen zweier Gase, die Ausbreitung eines Tintentropfens in Wasser, die Reaktionsmechanismen von Gasen, die auf Zusammenstößen zwischen Molekülen beruhen, und noch vieles mehr.

Eine weitere Fähigkeit der Atome Demokrits haben wir bis jetzt noch nicht benutzt, nämlich die Fähigkeit, sich gleichsam mit Hilfe von «Häkchen» aneinanderzuhängen. Wenn wir im folgenden diesen Häkchen immer weiter auf die Spur kommen wollen, müssen wir zuerst einmal sehen, was sie bewirken.

Zweiter Ausflug

Atome und Moleküle, Elemente und Verbindungen

Versuch 5

Synthese von Schwefeleisen *

Wir mischen etwa 4 g Schwefelpulver («Schwefelblüte», in Apotheken erhältlich) mit etwa 7 g Eisenfeilspänen und erhitzen einen kleinen Teil des Gemischs in einem Reagenzglas über einem Spiritusbrenner (oder Fonduebrenner), bis es zu glühen beginnt. Die Mischung glüht auch ohne Wärmezufuhr weiter, meist zerspringt dabei jedoch das Reagenzglas. Daher sollten Sie bei allen Versuchen Schutzkleidung und Schutzbrille tragen!

Nach dem Ende des Glühens ist eine einheitliche schwarzgraue Masse entstanden. Im Gegensatz zur Mischung vor dem Versuch läßt sie sich nicht mehr in die ursprünglichen Bestandteile zerlegen, wie eine Behandlung mit dem Magneten oder das Übergießen mit Wasser zeigt. Während der Magnet das Eisen aus der Mischung herauszieht und das Wasser den Schwefel aufschwimmen läßt, entwickelt die schwarzgraue Masse allenfalls mit Wasser einen deutlichen Geruch nach faulen Eiern, der sich bei Zusatz von zwei bis drei Tropfen halbkonzentrierter

* Bitte lesen Sie vor diesem und den folgenden Versuchen **unbedingt** die Kapitel «Ernstgemeintes zu den Versuchen» und «Entsorgung» im Anhang!

Salzsäure unter Aufschäumen verstärkt. (Das dabei entstehende stinkende Gas heißt «Schwefelwasserstoff»; es ist giftig!) Die ursprüngliche Mischung braust zwar mit Salzsäure ebenfalls auf, das entstehende Gas ist aber (fast) geruchlos. Neugierige probieren noch aus, ob der Schwefel oder das Eisen für das Aufschäumen mit Salzsäure verantwortlich ist, und werden herausfinden, daß es das Eisen war.

Die neue schwarzgraue Substanz ist also grundverschieden von den Ausgangssubstanzen.

Was ist passiert? Schwefel und Eisen haben sich miteinander chemisch verbunden – oder mit Demokrits Worten: *Eisenatome und Schwefelatome haben sich aneinandergehakt.* Die Reaktion läßt sich mit folgenden Worten beschreiben:

Schwefel + Eisen → Schwefeleisen

Das Ganze können wir auch mit Hilfe jener Abkürzungen formulieren, die der schwedische Chemiker Jakob Berzelius vor fast 200 Jahren erdacht hat:

$$S + Fe \rightarrow FeS$$

Dabei steht S für Schwefel und Fe für Eisen (abgeleitet von lateinisch *ferrum* = Eisen).

Versuch 6
Synthese von Jodstärke

Wir schütteln Kartoffelmehl oder Reisstärke in einem Reagenzglas mit Wasser; es entsteht eine weißliche *Suspension*. Wir fügen zwei Tropfen Jodtinktur aus der Hausapotheke hinzu: Die

Suspension wird dunkelblau. Wir lassen die blau gewordene Stärke absitzen und stellen fest, daß die einst braune Jodtinktur farblos geworden ist. Das farbgebende Jod wurde also verbraucht.

Der Versuch ist besonders reizvoll, wenn wir ihn unter dem Mikroskop durchführen. Wir betupfen dazu eine hauchdünn geschnittene, fast durchsichtige Kartoffelscheibe mit Jodtinktur und sehen bei 100- bis 300facher Vergrößerung, wie sich ringsum die Stärkekörner blau färben. Die Reaktionsgleichung sieht wie folgt aus:

Jod + Stärke → Jodstärke

Auch hier ist aus zwei Ausgangsstoffen eine neue Verbindung entstanden, die mit ihren Vorläufersubstanzen nichts mehr gemein hat.

Wenn wir diese totale Veränderung der Ausgangssubstanzen als typisch für chemische Reaktionen ansehen, so fällt uns auf, daß die Versuche 5 und 6 bei weitem nicht die einzigen chemischen Reaktionen sind, die wir kennen. Vielmehr beobachten wir tagtäglich mehr oder weniger schwierig zu durchschauende Beispiele für chemische Reaktionen. Nachfolgend möchte ich eine Auswahl aufzählen:

- Verbrennen von Kohle, Holz, Öl oder Gas,
- Abbrennen einer Wunderkerze oder eines Feuerwerks,
- Anzünden eines Streichholzes,
- Funkenschlag aus dem Feuerstein Ihres Benzinfeuerzeugs,
- Verbrennen von Benzin oder Dieselöl im Motor Ihres Autos,
- Anbrennen von Milch, Fleisch, Reis, Kartoffeln oder Mehl,
- Erhärten von Kalk- oder Betonmörtel,
- Aushärten eines Zweikomponentenklebers,

- Vergären von Traubensaft zu Wein,
- Sauerwerden von Wein an der Luft unter Bildung von Essig,
- Ranzigwerden von Butter,
- Sauerwerden der Milch,
- Kompostieren von Garten- und Küchenabfällen,
- Rosten des Eisens,
- Fotokopieren eines Textes.

Manche dieser Reaktionen sind ziemlich neu, andere dem Menschen seit Urzeiten vertraut.

Natürlich ist dies nur ein winziger Ausschnitt aus der Fülle der chemischen Reaktionen, die uns täglich begegnen. Ohne Chemie ist unser modernes Leben völlig unmöglich, ja selbst natürliche Vorgänge im Körper wie Verdauen, Bewegungen, Wachstum, Sinneswahrnehmungen und Denkprozesse sind nur mit Hilfe (bio)chemischer Reaktionen möglich – kurzum, die Chemie ist allgegenwärtig, es gibt keine Welt und kein Leben ohne Chemie.

Beim genaueren Nachdenken über die genannten Beispiele fällt auf, daß sie nicht alle gleichartig verlaufen. Bei den ersten fünf entsteht Wärme, eventuell auch Licht- und Schallenergie. Wir nennen sie *exotherm*. Das Anbrennen von Milch dagegen erfordert Energie, denn der Vorgang hört auf, wenn wir den Topf vom Herd nehmen. Solche Reaktionen nennt der Chemiker *endotherm*. Manche Reaktionen verlaufen sehr schnell, ja explosionsartig, andere langsam, beispielsweise die alkoholische Gärung. Wieder andere benötigen Licht, um in Gang zu kommen (Fotokopierprozeß). Viele sind «Selbstläufer» – wie etwa die Erhärtung des Kalkmörtels –, andere bedürfen eines Anschubs (Verbrennungsvorgänge), und wieder andere laufen nur mit beständiger Nachhilfe, beispielsweise wieder die anbrennende Milch.

Versuch 5 verlief offensichtlich exotherm, denn nach dem anfänglichen Aufheizen ging er unter Aufglühen selbständig weiter.

Er stellt eine Synthese dar, bei der wir aus zwei Elementen eine neue Verbindung aufgebaut haben.

Es gibt aber auch das Gegenteil, die chemische Zerlegung einer Verbindung in ihre Elemente oder Bestandteile. Eine derartige Analyse lernen wir in Versuch 7 kennen.

Versuch 7
Zerlegung des Wassers

Wir schneiden eine Kunststoffflasche vorsichtig quer durch, werfen die untere Hälfte weg und verschließen den Hals der oberen dicht mit einem passenden Korken. Diesen durchbohren wir an zwei einander gegenüberliegenden Stellen mit einem 1,5 mm starken Nagelbohrer. Durch die Bohrlöcher schieben wir behutsam zwei vier bis fünf Zentimeter lange dicke Graphitminen, wie sie beispielsweise für manche Marken-Bleistifte käuflich sind. Wir prüfen, ob die mit dem Hals nach unten gehaltene Flaschenhälfte wasserdicht ist. Wenn dies der Fall ist, stellen wir das leere Gefäß umgekehrt in ein passend angefertigtes Holzgestell. Unter den beiden Graphitminen stellen wir eine 4,5- oder 6-Volt-Taschenlampenbatterie so auf, daß jeder Pol der Batterie mit einem Graphitstift Kontakt hat.

Jetzt machen wir elektrisch leitfähiges Wasser, indem wir 25 Gramm wasserfreie Soda oder Kaliumcarbonat* in 100 Milliliter Regenwasser (oder entmineralisiertem oder destilliertem Wasser) lösen. Von dieser Lösung gießen wir statt des gewöhnlichen Wassers so viel in unsere Zersetzungsapparatur, daß beide Graphitstäbe etwa zwei bis drei Zentimeter hoch überschichtet werden.

* Als «Pottasche» im Backzutatenregal des Supermarkts erhältlich, aber auch in Apotheken.

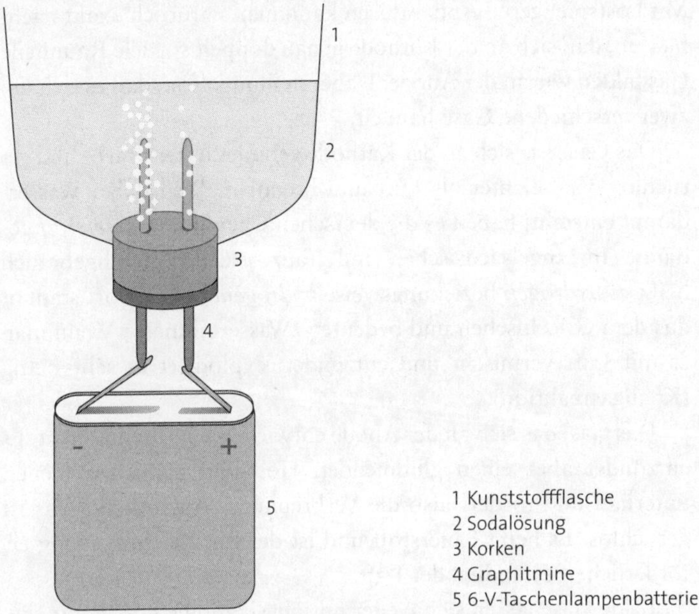

Abbildung 5 Die Zerlegung des Wassers

Sofort setzt an beiden Graphit-Elektroden eine deutliche Gasbildung ein. An der mit dem Minuspol der Batterie verbundenen *Kathode* entsteht doppelt so viel Gas wie an der *Anode*, die mit dem Pluspol Kontakt hat. Dieses Verhältnis können wir abschätzen. Es stimmt bei unserer einfachen Apparatur jedoch nur ungefähr, weil das Gas an der Anode den Graphitstab angreift und durch diese Nebenreaktion teilweise verbraucht wird. Wir brechen den Versuch nach ein bis zwei Minuten ab, indem wir die Batterie entfernen. Die Gasentwicklung hört an beiden Elektroden sofort auf.

Mit kostspieligeren Apparaturen kann man natürlich exakt nachmessen, daß sich an der Kathode genau doppelt so viele Raumteile Gas bilden wie an der Anode. Dabei stellt man fest, daß es sich um zwei verschiedene Gase handelt.

Das Gas, das sich an der Kathode gebildet hat, ist farb- und geruchlos, viel leichter als Luft und brennbar. Weil dabei Wasserdampf entsteht, haben es die deutschen Chemiker *Wasserstoff* genannt. Im angelsächsischen und französischen Sprachgebrauch heißt es *hydrogen* beziehungsweise *hydrogène* – das Wort stammt aus dem Griechischen und bedeutet «Wasserbildner». Wenn man es mit Luft vermischt und entzündet, explodiert es sehr heftig (Knallgasreaktion).

Das Gas, das sich an der Anode entwickelt hat, brennt nicht. Es entzündet aber einen glimmenden Holzspan zu hellem Feuer, unterhält und fördert also die Verbrennung. Auch dieses Gas ist geruchlos. Es heißt Sauerstoff und ist der für unsere Atmung erforderliche Bestandteil der Luft.

Beide Gase lassen sich weder mit physikalischen noch mit chemischen Methoden weiter zerlegen. Die Ursache besteht darin, daß sie nur eine einzige Sorte von Atomen enthalten: Wasserstoffatome das eine und Sauerstoffatome das andere. Solche Stoffe nennt der Chemiker *Elemente*. Das Wort stammt aus dem Lateinischen, ist seit dem Mittelalter im Deutschen eingebürgert und bedeutet «Grundstoffe».

Was ist nun hier geschehen? Wasser, von dem auch ein in Chemie wenig Bewanderter weiß, daß es die Formel H_2O hat, wurde mit Hilfe elektrischer Energie in seine Bestandteile zerlegt. Hier gilt die Formel:

$$2H_2O + \text{Energie} \rightarrow 2H_2 + O_2$$

Aus unserer Gleichung geht offensichtlich hervor, daß bezogen auf das Volumen der Gase doppelt soviel Wasserstoff entsteht wie Sauerstoff. Warum wir allerdings von zwei Molekülen Wasser ausgehen müssen, und warum wir H_2 und O_2 statt H und O schreiben, wird uns erst auf den Seiten 108 und 119 klar.

Dieses Volumenverhältnis von 2:1 liegt stets vor, auch wenn wir bei anderen Temperaturen arbeiten oder ein völlig anderes Verfahren benutzen. Hätten wir die Möglichkeit, die Gase zu wiegen, so fänden wir, daß pro Gramm Wasserstoff immer 8 Gramm Sauerstoff entstehen. Umgekehrt kann man aus 1 Gramm Wasserstoff und 8 Gramm Sauerstoff 9 Gramm Wasser machen. Bei dieser Verbrennungsreaktion erhält man Wärmeenergie zurück, und zwar genau so viel, wie an elektrischer Energie verbraucht wurde, um 1 Gramm Wasserstoff zu erzeugen. Abermals sehen wir, daß bei chemischen Reaktionen weder Materie noch Energie verlorengehen und daß Demokrit mit seiner Vermutung, aus etwas könne nicht nichts werden, erstaunlich richtig lag. Auch hier erkennen wir, daß sich die obige Reaktionsgleichung von rechts nach links lesen läßt. Sie beschreibt dann nicht mehr die Zerlegung des Wassers, sondern seine Synthese aus den beiden Elementen.

Aber das ist noch nicht alles. Das Gewichtsverhältnis zwischen den Reaktionspartnern bleibt immer 1:8, selbst wenn zusätzlich weiterer Sauerstoff angeboten wird. Sollten wir beispielsweise versuchen, 1 Gramm Wasserstoff mit 30 Gramm Sauerstoff umzusetzen, so werden nur 8 Gramm Sauerstoff verbraucht, es entstehen 9 Gramm Wasser und so viel Wärmeenergie, wie bei der Zersetzung von 9 Gramm Wasser verbraucht werden würde. Der restliche Sauerstoff (also 22 Gramm) bleibt einfach übrig, und um nichts in der Welt kann man ihn dem Wasserstoff aufdrängen. Wenn wir umgekehrt 8 Gramm Sauerstoff mit einem Überschuß an Wasserstoff reagieren lassen, zum Beispiel 7 Gramm, so wird wiederum nur 1 Gramm Wasserstoff verbraucht, und 6 Gramm bleiben übrig.

Solche *konstanten* Gewichtsverhältnisse finden wir bei allen chemischen Reaktionen, und die Chemiker haben deshalb schon vor ungefähr 200 Jahren den «Satz von den konstanten Proportionen» formuliert. Dieser Lehrsatz besagt, daß Elemente miteinander in gleichbleibenden Gewichtsverhältnissen reagieren. Wir werden diesen Satz noch durch einige Experimente untermauern und auch seine Ursache ergründen.*

In den Beziehungen zwischen den Elementen herrscht also eine Beständigkeit der Verhältnisse, wie sie bei den Beziehungen zwischen den Menschen ziemlich selten geworden ist.

Übrigens haben wir mit unserem einfachen Versuch zur Zerlegung des Wassers ein wichtiges Verfahren zur Erzeugung alternativer Energie kennengelernt. In großtechnischen Anlagen wird mit Hilfe von Sonnenlicht in *photovoltaischen Zellen* Strom erzeugt, mit dem man Wasser auf gleiche Weise zerlegt, wie wir es im Versuch 7 getan haben. Der Wasserstoff wird gesammelt, komprimiert und mit Hilfe von Rohrleitungen dahin transportiert, wo Energie benötigt wird. (Leider befinden sich diese Orte nur selten da, wo Sonnenenergie die meiste Zeit über im Überfluß vorhanden ist, nämlich in der Wüste.) Dort kann man mit Wasserstoff Motoren betreiben, heizen oder auch ein Wärmekraftwerk speisen, in dem Strom zurückgewonnen wird. Dabei wird der Wasserstoff mit dem Sauerstoff der Luft verbrannt. Als Reaktionsprodukt entsteht in erster Linie wieder Wasser (sowie in geringer Menge Stickstoff-Sauerstoff-Verbindungen). Damit ist der Kreislauf geschlossen.

Die Vorteile dieses eleganten Verfahrens sind bestechend:

* Es gibt daneben noch den Satz von den «multiplen Proportionen»; er besagt, daß sich die Elemente in einfachen, ganzzahligen Vielfachen der «konstanten Proportionen» miteinander vereinigen. Beispiel: Im Wasserstoffperoxid ist 1 Gramm Wasserstoff an 16 Gramm Sauerstoff gebunden.

Keine Nebenprodukte wie Asche oder das klimaverändernde Kohlendioxid entstehen, einziges Reaktionsprodukt ist Wasser, das zugleich einziger Rohstoff ist, kein Wasser geht verloren, und der Sauerstoff, der bei der Zersetzung des Wassers als Nebenprodukt anfällt, wird in gleicher Menge bei der Verbrennung des Wasserstoffs wieder verbraucht. Kurzum, man wundert sich, warum nicht in allen sonnigen Gegenden derartige Solarstrom-Anlagen aus dem Boden schießen und warum überhaupt noch Autos mit Benzin statt mit Wasserstoff betrieben werden.

Das hat natürlich durchaus plausible Gründe. Die Herstellung von Solarzellen erfordert sehr viel Strom und ist immer noch ziemlich teuer, obwohl Fortschritte nicht ausgeblieben sind. Ein weiterer Nachteil ist unabänderlich: Wir haben auf Seite 28 erfahren, daß die Wasserstoffmoleküle so schnell sind, daß sie sich nur bei Temperaturen unter –240 Grad Celsius in flüssigem Zustand halten lassen. Das heißt, daß Herstellung, Transport und Lagerung von flüssigem Wasserstoff sehr energieaufwendig sind. Daher die Rohrleitungen! Die sind natürlich auch nicht billig und haben den Nachteil, daß sie nicht an fahrende Autos angeschlossen werden können. Will man ein Auto mit Wasserstoff betreiben, so muß man den Wasserstoff im Drucktank mitführen; der ist wiederum schwer und beansprucht viel Platz. Und um den Tank zu füllen, braucht man weitere Kompressoren, die nochmals elektrische Energie benötigen. Es liegt also nicht am fehlenden guten Willen, wenn bis jetzt Wasserstoff nur unter besonderen Bedingungen als Energieträger eingesetzt wird. Das ist sehr bedauerlich, denn es gibt nur wenige so bestechend elegante Verfahren.

Um die konstanten Gewichtsverhältnisse noch näher zu untersuchen, dient der folgende Versuch:

Versuch 8
Zuviel oder zuwenig?

Wir bringen einen Tropfen Jodtinktur in ein Reagenzglas und verdünnen mit Wasser so lange, bis die Lösung etwa goldgelb aussieht. Jetzt geben wir eine winzige Messerspitze Reisstärke oder Kartoffelmehl dazu. Fast sofort färben sich die Stärkekörner dunkelblau und setzen sich ab. Darüber bleibt eine zwar blassere, aber immer noch gelbe Jodlösung stehen.

Betrachten wir einmal den ausgeflockten Niederschlag aus Jodstärke bei etwa 100facher Vergrößerung unter dem Mikroskop und achten dabei nur auf die ovalen Stärkekörner. Sie sind alle blau. Die überschüssige Jodlösung gießen wir vorsichtig in ein zweites Reagenzglas, so daß keine Jodstärkekörner mitgeschleppt werden. (*Dekantieren* nennt der Chemiker diesen Vorgang.) Wir geben eine zweite Messerspitze Stärke zu und sehen, daß immer noch Jodstärke entsteht. Die Jodlösung im Überstand ist deutlich blasser geworden, verrät aber durch ihre gelbe Farbe, daß sie immer noch Jod enthält.

Wir wiederholen den Vorgang, bis die überstehende Lösung farblos wird. Wenn wir jetzt den Niederschlag unter dem Mikroskop betrachten, so sehen wir außer den blauen Jodstärkekörnern auch ungefärbte Stärkekörner. Jetzt ist also Stärke übriggeblieben. Sie liegt – chemisch formuliert – «im Überschuß» vor. Umgekehrt befindet sich in der farblosen Lösung über dem Niederschlag kein Jod mehr, denn nach dem Abdekantieren vermag diese Lösung keine weitere Messerspitze Stärke blau zu färben.

Man kann diesen Versuch mit entsprechenden Waagen und Volumen-Meßgeräten ganz exakt durchführen. Es zeigt sich dann, daß auch Jod und Stärke nur in einem, ganz bestimmten Gewichtsverhältnis miteinander reagieren. Ist zuwenig Stärke da, bleibt Jod übrig – wie am Anfang dieses Versuchs. Bei einem Überschuß an Stärke bleibt diese dann übrig – wie am Ende unseres Versuchs. Der im Mangel («Unterschuß») angebotene Reaktionspartner wird vollständig verbraucht: am Anfang die Stärke, am Ende das Jod.

Wer sich die Mühe macht, nun auch Versuch 5 in ähnlicher Weise zu untersuchen, wird finden, daß sich immer 5,6 Gramm Eisen mit 3,2 Gramm Schwefel restlos umsetzen. Verwendet man zuviel Eisen, so wird dieses nicht vollständig verbraucht und kann mit dem Magneten nachgewiesen werden, zuviel Schwefel bleibt ebenfalls übrig und verdampft beim Glühen. Am kälteren Teil des Reagenzglases schlägt er sich (ähnlich wie Rauhreif) direkt aus dem Dampf als gelbe «Schwefelblume» nieder.

Für uns ist der Satz von den «konstanten Proportionen» nicht so erstaunlich, wie er für die Chemiker vor 200 Jahren war, weil wir wissen, daß hinter unseren makroskopisch beobachteten Reaktionen die Atome wirken. Offenbar ist es so, daß jeder Atomsorte eine bestimmte Masse eigen ist, denn nur so läßt es sich erklären, warum immer 5,6 Gramm Eisen mit 3,2 Gramm Schwefel reagieren oder 56 Gramm Fe mit 32 Gramm S oder 1,75 Gramm mit 1 Gramm. Wenn wir annehmen, daß ein Eisenatom die Masse 56 hat und ein Schwefelatom die Masse 32 und daß stets ein Eisen- mit einem Schwefelatom reagiert, dann müssen sich die Mengen Eisen, die mit einer Menge Schwefel restlos umgesetzt werden, immer wie 56:32 verhalten, egal, ob nun ein Atom mit einem oder 100 Billionen Eisenatome mit 100 Billionen Schwefelatomen reagieren. Das entstehende Schwefeleisen FeS muß dann die Masse 56 + 32 = 88 haben.

War diese Erklärung sehr unverständlich? Nun, das Phänomen der Atommassen wird viel anschaulicher, wenn wir einen Vergleich aus dem Transportwesen heranziehen: Ein Mineralwasserbrunnen-Abfüller verschickt sein Sprudelwasser in Mehrweg-

Glasflaschen, die jeweils 700 Milliliter (also 700 Gramm) fassen und jeweils 620 Gramm wiegen. Gleichgültig, ob nun ein Kunde im Supermarkt nur eine volle Flasche nach Hause trägt oder ein Lastwagen 10 000 gefüllte Flaschen transportiert, gilt immer, daß sich die Wassermenge zur Menge des Glases wie 700 : 620 verhält. Im ersten Fall bringt der Käufer 700 Gramm Wasser heim, muß aber außerdem 620 Gramm Glas schleppen, im zweiten Fall fährt der Spediteur 7 Tonnen Wasser und 6,2 Tonnen Glas durch die Landschaft. In unserem Beispiel steht das Wasser für Eisen und das Glas für Schwefel.

In diesem Beispiel leuchtet sogar ein, wenn die angebotene Menge im Überschuß verbleibt: Wenn die Brunnenfirma zwar 10 000 leere Flaschen (= 6,2 Tonnen) bevorratet, jedoch 15 Tonnen Wasser abfüllen möchte, so bleiben 8 Tonnen unabgefülltes Sprudelwasser im Tank übrig, weil die 6,2 Tonnen Flaschen nur 7 Tonnen Wasser fassen. Falls die Firma dagegen 15 000 leere Flaschen (das sind 9,3 Tonnen) bereitgestellt hat, der Abfülltank aber nur 7 Tonnen Wasser enthält, so bleiben 5000 Flaschen leer, die natürlich 3,1 Tonnen wiegen.

Die volle Sprudelflasche entspricht in unserem Beispiel dem Schwefeleisen; sie wiegt 620 + 700 = 1320 Gramm. Das Molekulargewicht des Schwefeleisens haben wir schon auf Seite 47 in ähnlicher Weise aus der Summe der Atomgewichte von Eisen (56) und Schwefel (32) mit dem Ergebnis von 88 errechnet. Dabei haben wir genau wie Demokrit unterstellt, daß bei unserer chemischen Reaktion keine Masse verlorengeht, aber auch keine aus dem Nichts entsteht. Unser nächster Versuch zeigt übersichtlicher, ob wir mit dieser Vermutung richtig liegen.

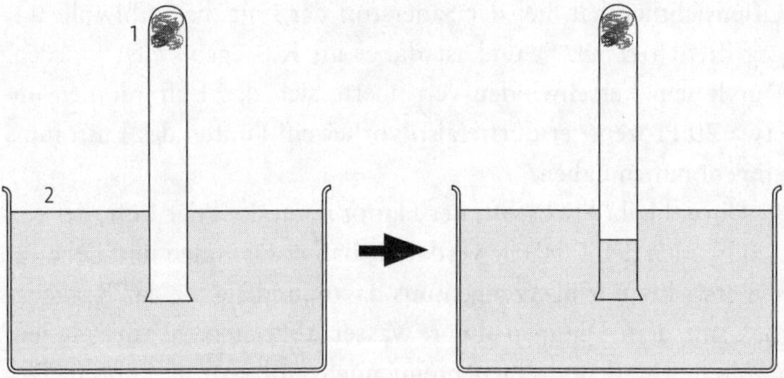

Abbildung 6 Oxidation des Eisens: links der Wasserstand im Reagenzglas bei Beginn des Versuchs, rechts nach Ende der Reaktion.

VERSUCH 9
Oxidation des Eisens

Wir waschen von einem Stück Stahlwolle, die im Haushalt zum Reinigen von Töpfen und Pfannen verwendet wird, sorgfältig alle Seife und Rückstände ab. Eine kleine Menge befeuchten wir mit Essig und klemmen sie am Boden eines passenden Reagenzglases ein. Dieses befestigen wir umgekehrt in einer wassergefüllten Glasschale.

Im Laufe der nächsten Stunden beobachten wir, daß das Eisen rostet. Offensichtlich wird dabei ein Teil der Luft verbraucht, denn der Wasserspiegel steigt im Reagenzglas langsam nach oben. Er bleibt schließlich stehen, wenn das Wasser etwa 20 Prozent des Glasinnenraums ausfüllt.

Offensichtlich hat hier der Sauerstoff der Luft die Stahlwolle angegriffen (*oxidiert**) und ist dabei im Rost gebunden worden. Durch sein Verschwinden verringerte sich das Luftvolumen um etwa 20 Prozent; er dürfte also vorher ein Fünftel des Luftraums eingenommen haben.

Übrig bleibt Stickstoff, der Hauptbestandteil der Luft, der seinen Namen der Tatsache verdankt, daß er Flammen und Lebewesen erstickt. Wir überzeugen uns davon, indem wir das Reagenzglas mit dem Daumen unter Wasser abdecken, herausnehmen, umdrehen und nun einen brennenden Holzspan einführen. Der Stickstoff ist wie der Sauerstoff und das Eisen ein Element, kann also mit chemischen Mitteln nicht weiter zerlegt werden. Offensichtlich nimmt er in der Luft etwa 80 Volumprozent ein, der Sauerstoff 20 Prozent, wie wir gesehen haben. (Genaugenommen nimmt Stickstoff ein kleineres Volumen ein, weil in der Luft außer Stickstoff und Sauerstoff noch ungefähr 1 Prozent Edelgase sowie Spuren von Kohlendioxid und Wasserdampf vorkommen.)

Wir können diesen Versuch auch auf einer Küchenwaage oder einem empfindlicheren Gerät ausführen und werden dabei feststellen, daß (von der Wasserverdunstung abgesehen) die Masse der Versuchseinrichtung gleichbleibt. Zwar wiegt die oxidierte Stahlwolle mehr als vorher, weil sie ja den Sauerstoff aufgenommen hat, dafür wiegt der übriggebliebene Stickstoff entsprechend weniger als vorher die Luft. Der Zugewinn an Masse für die Stahlwolle wird durch den Verlust an Luftmasse genau ausgeglichen.

Diesen Sachverhalt hat um 1790 der französische Chemiker Lavoisier mit ähnlichen Experimenten und sehr genau gehenden Waagen erstmals exakt nachgewiesen. Er führte den Gebrauch der Waage in die Chemie ein und gilt als ihr eigentlicher Begründer. Ihm verdanken wir den Satz von der «Erhaltung der Massen», der

* Abgeleitet von Oxygenium = Sauerstoff.

besagt, daß bei einer chemischen Reaktion weder Masse entsteht noch verschwindet. Mit anderen Worten lautet Lavoisiers Satz: *Die Summe der Massen der Ausgangsstoffe ist gleich der Summe der Massen der Reaktionsprodukte.* Erneut bestätigt sich, was schon Demokrit behauptete, daß nämlich Atome weder aus dem Nichts entstehen noch im Nichts verschwinden können.

Das klingt ganz selbstverständlich, widerspricht aber einer alltäglichen Beobachtung: Wenn wir eine Kerze abbrennen, so verbrennt sie restlos, und von verbrannter Kohle bleibt nur die viel leichtere Asche zurück. Allem Anschein nach verschwindet also doch Masse beim Verbrennen!

Tatsächlich haben dies die Alchimisten vor Lavoisier etwa ein Jahrhundert lang geglaubt. Sie übersahen, daß bei diesen Vorgängen die *Verbrennungsgase* (hauptsächlich Kohlendioxid und Wasserdampf) entweichen, die natürlich den verbrauchten Kohlenstoff, Wasserstoff und Sauerstoff enthalten und in ihren unvollkommenen Versuchsanordnungen nicht mitgewogen wurden. Metalloxide besitzen den Vorteil, fest zu sein, und können somit nicht so leicht entweichen; mit ihrer Hilfe konnte Lavoisier die «Phlogistontheorie» widerlegen.

Er war ein sehr scharfsinniger Mann, der seine Frau bei seinen berühmten Experimenten mitwirken ließ. Robespierre schickte den Wissenschaftler, der als Steuereinnehmer für das *Ancien régime* gearbeitet hatte, 1794 auf die Guillotine. Einen Aufschub der Hinrichtung Lavoisiers, der sich mitten in einigen Versuchen befand, bis zur Beendigung dieser Experimente lehnte Robespierre kategorisch ab; die Republik brauche, so meinte er, «keine Wissenschaftler, sondern Gerechtigkeit» – und dies offensichtlich auf der Stelle. Der Mathematiker Lagrange, wie Lavoisier Mitglied der Académie française und Zeuge der Hinrichtung, soll dazu nachdenklich bemerkt haben: «Eine Sekunde benötigten sie, um seinen Kopf zu nehmen. Vielleicht werden hundert Jahre nötig sein, bis ein ähnlicher wieder wächst.»

Dritter Ausflug

Ins Reich des Unsichtbaren

Die Chemiker haben in den letzten 200 Jahren unzählige chemische Reaktionen mit sehr genau gehenden Waagen und Volumen-Meßgeräten untersucht und stets für die verschiedenen Elemente wiederkehrende Massenverhältnisse gefunden, ähnlich wie bei den Versuchen 5 und 7. Dabei hat sich herausgestellt, daß kein Element eine niedrigere Atommasse besitzt als der Wasserstoff. Um bei unserem anschaulichen Vergleich aus dem Transportwesen zu bleiben, hat man keinen leichteren Behälter für Mineralwasser gefunden als einen Kunststoff-Einwegbeutel, der nun – im übertragenen Sinne – für den Wasserstoff steht.

Das verwundert nicht sehr, denn in Versuch 7 reagierte ja 1 Gramm Wasserstoff mit 8 Gramm Sauerstoff. Wenn wir nun noch daran denken, daß im Wassermolekül zwei Atome Wasserstoff an ein Atom Sauerstoff gebunden sind, müssen wir das eine Gramm Wasserstoff noch durch zwei teilen. Jetzt können wir sagen, daß sich die Massenzahlen von Wasserstoff und Sauerstoff wie $^1/_2 : 8$ – oder ganzzahlig ausgedrückt wie $1:16$ – verhalten. Wasserstoffatome sind also nur so schwer wie $^1/_{16}$ Sauerstoffatom.

Aus Zweckmäßigkeit haben sich die Chemiker ebenfalls vor fast 200 Jahren entschieden, dem Wasserstoffatom die Massenzahl 1 zu geben. Demzufolge besitzt Sauerstoff die Massenzahl 16. Da es eine Verbindung SO_3 gibt und bei ihrer Herstellung 48 Gramm Sauerstoff mit 32 Gramm Schwefel reagieren, müssen wir 48 durch 3 dividieren und sehen dann, daß Schwefel das *Atomgewicht* 32 hat, wenn wir Sauerstoff die Massenzahl 16 geben. Aus Versuch 5 folgt nun, daß Eisen die Massenzahl 56 hat, und das läßt sich beliebig fortführen. Kontrollen sind möglich: Ein weiteres Gas ist der Schwefelwasserstoff, den wir übrigens bei Versuch 5 kurz kennenlernten (er riecht nach faulen Eiern). Wir erhielten ihn aus Salzsäure und Schwefeleisen. Man kann ihn aber auch aus den Elementen Schwefel und Wasserstoff synthetisieren und findet dann, daß zwei Gramm Wasserstoff immer mit 32 Gramm Schwefel restlos reagieren. Da Wasserstoff die Atommasse 1 hat und Schwefel die Atommasse 32, folgt, daß die Formel wohl H_2S lauten muß.

Es ist verblüffend, daß die Chemiker die winzigen Atome gewissermaßen wiegen können. Dies erstaunt um so mehr, da es offensichtlich unmöglich ist, sie sichtbar zu machen oder gar einzeln auf irgendeine Waage zu legen.

Dabei wollen wir nicht übersehen, daß wir bis jetzt keine Aussage machen können, wie groß das Atomgewicht des Wasserstoffs, Sauerstoffs oder Eisens wirklich ist. Wir wissen nur, daß ein Atom Sauerstoff 16mal so schwer ist wie ein Atom Wasserstoff, ein Atom Schwefel 32mal so schwer und ein Atom Eisen sogar 56mal so schwer. Weil sich alle diese Atomgewichte auf das Atomgewicht des Wasserstoffs (das gleich eins gesetzt wurde)* beziehen, nennen wir sie *relative* Atomgewichte. Atomgewichte, in Gramm oder Milligramm ausgedrückt, heißen *absolute* Atomgewichte. Wir wollen mal davon ausgehen, daß sie ziemlich klein sind und hören mit Erleichterung, daß sie in der Chemie praktisch keine Rolle spielen. Wen das nicht abschreckt, der kann sie am Ende dieses Ausflugs berechnen.

* Ich habe diesen Sachverhalt bewußt vereinfacht dargestellt. In Wirklichkeit setzt man die Atommasse des häufigsten Kohlenstoffisotops gleich zwölf. Das ergibt dann für Wasserstoff 1,008 – was uns jedoch nicht weiter interessieren soll!

Demgegenüber sind die relativen Atomgewichte für den Chemiker ein unentbehrliches Werkzeug, denn sie geben ihm an, wieviel Rohstoffe er für seine Reaktionen einsetzen muß. Er wiegt sie ab und kann sicher sein, daß sie Atom für Atom miteinander reagieren – im Prinzip also so, als ob er sie tatsächlich gezählt hätte. Er gleicht dabei einem Verkäufer in einem Eisenwarengeschäft, der das langweilige Zählen von Muttern und Schrauben längst durch Abwiegen ersetzt hat, weil er weiß, daß eine Schraube beispielsweise zwanzig Gramm, die zugehörige Mutter fünf Gramm wiegt. Wenn ein Kunde hundert Schrauben und Muttern verlangt, wiegt der Verkäufer zwei Kilogramm Schrauben und fünfhundert Gramm Muttern ab und kann sicher sein, daß der Kunde keine überzähligen Schrauben und Muttern haben wird.

Ein bißchen komplizierter wird die Sache für den Eisenwarenhändler, wenn er wie der Chemiker das tatsächliche, absolute Gewicht seiner Schrauben und Muttern nicht kennt, sondern nur weiß, daß sich das Schraubengewicht zum Mutterngewicht im Verhältnis zwanzig zu fünf befindet. Einen Kunden, der jetzt hundert Schrauben und Muttern von ihm verlangt, kann er mit seiner Waage nicht bedienen. Da er aber wie der Chemiker das relative Gewicht der Schrauben und Muttern (zwanzig beziehungsweise fünf) kennt, kann er wenigstens einem solchen Kunden helfen, der ein Kilogramm Schrauben nebst zugehörigen Muttern kaufen will. Letztere müssen nämlich ein halbes Pfund wiegen. Schrauben und Muttern sind immer in gleicher Zahl vorhanden, wenn sich ihre Gewichte wie zwanzig zu fünf verhalten.

Am einfachsten hat es natürlich unser Eisenwarenhändler, wenn er beispielsweise einem Feinmechaniker sehr kleine Schrauben und Muttern verkauft, von denen er wiederum nur die relativen Gewichte, nämlich zwanzig und fünf kennt. Er wiegt dem Kunden zwanzig Gramm Schrauben und fünf Gramm Muttern aus und kann ohne jede Rechnerei sichergehen, daß die Mengen zueinander passen.

In ähnlicher Manier wiegt der Chemiker 32 Gramm Schwefel und 56 Gramm Eisen ab und ist sicher, daß beide Mengen gleich viele Atome enthalten, obwohl er theoretisch nicht weiß, wie viele es tatsächlich sind. Da solche Vorgänge ziemlich häufig vorkommen, haben die Chemiker eine für sie höchst brauchbare Gewichtseinheit geschaffen, das *Grammatom.* Definitionsgemäß versteht man darunter das relative Atomgewicht eines Elements, ausgedrückt in Gramm. Demnach beträgt ein Grammatom Wasserstoff ein Gramm, ein Grammatom Sauerstoff sechzehn Gramm, ein Grammatom Schwefel zweiunddreißig Gramm und so weiter. Bei Verbindungen spricht man von Gramm-Molen. Ein Gramm-Mol Schwefeleisen wiegt 32 + 36 = 88 Gramm, ein Gramm-Mol Wasser 2 + 16 = 18 Gramm. Vom Gewicht her entspricht daher das Gramm-Mol einer Verbindung exakt ihrem Molekulargewicht. Abgekürzt spricht man einfach von *Mol.* Für größere Mengen wird auch das *Kilomol* benutzt, das 1000 Mol enthält.

Natürlich plagt uns die Neugier sehr. In einem Mol Wasser sind gleich viel Moleküle wie in einem Mol Schwefeleisen, doch wie viele sind das nun genau? In diesem Punkt soll uns Versuch 10 etwas auf die Sprünge helfen.

Versuch 10
Mit Kernseife Moleküle zählen

Wir füllen eine Schüssel von etwa 30 cm Durchmesser einige Zentimeter hoch mit destilliertem oder entmineralisiertem Wasser (auch Regenwasser ist geeignet). Sobald das Wasser vollständig zur Ruhe gekommen ist, bestäuben wir seine Oberfläche ganz dünn mit Lycopodium-Sporen (Bärlappsporen, die man in der Apotheke kaufen kann). Dazu benutzen wir am besten einen Nylon-Damenstrumpf.

Ein Streichholz wird am Ende nun so zurechtgeschnitten, daß es einen ungefähren Querschnitt von 1 × 1 mm besitzt. Wir beschichten die Endfläche mit schwach angefeuchteter Kernseife hauchdünn, so daß die Seifenschicht näherungsweise 0,1 mm dick ist.

Das mit Seife präparierte Streichholzende klemmen wir mit Hilfe einer Wäscheklammer so fest, daß es die Wasseroberfläche gerade berührt. Wir beobachten, daß die Bärlappsporen durch die Seife abgestoßen werden. Es entsteht ein kreisrunder, sporenfreier Fleck im Wasser, der sich nach einiger Zeit (30 Minuten) nicht mehr weiter ausdehnt *(siehe Abbildung 35)*.

Wir können annehmen, daß sich die Seifenmoleküle auf dem Wasser als monomolekulare (das heißt, nur aus einzelnen Molekülen bestehende) Schicht ausgebreitet und dabei die Sporen weggeschoben haben. Die entstandene sporenfreie Fläche sollte in etwa 80 Quadratzentimeter groß sein. Unser Seifenstückchen von 0,1 × 1 × 1 Millimeter hat sich also in einen ganz flachen Zylinder von 80 Quadratzentimeter Grundfläche und der Höhe h eines Seifenmoleküls umgewandelt. Mathematisch formuliert hieße es demnach:

$$8000\ \text{mm}^2 \times h = 0{,}1 \times 1 \times 1\ \text{mm}^3 \text{ oder}$$
$$h = 0{,}1 : 8000\ \text{mm} = 0{,}000\,0125\ \text{mm} = 1{,}25 \times 10^{-5}\ \text{mm}$$

Wie der Chemiker aus anderen Versuchen weiß, sind Seifenmoleküle stäbchenförmig, etwa 10mal so lang wie dick, und sie schwimmen senkrecht auf der Wasseroberfläche. Wenn also das Seifenmolekül $1{,}25 \times 10^{-5}$ Millimeter lang ist, so ist es $0{,}125 \times 10^{-5}$ Millimeter oder $1{,}25 \times 10^{-6}$ Millimeter dick.

Wir fragen uns nun, wie viele solcher Moleküle in unserem Seifenfleck von 8000 mm² senkrecht nebeneinanderstehen. Dabei erleichtern wir uns das Leben und nehmen mal an, sie besäßen einen quadratischen Querschnitt f:

$$f = 1{,}25 \times 10^{-6} \times 1{,}25 \times 10^{-6} = 1{,}56 \times 10^{-12}\ \text{mm}^2$$

Die Zahl n der Seifenmoleküle im Seifenfleck beläuft sich auf:

$$n = 8000\ \text{mm}^2 : 1{,}56 \times 10^{-12}\ \text{mm}^2 = 5{,}13 \times 10^{15}$$

In unserem Seifenstückchen von $0{,}1 \times 1 \times 1$ mm waren also etwa fünf Billiarden Seifenmoleküle enthalten. Da Seife schätzungsweise die Dichte von einem Gramm pro Kubikzentimeter besitzt, wog es 0,1 Milligramm.

Jetzt geht es mit einem einfachen Dreisatz weiter: Wenn 0,1 Milligramm Seife $5{,}1 \times 10^{15}$ Moleküle enthielt, dann befinden sich in einem Mol Seife – bei einem Molekulargewicht von ungefähr 300 demnach 300 Gramm – N_L Moleküle, oder als Formel ausgedrückt:

$$N_L = 5{,}1 \times 10^{15} \times 300 \times 1000 : 0{,}1 = 1{,}5 \times 10^{22}\ \text{Moleküle}$$

Auf diese einfache Weise haben wir eigenhändig die Konstante N_L, die sogenannte *Loschmidtsche Zahl*, also die Zahl der Teilchen in einem Mol bestimmt. Und natürlich gilt diese Zahl, die nach dem österreichischen Physiker Joseph Loschmidt benannt ist, der sie auf einem anderen Wege erstmals annähernd richtig bestimmte, nicht nur für Kernseife, sondern für ein Mol einer beliebigen Verbindung und für ein Grammatom eines beliebigen Elementes. Exemplarisch hat also ein einziges Experiment unendlich viele Fragen beantwortet.

Wir sollten allerdings die Genauigkeit unserer Methode nicht überschätzen, denn wir haben mehrfach vereinfachende Annahmen gemacht. Die Hauptfehlerquelle ist (abgesehen von der primitiven Mengenbestimmung der Seife) die Ausbildung der monomolekularen Schicht und damit die Ausdehnung des Seifenflecks, denn dessen Fläche geht mit der dritten Potenz in die Rechnung ein. Wir wissen aber nicht, ob die Kraft einer aus einzelnen Molekülen bestehenden Schicht ausreicht, um die vergleichsweise riesigen Bärlappsporen wegzuschieben. Schon wenn wir annehmen, daß unsere Schicht im Durchschnitt zwei Moleküle dick war, ergeben sich deutlich andere Werte: das Achtfache für die Loschmidtsche Zahl und die Hälfte für die Länge der Seifenmoleküle.

Der exakte Wert der Loschmidtschen Zahl* beträgt $6{,}022 \times 10^{23}$, also eine 6 mit 23 Nullen. Er ist demnach 40mal höher, als wir gefunden haben. Unser Versuch war also sehr ungenau; er hat uns aber ein Gefühl für die Größenordnung dieser Zahl verschafft. Nebenbei konnten wir – wenn auch mit beträchtlichen Fehlern – die Länge und die Dicke eines Seifenmoleküls bestimmen.

Hier lohnt sich eine Verschnaufpause. Denn die Größe der Loschmidtschen Zahl ist derart enorm, daß wir schon ein paar anschauliche Vergleiche brauchen, um sie uns überhaupt vorstellen zu können. 602 200 000 000 000 000 000 000 Moleküle sind in 18 g Wasser, einem Schnapsglas voll, enthalten. Wenn es uns gelänge, sie hintereinander in einer Reihe anzuordnen, würden sie eine Kette bilden, die die Entfernung von der Sonne zum Jupiter überträfe, und das trotz der unvorstellbar winzigen Größe der Moleküle! Besäßen wir eine Maschine, um pro Sekunde eine Million Wassermoleküle abzuzählen, so müßte diese fast 20 Milliarden Jahre zählen; eine Zeitspanne, die dem vierfachen Alter der Erde entspricht. Und wenn wir ein Mol Wasser gleichmäßig in den Ozeanen der Erde verteilten, so fänden wir anschließend in jedem Liter Meerwasser immer noch über 400 Moleküle aus diesem Mol.

Die Loschmidtsche Zahl erlaubt uns nicht nur, die absolute

* Die Loschmidtsche Zahl heißt auch Avogadrosche Zahl, nach Amedeo Avogadro, einem italienischen Chemiker und Physiker, der vor knapp 200 Jahren erkannte, daß sie für alle Mole gleich ist.

Masse der Atome und Moleküle zu errechnen, sondern gibt uns auch deren Raumbedarf an, wodurch wir eine Vorstellung von ihrer ungefähren Größe gewinnen. Denn 18 Gramm Wasser haben einen Rauminhalt von 18 Kubikzentimetern; da darin $6{,}022 \times 10^{23}$ Moleküle enthalten sind, beansprucht ein Molekül ziemlich genau 3×10^{-23} Kubikzentimeter. Nehmen wir vereinfachend an, daß ein Wassermolekül annähernd Kugelgestalt besitzt und nur zu ungefähr 40 Prozent den Raum ausfüllt, so gilt für den Radius r des Kügelchens folgende Formel:

$$^4/_3\, r^3\pi = 0{,}4 \times 3 \times 10^{-23} \text{ ccm}$$

Für den Radius r erhält man dann:

$$r = 1{,}42 \times 10^{-8} \text{ cm.}$$

Das Wassermolekül hätte dann 0,284 Millionstel Millimeter Durchmesser (da der Durchmesser sich ja aus dem doppelten Radius berechnet); es wäre in einem millionenfach vergrößernden Mikroskop als winziges Pünktchen sichtbar – wenn es ein solches Instrument gäbe (es gibt solche Instrumente, aber nicht für Wassermoleküle).

Wenn wir uns noch mal an den ersten Versuch erinnern, erkennen wir, wie erstaunlich das Phänomen der Brownschen Molekularbewegung ist, denn die Fetttröpfchen der Milch waren immerhin etwa $^1/_{300}$ Millimeter groß. Sie werden von Molekülen gestoßen, die ein Zehntausendstel ihres Durchmessers besitzen. Auf die Dimensionen des Sports übertragen, dreschen «Fäuste» von 0,1 Millimeter Durchmesser auf einen Medizinball von einem Meter Durchmesser ein; logischerweise muß dieses Eindreschen mit großer Wucht und Häufigkeit geschehen. Tatsächlich kann man errechnen, daß die Wassermoleküle mit Geschwindigkeiten von deutlich mehr als 100 Metern pro Sekunde auftreffen – was sehr grob der Schallgeschwindigkeit oder der Geschwindigkeit einer Gewehrkugel vergleichbar ist.

Wir dürfen hier ein wenig erschöpft innehalten. Mit wenigen Versuchen und Berechnungen haben wir Atome gezählt, gewogen und gemessen, und zwar im Prinzip genau so, als ob wir sie sehen, wiegen und an einem Zollstock anlegen könnten. Nicht sehen zu können, bedeutet für den Chemiker noch lange nicht, daß er nichts weiß. Demokrit wäre begeistert, könnte er erfahren, wie glanzvoll sich seine Theorie bestätigt hat. Empedokles und Platon hingegen müßten vor Neid erblassen!

Mit dem nun folgenden Versuch 11 bleiben wir weiter den Häkchen des Demokrit auf der Spur. Haben wir in den letzten Experimenten gesehen, was sie bewirken, so wollen wir nun erforschen, wie sie funktionieren. Gleichzeitig lernen wir ein weiteres, übrigens sehr umstrittenes Element kennen.

Versuch 11
Zerlegung von Salzsäure

Warnung: Führen Sie diesen Versuch nicht in einem geschlossenen Raum aus (Fenster öffnen und für Durchzug sorgen)! Tragen Sie eine Schutzbrille und Schutzkleidung, und atmen Sie die entstehenden giftigen Gase nicht ein! Probieren Sie vor dem Versuch aus, ob Ihr Kunststoffgefäß gegen halbkonzentrierte Salzsäure beständig ist!

Wir füllen in ein Kunststoffgefäß halbkonzentrierte Salzsäure, bis die Elektroden in die Flüssigkeit eintauchen, und schließen wieder die 4,5-Volt-Batterie an. An der Kathode, die mit dem Minuspol der Batterie verbunden ist, entsteht Wasserstoff wie in Versuch 7. An der Anode dagegen bildet sich ein stechend riechendes, stark hustenreizendes gelbgrünes Gas, das Chlor (abgeleitet von griechisch *chloros* = grün). Es entsteht in gleicher Menge wie der Wasserstoff. Allerdings löst es sich anfangs im Wasser der Salzsäure, so daß wir erst nach etwa einer halben Minute gleich große Mengen beobachten können. Nun brechen wir den Versuch sofort ab und gießen die Versuchslösung in den Entsorgungsbehälter für saure Abfälle.

Genaugenommen bedeutet «gleiche Menge» hier gleiche Volumina (Rauminhalte). Denn auf das Gewicht bezogen, entstehen auf ein Gramm Wasserstoff 35,5 Gramm Chlor. (Leider können wir das mit unseren einfachen Hilfsmitteln nicht nachprüfen.) Da beide Gase das gleiche Volumen einnehmen, gilt offenbar, daß die Dichte des Chlors fast 36mal größer ist als die des Wasserstoffs.

Vermischt man die Gase im Volumenverhältnis 1:1 und setzt die Mischung dem Sonnenlicht aus, so reagieren sie explosionsartig unter Entstehung von Chlorwasserstoff, einem farblosen Gas, das ebenfalls heftig die Atemorgane reizt (diesen Versuch sollten Sie zu Hause nicht durchführen):

Chlor + Wasserstoff → Chlorwasserstoff + Wärmeenergie

Dieser Chlorwasserstoff löst sich ausgezeichnet in Wasser; die wäßrige Lösung ist nichts anderes als die in unserem Versuch eingesetzte Salzsäure. Für ihre Zerlegung können wir nun formulieren:

Chlorwasserstoff + elektrische Energie → Chlor + Wasserstoff.

Sensationell an unserem Versuch ist nicht die Tatsache, daß die elektrische Energie Chlorwasserstoff in seine Elemente spaltet, sondern daß der Wasserstoff **nur** an der negativ geladenen Kathode und das Chlor **ausschließlich** an der positiv geladenen Anode entsteht, nirgends aber das Gemisch. Die beiden Graphitstäbe wirken also als Sammelpunkte, und zwar der negativ geladene für Wasserstoff, der positiv geladene für Chlor. Wenn sich das Chlor aber an der Anode sammelt, so müssen die Chloratome in der Lösung zum Sammelpunkt gewandert sein und gleichzeitig die Wasserstoffatome zur Kathode. Es gibt also Atome, die unter dem Einfluß einer angelegten Spannung gezielt wandern. Die humanistisch gebildeten Chemiker des vergangenen Jahrhunderts nannten solche zu gezielten Wanderungen fähige Atome *Ionen* (von griechisch *ionos* = Wanderer abgeleitet) und unterschieden zweckmäßig je nach dem elektrischen Wanderziel zwischen *Kationen* und *Anionen* (*Kata* bedeutet als Vorsilbe «hin» oder «hinauf», die Vorsilbe «Ana» genau das Gegenteil, nämlich «weg» oder «herab»). Unsere einfache Apparatur des Versuchs 11 ist also eine «Ionensortiermaschine».

Wenn wir uns nach den Ursachen der merkwürdigen Wanderbewegung fragen, kommen wir über die naheliegende Annahme, daß hier elektrische Anziehungskräfte wirken, zu dem für Demokrit zweifellos revolutionären Schluß, daß die Ionen elektrisch geladene Atome sind. Da sich immer entgegengesetzte Ladungen anziehen, müssen die Wasserstoffionen (Kationen) positiv geladen sein und die Chlorionen wie alle Anionen negativ.

Weil die Gasentwicklung in unserem Versuch sofort nach dem Anlegen der Spannung eintritt, dürfen wir schließen, daß die Wasserstoffionen und die Chlorionen schon vorhanden waren, bevor wir Spannung anlegten. Die Spannung bewirkt letztlich nur ein Auseinanderwandern der beiden Ionenarten, so wie Hungrige und Durstige in einem Park auseinanderwandern, wenn an einem Ende ein Getränkekiosk und am anderen eine Frittenbude öffnen. Am jeweiligen Ziel angekommen, wird die elektrische Ladung durch die Kathode bzw. Anode neutralisiert, und es entstehen die uns mittlerweile bekannten ungeladenen Atome, also die Elemente Wasserstoff und Chlor.

Wenn wir uns nun aus dem Physikunterricht ins Gedächtnis rufen, daß elektrischer Strom nichts anderes ist als eine Bewegung von (negativ geladenen) Elektronen, so können wir erraten, was sich an der Kathode abspielt. Sie ist wegen der Verbindung mit dem Minuspol der Stromquelle über und über mit Elektronen belegt. Deshalb ist sie negativ geladen und wirkt auf die positiv geladenen Wasserstoffionen außerordentlich anziehend. Die ankommenden Wasserstoffionen werden mit je einem Elektron abgespeist, dadurch elektrisch neutralisiert und zu Wasserstoff umgewandelt. Unter der Voraussetzung, daß e^- das Symbol für ein Elektron ist, gilt folgende Formel:

$$H^+ + e^- \rightarrow H$$

An der Anode ist alles umgekehrt. Dort herrscht ein schrecklicher Mangel an Elektronen, weil die Batterie dauernd Elektronen absaugt. Dementsprechend ist sie positiv geladen, zieht die negativ geladenen Chlorionen an sich heran und entreißt ihnen je ein Elektron. Damit verlieren die Chlorionen ihre elektrische Ladung, und es entsteht ein elektrisch neutrales Chloratom. Für diesen Fall gilt (wobei Cl für ein Chloratom steht):

$$Cl^- \rightarrow e^- + Cl$$

Die Stromquelle saugt das Elektron von der Anode ab und liefert an der Kathode Elektronen nach. Anders ausgedrückt, fließt der Strom durch unsere Salzsäurelösung hindurch und wird dabei sozusagen von den Fußgängern, nämlich von den Ionen («Wanderern») getragen. Wenn wir nun die beiden Teilreaktionsgleichungen addieren, so ergibt sich:

$$H^+ + Cl^- + \text{elektrische Energie} \rightarrow H + Cl$$

Durch Vergleich mit der in Worten gefaßten Zerlegungsgleichung schließen wir, daß Salzsäure aus Wasserstoffionen und Chlorionen besteht. Da beide entgegengesetzte Ladungen tragen, ziehen sie sich gegenseitig an, und dies scheint wenigstens in wäßriger Lösung das Prinzip der chemischen Bindung zu sein.

Die Skeptiker unter uns werden hier einwenden, daß das Verhalten der Wasserstoff- und Chlorionen eigentlich widersprüchlich ist, denn sie müßten sich im Prinzip gegenseitig elektrisch neutralisieren können. Eine denkbare Antwort wäre, daß sie beide nicht nackt umherwandern, sondern Wassermoleküle als isolierenden Schutzanzug tragen. Das ist sicher richtig, reicht jedoch als alleinige Wahrheit nicht aus. Denn wenn man das Wasser entfernt oder ganz wegläßt, erhält man wie bei der Chlorknallgasreaktion trockenes Chlorwasserstoffgas, das sich keineswegs spontan in Chlor und Wasserstoff spaltet. Hierzu ist vielmehr, wie wir gesehen haben, Energie erforderlich. Die überzeugende Antwort muß daher heißen, daß Wasserstoffionen und Chlorionen sich offensichtlich in ihrem elektrisierten Zustand wohl fühlen und ihn nur dann aufgeben, wenn ihnen «nackte» Elektronen aufgedrängt oder energisch weggerissen werden.

Umgekehrt geben Chlor und Wasserstoff mit Freuden bei der Chlorknallgasreaktion Energie ab, wenn sie aus dem offensichtlich ungeliebten elementaren Zustand in den ionisierten Zustand der Chlorwasserstoffbindung übergehen können. Diesen Schritt wollen wir noch einmal genauer betrachten.

Aus Chlor und Wasserstoff entstehen Chlorwasserstoff und Wärmeenergie. Da Chlorwasserstoff in wäßriger Lösung vollständig aus negativ geladenen Chlorionen und positiv geladenen Wasserstoffionen besteht, muß bei seiner Herstellung aus den (elektrisch neutralen) Elementen jedes Wasserstoffatom ein Elektron an ein Chloratom abgeben. Nur so werden aus Wasserstoffatomen positiv geladene Wasserstoffionen und aus Chloratomen negativ geladene Chlorionen. Die Reaktionsgleichung lautet also:

$$H + Cl \rightarrow H^{+} + Cl^{-} + \text{Energie}$$

Atome können demnach Elektronen abspalten oder aufnehmen. Dabei entstehen chemische Bindungen.

Unser schlichter Versuch 11 erlaubt uns also gleich zwei sensationelle Aussagen:

1. Atome sind **nicht** unteilbar, wie es Leukipp und Demokrit behauptet haben, sondern können Elektronen abgeben oder aufnehmen, wobei sie zu elektrisch geladenen Ionen werden. Diese sind in ihren Eigenschaften von den ungeladenen Atomen grundverschieden.

2. Bei chemischen Bindungen spielt die Elektrizität eine maßgebliche Rolle. Genauer gesagt funktionieren die «Häkchen» des Demokrit mit Hilfe elektrostatischer Anziehungskräfte.

Wir werden insbesondere die zweite Erkenntnis in einem späteren Kapitel erheblich vertiefen. Dazu müssen wir allerdings noch etwas weiter ausholen.

Die einfachen Verhältnisse bei Gasreaktionen

Kehren wir zu Versuch 11 zurück, bei dem aus einer wäßrigen Chlorwasserstofflösung Wasserstoff und Chlor in gleichen Raumteilen entstanden. Auch die umgekehrte Reaktion, bei der unter lautem Knall aus gleichen Volumina Wasserstoff und Chlor trockener Chlorwasserstoff entsteht, läuft am besten und vollständig ab, wenn die Chemiker ein Raumteil Wasserstoff mit einem Raumteil Chlor umsetzen, also z. B. einen Liter mit einem Liter oder einen Kubikzentimeter mit einem Kubikzentimeter. Der dabei entstehende Chlorwasserstoff beansprucht dann zwei Raumteile.

$$1\ \mathrm{cm}^3\ \text{Chlor} + 1\ \mathrm{cm}^3\ \text{Wasserstoff} \rightarrow 2\ \mathrm{cm}^3\ \text{Chlorwasserstoff}$$

In Versuch 7 entstanden aus Wasser Wasserstoff und Sauerstoff im Volumenverhältnis 2 : 1. Im gleichen Volumenverhältnis bilden die beiden Elemente in der Knallgasreaktion zwei Volumina Wasserdampf zurück, also zum Beispiel:

$$2\ \mathrm{cm}^3\ \text{Wasserstoff} + 1\ \mathrm{cm}^3\ \text{Sauerstoff} \rightarrow 2\ \mathrm{cm}^3\ \text{Wasserdampf}$$

Vor etwa 200 Jahren haben die Chemiker viele derartige Gasreaktionen untersucht und immer wieder gefunden, daß dabei einfache, konstante Volumenverhältnisse auftreten. Wenn beispielsweise ein Liter Chlorgas mit einem Liter Wasserstoff restlos reagiert und dabei zwei Liter Chlorwasserstoff entstehen, so müssen in einem Liter Chlor gleich viele Atome oder Moleküle sein wie in einem Liter Wasserstoff. Der italienische Physiker und Chemiker Avogadro hat diesen Sachverhalt als erster erkannt und formuliert: *Gleiche Volumina von Gasen enthalten gleich viele Atome oder Moleküle.*

Dieser Satz hat einen zweiten zur Folge. Denn wir erinnern uns jetzt an das Ergebnis von Versuch 10: Ein Mol eines beliebigen Stoffes enthält immer $6{,}022 \times 10^{23}$ Moleküle, und ein Grammatom eines beliebigen Elementes stets $6{,}022 \times 10^{23}$ Atome. Folglich muß ein Mol Chlorwasserstoff (36,5 Gramm) ebensoviel Volumen beanspruchen wie ein Mol eines anderen Gases. Nehmen wir den Schwefelwasserstoff als Beispiel: Seine Formel ist H_2S, das Molgewicht 34. Also müssen 34 Gramm Schwefelwasserstoff genau wie 36,5 Gramm Chlorwasserstoff $6{,}022 \times 10^{23}$ Moleküle enthalten, und diese nehmen bei beiden Gasen das gleiche Volumen, nämlich 22,4 Liter, in Anspruch. (Das gilt für die sogenannten «Normalbedingungen», also definitionsgemäß bei null Grad Celsius und einem Luftdruck von 760 mm Quecksilbersäule.) Dieses Volumen nennt man deshalb auch das *Molvolumen.*

Dieser Sachverhalt erweist sich als außerordentlich günstig, denn sollte uns in unserer Karriere als Chemiker einmal ein unbekanntes Gas begegnen, so messen wir unter Normalbedingungen 22,4 Liter ab und wiegen das Gas aus. Das Ergebnis in Gramm ausgedrückt ist das Molgewicht des unbekannten Gases. So einfach geht das! Wieder schade, daß unsere provisorischen Versuchseinrichtungen dafür nicht ausreichen. So müssen Sie mir glauben, daß 22,4 Liter Ammoniak 17 Gramm wiegen und 22,4 Liter Methan 16 Gramm entsprechend der jeweiligen Molgewichte von 17 beziehungsweise 16. Man muß dazu auch noch wissen, daß Ammoniak die Formel NH_3 besitzt, Methan hingegen CH_4 und daß die Atomgewichte für N bei 14 beziehungsweise für C bei 12 liegen.

Analog stellen wir fest, daß 22,4 Liter des Edelgases Helium vier Gramm wiegen und sehen in der Atomgewichtstabelle im Anhang, daß Helium tatsächlich ein Atomgewicht von 4 hat. (Mit Recht betonen die Physiker immer wieder, daß die Chemiker eigentlich die Bezeichnung «Atommasse» statt «Atomgewicht» verwenden müßten. Die Chemiker haben jedoch bisher diese inzwischen fest eingebürgerte Bezeichnung beibehalten.)

Wir erwarten nun, daß 22,4 Liter Wasserstoff ein Gramm wiegen und sind herb enttäuscht, denn sie wiegen zwei Gramm. Ähnlich enttäuscht uns der Sauerstoff, denn 22,4 Liter wiegen statt 16 vielmehr 32 Gramm. Und auch das Chlor benimmt sich daneben, weil 22,4 Liter nicht 35,5 Gramm, sondern 71 Gramm wiegen. Also jeweils das Doppelte!

Offensichtlich liegen diese gasförmigen Elemente nicht als Atome vor, sondern als zweiatomige Moleküle. Denn wenn wir dem elementaren Wasserstoff die Formel H_2, dem Sauerstoff die

Formel O_2 und dem Chlor die Formel Cl_2 zuschreiben, ergeben sich auch theoretisch genau diejenigen Molekulargewichte, die wir beim Abwiegen der 22,4 Liter gefunden haben. Und das gilt für alle gasförmigen Elemente mit Ausnahme der Edelgase.

Bereits vor knapp 200 Jahren bewies Avogadro den anfangs sehr skeptischen Chemikern die Stimmigkeit dieser Theorie, denn dies läßt sich auch aus den Volumenverhältnissen der Gasreaktionen erkennen. Ihre tatsächliche Begründung war erheblich schwieriger – fast ein Jahrhundert verstrich, bevor Niels Bohr eine einleuchtende Erklärung fand. Wir brauchen glücklicherweise nur noch ein paar Seiten bis zur Erklärung abzuwarten.

Nachträglich müssen wir die Reaktionsgleichung zur Zerlegung von Chlorwasserstoff unbedingt korrigieren, denn «H» und «Cl» sind nicht beständig. Beide Atome reagieren sofort mit ihresgleichen und bilden die zweiatomigen Gase H_2 und Cl_2:

$$2\,H^+ + 2\,Cl^- + \text{elektrische Energie} \rightarrow H_2 + Cl_2$$

Ähnlich müssen wir die Chlorknallgasreaktion auf Seite 65 umformulieren.

Unser Ausflug ins Reich des Unsichtbaren geht hier zu Ende. Wir haben auf unserer Tour Atome und Moleküle gezählt, gemessen und gewogen, als ob sie tatsächlich greifbar wären. Wir haben die Beschaffenheit ihrer «Häkchen» erkundet und zuletzt ist es uns gelungen, zweiatomige Gase zu erkennen. Im folgenden Kapitel wollen wir erforschen, ob Atome Verwandte besitzen und wenn ja, wie sich diese Verwandtschaft äußert.

Vierter Ausflug

Geheimnisvolle Ordnung

Wir kennen heute mehr als 100 verschiedene Elemente, von denen die meisten Metalle sind. Nur etwa 50 Elemente kommen so häufig vor, daß sie für die Chemie eine wirklich wichtige Rolle spielen. Das sind im Prinzip nicht sehr viele, aber auch nicht gerade wenige. Unter der Annahme, daß alle Elemente grundverschieden voneinander sind, also in völlig regelloser Art und Weise miteinander reagieren, völlig unterschiedliche Verbindungen bilden, die sich dann ihrerseits ohne erkennbare Gesetzmäßigkeiten miteinander umsetzen, geriete die Chemie zur schwer durchschaubaren, unendlich komplizierten Wissenschaft. Ihr Studium erforderte dann nicht nur ein phänomenales Gedächtnis, sondern auch eine Vorliebe für unsystematisches Wissen und einen schmerzhaften Verzicht auf Ordnung und Übersicht. Darüber hinaus würde sie bei jedem Versuch völlig überraschende Ergebnisse zeitigen: Mal entstehen unerwartete Verbindungen, mal käme es zu explosionsartigen Zersetzungen, bald ergäben sich höchst beständige und dann wieder höchst unbeständige Substanzen. Planmäßige Synthesen wären unmöglich, weil der Versuch, einen Kunststoff zu erzeugen, überraschenderweise zu einem Arzneimittel führte und die Herstellung eines Düngesalzes mit der Entstehung eines Farbstoffs endete oder umgekehrt.

Derartige Überraschungen waren im Leben der Alchimisten fast alltäglich: Der Versuch, Gold aus billigen Ausgangsstoffen herzustellen, ergab in einem Falle Schießpulver, im anderen Porzellan (um nur zwei verblüffende Ergebnisse dieses vorwissenschaftlichen Experimentierens zu nennen). Ganz abgesehen davon, daß über 99,9999 Prozent der Versuche überhaupt kein brauchbares Ergebnis zustande brachten.

Natürlich hatten die Alchimisten es schwerer als ihre Nachfolger, die Chemiker, denn ihre vier «Elemente» Feuer, Erde, Wasser und Luft waren und sind keine Elemente im Sinne der Chemie. Bei ihren Experimenten mit Metallen hofften sie, diese in Gold oder das «Arkanum», eine Art Allheilmittel, umwandeln zu können. Weitere Schwierigkeiten bestanden darin, daß sie oft unreine Ausgangssubstanzen verwendeten und ihre Möglichkeiten zur Untersuchung der erhaltenen Stoffmischungen stark eingeschränkt waren. So sammelten sie einen unzusammenhängenden Wust von Erkenntnissen und Versuchsergebnissen, die sie oft auch noch vor Kollegen und Konkurrenten geheimhielten. Das Resultat ihrer Bemühungen war ein konfuses, völlig zusammenhangloses, wenn auch manchmal recht nützliches Wissen. Die Alchimie glich deshalb einem Garten ohne Weg und Beet, in dem alles durcheinanderwuchs.

Auch Atome haben Verwandte

Dennoch fanden etliche scharfsinnige Beobachter bald im Wust dieser Wissensansammlung Zusammenhänge, die erste Ansätze zu Systematik und Ordnung boten. Als eine wichtige Erkenntnis stellte man beispielsweise fest, daß auch Atome offensichtlich Verwandte haben. Das können wir im folgenden Versuch nachvollziehen.

VERSUCH 12
Chemische Verwandtschaft

Wir versetzen eine Natriumchloridlösung, eine Natriumbromidlösung und eine Kaliumjodidlösung jeweils mit einigen Tropfen einer verdünnten Lösung von Silbernitrat in entmineralisiertem Wasser. In allen drei Reagenzgläsern fällt sofort ein weißer bis gelber käsiger Niederschlag aus; alle drei Niederschläge werden bei Lichteinwirkung allmählich schwarz. Offensichtlich bilden Chlor-, Brom- und Jodionen mit Silberionen schwerlösliche, lichtempfindliche Verbindungen. Könnten wir sie analysieren, so fänden wir, daß sie alle der Formel AgX gehorchen, wobei Ag für Silber steht, während X Chlor, Brom oder Jod bedeutet.

Döbereiners Triaden

Einer dieser Pioniere, die nach Systematik und Ordnung strebten, war der deutsche Chemiker Johann Wolfgang Döbereiner, der von 1780 bis 1849 lebte. Döbereiner erfand nicht nur ein chemisches Feuerzeug, indem er Wasserstoff mit Hilfe eines Platinkatalysators entzündete, sondern faßte auch als erster die damals bekannten chemischen Elemente nach Verwandtschaft in seinen berühmten «Triaden» zusammen. So stellte er Chlor (Cl), Brom (Br) und Jod (I) in eine Dreiergruppe, weil ihm auffiel, daß sie Verbindungen mit Wasserstoff immer im Verhältnis 1:1 eingehen. Eine dieser Verbindungen, den Chlorwasserstoff oder HCl, haben wir schon auf Seite 61 kennengelernt. Alle drei Wasserstoffverbindungen erwiesen sich in wäßriger Lösung als starke Säuren (auch die «Salzsäure» kennen wir bereits). Alle drei Elemente sind in gasförmigem Zustand zweiatomig (Beispiel: Cl_2; siehe Seite 68), sie wirken desinfizierend und riechen erstickend. Außerdem bilden sie mit Silber unlösliche, lichtempfindliche Salze der Formel AgX (siehe Versuch 12; Bromid wird in Filmen und Fotopapier verwendet). Darüber hinaus bestehen noch viele weitere Ähnlichkeiten, vor allem hinsichtlich ihrer Verbindungen. Döbereiner ordnete die drei Elemente nach ihrem Atomgewicht:

Cl	Br	I
35,5	79,9	126,9

Dabei fiel ihm auf, daß die Differenz zwischen den Atomgewichten jeweils etwa 46 betrug.

Aus ähnlichen Gründen setzte er Schwefel (S), Selen (Se) und Tellur (Te) in eine Triade, denn ihre Wasserstoffverbindungen gehorchen den Formeln H_2S, H_2Se und H_2Te, sind alle sehr giftig und in wäßriger Lösung ganz schwache Säuren (Schwefelwasserstoff haben wir auf Seite 37 kennengelernt). Alle drei Elemente bilden aber auch Sauerstoffverbindungen der Formel SO_3, SeO_3 und TeO_3. Nach Atomgewichten geordnet, ergibt sich zwischen den einzelnen Zahlenwerten eine Differenz von ungefähr 48:

S	Se	Te
32,1	79,0	127,6

Ähnliche Verhältnisse fand Döbereiner in der Triade Calcium (Ca), Strontium (Sr) und Barium (Ba), aber auch in etlichen anderen. Sein Ergebnis faßte er in der *Triadenregel* zusammen. Sie beinhaltet zwei sensationelle Aussagen:

1. Atome haben «Verwandte», die sich in Dreiergruppen zusammenfassen lassen.
2. Es gibt regelmäßige Beziehungen zwischen den Atomgewichten dieser «Verwandten».

Urplötzlich war System und Ordnung in die Chemie eingekehrt. Anstelle dreier Formeln brauchte der Student nur noch eine einzige lernen, die Eigenschaften einer Chlorverbindung ähneln denjenigen der entsprechenden Brom- oder Jodverbindung und so weiter. Dieser Riesenfortschritt hätte Döbereiner zweifellos den Nobelpreis eingebracht, wenn diese Auszeichnung damals schon verliehen worden wäre.

Das Atomgewicht als Ordnungsprinzip

Erst 20 Jahre nach seinem Tode gelang einem Russen und einem Deutschen ein weiterer großer Sprung nach vorn. Dimitrij Iwanowitsch Mendelejew und Lothar Meyer kamen gleichzeitig und unabhängig voneinander auf den Gedanken, die damals bekannten Elemente nach aufsteigendem Atomgewicht zu ordnen und dabei verwandte Atome untereinander zu schreiben. Dort, wo das Atomgewicht zwischen zwei Elementen einen ungewöhnlich großen Sprung machte, vermuteten sie ein noch unentdecktes Element und ließen an dieser Stelle eine Lücke frei. Dabei ging Mendelejew einen Schritt weiter als Meyer, denn er gab dem fehlenden Element auch gleich noch einen Namen. Das *Periodensystem der Elemente* war aus der Taufe gehoben.

Das Ergebnis war verblüffend, denn nach einer ersten Periode von zwei Elementen tauchten acht völlig unterschiedliche auf, die Mendelejew und Meyer als die zweite Periode bezeichneten. Und nun kam eine weitere Überraschung, denn die nächsten acht Elemente, die sich ebenfalls überhaupt nicht ähnlich waren, erwiesen sich Schritt für Schritt als Verwandte der ersten Achtermannschaft! Darüber hinaus erschienen in der vierten Periode erwartungsgemäß acht weitere Verwandte in der nun schon gewohnten Reihenfolge, allerdings trat nach den ersten beiden Elementen abrupt eine Truppe von zehn «Eindringlingen» auf, lauter Metallen, die einander ziemlich ähnlich sind. Sicherlich können Sie sich denken, daß wir auch in der fünften Periode acht Verwandte der ersten Achtermannschaft in der gleichen Reihenfolge finden, die an der gleichen Stelle durch zehn «Übergangsmetalle» unterbrochen werden. Selbst diese Zehnergruppe erscheint nicht wahllos, sondern ähnelt Schritt für Schritt der ersten Zehnergruppe.

Idealerweise hätte auch die sechste Periode das gewohnte Bild abgegeben: acht Verwandte der ersten Periode, die nach den ersten beiden von zehn Übergangsmetallen unterbrochen werden, die ihrerseits mit den ersten beiden Zehnermannschaften verwandt sind. Doch leider taucht nach dem ersten Übergangsmetall eine unerwünschte Gruppe von 14 neuen Eindringlingen auf, die einander so verflixt ähnlich sehen, daß sogar Mutter Natur Schwierigkeiten hat, ihre Kinder auseinanderzuhalten. Sie kommen meist zusammen in wenigen seltenen Erzen vor, heißen deshalb auch *Seltene Erdmetalle* und sind nur unter großem Aufwand voneinander zu trennen. Hinter dieser Gruppe finden wir die noch fehlenden neun Übergangsmetalle in der gewohnten Reihenfolge, und danach erscheinen die restlichen sechs Verwandten der ersten Periode. Ähnliche Verhältnisse herrschen in der siebenten und letzten, bis jetzt noch unvollständigen Periode.

Geheimnisvolle Ordnung im Periodensystem

Weil das Periodensystem auf den ersten Blick sehr verworren wirkt, wollen wir uns das Vergnügen machen, das Entdeckererlebnis Meyers und Mendelejews nachzuvollziehen. Zu unserer Erleichterung können wir dabei alle Lücken, die beide Forscher noch freilassen mußten, mit inzwischen längst entdeckten Elementen auffüllen. Wir wollen zunächst die Elemente mit Hilfe ihrer *Ordnungszahl* durchnumerieren, und bei der Schilderung ihrer jeweiligen Eigenschaften erfahren wir gelegentlich das eine oder andere lehrreiche oder kurzweilige Detail.

1) Wasserstoff (Symbol H, Atomgewicht 1,008) ist ein extrem leichtes zweiatomiges Gas. Es geht mit fast allen anderen Elementen Verbindungen ein, ist leicht verbrennbar und ergibt dabei Wasserdampf (vgl. Versuch 7). Ansonsten ist Wasserstoff weder sehr reaktionsfähig noch sehr reaktionsträge. Wasserstoff wurde früher für Ballonfüllungen und Zeppeline eingesetzt, bis in Lakehurst bei New York 1937 eines dieser Luftschiffe, die «Hindenburg», Feuer fing und total ausbrannte. Die Astronomen versichern, daß Wasserstoff das bei weitem häufigste Element im Weltall ist.

2) Helium (Symbol He, Atomgewicht 4), ein spezifisch ebenfalls sehr leichtes einatomiges Gas, geht überhaupt keine chemische Reaktionen ein und zählt deshalb zu den *Edelgasen* (in Analogie zu den Edelmetallen, die ungern Verbindungen eingehen und deshalb nicht rosten und säurebeständig sind). Helium war zu Meyers Zeiten wie die anderen Edelgase noch unbekannt und wurde 1868 erstmals bei Untersuchungen des Sonnenlichts auf der Sonne entdeckt. Daher leitet sich der Name ab. (Helios war der Sonnengott der Griechen.) 1895 entdeckte der Engländer William Ramsay beim Auflösen uranhaltiger Mineralien in Säure ebenfalls dieses Edelgas. Helium kommt in Spuren in der Luft vor (4,6 Kubikzentimeter pro Kubikmeter). Da das Gas nicht brennt, wird es anstelle von Wasserstoff in Ballons und Luftschiffen eingesetzt, obwohl es viel teurer und weniger tragfähig ist. Helium ist mit Abstand das zweithäufigste Element des Weltalls. (Von 1000 Atomen des Weltalls sind 999 entweder Wasserstoff oder Helium.)

Hier sind wir bereits am Ende der ersten Periode.

3) Lithium (Symbol Li, Atomgewicht 7) ist ein sehr reaktionsfähiges Leichtmetall, das so gern mit Sauerstoff reagiert, daß es diesen sogar aus dem Wassermolekül herausreißt, wobei Wasserstoff frei wird (1). Das dabei anfallende Lithiumoxid (Li_2O) reagiert gleich noch einmal mit Wasser (2).

$$(1)\ 2\,Li + H_2O \rightarrow Li_2O + H_2$$
$$(2)\ Li_2O + HOH \rightarrow 2\,LiOH$$
$$(3)\ 2\,Li + 2\,H_2O \rightarrow H_2 + 2\,LiOH$$

Als Gesamtgleichung, die man durch Summieren der beiden Teilgleichungen (1 + 2) erhält, ergibt sich Gleichung (3). Mit Chlor hingegen bildet Lithium in heftiger Reaktion ein Chlorid:

$$2\,Li + Cl_2 \rightarrow 2\,LiCl$$

4) Beryllium (Symbol Be, Atomgewicht 9), ein reaktionsfähiges Leichtmetall, dessen Name sich von dem Mineral Beryll ableitet, in dem es gebunden ist und aus dem es hergestellt wird. Beryll ist in seiner reinsten Form glasklar durchsichtig («Aquamarin») und wurde schon im Altertum zu «Augengläsern» verschliffen; von daher stammt unser Wort «Brille». Der ursprüngliche Wortstamm, «die Berylle», war demnach ein Pluraletantum, also ein Begriff, der nur in der Mehrzahl vorkommt, wie «Leute» und «Trümmer». (Eine Ausnahme macht das Bayerische, wo es noch «das Trumm» gibt.) Im Englischen, Französischen und im Spanischen hat die «Brille» – wenn auch anderen Ursprungs – ihre Bedeutung als Pluraletantum behalten, während sie bei uns nach und nach als Wort in den Singular gerutscht ist.

5) Bor (Symbol B, Atomgewicht 10,8) ist ein ziemlich reaktionsträges Halbmetall. Bor begegnet uns in der Apotheke als «Borsalbe» oder «Borwasser», in denen es natürlich chemisch gebunden ist.

6) Kohlenstoff (Symbol C, Atomgewicht 12,0) kommt in zwei sehr verschiedenen «Modifikationen» vor, nämlich nichtmetallisch als Diamant (!) und halbmetallisch als Graphit. (In den Versuchen 7 und 11 haben wir die elektrische Leitfähigkeit der Graphit-Bleistiftminen ausgenutzt.) Auch Ruß ist ziemlich reiner Kohlenstoff, genaugenommen handelt es sich um feinstkristallinen Graphit. Der nicht sehr reaktionsfähige Kohlenstoff ist mit Abstand dasjenige Element, das die meisten Verbindungen bildet (mindestens zehnmal so viele wie alle übrigen Elemente zusammen). Er ist das Hauptelement der Organischen Chemie und damit Bestandteil aller Lebewesen. Zur Zeit findet sich das «Klimagas» Kohlendioxid (CO_2) in vielen Pressemeldungen, weil es bei der Verbrennung von kohlenstoffhaltigen Brennstoffen, aber auch bei der Verrottung von «Biomasse» an der Luft entsteht. Die Kohlendioxidanreicherung in der Atmosphäre wird unweigerlich zu einer Erwärmung des Erdklimas führen.

7) Stickstoff (Symbol N, Atomgewicht 14) ist ein reaktionsträges zweiatomiges Gas (siehe Seite 68), Hauptbestandteil der Luft (Versuch 9). Er kommt chemisch gebunden im Eiweiß (also in Fleisch, Fisch, Hülsenfrüchten, Horn, Haut und Haaren), aber auch in natürlichen (Guano) oder künstlichen Düngern vor. Ein stickstoffhaltiges Mineral ist beispielsweise der Salpeter aus der Atacamawüste in Chile.

8) Sauerstoff (Symbol O, Atomgewicht 16), ein zweiatomiges, sehr reaktionsfähiges Gas, ist zweiter Hauptbestandteil der Luft (Versuch 9). Er unterhält die Verbrennung, oxidiert die meisten

Metalle und reagiert auch mit Nichtmetallen (zum Beispiel mit Wasserstoff oder Kohlenstoff bei der Verbrennung von Kohle zu Kohlendioxid, CO_2). Sauerstoff ist mit großem Abstand das häufigste Element der Erde und der Erdrinde (sie enthalten 49 bzw. 60 Gewichtsprozent O).

9) Fluor (Symbol F, Atomgewicht 19). Ein äußerst reaktionsfähiges zweiatomiges gelbgrünes Gas, das sogar dem Wasser den Wasserstoff entreißt, wobei Fluorwasserstoff entsteht und Sauerstoff übrigbleibt:

$$2\,F_2 + 2\,H_2O \rightarrow 4\,HF + O_2$$

Fluorverbindungen sind darüber hinaus wichtiger Bestandteil der Zähne.

10) Neon (Symbol Ne, Atomgewicht 20,2) ist ein einatomiges Edelgas wie das Helium. Neon ist spurenweise in der Luft enthalten und kommt in den «Neonleuchtröhren» vor, aber nicht in den Neonfischen.

Hier sind wir am Ende der zweiten Periode angekommen. Auffällig ist der geradezu schrankenlose Individualismus der darin enthaltenen acht Elemente: Keines gleicht einem anderen, von völlig reaktionsunfähig bis zu äußerst reaktionsfähig gibt es alle Zwischenstufen. Gase und Festkörper, Metalle, Halbmetalle und Nichtmetalle treten auf, wobei allerdings zuerst die Metalle, dann die Halbmetalle und schließlich die Nichtmetalle aufeinanderfolgen. Wir sind gespannt, wie es weitergeht, wollen zuvor jedoch unsere bisherigen Erfahrungen übersichtlich aufschreiben:

1. Periode:	H							He
2. Periode:	Li	Be	B	C	N	O	F	Ne

11) Natrium (Symbol Na, Atomgewicht 23). Dieses sehr reaktionsfähige Leichtmetall reagiert heftiger mit Wasser als Lithium und ist mit diesem chemisch verwandt. Natrium ist Bestandteil des Kochsalzes, das zwar den Ruf hat, blutdruckerhöhend zu wirken, ohne das aber weder Mensch noch Vieh leben können. Auch chemische Laien wissen meist, daß das Kochsalz chemisch als Natriumchlorid (mit der Formel NaCl) bezeichnet wird. Der Vergleich mit Lithiumchlorid (LiCl) zeigt erneut die Verwandtschaft beider Metalle.

Die Formel erinnert uns an die des Chlorwasserstoffs (HCl), und wir vermuten, daß Kochsalz in wäßriger Lösung analog der Salzsäure in Ionenform vorliegt, also aus positiv geladenen Natriumionen (Na^+) und negativ geladenen Chlorionen (Cl^-) besteht. Falls dies tatsächlich stimmen sollte, müßte sich eine Kochsalzlösung durch elektrische Energie in Natrium und Chlor zerlegen lassen. Dies wollen wir im folgenden Versuch probieren.

VERSUCH 13
Kochsalzelektrolyse

Wir gießen in das Elektrolysegefäß aus Versuch 7 eine (eventuell filtrierte) gesättigte wäßrige Kochsalzlösung und schließen es in gewohnter Weise an die Batterie an. An der positiven Anode entsteht erwartungsgemäß Chlor, an der Kathode aber statt Natrium Wasserstoff. Auch diesen Versuch brechen wir spätestens nach einer halben Minute ab.

Das Versuchsergebnis zeigt, wie begierig Natrium mit Wasser reagiert, denn nach der Entladung des Kations gemäß der Gleichung 1 reagiert das Natrium sofort mit dem Wasser der Kochsalzlösung ähnlich wie das Lithium (vgl. Seite 76) nach Gleichung 2.

$$(1)\ Na^+ + e^- \rightarrow Na$$
$$(2)\ 2\,Na + 2\,H_2O \rightarrow 2\,NaOH + H_2$$

Um wirklich elementares Natrium zu erhalten, muß man wasserfrei arbeiten, das heißt in diesem Falle geschmolzenes Kochsalz bei hohen Temperaturen (über 600 °C) und unter Ausschluß von Luft «elektrolysieren». Unser Versuch zeigt (stark vereinfacht), wie die Chemiker Chlor und Natronlauge (NaOH) herstellen.

12) Magnesium (Mg, Atomgewicht 24,3) ist ein reaktionsfähiges leichtes Metall, chemisch dem Beryllium ähnlich. (Beispielsweise besitzen die Sauerstoffverbindungen die Formel BeO beziehungsweise MgO, die Wasserstoffverbindungen sind BeH_2 bzw. MgH_2.) Die Oxide reagieren mit Wasser unter Bildung von $Be(OH)_2$ bzw. $Mg(OH)_2$.

13) Aluminium (Al, Atomgewicht 27) ist ein uns wohlbekanntes Leichtmetall, recht reaktionsfähig und dem Bor chemisch verwandt. Eines der zahlreichen Beispiele dieser Verwandtschaft ist die Zusammensetzung B_4O_6 bzw. Al_2O_3 für die Oxide (Sauerstoffverbindungen). Diese Reaktion sehen wir uns im Versuch 14 an.

Versuch 14
Verbrennen von Aluminium

Metalle gelten im allgemeinen als unbrennbar. Dies gilt jedoch nur für grobe Metallteile wie Stangen, Träger, Nägel, Bolzen und so weiter.

Wir stellen uns Aluminiumfeilspäne her und lassen einige von einem Löffelchen in die Flamme eines Spiritusbrenners herunterrieseln. Das Aluminium verbrennt sofort unter hellem

Leuchten zu einem grauen Pulver, dem Aluminiumtrioxid. Für den Vorgang gilt die Formel:

$$2\,Al + 3\,O_2 \rightarrow 2\,Al_2O_3$$

Ähnlich verbrennen Magnesiumpulver (Hauptbestandteil der «Wunderkerzen») zu MgO und frisch hergestellte Eisenfeilspäne zu Fe_3O_4. Auch hier gilt: Schutzbrille verwenden!

14) Silicium (Symbol Si, Atomgewicht 28). Dieses mit dem Kohlenstoff verwandte Halbmetall bildet ein Fluorid der Formel SiF_4 (analog dem Kohlenstofffluorid CF_4). Als Wasserstoffverbindungen finden wir die sogenannten Silane, wie etwa das Monosilan SiH_4, dessen Kohlenstoffpendant das Methan (CH_4) ist. Silicium bildet in Form seiner Sauerstoffverbindungen, der Silicate, zahlreiche Minerale und ist dementsprechend das zweithäufigste Element der Erdrinde. Als *Silikone* (das sind halbanorganische Kunststoffe) finden wir es beispielsweise in medizinischen Prothesen wieder, und ohne die Halbleitereigenschaften des Siliciums wäre die gesamte heutige Computerindustrie (Chip-Herstellung) nicht denkbar. Das Siliciumdioxid hat analog dem Kohlendioxid die Formel SiO_2 und führt den Trivialnamen *Quarz*. Dieser ist der Hauptbestandteil des Sandes und dient in den Quarzuhren als «Schwingquarz» zur exakten Zeitmessung. Quarz ist auch der Rohstoff, aus dem die Chemiker durch Umsetzung mit Kohlenstoff bei hohen Temperaturen elementares Silicium herstellen. Die Reaktion folgt der Gleichung:

$$SiO_2 + C \rightarrow Si + CO_2$$

Für die oben beschriebenen Hochtechnologie-Anwendungen (Chip-Herstellung) muß das Silicium allerdings noch unter hohem Energieverbrauch feingereinigt werden.

15) Phosphor (Symbol P, Atomgewicht 31) ist ein Nichtmetall, das in zwei Modifikationen vorkommt: Weißer Phosphor ist äußerst reaktionsfähig, entzündet sich von selbst an der Luft und glüht im Dunkeln (das griechische *phosphoros* bedeutet «Lichtträger»). Roter Phosphor ist reaktionsträger, er stellt den wesentlichen Bestandteil der Reibfläche einer Streichholzschachtel und wurde mitunter als Raketentreibstoff verwendet. Phosphor steht chemisch dem Stickstoff nahe, wie die Eigenschaften ihrer beiden Oxide N_2O_5 beziehungsweise P_4O_{10} beweisen. Phosphor ist wichtiger Bestandteil der Eiweißstoffe; als Adenosintriphosphat ist er für alle energieverzehrenden biochemischen Prozesse unerläßlich. Ohne Phosphor wären keine genetischen Vorgänge denkbar, da er auch in der die Erbinformation tragenden Desoxyribonucleinsäure (DNS, in der angelsächsischen Schreibweise DNA) enthalten ist.

16) Schwefel (Symbol S, Atomgewicht 32) ist ein festes gelbes, dem Sauerstoff nahestehendes Nichtmetall. Besonders deutlich wird diese Verwandtschaft bei den Verbindungen Wasser (H_2O) und Schwefelwasserstoff (H_2S). An den heißen Tiefseeschloten der Meeresböden, wo große Mengen H_2S freigesetzt werden, nutzen die dort vorkommenden Lebewesen den Schwefelwasserstoff in gleicher Weise zur Energiegewinnung, wie die Pflanzen Wasser bei der Photosynthese nutzen. In Versuch 5 haben wir Eisensulfid hergestellt (FeS), das in manchen Eigenschaften dem entsprechenden Eisenoxid (FeO) ähnelt. (Die Reaktionen sind in Wirklichkeit komplexer, als dies hier beschrieben wurde, aber zur Einführung soll uns das reichen.)

17) Chlor (Symbol Cl, Atomgewicht 35,5). Dieses zweiatomige, reaktionsfähige grüne Gas ist mit dem Fluor verwandt. Beide Elemente reagieren heftig mit Wasserstoff, wobei Verbindungen der Zusammensetzung HF bzw. HCl entstehen (siehe Seite 61). Die bekannteste Chlorverbindung ist das Kochsalz (NaCl).

18) Argon (Symbol Ar, Atomgewicht 40) ist ein Edelgas und Spurenbestandteil der Luft.

Nun können wir auch die Elemente der 3. Periode ergänzen:

1. Periode:	H							He
2. Periode:	Li	Be	B	C	N	O	F	Ne
3. Periode:	Na	Mg	Al	Si	P	S	Cl	Ar

Mittlerweile werden bestimmte Regelmäßigkeiten deutlich: Am Ende einer jeden Periode steht ein Edelgas. Am Anfang jeder Periode stehen reaktionsfähige Metalle, etwa ab der Mitte kommen Halbmetalle und dann die Nichtmetalle hinzu. Deren Reaktionsfähigkeit nimmt gegen Ende der Periode zu. Der wichtigste Punkt ist jedoch, daß das erste Element der 2. Periode mit dem ersten der 3. Periode verwandt ist, das zweite wiederum mit dem zweiten, das dritte mit dem dritten und so fort. Deshalb wundert es uns gar nicht mehr, wenn das erste Metall der 4. Periode, das Kalium, mit dem Natrium und Lithium verwandt ist, während das zweite Element dieser Periode, das Calcium, dem Magnesium und Beryllium chemisch nahesteht. Als Faustregel gilt, daß die Elemente der **gleichen** Spalten ähnliche chemische Eigenschaften besitzen.

Nun tauchen die ersten zehn Übergangsmetalle als Störenfriede der bis hierher so übersichtlichen Verhältnisse auf. Wir nehmen die Bezeichnung «Übergang» einmal wörtlich und überspringen diese Metalle, obwohl wir darunter so gute Bekannte wie Chrom, Mangan, Eisen, Kobalt, Nickel, Kupfer und Zink entdecken.

Mendelejew beschreibt unentdeckte Elemente

Nach diesen Übergangselementen fanden sich bei Meyer und Mendelejew zwei Lücken. Der russische Forscher gab den fehlenden Elementen den Namen «Eka-Aluminium» und «Eka-Silicium». Für die beiden Elemente wagte Mendelejew aufgrund der Gesetzmäßigkeiten seines Periodensystems einige Vorhersagen. Diese sollten sich wenige Jahre später als richtig erweisen, als Lecoq de Boisbaudran das «Gallium» und Clemens Winkler das «Germanium» entdeckten. Wie genau Mendelejews Annahmen zutrafen, soll am Beispiel des Germaniums gezeigt werden:

Name	«Ekasilicium»	Germanium
Symbol	Es	Ge
Ordnungszahl	32	32
Atomgewicht	72	72,4
Eigenschaften	Halbmetall	Halbmetall
Dichte (g / ccm)	5,5	5,35
Formel des Oxids	EsO_2	GeO_2
Dichte des Oxids (g / ccm)	4,7	4,7
Formel des Chlorids	$EsCl_4$	$GeCl_4$
Dichte des Chlorids (g / ccm)	1,9	1,88
Siedepunkt des Chlorids °C	57-100	83

Darüber hinaus prophezeite Mendelejew, das Oxid bilde mit Wasser eine schwache Säure und sei leicht in das Metall zurückzuverwandeln. Und auch diese Prognose erwies sich als richtig.

Verblüffend! Da gelingt es Mendelejew, Elemente vorherzusagen und zu beschreiben, so als ob er mit ihnen tatsächlich experimentiert hätte. Auf ähnliche Weise gelang es dem Astronomen Leverrier, aus Bahnabweichungen des Planeten Uranus die Existenz des Planeten Neptun vorherzusagen und dessen Bahn zu berechnen, gut drei Jahre, bevor dieser im Fernrohr an der berechneten Stelle gefunden wurde. «Mit der Spitze seiner Feder», so der französische Astronom Arago, habe Leverrier einen Planeten entdeckt – und Mendelejew ein bis dahin unbekanntes Element.

Diese Meisterleistung vollbrachte Mendelejew gleich dreimal, denn außer dem Gallium und dem Germanium hat er auch das Element Scandium prognostiziert, das er als «Eka-Bor» bezeichnete. Mithin gehört es zu den ganz großen Ungerechtigkeiten in der Geschichte der Naturwissenschaften, daß keines dieser Elemente nach ihm oder seiner sibirisch-russischen Heimat benannt wurde. Die Namensgebung geriet bereits bei der Entdeckung des Galliums auf das falsche Gleis, als Lecoq de Boisbaudran zu Ehren seines französischen Vaterlands seine Entdeckung «Gallium» taufte. Prompt zog der Deutsche Clemens Winkler mit «Germanium» nach, und der Entdecker des Scandiums war natürlich, wie schon der Name dieses Elements verrät, ein Skandinavier, nämlich der Schwede Lars Frederik Nilson. Zumindestens wäre es ein gerechter Ausgleich gewesen, wenn Mendelejew wenigstens den Nobelpreis erhalten hätte, aber auch diese Auszeichnung blieb ihm versagt. Erst in diesen Tagen haben die Atomphysiker eine posthume Wiedergutmachung versucht, indem sie eines ihrer in winzigsten Mengen künstlich hergestellten Elemente nach dem großen Russen benannten. Für die Chemie ist dieses Mendelevium ein ganz unwichtiges Metall. Dem genialen Entdecker ging es ähnlich wie einem anderen, nämlich Christoph Kolumbus, dem zu Ehren wir eigentlich Amerika «Kolumbien» nennen sollten; der lateinamerikanische Staat müßte dann allerdings nach dem Seefahrer Amerigo Vespucci in «Amerika» umgetauft werden!

Uns aber hat diese kleine Abschweifung eindringlich gezeigt, wie leistungsfähig das Periodensystem der Elemente ist. Es ist gleichsam das «Knochengerüst» der Anorganischen Chemie, das der gesamten Wissenschaft Gestalt und Form gibt, und somit ein unentbehrliches Hilfsmittel für den Forscher sowie Hauptstütze für das Gedächtnis des Studenten. Mendelejew erwähnte einmal, er habe die richtige Anordnung der Elemente nach langem Herumprobieren mit einer Art Elementkartenspiel im Traum gefunden und gleich nach dem Erwachen aufgeschrieben.

Trotz aller Faszination, die das Periodensystem bei näherer Betrachtung ausübt, wäre es doch übertrieben und ermüdend, wollten wir jetzt die rund 80 noch fehlenden Elemente mit gleicher Gründlichkeit abhandeln. Wir wollen uns statt dessen mit einem Eilmarsch durch die Perioden begnügen und dabei nur darauf achten, wichtige Erkenntnisse zu gewinnen oder bereits gewonnene zu vertiefen.

33) Arsen (Symbol As, Atomgewicht 75), ein Halbmetall und bekannt wegen der Giftigkeit seiner Verbindungen, ist ein Verwandter des Stickstoffs und des Phosphors.

34) Selen (Symbol Se, Atomgewicht 79), ebenfalls ein Halbmetall, ist bekannt wegen der lichtempfindlichen Selenzellen (es leitet den Strom bei Belichtung besser als im Dunkeln). Selen gleicht dem Sauerstoff und dem Schwefel.

35) Brom (Symbol Br, Atomgewicht 80) ist eines der wenigen flüssigen Elemente. Es gleicht dem Chlor und dem Fluor.

36) Krypton (Symbol Kr, Atomgewicht 84) beendet als Edelgas wiederum die vierte Periode.

Haben Sie etwas gemerkt? Selen und Brom stehen wie ihre Verwandten zwei beziehungsweise eine Stelle vor dem Edelgas, welches das Ende einer Periode markiert. Und das Arsen steht wie der Phosphor und Stickstoff drei Stellen vor dem Periodenende. Mit anderen Worten haben die nachfolgenden Elemente trotz der Störung durch die zehn Übergangsmetalle nicht vergessen, in welcher Reihenfolge sie aufzutreten haben, nämlich exakt in derjenigen, die in der zweiten Periode vorgegeben wurde. Wenn wir also in gewohnter Manier die nächsten Perioden ergänzen, wird die Ordnung, die durch das Periodensystem der Elemente vermittelt wird, auf verblüffende Weise plausibel:

1. Periode:	H							He
2. Periode:	Li	Be	B	C	N	O	F	Ne
3. Periode:	Na	Mg	Al	Si	P	S	Cl	Ar
4. Periode:	K	Ca /	Ga	Ge	As	Se	Br	Kr
5. Periode:	Rb	Sr /	In	Sn	Sb	Te	I	Xe
6. Periode:	Cs	Ba						

Dabei haben wir die insgesamt 20 Übergangselemente weggelassen; sie erscheinen jeweils an der durch einen Schrägstrich gekennzeichneten Stelle. Der Einfachheit halber wurden die Elemente der 5. Periode und die ersten beiden der 6. Periode gleich hinzugefügt. Im einzelnen bedeuten diese Symbole folgendes:

Rb und Cs stehen für Rubidium und Cäsium. Hierbei handelt es sich um zwei äußerst reaktionsfähige Metalle, die noch rascher und heftiger mit Sauerstoff und Wasser reagieren als ihre leichteren «Vettern» Kalium, Natrium und Lithium.

Sr und Ba sind die Symbole von Strontium und Barium. Diese beiden Metalle sind mit den leichteren Erdalkalimetallen Beryllium, Magnesium und Calcium verwandt.

In bedeutet Indium; hierbei handelt es sich um einen seltenen Vertreter der Bor-Gruppe, in der sich auch Aluminium und Gallium befinden.

Sn ist das chemische Symbol des Zinns, eines recht bekannten Metalles. Zinn steht chemisch dem Germanium sehr nahe, ist aber auch mit Silicium und Kohlenstoff verwandt.

Sb steht für Antimon. Hierbei handelt es sich um ein Halbmetall aus der Stickstoffgruppe, das dem Arsen sehr nahesteht. Das Symbol Sb leitet sich von dem lateinischen Begriff *Stibonium* für das antimonhaltige Erz «Grauspießglanz» ab.

Te ist das Symbol des Halbmetalls Tellur, das aus der Spalte Sauerstoff – Schwefel – Selen stammt.

I steht für Jod, ein bereits erwähntes Nichtmetall aus dem «Clan» der Halogene Fluor, Chlor und Brom. (Laut internationaler Konvention müßte man im Deutschen das «Jod» eigentlich «Iod» schreiben, was auch das Symbol I statt J erklärt. Allerdings hat sich diese Neuerung im deutschen Sprachgebrauch noch nicht eingebürgert, weswegen wir – auch auf die Gefahr hin, als hoffnungslos altmodisch zu gelten – in diesem Buch weiterhin Jod mit J schreiben werden.)

Abschließend finden wir überraschenderweise die bereits erwähnten Triaden Döbereiners im Periodensystem der Elemente wieder, nämlich in der zweiten, sechsten und siebenten Spalte. Generell stehen alle miteinander verwandten Elemente schön säuberlich untereinander.

Die Chemiker sind deshalb übereingekommen, die Spalten mit lateinischen Ziffern von I bis VIII durchzunumerieren und jeweils als *Hauptgruppen* zu bezeichnen. Demnach stehen die *Alkalimetalle* Lithium, Natrium, Kalium, Rubidium und Cäsium in der I. Hauptgruppe des Periodensystems; Be, Mg, Ca, Sr und Ba bei den *Erdalkalimetallen* in der II. Hauptgruppe, und Fluor, Chlor,

Brom und Jod gehören zu den *Halogenen* in der VII. Hauptgruppe. Wie Sie sehen, führen einige Hauptgruppen auch noch eigene, meist historisch begründete Namen.* Fehlen diese, so benennt man die Hauptgruppe einfach nach ihrem ersten Element, also etwa *Stickstoffgruppe*.

Aber chemische Verwandtschaft ist nicht das einzige Ordnungselement, das wir aus dem Periodensystem der Elemente ablesen. So fällt auch dem Laien auf, daß die Metalle sich links unten einfinden, die Nichtmetalle dagegen rechts oben. Dazwischen verläuft ein Streifen von Halbmetallen, der mit Bor in der III. Hauptgruppe beginnt; dieser setzt sich nach rechts unten mit Silicium und Germanium in der IV. Hauptgruppe fort, zieht sich weiter abwärts in die V. Hauptgruppe mit Arsen und Antimon und endet in der VI. Hauptgruppe auf gleicher Höhe mit Selen und Tellur. Anders ausgedrückt, nehmen die metallischen Eigenschaften von oben nach unten zu. Ganz typisch hierfür ist die Kohlenstoffgruppe, die mit einem Nichtmetall anfängt und mit Metallen (Zinn in der 5. und Blei in der 6. Periode) endet. Gase stehen in der 1. Zeile (Periode) sowie auf der rechten Seite der 2. Periode; in der 3. Periode ist nur noch das Chlor gasförmig, und natürlich gehören auch alle Edelgase der VIII. Hauptgruppe dazu. Elemente mit hoher Dichte stehen unten, spezifisch leichtere Elemente oben. Dies ist offensichtlich eine Konsequenz der Tatsache, daß die Elemente mit höherem Atomgewicht definitionsgemäß im Periodensystem zuletzt, also in den höheren Perioden erscheinen. Auch hier gibt uns die IV. Hauptgruppe ein eindrucksvolles Beispiel, denn Kohlenstoff besitzt als Graphit die Dichte 2,2 Gramm pro Kubikzentimeter,

* *Alkali* stammt von arabischen Alchimisten, sie nannten so das aus Holzasche gewonnene Kaliumcarbonat; *Halogen* ist eine Wortschöpfung humanistisch gebildeter Chemiker; der Begriff bedeutet «Salzbildner» und erklärt, daß unser Speisesalz eine Chlorverbindung mit der Formel NaCl ist.

während Silicium eine Dichte von 2,33 Gramm pro Kubikzentimeter hat, Germanium und Zinn 5,35 bzw. 7,28 Gramm pro Kubikzentimeter aufweisen und die höchste Dichte beim Blei auftritt (11,34 Gramm pro Kubikzentimeter).

Es gibt noch viele weitere systematische Zusammenhänge. Am auffälligsten ist die Tatsache, daß die ausgeprägtesten Unterschiede zwischen nebeneinanderstehenden Nachbarn in der 2. Periode bestehen; diese Unterschiede werden in den höheren Perioden zunehmend undeutlich. So beobachten wir, daß in der sechsten Periode fast nur noch Metalle und Halbmetalle vorkommen, während in der zweiten noch Nichtmetalle die Hälfte aller Plätze einnehmen.

Das Periodensystem hat erstaunlich viel Ordnung in das Tohuwabohu der über 100 Elemente gebracht. Letzten Endes war es immer das Atomgewicht, das verwandte Elemente zusammenführte, Metalle von Nichtmetallen trennte und Halbmetalle auf eine von links oben nach rechts unten reichende Diagonale setzte. Aber **wieso** dieses wunderbare System entsteht, wenn man die Elemente nach dem Atomgewicht ordnet, bleibt weiterhin rätselhaft und geheimnisvoll.

Verwandte in Geschlechtertürmen

Wir können uns die wichtigsten Merkmale des Periodensystems leicht einprägen, wenn wir an die Geschlechterwohntürme der mittelalterlichen italienischen Städte denken. In ihnen wohnten die einzelnen Mitglieder einer Familie senkrecht übereinander; sie sahen sich wegen ihrer Verwandtschaft ähnlich, fühlten sich aber grundverschieden von den Sippen in den benachbarten Wohntürmen, mit denen sie häufig in Feindschaft lebten (von daher die

Tragödie um Romeo und Julia). So ähnlich stehen unsere Hauptgruppenfamilien in ihren senkrechten Spalten und sind völlig verschieden von den Nachbarn. Ob sie diese als Feinde empfinden, wissen wir allerdings nicht sicher.

Soviel zu den Hauptgruppen des Periodensystems. Mißtrauische Leser werden vermutlich schon lange argwöhnen, daß es auch «Nebengruppen» gibt. Mit diesen Befürchtungen haben sie durchaus recht. In diesen Nebengruppen tummeln sich die bisher lieblos beiseite geschobenen Übergangsmetalle. Aber auch hier wurden die Elemente mit Hilfe des Atomgewichts nicht wahllos zusammengeschoben, sondern erneut nach Verwandtschaft sortiert.

Ein Beispiel dafür gibt uns die Nebengruppe Ia. In ihr stehen Kupfer (Cu), Silber (Ag) und Gold (Au) untereinander. Alle drei Elemente kommen als «gediegene» Metalle, wie der Bergmann sagt, in der Natur vor, bilden würfelähnliche Kristalle und sind sehr reaktionsträge oder, wie sich der Chemiker ausdrückt, *edel*. Dieser *edle* Charakter nimmt vom Gold über das Silber zum Kupfer hin ab. Die drei Edelmetalle bilden mit Chlor Salze vom Typ XCl, wobei X für Cu, Ag oder Au steht.

Die Unterschiede zu den Nachbarelementen halten sich in Grenzen. So ist der linke Nachbar des Goldes das Platin, bekanntlich ebenfalls ein Edelmetall, der rechte das Quecksilber. Quecksilber ist das zweite flüssige Element und das einzige flüssige Metall überhaupt; es ist chemisch, wie schon der Name verrät, dem Edelmetall Silber ziemlich ähnlich.

Betrachten wir die direkten Nachbarn des Kupfers, so finden wir links das Nickel und rechts das Zink. Alle drei bilden mit Schwefel *Sulfide** von der sehr einfachen Zusammensetzung MeS, wobei Me für Ni, Cu oder Zn stehen kann. Gehen wir noch weiter nach

* Ein «Trostwort» zur Namensgebung in der Chemie finden Sie im Anhang auf Seite 400.

links, so treten nacheinander Kobalt, Eisen und Mangan auf. Auch sie bilden Sulfide (und übrigens auch Selenide oder Telluride) mit der Formel CoS, FeS bzw. MnS. Das Eisensulfid (FeS) haben wir bereits in Versuch 5 selbst hergestellt.

Selbstverständlich gibt es auch Unterschiede. So existieren beispielsweise die Eisenchloride $FeCl_2$ und $FeCl_3$, jedoch nicht ein FeCl, während es umgekehrt beim Kupfer CuCl und $CuCl_2$, jedoch kein $CuCl_3$ gibt. Das Zink liebt der bequeme Chemiestudent ganz besonders, denn es bildet mit Chlor nur $ZnCl_2$.

Ein vollständiges Periodensystem der Elemente liegt diesem Buch bei. In gewohnter Manier notieren wir den Ausschnitt aus den Übergangselementen, den wir hier abgehandelt haben:

4. Periode	Mn	Fe	Co	Ni	Cu	Zn
5. Periode					Ag	
6. Periode				Pt	Au	Hg

Nachbarn in Reihenhäusern

Noch mehr Details würden den Leser dieser Einführung in die Chemie jedoch überstrapazieren. Die angegebenen Einzelheiten sollten auch nur verdeutlichen, daß in den Nebengruppen verwandte Elemente wiederum untereinander stehen, sich aber nicht so drastisch von ihren linken und rechten Nachbarn unterscheiden, wie dies zwischen benachbarten Spalten in den Hauptgruppen der Fall ist. Bildhaft ausgedrückt, wohnen die Übergangselemente etagenweise in dreistöckigen Reihenhäusern eines Mittelklassevororts. Verwandte leben in oberen oder unteren Etagen, die Nachbarn nebenan sind nicht verwandt, gehören aber mehr oder weniger zur gleichen sozialen Schicht. Obwohl es zehn Übergangsmetalle in jeder Periode gibt, werden sie von den Chemikern mit guten Gründen in nur acht Nebengruppen eingeteilt. Um bei unserem Bild von der Reihenhaussiedlung zu bleiben, können wir sagen, daß das achte Häuschen (die 8. Nebengruppe) mit jeweils drei Elementen pro Etage hoffnungslos überbelegt ist.

Bei den Seltenen Erdmetallen ist die Ähnlichkeit so ausgeprägt, daß es kaum lohnt, sie einzeln zu beschreiben. Bildhaft ausgedrückt, könnten wir sie als eine Wohngemeinschaft beschreiben, in der vierzehn Geschwister zusammenleben, darunter viele Zwillinge und Drillinge.

Vermutungen über die Ursachen

Hinter allen Eigenschaften der Elemente stehen die Atome. Sie müssen sich also bei den Hauptgruppenelementen innerhalb einer Periode auffällig und bei den Nebengruppenelementen noch merklich unterscheiden, während bei den Seltenen Erden große Ähnlichkeit bestehen muß. Es lohnt sich, darüber nachzudenken, wie diese Verschiedenheit bei Atomen zustande kommen kann. Offensichtlich sind sie nicht einfach nur strukturlose Kugeln, sondern weisen Unterschiede im Bau auf. Demokrit hat den Atomen noch verschiedene «Gestalt» zugesprochen; wahrscheinlich schwebten ihm dabei Würfel, Oktaeder, Tetraeder, Kugeln oder Quader vor. Wir dürfen bezweifeln, daß sich damit die Vielfalt der Erscheinungsbilder erklären läßt.

Möglicherweise beruhen die krassen Unterschiede zwischen den Hauptgruppen auf Abweichungen an der Oberfläche der Atome, während die Übergangsmetallatome sich zwar äußerlich gleichen, aber unter der Oberfläche verschieden sind, und die Unterschiede bei den Seltenen Erden noch weiter im Innern der Atome verborgen liegen. Die Verschiedenheit wäre dann bei den

Übergangselementen nach außen hin weniger bemerkbar und bei den Seltenen Erden noch stärker abgeschirmt. Das würde allerdings bedeuten, daß die Atome schalenartig aufgebaut sind. Aber wurde uns ein solcher Schalenaufbau bei anderen Gesetzmäßigkeiten des Periodensystems in Erklärungsnot bringen?

Angenommen, die Atome bestünden wirklich aus einem Kern und mehreren Schalen, so könnten wir uns vorstellen, daß mit jeder neuen Periode eine weitere Schale hinzukommt. Die neue Schale wird beim Gang durch die Periode nach und nach vervollständigt; beim Gang durch eine Hauptgruppe tritt von oben nach unten immer eine neue Schale hinzu, diese äußerste Schale sieht jedoch bei allen Atomen dieser Hauptgruppe gleich aus.

Bei den Atomen der Übergangsmetalle wären die wesentlichen Unterschiede von links nach rechts im Periodensystem nicht in der äußersten Schale, sondern in der zweitäußersten zu suchen, bei den Seltenen Erden noch weiter innen, vielleicht in der drittäußersten Schale. Es leuchtet ein, daß derart versteckte Unterschiede nur noch schwach nach außen durchschimmern. In all diesen Punkten liefert das Schalenmodell plausible Erklärungen.

Auch die Tatsache, daß die schwereren Atome in den höheren Perioden auftreten, ließe sich gut mit unserem Schalenmodell verstehen, denn je mehr Schalen vorhanden sind, desto dicker und schwerer müßten die Atome sein. Damit würde auch klar, warum das Atomgewicht für die Stellung im Periodensystem entscheidend ist. Mit anderen Worten: Je länger wir diese Theorien mit den Tatsachen vergleichen, desto mehr kommen wir zu der Überzeugung, daß sie tatsächlich zutreffen könnten.

Für den Anfang war diese Leistung gar nicht schlecht! Erneut haben wir die Verwandtschaftsverhältnisse von Atomen untersucht, ohne sie direkt sehen oder greifen zu können, und haben diese Atome zu «Familien» zusammengestellt. Als Nebenprodukt haben wir dabei die Theorie aufgestellt, daß sie aus Kern und

Schale aufgebaut sein könnten und daß schwere Atome wahrscheinlich mehr Schalen tragen als leichte.

Beweise für diese Theorie haben wir allerdings noch nicht erbracht. Hoffentlich hilft unser nächster Ausflug uns in diesem Punkte weiter.

Fünfter Ausflug

Zu den Ursachen der geheimnisvollen Ordnung

Es gibt auch andere auffällige Erscheinungen, die uns nahelegen, einen Aufbau der Atome aus Kern und Schale anzunehmen. So wissen wir, daß die Röntgenstrahlen unseren Körper durchdringen, als ob er Luft wäre, während allenfalls Knochen oder Kontrastmittel auf dem Röntgenschirm einen Schatten werfen. Auch andere feste Materialien wie die Binden der ägyptischen Mumien oder die Lackschichten übermalter Bilder werden durchstrahlt, und nur die Bleischürzen, die uns die Röntgenärzte über die Fortpflanzungsorgane binden, halten diese energiereiche Strahlung einigermaßen zurück. Von den Neutronenstrahlen der Neutronenbombe wissen wir, daß selbst ziemlich dicke Metallwände nur bedingt vor dieser Art Strahlung Schutz bieten, und auch die berühmten α- oder γ-Strahlen der radioaktiven Substanzen können relativ mühelos dünne Metallfolien durchdringen.

Die Physiker haben aus derartigen Beobachtungen schon um die Jahrhundertwende den Schluß gezogen, daß die Atome weitgehend leer sein müssen. Das ungefähre Ausmaß dieser Leere können wir mit einer einfachen Abschätzung ermitteln.

Wir gehen von der Beobachtung aus, daß eine zehn Zentimeter dicke Bleiwand ausreicht, um alle Arten von Strahlung weitgehend zurückzuhalten. Außerdem stellen wir uns vor, die Schalen des Bleiatoms spielten bei der Strahlenabwehr keine Rolle, wohl aber der Atomkern. Der Einfachheit halber nehmen wir an, daß ein Strahl, der auf einen Atomkern auftrifft, zurückgeworfen oder geschluckt wird. Ein Strahlenbündel von einem Quadratmillimeter Durchmesser, das senkrecht auf die Bleiwand auftreffen soll, wollen wir uns einmal genauer ansehen.

Wenn nun eine zehn Zentimeter dicke Bleischicht nicht von Strahlen durchdrungen wird, so liegt das daran, daß jeder Strahl auf seinem Weg durch das Blei irgendwo einem Atomkern begegnet ist, der ihm das Durchkommen verhindert hat.

Uns interessiert nun, wieviel Bleiatome überhaupt in dem $1 \times 1 \times 100$ Millimeter großen Stück dieser «undurchdringlichen» Bleiwand vorhanden sind. Das Volumen des betrachteten Bleiwandstücks liegt bei $100 \times 1 \times 1 = 100$ Kubikmillimetern. Da die Dichte des Bleis 11,34 g/cm^3 beträgt, wiegt dieser Ausschnitt der Panzerwand 1134 Milligramm.

Das Atomgewicht des Bleis beträgt 207. In einem Grammatom Blei (das sind dann 207 Gramm oder 207 000 Milligramm) sind so viele Atome enthalten, wie die Loschmidtsche Zahl N_L angibt, also 6×10^{23} (siehe Seite 58). Demnach enthält der Bleiwandausschnitt:

$$6 \times 10^{23} \times 1134 : 207\,000 = 32{,}5 \times 10^{20} \text{ Atome}$$

Falls die Kerne all dieser Atome sich zufällig in diesem einen Quadratmillimeter befinden, den unser Strahlenbündel durchdringen möchte, dann bedeckt ein Atomkern folgende Fläche:

$$1 : 32{,}5 \times 10^{20} \text{ mm}^2 = 0{,}031 \times 10^{-20} \text{ mm}^2$$

Wir nehmen an, die Kerne seien Kugeln und hätten deshalb einen kreisförmigen Querschnitt mit dem Radius r. Daraus ergibt sich:

$$r^2\pi = 0{,}031 \times 10^{-20} \text{ qmm}$$
$$\text{oder } r = 0{,}1 \times 10^{-10} \text{ mm}$$

Ausgeschrieben wären das 0,000 000 000 01 Millimeter. Tatsächlich liegt der richtige Wert bei 10^{-11} mm; unsere schlichte Überschlagsrechnung hat uns also trotz aller Vereinfachungen zu der richtigen Größenordnung geführt.

Wir wollen jetzt den Durchmesser des Bleiatomkerns mit dem Durchmesser des Bleiatoms vergleichen:

207 Gramm Blei nehmen einen Rauminhalt von 207 : 11,34 Kubikzentimeter ein, das sind 18,25 Kubikzentimeter oder 18 250 Kubikmillimeter. Weil in diesem Volumen 6×10^{23} Atome stecken, benötigt ein Atom einen Raum von 18 250 : 6×10^{23} Kubikmillimeter, das sind $3{,}04 \times 10^{-20}$ Kubikmillimeter. Ein gleich großer Würfel hat dann die Kantenlänge von $3{,}12 \times 10^{-7}$ Millimeter. Vergleichen wir nur die Größenordnungen, so folgt aus dieser Rechnung, daß der Durchmesser des Atomkerns lediglich ein Zehntausendstel des Atomdurchmessers beträgt.

Wenn also das Bleiatom so groß wie die Erde wäre, dann wäre der Atomkern nicht größer als eine Kugel von knapp 1400 m Durchmessern. Vergleichen wir das Atom mit einem Medizinball von einem Meter Durchmesser, so hätte der Atomkern 0,1 Millimeter Durchmesser und wäre mit bloßem Auge nicht sichtbar. Die Atome sind also wirklich sehr, sehr leer. Desto mehr verwundert es, daß sie sich trotzdem fast überhaupt nicht zusammendrücken lassen. (Denken Sie zurück an die Eigenschaften von Flüssigkeiten und Festkörpern auf Seite 28.)

Die Vorstellungen Rutherfords

Wir erinnern uns jetzt an unseren Versuch 11, wo wir erfahren haben, daß Atome Elektronen abgeben oder aufnehmen können, ja, daß manche von ihnen sich sogar in diesem aufgeladenen Zustand wohler fühlen als im Normalzustand. Daraus ergibt sich, daß die Elektronen wahrscheinlich außen am Atom sitzen. Wenn aber die Elektronen mit ihrer negativen elektrischen Ladung in der Hülle vorkommen, muß der Kern zum Ausgleich positiv geladen sein, denn sonst müßte uns jeder Kontakt mit irgendeinem Körper elektrisieren. Logischerweise benötigt jedes Elektron eine gleich große positive Kernladung, und aus demselben Grunde müssen Atome mit vielen Elektronen in den Schalen auch ebenso viele Kernladungen tragen. Möglicherweise gibt ja sogar die Ordnungszahl (siehe Seite 75) an, wieviel Kernladungen vorhanden sind. Demnach nähmen Kernladung und Zahl der Elektronen beim Wandern durch die Perioden mit jedem Schritt um die Zahl eins zu. Wasserstoff hätte also **eine** Kernladung und **ein** Elektron, Helium **zwei**, Lithium **drei** und so weiter.

Weil sich entgegengesetzt aufgeladene Körper anziehen, müssen auch zwischen Kern und Elektronen Anziehungskräfte wirken. Damit nun weder die Elektronen auf den winzigen Kern gezogen werden, noch die ganze, weit ausgedehnte Schale zusammenbricht, dürfen wir annehmen, daß die Elektronen um den Kern kreisen, denn dann wirkt die Zentrifugalkraft der Anziehungskraft entgegen.

Die Verhältnisse sind also ganz ähnlich wie bei der Sonne und ihren Planeten, wo ja auch die Zentrifugalkraft verhindert, daß die Erde und die übrigen Planeten in die Sonne stürzen. Der Unterschied zwischen Atom- und Sonnensystem besteht in der Art der Kräfte: Im Sonnensystem wirkt die Schwerkraft als Gegenkraft, bei den Atomen hingegen die elektrische Anziehungskraft. Physikalisch gesehen besteht jedoch kein prinzipieller Unterschied. Als daher der in Neuseeland geborene Engländer Ernest Rutherford um 1910 aufgrund ähnlicher Überlegungen sein berühmtes Atommodell aufstellte, konnten die Physiker die in der Astronomie seit dreihundert Jahren bekannten Gesetze Keplers über Planetenbahnen auf ihre Elektronen und Atomkerne anwenden.

Die Chemiker hatten schon früher festgestellt, daß die Atomgewichte der Ionen kaum meßbare Unterschiede zu den Atomgewichten der entsprechenden Atome aufwiesen. Wenn also mit anderen Worten das Chlorion im Versuch 13 an der Anode sein Elektron abgibt und sich dadurch in ein Chloratom verwandelt, ändert sich das Atomgewicht von 35,5 nicht oder wenigstens nicht in meßbarem Umfang. Daraus dürfen wir schließen, daß die Elektronen zum Atomgewicht nichts oder sehr wenig beitragen und daß demnach fast die gesamte Atommasse (Atomgewicht ist die vom Chemiker bevorzugte, aber im Grunde genommen unpräzise Bezeichnung für die Atommasse) im Atomkern versammelt ist. Da dieser nun wieder so winzig klein ist, ergibt sich, daß ein gedachter, nur aus Atomkernen zusammengesetzter Körper eine unvorstellbar hohe Dichte hat. Laut Aussagen der Astronomen gibt es tatsächlich Sterne, die solche Dichten erreichen; es sind die berühmten Neutronensterne.

Um die Größenordnung einer solchen Dichte zu errechnen, gehen wir wieder von 207 Gramm Blei aus, von denen wir wissen, daß sie 6×10^{23} Atome enthalten und 18,25 Kubikzentimeter einnehmen. Wenn wir jetzt die Elektronenschalen weglassen und nur noch die Atomkerne betrachten, so besitzt ein Atomkern, als Würfel gesehen, einen Rauminhalt von $(10^{-11}\ \text{mm})^3$ oder $10^{-33}\ \text{mm}^3$, und die 207 g beanspruchen nur noch $6 \times 10^{23} \times 10^{-33} = 6 \times 10^{-10}$ Kubikmillimeter.

Das ist ein sehr kleines Volumen, aber es führt uns zur Dichte, wenn wir 207 Gramm oder 207 000 Milligramm durch 6×10^{-10} dividieren. Wir finden dann, daß ein Kubikmillimeter dieses Körpers $34{,}5 \times 10^{13}$ Milligramm wiegt, das sind 345 000 Tonnen. Wenn es auf der Erde einen vergleichbar schweren Körper gäbe, würde dieser sich sofort bis zum Erdmittelpunkt durchbohren.

Wieder ist es uns gelungen, mit wenigen vernünftigen Annahmen und einigen Versuchsergebnissen richtige Aussagen über den Aufbau von Atomen zu erarbeiten, obwohl deren Bausteine unvorstellbar klein und leicht, aber stellenweise ebenso unvorstellbar dicht gepackt sind. Es wird uns ein wenig schwindlig, wenn wir uns veranschaulichen, daß auch wir aus unvorstellbar vielen solchen weitgehend leeren Atomen bestehen.

Bei aller Eleganz, die das Atommodell Rutherfords auszeichnet (für das er den Nobelpreis erhielt und zum Lord geadelt wurde), können wir allerdings nicht verheimlichen, daß es auch schwere Mängel aufweist. Im Grunde genommen kann es solch ein Gebilde gar nicht geben, denn negative Ladungen, die sich bewegen, sind nichts anderes als elektrischer Strom, und elektrischer Strom ist ein Energieträger. Deshalb müßten die Elektronen, die um einen Kern kreisen, Energiequellen sein und beständig Energie abstrahlen. Das wäre natürlich die Lösung des Energieproblems für die Menschheit, hätte für die armen Elektronen jedoch die unangenehme Folge, daß sie wegen allmählichen Verlusts ihrer Energie immer langsamer würden und schließlich in den Kern hineinstürzen müßten. Aus ähnlichen Gründen verlieren künstliche Satelliten wegen der beständigen, nur anfangs geringen Reibungsverluste im Laufe ihrer Lebenszeit beständig Energie, werden also langsamer, kommen der Erde immer näher, tauchen immer weiter in die Erdatmosphäre ein und stürzen schließlich, soweit sie nicht vorher verglühen, wie Steine vom Himmel.

Aufgrund bestimmter Überlegungen (deren Erklärung allerdings den Rahmen dieses Buches sprengen würde) müßten wir die Energie sogar sehen können, die beim allmählichen Flug der Elektronen zum Kern freiwird, und zwar als Licht. Dieses Licht müßte alle Farben des Regenbogens enthalten, weil die Elektronen nach und nach Energie verlieren. Die Rutherfordschen Atome müßten also buchstäblich von selbst verglühen.

Wir wissen aber aus dem täglichen Leben, daß Atome nicht in einem Meer von Lichterfunken verglühen. Also muß irgendwo in Rutherfords Atommodell ein Fehler stecken.

Versuch 15
Flammenfärbung durch Metallsalze

Wir befeuchten einen 20 cm langen Eisen- oder idealerweise einen Platindraht, dessen Ende wir zu einer Öse umgebogen haben, mit Wasser und tauchen ihn anschließend in eine Prise Natriumchlorid (Kochsalz) ein. Danach halten wir ihn mit den anhaftenden Kristallen in den bläulich leuchtenden Teil einer Spiritusflamme. Die vorher ziemlich farblose Flamme wird leuchtend gelb.

Falls ein gläsernes Prisma zur Hand ist, mit dem wir das Tageslicht oder auch das einer Glühlampe in die Regenbogenfarben zerlegen können, betrachten wir die gelbleuchtende Flamme durch das Prisma und stellen fest, daß es uns nicht gelingt, dieses Licht in die Spektralfarben zu zerlegen. Gleichgültig, wie wir schauen oder das Prisma drehen, die gelb leuchtende Flamme erscheint weiterhin gelb. (Sollten wir möglicherweise doch einige ganz schwache Regenbogenfarben erkennen, so überzeugen wir uns durch einen Kontrollversuch ohne Draht und Natriumchlorid, daß diese vom leuchtenden Teil der Spiritusflamme ausgehen.)

Offensichtlich sendet glühendes Natriumchlorid einzig und allein gelbes Licht aus, ist also als Lichtquelle ziemlich einseitig (Physiker reden daher von *monochromatischem* Licht). Wenn wir darüber hinaus dieses Licht durch ein Spektroskop betrachten, so sehen wir, daß auch vom gelben Teil des Spektrums nur ein einziger schmaler Strich hell erleuchtet ist, während der Rest dunkel bleibt und allenfalls vom Licht der Spiritusflamme spärlich erleuchtet wird. Andere Natriumverbindungen, zum Beispiel das Natriumnitrat, zeigen die gleiche Erscheinung; im Kochsalz geht sie also auf das Natrium und nicht auf das Chlor zurück.

Leser mit gutem Gedächtnis erinnern sich vielleicht noch aus dem Schulunterricht daran, daß die verschiedenen Farben des Regenbogenspektrums nichts anderes sind als Licht verschiedener Wellenlängen. Violettes Licht besitzt beispielsweise kürzere Wellenlängen als blaues, grünes, gelbes und rotes Licht. Wenn also unser Natriumlicht nur eine einzige eng begrenzte «Linie» im Spektrum erleuchtet, so muß es aus Licht von nur einer einzigen Wellenlänge bestehen. Natürlich haben die Physiker dieses Phänomen längst nachgemessen und geben die Wellenlänge dieser Linie mit genau 589,3 Nanometer an. Zum Vergleich sollen einige weitere «Lichtlängen» genannt werden: Rotes Licht sehen wir ab 770 Millionstel Millimeter, gelbes Licht hingegen von 590 bis 570 Millionstel Millimeter. Licht von 550 Nanometern Wellenlänge empfinden wir bereits als grün.

Ähnliche *Spektrallinien* erzeugen auch die glühenden Salze oder Atome anderer Elemente, wenn man sie mit den richtigen Methoden genügend stark erhitzt («anregt»). Diese Linien sind so eindeutig, daß man das Spektroskop zum Nachweis dieser Elemente benutzen kann. Kalium zum Beispiel färbt die Flamme violett und erzeugt eine rote Linie bei 768,2 Nanometer sowie eine violette bei 404,4 Nanometer Wellenlänge, Strontium ergibt eine rote Flammenfärbung und ganze Serien von roten Linien neben einer blauen. Mit Hilfe solcher spektralanalytischer Methoden gelang auch der erstaunliche Nachweis des Heliums auf der Sonne (siehe Seite 75), und auf die gleiche Weise gelangten die Astronomen zu der Erkenntnis, daß unser Weltall fast nur aus Wasserstoff besteht.

Pyrotechniker haben die Flammenfärbung schon früh für ihre Feuerwerkskörper eingesetzt, und auch die Spektrallinien sind seit

Anfang des 19. Jahrhunderts bekannt. Mit ihrer Hilfe entdeckte zum Beispiel der berühmte deutsche Chemiker Robert Wilhelm Bunsen 1860 die Elemente Rubidium und Cäsium im Wasser der Maxquelle in Bad Dürkheim. Die theoretische Erklärung dieser eigenartigen Erscheinung ließ jedoch noch einige Zeit auf sich warten. Darüber hinaus stellen die Linienspektren der glühenden Elemente ein weiteres Argument gegen das Atommodell Rutherfords dar, wonach ja ein vollständiges Spektrum und nicht einzelne Spektrallinien emittiert werden müßten.

Die Widersprüche löste 1913 ein damals 28jähriger genialer Däne namens Niels Bohr. Er war ein Anhänger der Quantentheorie des deutschen Physikers Max Planck, die besagt, daß man Energie nicht beliebig weit unterteilen kann, sondern zuletzt auf eine unteilbare Energiemenge stößt, das sogenannte Quant. Max Planck stellte demnach 2400 Jahre nach dem Tode von Leukipp und Demokrit für die Energie das gleiche Postulat auf, das die beiden Griechen für die Materie gefordert hatten.

Ein revolutionäres Atommodell

Die zündende Idee Niels Bohrs bestand darin, die Erkenntnisse der Quantentheorie auf das Atommodell Rutherfords anzuwenden und sich über die Bedenken seiner Kollegen rücksichtslos hinwegzusetzen. So forderte er einfach, daß das Elektron keine Energie abstrahlt, solange es auf seiner Kreisbahn um den Kern zieht. Das war eine schreckliche Ketzerei für die klassischen Physiker, weil es allen bisherigen Erfahrungen widersprach.

Weiter behauptete Bohr, daß es in jedem Atom mehrere Umlaufbahnen für Elektronen gäbe. Folglich könne das Elektron beim Glühen unter Aufnahme eines Energiequants von einer inneren, energieärmeren Bahn auf eine weiter außen liegende, energiereichere Bahn springen. Der Energieunterschied zwischen den Bahnen sollte genau dem aufgenommenen Energiequant gleich sein. Auch das war eine revolutionäre Forderung. Das Kopfschütteln der Zweifler und Kritiker nahm beängstigende Heftigkeit an: Wo hatte man je etwas von springenden Elektronen gehört?

An dieser Stelle sollten wir uns unbedingt veranschaulichen, warum Bahnen, die in unterschiedlicher Entfernung zum Kern liegen, unterschiedliche Energieinhalte haben sollen.

Wir erinnern uns hierzu an den berühmten Satz des Archimedes, der nach seiner Entdeckung der Hebelgesetze sagte: *Gebt mir einen festen Punkt außerhalb der Erde, und ich werde die Welt aus den Angeln heben!* Nun stellen wir uns die Aufgabe, die Erde auf die Bahn des Jupiters zu heben. Müssen wir dazu Arbeit leisten?

Zweifellos ist dazu etwas Arbeit erforderlich, weil die Sonne nun mal bekanntermaßen die Erde anzieht. Wenn wir also die Erde ein «Stückchen» von der Sonne wegziehen wollen, müssen wir gegen die Anziehungskraft arbeiten, und das heißt, Energie einsetzen. Wenn wir diesen Kraftakt schließlich geschafft haben, befindet sich die Erde auf einer Umlaufbahn mit höherem Energieinhalt. Wenn wir die Erde dann wieder zu ihrer Umlaufbahn zurückkehren ließen, würde die vorher aufgewendete Energie wieder frei. Im Grunde genommen haben wir einen ähnlichen Vorgang, wenn wir einen Apfel entgegen der Schwerkraft vom Boden hochnehmen und anschließend wieder fallen lassen. Da sich die Erde dreht, kreist der hochgehobene Apfel in einer größeren Entfernung um den Erdmittelpunkt als der gefallene Apfel, also in einer energiereicheren Bahn. Die beim Fall freiwerdende Energie können wir als Zerstörungsenergie nachweisen, wenn wir den Apfel zum Beispiel auf ein rohes Ei fallen lassen – ein in manchen Augen etwas unappetitlicher, aber rein biophysikalischer Versuch.

Auch Niels Bohr ließ sein Elektron nicht für alle Ewigkeiten auf der Bahn mit höherer Energie kreisen. Beim Zurückfallen auf die niedrigere Umlaufbahn sollte das vorher «geschluckte» Energiequant in Form eines Lichtquants oder *Photons* wieder frei werden. Selbstverständlich sollte dieses Quant genau den gleichen Energieinhalt haben wie das «geschluckte». Erneut läßt Demokrit grüßen: *Weder Atome noch Energie können aus nichts entstehen oder zu nichts werden.*

Die Energie E des ausgestrahlten Lichtquants sollte außerdem der folgenden Gleichung genügen:

$$E = h \times \nu$$

In dieser Gleichung soll h eine Konstante, das sogenannte Plancksche Wirkungsquantum, ν hingegen die Frequenz des ausgestrahlten Lichts sein. Wenn aber die Frequenz des Lichts genau festliegt, steht (wie bei einem Radiosender) die Wellenlänge ebenfalls fest – und somit auch Farbe und Ort der Spektrallinie im Spektrum; denn das Produkt aus der Wellenlänge λ und der Frequenz ν ist ebenfalls konstant und entspricht der Lichtgeschwindigkeit.

Es ist nun nicht mehr verwunderlich, daß verschiedene Elemente verschiedene, aber jeweils elementtypische Spektrallinien emittieren, denn Atomkerne mit unterschiedlichem Gewicht ziehen die Elektronen verschieden stark an, woraus sich Elektronenbahnen mit typischen Energieinhalten ergeben. Aus den unterschiedlichen Sturzhöhen für die herabfallenden Elektronen resultieren verschiedene Lichtenergiequanten, die auf dem Regenbogenspektrum an jeweils anderen, aber für das Element charakteristischen Stellen eine oder mehrere Linien bilden.

Vielleicht haben die letzten paar Zeilen bei manchen Lesern den physikalischen Überlegungen seit langem entwöhnten Verstand etwas strapaziert. Aber eines dürften sie doch plausibel gemacht haben: daß nämlich Niels Bohr mit seinem Atommodell mühelos erklären konnte, wie es die glühenden Atome fertigbringen, Spektrallinien mit genau festgelegter Wellenlänge auszusenden. Und gewiß leuchtet Ihnen ein, daß er damit ein Verfahren entwickelt hatte, mit dem sich aus experimentell beobachteten Spektrallinien hervorragend Elektronenschalen für die verschiedenen Elemente des Periodensystems errechnen ließen. Auf diese Weise konnte Niels Bohr nach und nach Modelle für die verschiedenen Atome aufstellen. Daher überrascht kaum, daß er als 37jähriger bereits 1922 den Nobelpreis erhielt.

Wir wollen uns nun die Ergebnisse seiner Schule, aus der reihenweise weitere Nobelpreisträger hervorgingen, näher ansehen und dabei nicht aus den Augen verlieren, daß wir eigentlich ja die Ursachen der geheimnisvollen Ordnung des Periodensystems erfahren wollen. Alle unsere Betrachtungen beziehen sich natürlich auf den nicht angeregten Zustand der Atome, das heißt, auf Elemente, die nicht glühen.

Atomaufbau und chemisches Verhalten

Beginnen wir wieder mit dem Wasserstoff. Er hat die Ordnungszahl 1, das Atomgewicht 1 und ist das leichteste Element. Sein Kern trägt nur eine positive Ladung, nahezu seine gesamte Atommasse ist im Kern vereinigt, und um diesen kreist ein einziges Elektron in der ersten oder *K-Schale*.

Wenn Wasserstoff mit Chlor reagiert, entsteht Chlorwasserstoff (HCl), ein Gas, das in wäßriger Lösung in Ionenform, also als H^+ und Cl^- vorliegt (siehe Seite 64). Der Wasserstoff gibt also hier sein Elektron an das Chloratom ab, ein nackter, positiv geladener Kern, das sogenannte Proton, bleibt übrig. Der Wasserstoff fühlt sich in diesem elektrisierten Zustand wohl.

Dagegen fühlt er sich als einzelnes, elektrisch neutrales Atom außerordentlich unwohl. Deshalb reagiert er, wie wir wissen, mit sich selbst sehr schnell zu H_2, wenn wir ihm keinen anderen Reaktionspartner bieten.

Dennoch ist elementarer, einatomiger Wasserstoff für kurze Zeit lebensfähig und läßt sich nachweisen, weil er zu mehr Reaktionen fähig ist als molekularer Wasserstoff.

Versuch 16
Nachweis von atomarem Wasserstoff

Wir verwenden für unseren Versuch 25prozentige Essigsäure, die wir im Supermarkt unter dem Namen «Essigessenz» kaufen können. Die Essigessenz darf nicht gefärbt sein. Schutzbrille und Schutzkleidung verwenden!

Wir füllen ein Reagenzglas zu einem Viertel mit der farblosen Essigessenz und geben einen kleinen Kristall Kaliumpermanganat aus der Hausapotheke hinzu. Die Essigsäure färbt sich kräftig violett. Die Violettfärbung ist beständig. Wir verteilen die Flüssigkeit gleichmäßig auf zwei Reagenzgläser und stellen eines als Vergleichsprobe beiseite, während wir in das andere eine Spatelspitze frisch hergestellte Eisenfeilspäne geben. Es entsteht ein Gas, und zwar Wasserstoff. Gleichzeitig verschwindet nach und nach die Violettfärbung; das Kaliumpermanganat wurde offenbar durch eine chemische Reaktion verbraucht. Statt dessen färbt sich die Flüssigkeit goldgelb. Während diese Veränderung abläuft, ist die Kontrollprobe unverändert violettfarben geblieben.

Wir überzeugen uns durch einen zweiten Kontrollversuch,

daß Eisenfeilspäne in Wasser gelöstes Kaliumpermanganat nicht entfärben. Ein dritter Kontrollversuch soll zeigen, daß auch der gasförmige (wie wir wissen, zweiatomige) Wasserstoff nicht fähig ist, die Kaliumpermanganat enthaltende Essigsäure zu entfärben. Zu diesem Zweck bewegen wir einen Glasstab, an dem ein Tropfen mit Kaliumpermanganat violett gefärbte Essigessenz hängt, im Gasraum über der entfärbten, aber noch mit den Eisenfeilspänen reagierenden Essigsäure aus dem Hauptversuch. Der Tropfen behält seine violette Farbe, obwohl er mit dem gasförmigen, zweiatomigen Wasserstoff in Berührung kommt.

Entfärbung tritt also nur ein, wenn Wasserstoff frisch (und das heißt offensichtlich einatomig) aus Säure und Eisen entsteht. Nur ein Überschuß von H reagiert zu H_2. Die Gleichung dieser recht unübersichtlichen Reaktion lautet:

$$Fe + 2\,H^+ \rightarrow 2\,H + Fe^{++}$$
$$10\,H + 2\,KMnO_4 + 6\,H^+ \rightarrow 8\,H_2O + 2\,Mn^{++} + 2\,K^+;$$
$$2\,H \rightarrow H_2$$

Als Ergebnis können wir festhalten, daß atomarer Wasserstoff außerordentlich reaktionsfähig ist, zum Beispiel also rasch mit Kaliumpermanganat reagiert. Nur wenn er keinen Reaktionspartner findet, reagiert er – immer noch sehr rasch – mit seinesgleichen zu zweiatomigem Wasserstoffgas. Dieser zweiatomige Wasserstoff ist viel reaktionsträger als der einatomige. Der chemische Fachterminus für den atomaren Wasserstoff lautet *Wasserstoff in statu nascendi*, was direkt übersetzt «Wasserstoff im Zustand der Entstehung» bedeutet, man könnte etwas freier auch von «neugeborenem» Wasserstoff reden.

Niels Bohr und seine Mitarbeiter fanden, daß das zweiatomige Wasserstoffmolekül zwei Kerne hat, die gemeinsam von zwei Elektronen umkreist werden *(vergleiche Abbildung 7)*.

Abbildung 7

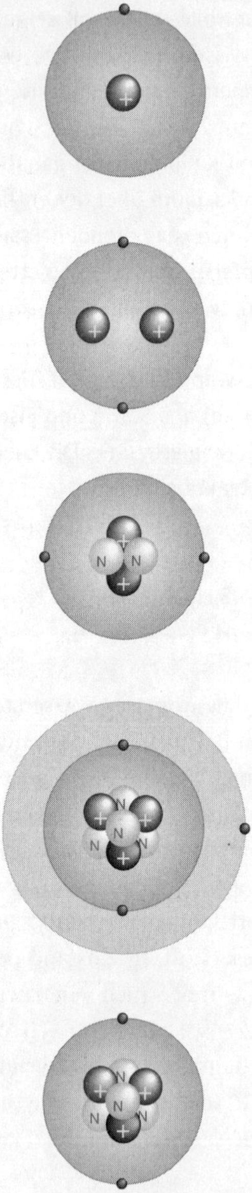

Atomarer Wasserstoff:
unbeständig, sehr reaktionsfähig

Molekularer Wasserstoff:
beständig, ziemlich reaktionsträge

Helium:
reaktionsunfähig, ein Edelgas

Lithium:
ein ziemlich reaktionsfähiges Metall

Lithiumion:
sehr beständig, reaktionsträge

Das zweite Element Helium besitzt die Ordnungszahl 2, sein Kern enthält zwei Protonen mit je einer positiven Ladung. Sein Atomgewicht beträgt jedoch 4, folglich enthält der Kern außerdem noch zwei **Neutr**onen, das sind elektrisch **neutr**ale Teilchen, die jeweils die Masse 1 besitzen. Offensichtlich sitzen die neutralen Teilchen N als Isolierschicht oder wie ein Kitt zwischen den beiden positiv geladenen Teilchen, die sich ja voneinander abstoßen, weil sie elektrisch gleich geladen sind.

Um diesen Kern des Heliumatoms kreisen in der ersten oder K-Schale zwei Elektronen. Das Heliumatom ist außerordentlich stabil, es geht überhaupt keine Reaktion ein, auch nicht mit anderen Heliumatomen; es ist ein einatomiges Edelgas. Wir finden das Helium in Abbildung 7 unter dem molekularen Wasserstoff. Mehr als zwei Elektronen kann die erste Schale nicht aufnehmen.

Mit dem dritten Element Lithium beginnt deshalb eine neue Periode und eine zweite Elektronenschale. Lithium besitzt die Ordnungszahl 3; sein Kern enthält drei positiv geladene Protonen, dazu vier Neutronen als Isolatoren mit je einer Masseneinheit, weshalb Lithium das Atomgewicht 7 besitzt. Um den Kern kreisen drei Elektronen, die in bekannter Manier zum Atomgewicht nichts Nennenswertes beitragen, aber mit ihren drei negativen Ladungen den Ladungsausgleich herstellen. Hier finden wir zwei dieser Elektronen in der inneren K-Schale und ein weiteres in der äußeren, neu hinzugekommenen zweiten oder *L-Schale*. Diesen Sachverhalt zeigt ebenfalls Abbildung 7.

Wie wir noch wissen, ist Lithium ein sehr reaktionsfähiges Element, das zum Beispiel mit Chlor stürmisch LiCl bildet. Ähnlich wie bei HCl und beim NaCl liegt auch beim Lithiumchlorid eine typische Ionenbindung vor. Das Lithium ist mit anderen Worten aufgrund der Abgabe eines Elektrons an das Chlor positiv geladen und wandert bei der Elektrolyse zur Kathode (vgl. Versuche 11 und 13). Und ähnlich wie Wasserstoff oder Natrium fühlt sich das

Lithium im Ionenzustand wohler als im elektrisch ungeladenen Zustand, es ist also als Ion weniger reaktionsfähig. Das Lithiumion ist in Abbildung 7 unten zu sehen; es hat bei einer Kernladung von +3 nur zwei Elektronen in der K-Schale, ganz wie das Helium oder der molekulare Wasserstoff. Natürlich sind die Darstellungen nicht maßstabsgetreu.

Wenn wir nun Abbildung 7 länger betrachten, fällt uns auf, daß alle Gebilde, die zwei Elektronen in der K-Schale und keine Elektronen in der L-Schale aufweisen, sehr stabil sind. Gebilde mit unvollständiger K-Schale oder einzelnen Elektronen in der L-Schale sind viel reaktionsfähiger oder, anders ausgedrückt, der Natur weniger angenehm. Uns beschleicht der Verdacht, daß das ein allgemeines Gesetz sein könnte. Vielleicht streben die Atome so vollständige Elektronenschalen an, wie sie die Edelgase aufweisen.

Eine solch kühne Behauptung sollten wir überprüfen, ehe wir sie glauben. Daher wollen wir einmal nachschauen, ob wir in der Umgebung des nächsten Edelgases Neon ähnliche Verhältnisse vorfinden.

Vor dem Neon steht im Periodensystem das Fluor. Es hat die Ordnungszahl 9, deshalb einen Kern mit neun Protonen und wegen seines Atomgewichts von 19 zusätzlich zehn isolierende Neutronen. Die neun Elektronen sind folgendermaßen verteilt: Innen auf der K-Schale kreisen die ersten beiden, während sich die übrigen sieben weiter außen in der L-Schale befinden. Das Fluoratom ist völlig unbeständig. Es reagiert sofort mit einem zweiten Fluoratom, wenn es keinen anderen Reaktionspartner findet. Das Ganze wird in Abbildung 8 dargestellt, wobei der Aufbau des Atomkerns stark vereinfacht ist.

Das molekulare Fluor F_2 ist beständig. Es hat zwei Fluorkerne, die so nahe beieinander sind, daß sie sich zwei Elektronen der L-Schale gemeinsam teilen. Jeder Kern kann sich in der Illusion wiegen, er habe acht Elektronen in der äußeren Schale um sich versammelt *(siehe Abbildung 8)*.

Wir wissen allerdings, daß es das reaktionsfähigste Nichtmetall des Periodensystems ist und mit großer Begeisterung in den Ionenzustand übergeht, wenn es einen Reaktionspartner findet (so bei der Reaktion mit Wasser, auf Seite 78, oder Natrium). Als Ion besitzt es ein zusätzliches Elektron, also acht in der L-Schale, wodurch es recht stabil, reaktionsträge und zufrieden wurde. Dies verwundert kaum, da es jetzt die Elektronenkonfiguration des Edelgases Neon erreicht hat. Das Fluoridion ist in Abbildung 9 zu sehen.

Das Neon hat die Ordnungszahl 10, besitzt demnach zehn positive Kernladungen (Protonen) im Kern und wegen des Atomgewichts von 20 zehn Neutronen als «Kitt». Die zehn Elektronen verteilen sich auf zwei Elektronen in der K-Schale und acht in der L-Schale. Das Ganze ist ein reaktionsunfähiges, also höchst stabiles einatomiges Edelgas – ein Bild des chemischen Friedens und der Symmetrie (*vgl. Abbildung 8*). Die zweite Periode ist an dieser Stelle abgeschlossen.

Das Natrium mit seinen elf Protonen und zwölf Neutronen im Kern hat die Ordnungszahl 11 und das Atomgewicht 23; seine elf Elektronen sind auf der K-Schale (2), die L-Schale (8) und die neue dritte oder *M-Schale* (ein «Einzelgänger») verteilt (*siehe Abbildung 8*). Es ist ein sehr reaktionsfähiges Metall, dessen Atome liebend gern ein Elektron (natürlich das einzelne in der M-Schale) abgeben und dabei in die Ionenform übergehen.

Das Na^+-Ion ist sehr stabil, wie der Kochsalz-Versuch beweist. Das verwundert kaum, denn wie man aus den Abbildungen 8 und 9 ersehen kann, hat es die vollständige Elektronenschale des Neons und des Fluoridions.

Wieder zeigt sich, daß alle Gebilde mit einer vollständigen Edelgasschale stabil sind, während diejenigen, denen letztere fehlt, liebend gern durch Aufnahme oder Abgabe von Elektronen die Edelgaskonfiguration anstreben. Demnach hat sich unsere obige

Abbildung 8

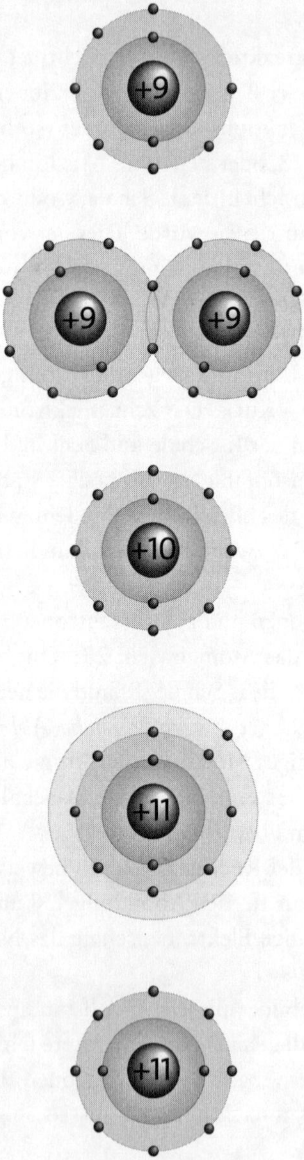

Fluoratom:
unbeständig, extrem reaktionsfähig

Fluormolekül:
beständig, sehr reaktionsfähig

Neonatom:
reaktionsunfähig, ein Edelgas

Natriumatom:
sehr reaktionsfähiges Metall

Natriumion:
sehr beständig, reaktionsträge

Abbildung 9

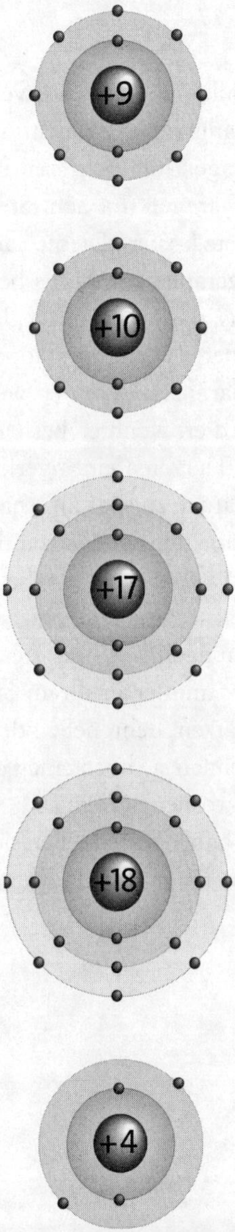

Fluoridion F^-

Neon Ne

Chloridion Cl^-

Argon Ar

Beryllium Be

Vermutung bestätigt: Elemente streben vollständig gefüllte Edelgasschalen an.

Damit verhalten sich die Elemente ähnlich wie beispielsweise ein Liebhaber von Oldtimern, der seine Sammelstücke nicht auf der Straße parken darf, sondern sie in Garagen mit mehreren Plätzen abstellen muß. Nun gibt es aber nur Garagen mit acht Stellplätzen, die zudem auch noch sehr viel Miete kosten. Dieser Sammler ist dann aus dem Schneider, wenn er gerade acht Autos besitzt – ein optimales Kosten-Nutzen-Verhältnis, das an die ausgeglichene Edelgaskonfiguration beim Neon erinnert. Wenn ihm jedoch nur sieben Wagen gehören, wird er alles daransetzen, einen weiteren Oldtimer zu erwerben. Umgekehrt wird er, wenn er Besitzer von neun Autos ist, (vermutlich schweren Herzens) eines verkaufen, um so die Kosten für die zusätzliche Garage zu sparen. Analog zu diesem Beispiel verhält sich das Fluoratom wie der Besitzer der sieben Autos, das Natriumatom hingegen wie der neunfache Oldtimerbesitzer.

Die Elemente sind bei ihrem Streben nach voll besetzten Edelgasschalen erfinderischer als die Autosammler in ihrem Streben nach optimal ausgelasteten Garagenplätzen, denn neben der Aufnahme oder Abgabe von Elektronen kennen sie noch einen dritten Weg, den gemeinsamen Besitz von Elektronenpaaren.

Wenn wir dieses Prinzip verstanden haben, erschließen sich uns Atombau und Chemie der übrigen Elemente in den Hauptgruppen des Periodensystems fast von selbst.

Neue Erklärung für alte Erkenntnisse

So kommt es uns jetzt überhaupt nicht mehr verwunderlich vor, daß Lithium und Fluor oder Natrium und Fluor äußerst heftig miteinander reagieren und dabei LiF beziehungsweise NaF bilden. Schließlich wollen beide Metalle ja unbedingt ein Elektron abgeben, und das Fluor möchte dringend ein Elektron aufnehmen. Beider Wünsche gehen mit dieser Reaktion in Erfüllung, beide Beteiligte sind anschließend, wie bei einem guten Geschäft, glücklicher als vorher. Aus ähnlichen Gründen bilden sich aus den jeweiligen Elementen Verbindungen wie NaCl, HCl, KCl, KF, HBr, KI usw. spontan und unter Abgabe von Wärmeenergie. Denn alle Alkalimetalle haben im metallischen Zustand ein einsames Elektron in der äußersten Elektronenbahn und möchten diesen Einzelgänger gern loswerden. Die Tatsache, daß in der Gruppe der Alkalimetallgruppe mit jeder neuen Periode eine Elektronenschale hinzukommt, spielt für das chemische Verhalten keine wesentliche Rolle. Graduelle Unterschiede treten allerdings auf: Die Reaktionsfähigkeit der Alkalimetalle nimmt im Periodensystem von oben nach unten zu.

Sogar diese Tatsache ist gut verständlich: Beim Cäsium zum Beispiel ist das einzelne Elektron wegen der vielen Elektronenschalen des Elements weiter vom Kern entfernt als beim Natrium oder Lithium. Deshalb wird es vom Kern weniger stark angezogen, also weniger stark festgehalten, also **noch** leichter abgegeben.

Umgekehrt besitzen alle Halogene im elementaren Zustand in der äußersten Schale sieben Elektronen und suchen dringend ein zusätzliches Elektron, um die Elektronenkonfiguration des benachbarten Edelgases zu erreichen. Am dringendsten ist das Fluor bestrebt, seine Lücke zu schließen, weil diese unmittelbar neben dem Kern liegt. Wesentlich schwächer ist der Elektronenbedarf beim Jod, denn ihm fehlt das Elektron in der fünften Schale – das ist so weit vom Atomkern weg, daß dieser den Mangel gewissermaßen nicht so deutlich «fühlt».

Von diesen graduellen Unterschieden abgesehen, ist es auch bei den Halogenen für ihr chemisches Verhalten ziemlich unwichtig, daß jede neue Periode eine Elektronenschale dazu bringt. Wenn sie also einem Alkalimetallatom begegnen, ist der Elektronenhandel schnell perfekt: Das Metall gibt sein Elektron her, und das Halogen nimmt es dankbar auf. Damit ist erklärt, **warum** die Häkchen und Ösen des Demokrit, die wir in Versuch 11 genauer untersuchten, so tadellos zueinander passen. Und bei der Gelegenheit erinnern wir uns, daß wir eigentlich statt HCl richtiger H^+ und Cl^- schreiben müßten, daß also das H sich in diesem Versuch so benimmt, als ob es ein Alkalimetall wäre. Tatsächlich steht es ja auch im Periodensystem in der ersten Hauptgruppe.

Wir nehmen uns jetzt wieder das Periodensystem vor, wie es auf Seite 83 auszugsweise dargestellt ist, und betrachten das Beryllium. Es hat die Ordnungszahl 4 und deshalb einen Atomkern mit vier Protonen. Weil das Atomgewicht 9 beträgt, stecken zwischen den Protonen noch fünf Neutronen als Kitt. Um den Kern kreisen in der K-Schale die üblichen zwei Elektronen, in der L-Schale kreisen zwei weitere, die man aus uns nicht einsichtigen Gründen in jeder Schale «s»-Elektronen nennt. Das Beryllium liebt seine Elektronen nicht, strebt die Elektronenkonfiguration des übernächsten Nachbarn Helium an und ist deshalb daran interessiert, sie an einen passenden Reaktionspartner abzugeben, ähnlich wie unser Autosammler, der für zwei Autos keine Garagenplätze hat. Sollten ihm zufällig zwei Chloratome (sprich: zwei Sammler mit je einem freien Garagenplatz) begegnen, so ist der Handel gleich perfekt, denn beide Halogenatome suchen ja dringend ein Elektron, um die Edelgaskonfiguration des benachbarten Argons zu erreichen: Es entsteht Berylliumdichlorid. Die Formel $BeCl_2$ sollten wir korrekterweise in der Ionenform $Be^{++}(Cl^-)_2$ schreiben.

Dieselbe Verbindung entsteht auch, wenn sich dem Beryllium ein Chlormolekül (Cl_2) nähert. Denn jetzt fällt den beiden darin enthaltenen Chloratomen auf, daß sie ja nur «scheinbar» je 8 Elektronen in der äußersten Schale haben, weil ja zwei Gemeinschaftsbesitz sind. Die Habgier erwacht, jedes Chloratom besorgt sich vom Beryllium ein Elektron, und wir erhalten wieder $BeCl_2$.

Gehen wir im Periodensystem weiter nach rechts bis zum Sauerstoff: Dieser hat die Ordnungszahl 8 und das Atomgewicht 16, im Kern also acht Protonen und acht Neutronen. In der inneren Elektronenschale finden wir zwei Elektronen, in der äußeren sechs, die in die schon bekannten 2 «s»- und vier «p»-Elektronen unterteilt werden. Demnach fehlen zwei weitere «p»-Elektronen bis zur Elektronenschale des Neons. In der Wahl seiner Reaktionspartner ist der Sauerstoff recht unkritisch; er holt sich seine Elektronen entweder bei zwei Lithiumatomen (Li_2O) oder von einem Berylliumatom (BeO) oder von zwei Wasserstoffatomen, wobei H_2O, also Wasser entsteht. Eine weitere Möglichkeit besteht in der Reaktion mit molekularem Wasserstoff H_2, wobei natürlich wieder Wasser entsteht. Wenn der Sauerstoff keinen Reaktionspartner hat, reagiert er mit einem anderen Sauerstoffatom zu O_2, wobei sich die Atome so nahe kommen, daß sie vier Elektronen (oder zwei Elektronenpaare) gemeinsam besitzen. Auf diese Art wähnt sich jedes der beiden Atome im Besitz einer vollständigen, mit acht Elektronen ausgestatteten Edelgasschale und ist «zufrieden». Letztlich haben auch wir nun eine zufriedenstellende Erklärung gefunden, warum Sauerstoff ein zweiatomiges Gas ist.

Weil das Bor drei *Valenzelektronen* * hat und gern hergibt und der Stickstoff fünf hat, folglich drei sucht, muß es auch Verbindungen

* Valenz leitet sich vom lateinischen *valere* ab, was so viel wie «wert sein, gelten» bedeutet. Der Fachausdruck veranschaulicht, daß in der Chemie

wie BN, BF_3, BCl_3 und NH_3 geben – und es gibt sie tatsächlich. Elementarer Stickstoff ist zweiatomig: Jedes der beiden Atome teilt sich mit dem anderen drei Elektronen der äußeren Elektronenschale; als Ergebnis besitzen sie sechs Elektronen (oder drei Elektronenpaare) gemeinsam, während gleichzeitig jedes Stickstoffatom acht Elektronen um seinen Kern und die vollbesetzte K-Schale versammelt hat.

Einige dieser Verbindungen sind in Abbildung 11 in einer anderen Schreibweise dargestellt.

Das Aluminiumtrichlorid ($AlCl_3$), das auch zu dieser Gruppe gehört, wollen wir – wenigstens in wäßriger Lösung – in Versuch 17 herstellen.

Versuch 17
Herstellung von Aluminiumtrichlorid

Wir bereiten uns Aluminiumfeilspäne und übergießen sie mit halbkonzentrierter Salzsäure. Unter lebhafter Gasentwicklung und Erwärmung löst sich das Metall auf. Das entstehende Gas ist Wasserstoff. Die zugehörige Reaktionsformel lautet:

$$2\,Al + 6\,H^+ + 6\,Cl^- \rightarrow 3\,H_2 + 2\,Al^{3+} + 6\,Cl^- + \text{Wärmeenergie.}$$

Was ist hier passiert? Das Chlor liegt von Anfang an als Chlorid vor und verändert sich im Laufe der Reaktion nicht, kann also auch keine Elektronen aufgenommen haben. Das Aluminium hat offensichtlich seine Elektronen den Wasserstoffionen «aufgeschwätzt», und die haben sie tatsächlich, wenn wohl auch wider-

nur die äußeren Elektronen bedeutend sind, während es auf die inneren nicht ankommt.

strebend, angenommen, denn wir wissen, daß sich der Wasserstoff eigentlich als Ion wohler fühlt als im elementaren Zustand. Die H-Atome haben keinen Reaktionspartner gefunden und sich sozusagen nach kurzem Nachdenken in molekularen Wasserstoff umgewandelt, wie wir es im Versuch 16 gesehen haben. Damit hat der Wasserstoff seine zweitliebste Erscheinungsform angenommen. Aluminiumchlorid ist übriggeblieben. Natürlich hat es nicht die Formel Al_2Cl_6, sondern $AlCl_3$. Korrekterweise, wenn auch etwas umständlicher, müßten wir $Al^{3+}(Cl^-)_3$ schreiben.

Die Chemiker pflegen den Gesamtvorgang durch die Feststellung zu beschreiben, daß das Aluminium den Wasserstoff aus dem Ionenzustand verdrängt. Offensichtlich gibt selbst hier der Klügere nach (sagen die Optimisten), oder der Stärkere setzt sich durch. Und uns beschleicht der unangenehme Verdacht, daß es auch bei den Atomen eine Art «Hackordnung» geben könnte.

Die Sonderstellung des Kohlenstoffs

Und der Kohlenstoff? Er steht genau in der Mitte der zweiten Periode, hat vier Valenzelektronen und weiß nicht, ob er alle vier abgeben oder sich noch vier Elektronen dazu besorgen soll. Auf beiden Wegen erreicht er eine Edelgasschale, im ersten Fall die des Heliums und im zweiten die des Neons. Wir kennen von ihm unter anderem die Wasserstoffverbindung CH_4, Methan, den Hauptbestandteil des Erdgases, die Chlorverbindung CCl_4 (Tetrachlorkohlenstoff, eine bei Umweltschützern mit Recht unbeliebte Verbindung, die sich im Grundwasser anreichern kann) und das Kohlendioxid CO_2, Bestandteil der Atemluft, Stoffwechselendprodukt und bekanntestes Klimagas. Alle diese Verbindungen sind im Wasser nicht oder nur schlecht löslich, und sie leiten den elektrischen Strom nicht. Wir können uns nach den bisher gewonne-

Abbildung 10

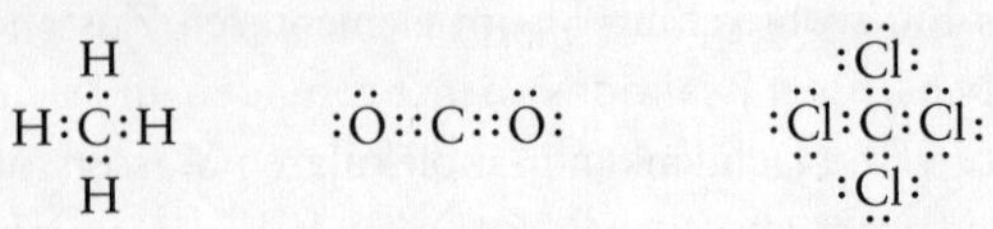

Methan, CH_4 Kohlendioxid, CO_2 Tetrachlorkohlenstoff, CCl_4

nen Erkenntnissen vorstellen, wie diese Kohlenstoffverbindungen entstehen und wie sie gebaut sind (*siehe Abbildung 10*). Da sie offenbar nicht in Ionenform vorliegen, haben wir eine Schreibweise wie beim Fluormolekül, also mit gemeinsamen Elektronenpaaren, gewählt.

Darüber hinaus entfallen in dieser Abbildung die ewigen Kreisbahnen für Elektronen, die zum Bindungsverhalten nichts beitragen, sobald sie weiter innen liegen; es sind also nur die äußeren Valenzelektronen dargestellt, und zwar in Elektronenpaaren angeordnet, soweit sie nicht als einzelne Elektronen ein Atom umkreisen. Sie sehen beim Vergleich mit einigen ausführlich dargestellten Atomen oder Molekülen, daß wir so erheblich Platz, Zeit und Mühe sparen und daß die Formeln an Übersichtlichkeit und Aussagekraft eher noch gewinnen als verlieren. Sie sehen außerdem, daß der Kohlenstoff tatsächlich die Elektronenanordnung des Neons anstrebt, und zwar mit Hilfe der Methode des gemeinsamen Elektronenbesitzes.

Eine Kurzschrift für chemische Verbindungen

Da die Chemiker immer bestrebt sind, sich das Leben so einfach wie möglich zu gestalten, benutzen sie meist eine noch einfachere «Kurzschrift» für ihre Verbindungen, bei der sie auf die punktförmige Darstellung der Elektronen verzichten und nur noch Elektronenpaare als senkrechte oder waagerechte Striche einzeichnen.

Soweit gemeinsame Elektronenpaare für die Bindungen zwischen Atomen verantwortlich sind, bietet es sich an, sie tatsächlich als Verbindungsstriche zu zeichnen. So werden Bindungen durch **ein** Elektronenpaar als *Einfachbindungen* sehr anschaulich, und auch *Doppelbindungen*, wie beim Sauerstoffmolekül durch **zwei** gemeinsame Elektronenpaare verursacht, gewinnen als Doppelstrich an Aussagekraft. Selbstverständlich bedeutet der Dreifachstrich wie beim N_2 eine *Dreifachbindung* mit **drei** gemeinsamen Elektronenpaaren.

Wertigkeit und Oxidationszahlen

Wenn dann auch noch aus Bequemlichkeitsgründen die an Bindungen unbeteiligten Elektronenpaare weggelassen werden, sind wir trotz Niels Bohrs Atommodell wieder verdächtig nahe bei Demokrits Haken und Ösen gelandet. *On revient toujours à ses amours!* Phantasiebegabte Chemiker, die sich verständlich ausdrücken wollten, haben die Striche auch gern als Arme oder Hände gedeutet und nannten das entsprechende Element je nach der Zahl der ausgestreckten «Arme» einwertig (Beispiel H, Cl, Br, sogar Na, Li und K, weil sich die Ionenbindung im NaCl «vereinfacht» auch so schreiben läßt), zweiwertig (Beispiel Be oder O und S), dreiwertig (Beispiel B, Al, N) oder vierwertig (Beispiel C, Si,

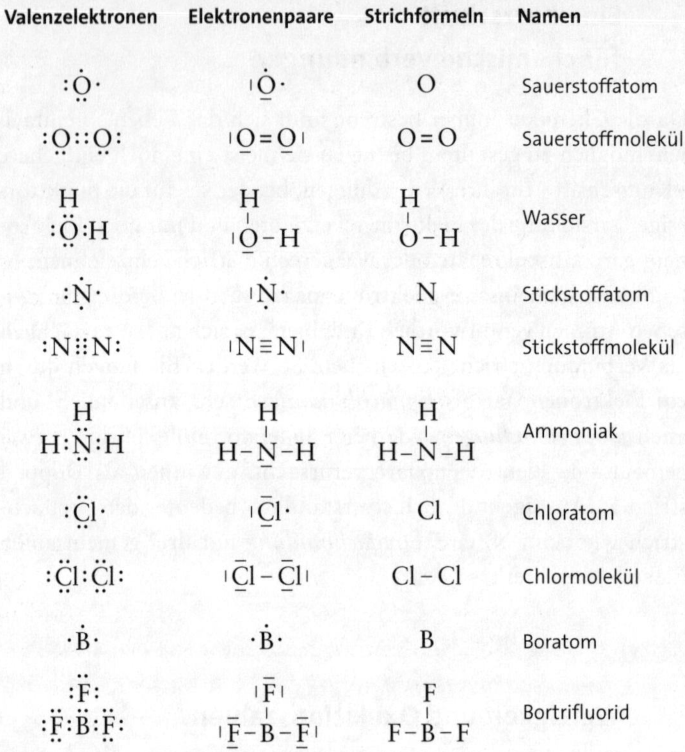

Abbildung 11 Verkürzte Schreibweise für Atome und Moleküle

Ge). Diese Ausdrucksweise wird immer noch gern benutzt, obwohl sie unterschlägt, daß die «Einwertigkeit» des Natriums von der des Chlors völlig verschieden ist. Denn das Natrium ist in einwertigem Zustand positiv geladen, das Chlor hingegen negativ, wenn wir Natriumchlorid als Beispiel wählen. Wir sollten deshalb lieber von Oxidationszahlen reden und dem Natrium in seinem Ion die Oxidationszahl +1 zuteilen, dem Chlor im Chloridion –1.

Ziehen wir den Tetrachlorkohlenstoff oder das molekulare Chlor (Cl_2) als Beispiele heran, so bezeichnen wir mit dem Begriff Wertigkeit ein völlig anderes Phänomen, denn hier heißt das Chlor «einwertig», weil es ein Elektron zum gemeinsamen Elektronenschatz beisteuert, während der Kohlenstoff «vierwertig» ist, da er insgesamt vier Elektronen in die gemeinsamen Elektronenpaare (sprich Bindungsstriche) einbringt. Ionen treten nicht auf; es liegt eine ganz andere Art von chemischer Bindung vor, die wir uns beim nächsten Ausflug genauer ansehen werden. Wir sollten deshalb in diesen Beispielen den Kohlenstoff besser als «vierbindig» bezeichnen. Dennoch ist es für viele Zwecke hilfreich, auch hier den Elementen Oxidationszahlen zuzuordnen. In diesen Fällen gehen wir von «virtuellen» Ionen aus und geben deshalb dem Chlor wieder die Oxidationszahl –1 und dem Kohlenstoff +4.

Mit Hilfe der Strichzeichnungen erschließt sich uns nach einigem Nachdenken die wahrscheinlichste Formel für das bereits erwähnte Ethan (C_2H_6). Ethan finden Sie zusammen mit dem nächsthöheren Kohlenwasserstoff, dem Propan, in Abbildung 12. In dieser Zeichnung erkennen wir, daß der Kohlenstoff offenbar fähig ist, Kohlenstoff-Kohlenstoff-Bindungen einzugehen, und zwar mit fast beliebiger Häufigkeit, so daß nicht nur kurze, sondern auch sehr lange Ketten entstehen. Wenn wir außerdem bedenken, daß C=C-Doppelbindungen und C≡C-Dreifachbindungen möglich sind und daß sich sogar Ringe aus aneinander gebundenen Kohlenstoffatomen bilden können, beginnen wir zu verstehen, warum es in der Organischen Chemie so unendlich viele verschiedene Kohlenstoffverbindungen gibt. Die Formenvielfalt wird außerdem durch die geradezu unendliche Bereitschaft des Kohlenstoffs verstärkt, anstelle von Wasserstoffatomen andere *Liganden* zu binden, so zum Beispiel Halogenatome, OH-Gruppen oder sogar Metalle. Die Fähigkeit, in die Kohlenstoffketten auch Fremdatome wie Schwefel, Sauerstoff oder Stickstoff ein-

Abbildung 12

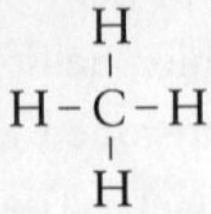

Methan, CH_4

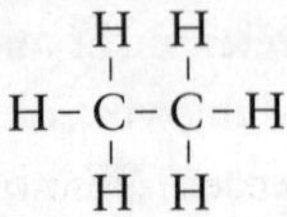

Ethan, C_2H_6

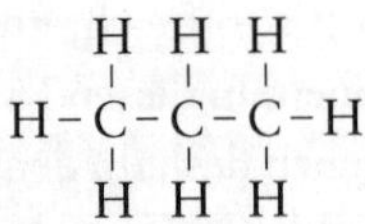

Propan, C_3H_8

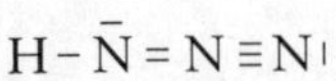

Stickstoffwasserstoffsäure, HN_3

zubauen, erhöht die Vielzahl der möglichen Verbindungen noch weiter. So ist zum Beispiel die Kette -C-C-N-C-C-N-C-C-N- das Rückgrat viele Eiweißverbindungen (Proteine).

Wir fragen uns natürlich, ob der Stickstoff ähnlich variable Ketten bilden kann. Dazu ist er leider nicht in der Lage, denn bei ihm bleibt an jedem Stickstoffatom ein freies Elektronenpaar übrig, das sich von dem Elektronenpaar des Nachbarstickstoffs kräftig abstößt und dadurch die N-N-Bindung schwächt. So hört die Reihe der stabilen N-N-Verbindungen schon beim Hydrazin $H_2N\text{-}NH_2$ auf, einem energiereichen Raketentreibstoff. Drei Stickstoffatome in einer Kette finden wir noch bei der Stickstoffwasserstoffsäure mit der Formel HN_3, aber diese sind nur mit Hilfe von Doppel- und Dreifachbindungen möglich. In Abbildung 12 ist dieses seltsame Molekül dargestellt. Seine Schwermetallsalze, die *Azide*, zerfallen bei Schlag explosionsartig und dienen daher als Initialzünder.

Ein guter Kern ist entscheidend, ...

Wir fassen hier noch einmal zusammen, was wir in diesem Kapitel erfahren haben, wobei wir gleichzeitig einige Fragen beantworten, die sich möglicherweise zwischenzeitlich ergaben.

Das ordnende Prinzip des Periodensystems ist nicht das Atomgewicht, sondern die Ordnungszahl. Sie gibt an, wie viele positive Ladungen der Atomkern eines Elements aufweist und wie viele Elektronen ihn im ungeladenen Zustand umkreisen. Mit der Ordnungszahl ist das Element festgelegt. Selbst wenn Elektronen dazukommen oder verlorengehen, bleibt das Element erhalten, nur geht es dann in den Ionenzustand über oder bindet andere Atome mit gemeinsamen Elektronenpaaren. Salopp gesagt, kommt es auf den «guten» Kern an, wenn wir wissen wollen, welches Element wir vor uns haben.

Das Atomgewicht nimmt normalerweise mit steigender Ordnungszahl zu und konnte deshalb von Mendelejew und Meyer als Ordnungsprinzip verwendet werden. Beiden Forschern war aber schon aufgefallen, daß es an einigen Stellen Ausnahmen gibt. So hat das Tellur die Ordnungszahl 51 und ein Atomgewicht von 127,6. Das darauffolgende Jod hat aber trotz der höheren Ordnungszahl 52 ein niedrigeres Atomgewicht, nämlich 126,9. Mendelejew und Meyer ließen sich bei der Aufstellung des Periodensystems durch solche Ausreißer nicht irritieren, sondern setzten sich über sie hinweg. Im Gegensatz zu ihnen wissen wir heute, daß die Erklärung in der niedrigeren Zahl von Neutronen in den Jodatomkernen liegt.*

* Wir verstehen jetzt auch, warum die meisten Elemente keine ganzzahligen Atomgewichte haben, denn meist bestehen sie aus Gemischen von Ato-

... aber nur das Äußere zählt

Für den Chemiker sind die inneren, voll besetzten Elektronenschalen ziemlich uninteressant, denn für chemische Bindungen sind nur die außen kreisenden Valenzelektronen entscheidend. Chemisch gesehen verhalten sich also die Elemente wie ein «eitler Fatzke», für den nur das Äußere zählt.

Leser mit gutem Gedächtnis haken hier ein: Wie verhält es sich denn dann mit den Übergangsmetallen, deren chemische Ähnlichkeit angeblich auf Unterschieden «unter der Oberfläche» der Atome beruht? Und mit den Seltenen Erdmetallen, deren Unterschiede noch weiter im Atominneren liegen sollten?

Diese Leser haben recht! Tatsächlich wird vom Scandium mit der Ordnungszahl 21 bis zum Zink mit der Ordnungszahl 30 ein Versäumnis nachgeholt. Denn unter frecher Mißachtung der Tatsache, daß Kalium und Calcium schon ein bzw. zwei «s»-Valenzelektronen in der vierten oder *N-Schale* aufweisen, besetzen diese zehn Elemente erst jetzt Schritt um Schritt weitere zehn klammheimlich freigebliebene Elektronenplätze in der zweitäußersten, der dritten oder L-Schale. Demgegenüber haben wir voller Naivität schon beim Argon mit seiner Ordnungszahl 18 geglaubt, daß diese voll besetzt sei.

Tatsächlich passen in die K-Schale zwei Elektronen, in die L-Schale acht, in die M-Schale achtzehn und in die N-Schale zweiunddreißig Elektronen. Die O-Schale oder fünfte Schale faßt gar fünfzig Elektronen, wird aber für die etwas über 100 Elemente im Periodensystem nur teilweise benötigt. Ein Mathematiker erkennt natürlich sofort, daß diese Zahlenreihe der Formel $2\,n^2$ gehorcht, wobei $n = 1, 2, 3, 4$ und 5 ist.

men mit gleicher Ordnungszahl und unterschiedlicher Neutronenzahl, den sogenannten «Isotopen». Dies soll uns aber nicht weiter interessieren.

Ebenso können die Atomphysiker mit Hilfe der Quantenmechanik erklären, warum das Periodensystem beim allmählichen Auffüllen der einzelnen Schalen Vorwärts- und Rückwärtssprünge macht. Für uns, die wir eher nach Plausibilität als nach wissenschaftlichen Beweisen suchen, ist es ja ganz einleuchtend, daß in weiter außen liegenden Schalen mehr Plätze sind als in den weiter innen liegenden. Und ähnlich leicht verstehen wir jetzt, daß alle Übergangsmetalle sich chemisch ziemlich ähneln, denn alle zehn besitzen zwei Valenzelektronen in der N-Schale.* Sie unterscheiden sich tatsächlich nur «unter der Oberfläche», weil sie 1 bis 10 weitere «d»-Elektronen in die darunterliegende M-Schale einbauen, und die sind für chemische Bindungen nicht so wichtig.

Leider müssen wir hier etwas kleinlaut gestehen, daß diese 10 «d»-Elektronen unter Umständen doch an Reaktionen teilnehmen können, also beispielsweise abgegeben werden. Das hat zwei einleuchtende Gründe:

1.) Die «d»-Elektronen kreisen ziemlich nahe unter der äußersten N-Schale.
2.) Nach Abgabe der beiden äußersten «s»-Elektronen stellen die «d»-Elektronen tatsächlich die äußersten Elektronen dar (*siehe Abbildung 13*). Insofern wurden sie jetzt plötzlich Valenzelektronen, sozusagen zweiter Klasse.

Das gilt alles sinngemäß auch für die Übergangsmetalle der 5. und 6. Periode.

Die Differenz zwischen der maximalen Elektronenzahl der

* Etwas vereinfacht: Beim Chrom und Kupfer wird eines der beiden Valenzelektronen in die d-Elektronenbahnen der M-Schale hineingezogen, weil dadurch im Fall des Chroms Halbbesetzung, im Falle des Kupfers Vollbesetzung eintritt.

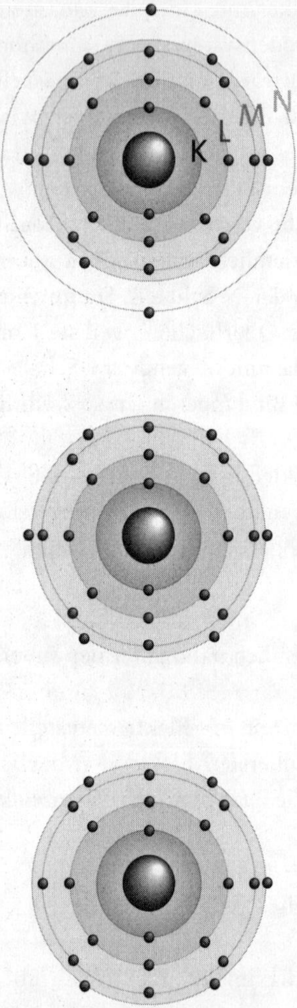

Elementares Eisen, Fe

Zweiwertiges Eisen, Fe^{++}

Dreiwertiges Eisen, Fe^{+++}

Abbildung 13 Die Oxidation des Eisens. Da beim positiv zweiwertigen Eisenion die N-Schale leer ist, gelangen die sechs «d»-Elektronen der M-Schale in die äußere Position und können jetzt ähnlich wie «echte» Valenzelektronen abgegeben werden.

N-Schale (32) und der M-Schale (18) beträgt vierzehn. Das erinnert uns daran, daß es noch die vierzehn Seltenen Erdmetalle gibt, die einander chemisch äußerst ähnlich sind. Tatsächlich belegen sie in der vierten oder N-Schale noch weitere vierzehn heimlich freigebliebene Elektronenplätze. Allerdings geschieht dies mit noch größerer Verzögerung als bei den Übergangsmetallen, nämlich erst dann, wenn in der sechsten oder P-Schale schon zwei echte «s»-Valenzelektronen eingebaut sind **und** in der fünften Schale eines der zehn «d»-Elektronen kreist. Beim Durchwandern der Seltenen Erdmetalle ändern sich demnach mit zunehmender Ordnungszahl die Atome in der drittäußersten Schale, also noch weiter innen, was sich natürlich nach außen wirklich kaum noch bemerkbar macht. Man nennt die Seltenen Erdmetalle daher auch sehr zutreffend *innere Übergangsmetalle*.

Wenn wir zu unserem Vergleich mit den eitlen Menschen zurückkehren, die nur Wert auf ihr Äußeres legen, müssen wir hier den Übergangsmetallen und den Seltenen Erden aufgrund ihres chemischen Verhaltens gewisse «innere Werte» zugestehen. Vielleicht sind deswegen einige von ihnen – wie zum Beispiel Gold und Silber – den Menschen schon immer so sympathisch gewesen.

Im folgenden Versuch wollen wir eine Reaktion kennenlernen, bei der ein Übergangsmetall ein Elektron aus der zweitäußersten Schale abgibt.

Versuch 18
Herstellung von Eisentrichlorid, $FeCl_3$

Wir lösen eine Spatelspitze Eisenfeilspäne unter vorsichtigem Erwärmen in möglichst wenig konzentrierter Salzsäure auf. Unter Wasserstoffentwicklung entsteht eine gelbgrüne Lösung von Eisendichlorid, $FeCl_2$, richtiger $Fe^{3+}(Cl^-)_2$.

Wir verdünnen mit der fünffachen Menge Wasser und gießen langsam und unter Umrühren so viel Kaliumcarbonat- oder Sodalösung dazu, daß ein zuerst weißer, dann sehr rasch grün werdender flockiger Niederschlag entsteht. Dabei schäumt die Flüssigkeit anfangs heftig auf: diesmal entsteht jedoch Kohlendioxid. Wir erkennen dies daran, daß das Gas einen brennenden Span löscht und schwerer ist als Luft.

Der Niederschlag verändert sich weiter, er wird graugrün, dann grau, fast schwarz und schließlich rostähnlich gelbbraun. (Das Farbenspiel wird durch fleißiges Schütteln unter Luftzutritt beschleunigt, was darauf schließen läßt, daß der Luftsauerstoff an dieser Reaktion beteiligt ist.) Wir filtrieren ab, waschen noch zweimal mit etwas entmineralisiertem Wasser, bringen ein sauberes Reagenzglas unter den Filtriertrichter und tropfen möglichst wenig mit der fünffachen Menge Wasser verdünnte Salzsäure auf den gelbbraunen Rest. Dieser löst sich auf, und durch das Papierfilter läuft eine klare, gelbe bis gelbbraune Lösung in das Glas, nämlich Eisentrichlorid ($FeCl_3$) in wäßriger Lösung.

Diese Lösung unterscheidet sich nicht nur in der Farbe von der gelbgrünen Eisendichloridlösung, sondern reagiert auch ganz anders mit Kaliumcarbonatlösung: Anstelle des oben beschriebenen Farbenspiels entsteht sofort wieder der rostfarbene Niederschlag.

Die zugehörige Reaktionsformel lautet ähnlich wie bei der Herstellung von Aluminiumtrichlorid (1). Wir sparen uns das ganze Zwischenspiel mit den Niederschlägen, das hier nur verwirren würde, und halten lediglich fest, daß Luftsauerstoff und Salzsäure das $FeCl_2$ in der Summengleichung zu $FeCl_3$ umwandeln (2):

(1) $Fe + 2\,HCl \rightarrow H_2 + FeCl_2$

(2) $4\,FeCl_2 + O_2 + 4\,HCl \rightarrow 4\,FeCl_3 + 2\,H_2O$

Da der Luftsauerstoff so ähnlich eingreift wie bei der Oxidation von Metallen (siehe Versuch 14), spricht man auch hier davon, daß er das zweiwertige Eisen Fe^{2+} des Eisendichlorids zum dreiwertigen Eisen Fe^{3+} des Eisentrichlorids oxidiert.

Um zu verstehen, was hier passiert ist, lesen wir aus dem Periodensystem ab, welche Elektronenkonfiguration das Eisen besitzt:

Eisen hat die Ordnungszahl 26 und das Atomgewicht 56, demnach einen Kern mit 26 Protonen und 30 Neutronen. Um den Kern schwirren 26 Elektronen, und zwar zwei in der ersten (K-)Schale, acht in der zweiten (L-)Schale (zwei sogenannte «s»- und sechs sogenannte «p»-Elektronen), acht plus sechs in der dritten (M-)Schale (denn Eisen steht auf Platz 6 der zehn Übergangsmetalle) und zwei in der vierten (N-)Schale. Ziehen Sie ruhig zum Vergleich und zum besseren Verständnis des folgenden Abschnitts die Darstellung der *Oxidation von Eisen* auf Seite 130 heran.

Die beiden Elektronen in der äußersten Schale sind die beiden «s»-Valenzelektronen, die bei allen Übergangsmetallen vorhanden sind. Das Eisen gibt sie ab, wenn es mit der Salzsäure reagiert, indem es sie den Wasserstoffionen aufdrängt (ganz wie das Aluminium in Versuch 17), und wird zum zweifach positiv geladenen Eisenion Fe^{+2} des Eisendichlorids $Fe^{+2}(Cl^-)_2$. Nun besitzt es die Konfiguration zwei Elektronen in der ersten Schale, acht Elektronen in der zweiten Schale, acht plus sechs Elektronen in der dritten Schale sowie keine in der vierten.

Wenn jetzt das Eisenion der Oxidationsstufe +2 durch den Sauerstoff zum dreiwertigen Eisenion Fe^{3+} des Eisentrichlorids $Fe^{3+}(Cl^-)_3$ oxidiert wird, muß es ein Elektron hergeben, das aus den sechsen in der dritten Schale stammt. Hauptgruppenelemente können so etwas nicht tun. Da diese Elemente sonst eine Edelgas-Elektronenschale aufreißen müßten, sind sie maximal so hoch oxidierbar, wie die Zahl ihrer Valenzelektronen angibt. Übergangsmetalle können dagegen, wie wir gesehen haben, ihre «d»-Elektronen zusätzlich opfern, im Extremfall sogar alle. So ist in dem schon mehrfach erwähnten Kaliumpermanganat ($KMnO_4$) das Mangan positiv siebenwertig, weil es außer den beiden «s»-Valenzelektronen der N-Schale auch die fünf «d»-Elektronen der M-Schale hergeben kann. Mangan gleicht damit sowie mit Hilfe der positiven Ladung des Kaliums die insgesamt acht negativen Ladungen der vier Sauerstoffatome aus.

Die Elemente streben nach den (zumindest äußerlich gesehen) voll besetzten Elektronenschalen der Edelgase. Sie versuchen mit drei Methoden, dieses Ziel zu erreichen – durch Aufnahme, Abgabe oder gemeinsamen Besitz von Valenzelektronen. Nur auf den ersten Blick scheint Heinrich Heine recht zu haben, wenn er in Anlehnung an das Matthäus-Evangelium (Kapitel 13, Vers 12) schreibt:

Wer viel hat, der wird gar bald
Noch viel mehr dazu bekommen;
Wer nur wenig hat, dem wird
Auch das Wenige genommen.

Was nun allerdings die Atome betrifft, so «bekommen sie nicht noch viel mehr dazu», sobald die nächsthöhere Edelgasschale gefüllt ist, und auch das «Wegnehmen» hat bei der nächstniedrigeren Edelgasschale seine Grenze. Mäßigung herrscht also im Geben wie im Nehmen. Darüber hinaus empfinden die Metalle die Valenzelektronen nicht als willkommene Habe, sondern als Last und geben sie deshalb gern her. Letztendlich versuchen sie nicht, ein einmal verlorenes Elektron mit Gewalt zurückzuholen, sondern halten nach dem Ende der Reaktion dauerhaft Frieden. So gibt es Steinsalzlagerstätten, die vor mehr als 150 Millionen Jahren entstanden sind und sich bis heute chemisch nicht verändert haben. Manche Silikate dürften gar so alt sein wie die feste Erdkruste, also gut zwei Milliarden Jahre.

Noch nachdenklicher macht uns die Beobachtung, daß viele Atome mit Gemeinschaftsbesitz an Elektronen glücklich und zufrieden sind, weil sie sich auch so reich genug fühlen. Heine hat somit bei den Atomen weiter unrecht, wenn er fortfährt:

Aber wenn Du gar nichts hast,
Ach, dann lasse Dich begraben,
Denn ein Recht zum Leben, Lump,
Haben nur, die etwas haben!

Nein, bei den Atomen gibt es niemanden, der gar nichts hat, wenn wir einmal vom Wasserstoffion absehen, von dem wir wissen, daß es sich auch ganz ohne Elektronen durchaus wohl fühlt. Aber selbst dieses Ion hängt sich in wäßriger Lösung einige Wassermoleküle um, ist also weit davon entfernt, gar nichts zu besitzen.

Die Philosophen haben bis jetzt wenig darüber nachgedacht, warum wir Menschen, die wir doch aus Atomen aufgebaut sind, zum Besitzen, Gewinnen und Verlieren ein so ganz anderes Verhältnis haben als unsere genügsamen Elementarbausteinchen.

Einen gründlichen Leser mag natürlich noch die Frage plagen, ob auch die Nichtmetalle durch die Abgabe von Elektronen die nächstniedrigere Edelgasschale erreichen können. Um zum Vergleich mit den Autosammlern zurückzukehren, hieße das, daß der Sammler, der sieben Autos und acht Garagenplätze hat, sein Problem möglicherweise auch dadurch lösen könnte, daß er alle sieben Oldtimer verkauft (und wahrscheinlich auch die Garage).

Für das Chlor würde das bedeuten, daß es insgesamt sieben Valenzelektronen hergeben müßte und dabei die Oxidationszahl +7 erreicht. So etwas macht das Chlor nur ungern, denn eigentlich will es ein Elektron dazubekommen und nicht sieben hergeben. Wenn überhaupt, wird es sich die Elektronen nur von einem Element entreißen lassen, das die Elektronen noch mehr liebt als es selber, und das wären Fluor oder Sauerstoff. Wir wollen dieses Thema nicht weiter vertiefen, sondern nur festhalten, daß es tatsächlich Chlorverbindungen gibt, in denen es positiv siebenwertig ist, also alle Valenzelektronen abgegeben hat. Ein Beispiel ist die Perchlorsäure $HClO_4$. Auch Zwischenstufen sind möglich, in denen das Chlor die Oxidationsstufe 1, 3, 4 oder 5 besitzt. Wenn nun das Chlor einen Teil oder alle Valenzelektronen hergeben kann, dann sind dazu beispielsweise auch Schwefel, Stickstoff und Phosphor in der Lage.

Kehren wir zum Chlor zurück, so können wir festhalten, daß es von –1 bis +7 alle Oxidationsstufen annehmen kann, während der benachbarte Schwefel die Stufen von –2 bis +6 annehmen und der Phosphor von –3 bis +5 gehen kann. Die Grenzen für dieses Verhalten bildet immer die höhere oder die niedrigere Edelgasschale.

Somit wird das Bild vollständig, denn das Chlor steht in der 7. Hauptgruppe, Schwefel in der 6. und Phosphor in der 5. Hauptgruppe des Periodensystems. Die Hauptgruppennummer zeigt also gleichzeitig an, welche maximalen positiven Oxidationszahlen die darin stehenden Elemente annehmen können.

Wenn wir die positiven *Wertigkeiten* in einem anschaulichen Bild oben aufschreiben und die negativen unten, so entspricht das *Oxidieren* (Abgeben von Elektronen) einem Aufstieg auf dieser Leiter, das *Reduzieren* (Aufnehmen von Elektronen) dagegen einem Abstieg. Zweifellos haben auch abstrakt denkende Chemiker eine Leiter vor Augen, wenn sie statt von positiven oder negativen Wertigkeiten lieber von *Oxidationszahlen* reden. Abbildung 14 versucht, die wichtigsten Oxidationszahlen für die ersten 56 Elemente des Periodensystems auf anschauliche Weise darzustellen.

Unser nächster Versuch soll den Zusammenhang zwischen Oxidation und Reduktion näher beleuchten.

Abbildung 14 Ganz unten befinden sich die wichtigsten Oxidationszahlen für die ersten 56 Elemente. Die Linie darüber ist nach Beginn und Ende der ersten sechs Perioden eingeteilt. Der Teil der Periode, in dem die Übergangsmetalle stehen, ist gestrichelt.

Auf der Linie darüber ist angezeigt, welche Elektronenplätze in welcher Schale gerade besetzt werden, also die sogenannten «s», «p» und «d»-Elektronen mit Angabe der zugehörigen Schalennummer. So wird deutlich, daß z. B. in der 4. Periode nach den ersten beiden Elementen 10 «d»-Plätze in der 3., also zweitäußersten Schale aufgefüllt werden. Die zugehörigen Elemente haben alle 2 «s»-Valenzelektronen und unterscheiden sich erst darunter in der Besetzung der «p»-Elektronenplätze. Sind sich also ziemlich ähnlich.

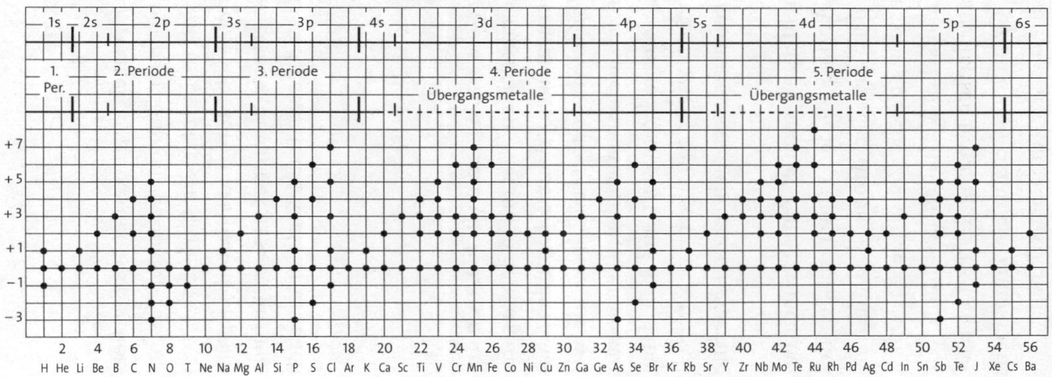

Versuch 19
Oxidation ohne Sauerstoff

Wir wiederholen Versuch 18, versetzen jedoch den weißen flokkigen Niederschlag mit ein paar Tropfen Jodtinktur aus der Hausapotheke. Er wird sofort rostfarben. Wir filtrieren ab, waschen und lösen in verdünnter Salzsäure und erhalten die gelbbraune Lösung wie zuvor. Offensichtlich hat das Jod anstelle des Luftsauerstoffs oxidierend gewirkt. Die Reaktion ist nach folgender Formel abgelaufen:

$$2Fe^{++} + I_2 \rightarrow 2I^- + 2Fe^{+++}$$

Das Jod hat also dem positiv zweiwertigen Eisen ein Elektron abgenommen und ist dabei vom elementaren Zustand in den negativ einwertigen des Jodidions übergegangen. Anders formuliert hat das Jod das Eisen oxidiert und sich selbst dabei reduziert. Falls wir lieber dem Eisen die aktive Rolle zuschieben wollen, können wir auch behaupten, daß das Eisen das Jod reduziert und sich dabei selbst oxidiert hat. Offenbar haben wir es mit einer Art Wechselbeziehung zu tun: Die eine Reaktion kann nicht eintreten, ohne daß auch die andere passiert.

Mit einem Seufzer der Erleichterung und der Zufriedenheit beenden wir diesen überlangen Ausflug zu den Hintergründen des Periodensystems. Wir haben den Bau der Atome bestaunt, erkannt, daß sie einfache, hochsymmetrische Zustände anstreben und daß dieses Streben ihr chemisches Verhalten bestimmt. Wir fanden für die wunderbare, rätselhafte Ordnung des Periodensystems einfache, einleuchtende Gründe und damit ein Fundament für die Wissenschaft Chemie, auf das wir aufbauen können.

Beim nächsten Ausflug wollen wir uns wieder den Häkchen des Demokrit zuwenden.

Sechster Ausflug

Unterschiedliche Liebe zu den Elektronen

Jedem aufmerksamen Leser wird bereits aufgefallen sein, daß es mindestens zwei Arten von chemischen Verbindungen gibt: solche, die wie Natriumchlorid oder Chlorwasserstoff in wäßriger Lösung oder in flüssigem Zustand den elektrischen Strom leiten, und solche, die das offensichtlich nicht können. Zu diesen letzteren gehören der Tetrachlorkohlenstoff oder auch das verflüssigte Methan; Speiseöl, Petroleum, Nähmaschinenöl, Alkohol, Aceton oder Toluol sind ebenfalls hervorragende Isolatoren. Aus diesem Grund haben wir denjenigen, die auf Abbildung 10 dargestellt sind, auf gut Glück Elektronenpaarbindungen zugeschrieben, wie sie für die zweiatomigen gasförmigen Elemente typisch sind. Daß bei ihnen eine andere Art von chemischer Bindung vorliegt als die rein elektrostatisch funktionierende Bindung zwischen positiv und negativ geladenen Ionen, ist uns inzwischen klargeworden.

Tatsächlich können die Physiker mit Hilfe von Röntgenstrahlen die «Elektronendichte» in der Umgebung von Atomen mit dieser Art Bindung messen. Die Messungen ergeben, daß die Zahl der Elektronen pro Raumeinheit im Durchschnitt *zwischen* den Atomkernen nicht null, sondern deutlich höher ist, viel höher, als wir es in dieser Entfernung von den Atomkernen erwarten. Natürlich dürfen wir uns nicht vorstellen, daß die gemeinsamen Elektronen dort einfach still verharren. Sie nehmen wie die übrigen Elektronen an den Bahnbewegungen um die Atomkerne teil, sind auch nicht eindeutig als Bindungselektronen erkennbar, sondern wechseln sich in dieser Aufgabe mit den anderen ab. Dennoch ergibt die sorgfältige Auswertung der Röntgenstrahlbeugungsversuche, daß sie sich bevorzugt zwischen den beiden Atomkernen aufhalten.

Verhältnismäßig leicht können wir nachvollziehen, warum Moleküle wie N_2 oder Cl_2 nicht in Ionen zerfallen, nämlich aus zwei Gründen:

Ein Zerfall des Chlormoleküls in Cl^+ und Cl^- würde zwar das eine Chloratom zufriedenstellen (nämlich dasjenige, welches nun acht eigene Elektronen hat), das andere dafür aber um so unzufriedener zurücklassen, besäße es doch nur sechs Valenzelektronen. Menschen würden in solchen Situationen wahrscheinlich keine Rücksicht auf den «Partner» nehmen, aber Atome tun sich so etwas nicht an.

Für einen Zerfall in Ionen fehlt die treibende Kraft, denn beide Atome sind gleich stark in ihrer «Liebe» (Affinität) zu den Elektronen. Kein Atom ist also gezwungen, dem anderen nachzugeben, und genausowenig ist es stark genug, das andere zu zwingen. Es herrscht ein absolutes Gleichgewicht der Kräfte, wie zwischen zwei gleich starken Hunden, die sich um einen Knochen balgen.

Gemeinsamer Besitz macht glücklich

Wenn wir nun anderen nicht ionisierten Stoffen diese Bindungsart zugesprochen haben, müssen wir annehmen, daß ihre Bindungspartner über eine gleich starke oder nahezu gleiche Affinität zu den Elektronen verfügen und daß auch sie der gemeinsame Besitz von Elektronen aufgrund der damit verbundenen Edelgaskonfiguration glücklich und zufrieden macht. Tatsächlich vermittelt das gemeinsame Elektronenpaar in den vier C-H-Bindungen des Methans den Wasserstoffatomen das «Gefühl», eine Heliumschale mit zwei Elektronen zu haben, während dem Kohlenstoffatom vorgegaukelt wird, es sei von acht Elektronen umschwirrt wie das Neon. Ähnlich «fühlt» sich der Sauerstoff im Wasser oder das Chlor im Tetrachlorkohlenstoff. Gemeinsamer Elektronenbesitz macht im Kohlendioxid sowohl den Kohlenstoff wie auch die Sauerstoffatome satt und zufrieden. Diese Phänomene lassen sich aus den Formeln in den Abbildungen 10 und 11 ohne weiteres erkennen.

Ganz andere Verhältnisse liegen jedoch vor, wenn zwei Atome aufeinandertreffen, die gegenüber Elektronen unterschiedliche Gefühle hegen.

Nehmen wir Chlor und Natrium: Das eine sucht krampfhaft nach einem Elektron, um die Achterschale des Argons zu erreichen, das andere empfindet sein Valenzelektron als überflüssig, weil es die Achterschale des Neons überlagert. Das lästige Elektron wechselt den Besitzer, und beide Reaktionsteilnehmer sind glücklicher als vorher. Im Gegensatz zum obigen Beispiel ziehen hier zwei Kräfte in die gleiche Richtung: Die Elektronenliebe des Chlors und die Elektronenabscheu des Natriums ergänzen sich geradezu ideal und bringen die Reaktion zustande.

Im Anschluß an die Reaktion herrschen ebenfalls andere Zustände als bei der Bindung zwischen zwei gleichartigen Atomen: Wie wir im Versuch 13 gesehen haben, ist das Natrium zum positiv geladenen Kation und das Chlor zum negativ geladenen Anion geworden. Ersteres hat nun keine Valenzelektronen mehr, letzteres besitzt alle. Im Kochsalzkristall ermittelten die Physiker mit ihren Röntgenstrahlbeugungsversuchen zwischen den Natriumionen und den Chlorionen eine Elektronendichte mit dem Wert Null –

mit anderen Worten, dort gibt es keine Elektronen. Dennoch gibt es eine chemische Bindung, weil sich die beiden Ionen elektrisch anziehen.

Alles oder nichts: Die Ionenbindung

Verschiedene Dinge brauchen auch verschiedene Namen. Der Chemiker nennt die Bindung, wie sie beim Natriumchlorid vorliegt, Ionenbindung oder auch heteropolare Bindung – abgeleitet vom griechischen *heteros* = verschieden. Die Bezeichnung trifft den Charakter der Bindung recht gut, handelt es sich doch um eine Bindung zwischen radikal verschiedenen Elementen, die hinsichtlich der Verteilung der vorhandenen Valenzelektronen keine Kompromisse duldet – entweder alles oder nichts.

Die Elektronenpaarbindung, die beim Chlormolekül oder im elementaren Stickstoff vorliegt, bezeichnet der Chemiker dagegen als *kovalent* oder *homöopolar*, letzteres kommt vom griechischen *homoios* = gleichartig. Auch der Begriff Atombindung beschreibt das gleiche Phänomen. Diese Bindung gibt es auch bei nichtionisierten Stoffen mit unterschiedlichen Bindungspartnern, wie es uns die Beispiele Tetrachlorkohlenstoff, Methan und Kohlendioxid gezeigt haben. Physiker werden bei diesem Thema zustimmend nicken, denn auch hier wurden mit Hilfe von Röntgenstrahlbeugungsversuchen erhöhte Elektronendichten zwischen den verschiedenen Atomkernen gefunden, also zum Beispiel zwischen Kohlenstoff und Chlor. Die erhöhte Elektronendichte fand sich erwartungsgemäß immer dort, wo das gemeinsame Elektronenpaar der homöopolaren Bindung vermutet wurde. Abbildung 15 veranschaulicht dieses Phänomen.

Die annähernd gleich große oder grundverschiedene Liebe zu

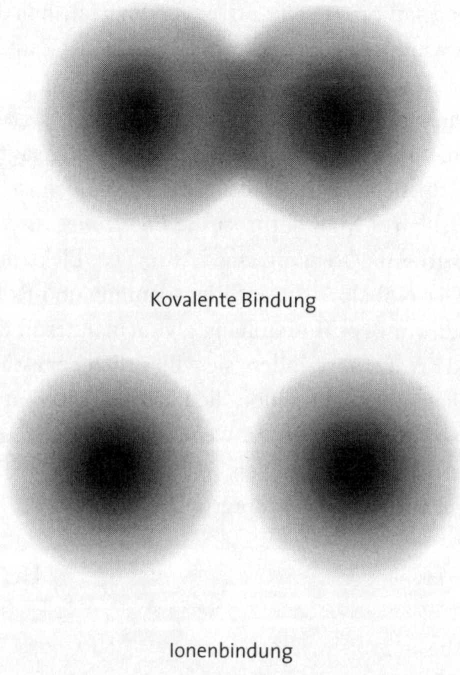

Abbildung 15 Elektronendichte bei kovalenter und ionischer Bindung: In der Nähe des Atomkerns ist die Elektronendichte am höchsten.

den Elektronen ist also entscheidend dafür, ob zwei Elemente miteinander eine kovalente oder eine Ionenbindung ausbilden.

Kann man Liebe messen? Frisch Verliebte und romantisch angehauchte Dichter werden diese uralte Frage sicherlich verneinen, da Liebe in ihrem Überschwang «unermeßlich» und «grenzenlos», also nicht zu quantifizieren ist. Partner aus langjährigen Beziehungen tendieren dagegen eher zu einem «Ja» als mögliche Antwort, haben sie doch im Laufe der Zeit die Meßlatte der Liebe dahin gehend kalibriert, wie oft er ihr im Haushalt hilft beziehungsweise wie oft sie ihm erlaubt, mit seinen Freunden abends mal ein Bier zu trinken.

Auch bei Atomen gibt es Verfahren, die eine Aussage darüber ermöglichen, wie stark die «Liebe» (der Chemiker sagt die *Affinität*) der verschiedenen Elemente zu den Elektronen ist.

Ein brauchbares Maß dafür ist die *Elektronegativität*. Sie gibt uns an, wie groß die Neigung eines Atoms ist, Elektronen an sich zu ziehen. Der Nobelpreisträger Linus Pauling und Robert Mulliken haben diesen Begriff unabhängig voneinander in das Denken der Chemiker eingeführt, indem sie willkürlich dem stürmischsten Elektronenliebhaber, dem Fluor, die Elektronegativität 4 und dem Elektronenspender Lithium den Wert 1 zuteilten. Die anderen Elemente liegen meist dazwischen; die nachfolgende Tabelle gibt Werte für die wichtigsten Hauptgruppenelemente an:

H							He
2,1							
Li	Be	B	C	N	O	F	Ne
1,0	1,5	2,0	2,5	3,0	3,5	4,0	
Na	Mg	Al	Si	P	S	Cl	Ar
0,9	1,2	1,5	1,8	2,1	2,5	3,0	
			Ge	As	Se	Br	Kr
			1,7	2,0	2,4	2,8	
					Te	J	Xe
					2,1	2,4	

Interessanterweise wird die Elektronegativität um so größer, je kleiner der Atomdurchmesser des entsprechenden Elements ist.

(Der Atomdurchmesser nimmt in einer Periode von links nach rechts ab, weil die zunehmende Kernladung die Elektronen stärker an den Kern heranzieht; er nimmt innerhalb einer Gruppe von oben nach unten zu, weil stets neue Schalen hinzukommen.)

Nun wollen wir ein wenig mit diesem Handwerkszeug arbeiten. Wir bilden für zwei reine Ionenverbindungen wie LiF und NaCl die Differenz der Elektronegativitäten und finden 3,0 bzw. 2,1. Für das NaBr ergibt sich 1,9 als Differenz, für KCl mehr als für NaCl. Hier handelt es sich um typische Salze, die in wäßriger Lösung oder auch in der Schmelze perfekt den Strom leiten.

Musterbeispiele für homöopolare Bindungen sind natürlich Moleküle wie Cl_2, O_2 und N_2 mit der Differenz Null. Aber auch C-H-Bindungen mit der Differenz 0,4, wie sie im Methan, Alkohol und Nähmaschinenöl vorkommen, sind fast vollkommen homöopolar. Analog dazu besitzt die C-Cl-Bindung des Tetrachlorkohlenstoffs 0,5; die C-N-Bindung, wie sie im Eiweiß vorkommt, erreicht den gleichen Wert. Auch diese Bindungen können wir offensichtlich als (fast) rein kovalent einstufen, und wie wir noch sehen werden, geben uns experimentelle Befunde dabei recht.

Als Faustregel können wir demnach Bindungen mit Elektronegativitätsunterschieden von deutlich weniger als 1 überwiegend als homöopolar einstufen, Bindungen mit großen Elektronegativitätsunterschieden (etwa über 2,0) hingegen überwiegend als ionisch oder heteropolar.

Und was ist mit den Bindungen mittlerer Elektronegativitätsdifferenzen? Sie nehmen offenbar eine Zwischenstellung ein, sind weder «Fisch noch Fleisch». Zu ihnen zählt der Chlorwasserstoff mit 0,9, der im Gaszustand überwiegend kovalent, in wäßriger Lösung aber vollkommen in Ionen zerfallen vorliegt, oder die H-O-Bindung im Wasser, die mit einem Unterschied von 1,4 schon zu einem Drittel Ionencharakter aufweist, etwas mehr als die N-H-Bindung im Ammoniak. (Die Differenz beträgt auch hier 0,9.)

Extreme sind offensichtlich selten; fast immer hat eine homöopolare Bindung **auch** einen Anteil an Ionenbindung, und umgekehrt verfügt fast jede Ionenbindung **auch** über einen kovalenten Anteil. Unsere Hilfstruppen aus der Physik haben dann zwischen den Atomkernen eine nur schwach erhöhte Elektronendichte oder einen Wert größer als Null ermittelt; dies richtet sich danach, ob der homöopolare Charakter oder der heteropolare überwiegt.

Unsere bisherigen Erkenntnisse lassen sich jedoch nicht pauschal anwenden, wenn Nachbaratome mit ihren Bindungen die Verhältnisse verkomplizieren. In diesem Falle sind Aussagen schwieriger und nur unter Berücksichtigung der Gesamtkonfiguration möglich.

Selbstverständlich soll uns auch ein Versuch die unterschiedliche «Liebe» zweier Elemente zu den Elektronen zeigen.

Versuch 20
Chlor raubt dem Jodidion das Elektron

Wir lösen etwas Kaliumjodid (KI) in entmineralisiertem Wasser auf. Falls wir kein KI zur Hand haben, stellen wir es aus der Jodtinktur unserer Hausapotheke wie folgt her:

Die Jodtinktur enthält außer elementarem Jod auch Kaliumjodid, Alkohol und Wasser. Wir verdünnen einige Tropfen davon mit so viel Wasser, daß die Lösung mehr gelb als rot aussieht und binden das Jod durch Zusatz von Stärke (vgl. Versuche 6 und 8). Die überstehende Lösung filtrieren oder dekantieren wir ab; sie muß farblos sein und darf die Stärkekörner einer Kartoffelscheibe nicht mehr blau färben. In ihr ist jetzt nur noch Kaliumjodid (und etwas Alkohol) gelöst.

In unserem Elektrolysegefäß von Versuch 7 zersetzen wir eine Minute lang halbkonzentrierte Salzsäure zu Chlor und Wasserstoff, genauso vorsichtig wie in Versuch 11. Ein Teil des

Chlors löst sich im Wasser der Salzsäure. Wir gießen dieses Chlorwasser in die Kaliumjodidlösung. Sofort wird elementares Jod frei, das sich durch eine schwache Gelbfärbung verrät. Selbst wenn unsere Jodidlösung für diesen Versuch zu stark verdünnt wurde, können wir das Jod durch Stärkezusatz oder Auftupfen der Lösung auf eine Kartoffelscheibe nachweisen, weil blaue Jodstärke entsteht. Die Reaktionsformel lautet wie folgt:

$$Cl_2 + 2\,I^- \rightarrow 2\,Cl^- + I_2$$

Das Chlor mit der Elektronegativität 3,0 ist ein stärkerer «Elektronenliebhaber» als das Jod mit nur 2,4 und hat deshalb dem Jodid die Elektronen entrissen. Wieder spüren wir etwas von der Hackordnung unter den Elementen, die uns schon in Versuch 17 aufgefallen ist. Analog können wir sagen, daß Chlor das Jod aus dem Ionenzustand verdrängt.

Selbstverständlich ist unsere Reaktion nichts anderes als eine Oxidation des Jodids durch das Chlor, verbunden mit einer gleichzeitigen Reduktion des Chlors zum Chlorid (siehe Seite 138). Das Chlor nimmt nämlich ein Elektron auf und geht von der Oxidationszahl 0 zur Oxidationszahl –1 über, während das Jod auf der Leiter durch Abgabe eines Elektrons von –1 auf 0 aufsteigt.

Schwerwiegende Folgen der Ionenbindung

Wenn wir ein «Molekül» Kochsalz in Ionenform beschreiben (Na^+Cl^-) und es mit Elektronenpaaren ausstatten, ergibt sich folgende Formel:

$$Na^{+}:\ddot{\underset{\cdot\cdot}{Cl}}:^{-}$$

Demnach verhält sich das ganze «Molekül» ungeachtet der elektrostatischen Anziehungskraft zwischen den beiden entgegengesetzt geladenen Ionen immer noch wie ein elektrischer Dipol, denn es hat ein positiv geladenes und ein negativ geladenes Ende. Es benimmt sich daher ähnlich wie ein kleiner Magnet, der an einem Ende seinen Nordpol und am anderen seinen Südpol hat. Wie sich ein solcher Magnet beim Kontakt mit anderen Magneten verhält, wollen wir in Versuch 21 beobachten.

Versuch 21
Magnetisierung von Eisenfeilspänen

Wir füllen frisch zubereitete Eisenfeilspäne in ein Reagenzglas und schütteln sie lebhaft. Es ist nicht schwer, sie aufzuwirbeln oder umzugießen, denn sie fließen fast wie eine Flüssigkeit.

Dies ändert sich schlagartig, wenn wir jetzt einen starken Magneten von außen an das Glas heranführen. Die Eisenfeilspäne werden (durch das Glas hindurch!) magnetisiert und hängen sich zu einem lockeren Klumpen zusammen. Die Verklumpung bleibt auch erhalten, wenn wir den Magneten wieder entfernen. Es ist jetzt fast unmöglich, einzelne Spänchen aufzuwirbeln oder das Ganze wie eine Flüssigkeit umzugießen. Dies hat ein magnetischer Verbund verursacht, der durch die Anziehungskräfte zwischen den Nord- und Südpolen der kleinen Magnete entstanden ist. Aus der vorher wahllosen Unordnung der Eisenteilchen ist ein kristallähnliches Gebilde von kleinen aneinanderhängenden Magneten geworden, das zwar locker gebaut ist und viele Hohlräume enthält, dennoch ist es recht stabil und verhindert, daß einzelne Magneten sich frei bewegen oder gar aus dem Verband ausbrechen.

Unser elektrischer Dipol Na^+Cl^- muß sich ähnlich verhalten, wenn er auf seinesgleichen trifft. Wegen der Analogie zu den kleinen Magneten dürfen wir erwarten, daß ebenfalls ein Gebilde von geordneter Struktur entsteht. Das wollen wir im nächsten Versuch nachprüfen.

VERSUCH 22
Eindampfen einer Kochsalzlösung

Wir lösen eine Prise Kochsalz in entmineralisiertem Wasser, filtrieren die Lösung gegebenenfalls und lassen davon einige Tropfen auf einer Glasplatte oder einem Objektträger langsam eindunsten. Es entstehen farblose bis weißliche Körner, die wir mit einer starken Lupe oder besser bei schwacher (40facher) Vergrößerung unter dem Mikroskop betrachten.

Ein faszinierender Anblick! Denn die Körner erweisen sich als regelmäßig geformte Kristalle, meist in Gestalt von Oktaedern, manchmal mit abgestumpften Ecken, so daß der Eindruck von regelmäßig vierseitigen, abgeflachten Pyramiden entsteht. Seltener sehen wir Würfel, die dann meist abgestumpfte Kanten besitzen.

Das Natriumchlorid hat also unsere Erwartung erfüllt und eine dreidimensionale Ordnung angenommen, deren Zustandekommen wir uns nach einigem Nachdenken sehr gut erklären können.

Wir gehen von der Ähnlichkeit mit den kleinen Magneten aus und notieren uns eine Kette von aneinanderhängenden Na^+Cl^--Molekülen (der Einfachheit halber lassen wir die Ladungen weg):

...NaClNaClNaClNaClNaClNaClNaCl...

Selbstverständlich besitzt diese Kette weder Anfang noch Ende, sondern kann theoretisch unendlich lang werden. Dennoch sind die elektrischen Ladungen der Natrium- und Chlorionen keineswegs abgesättigt. Die Kette besteht immer noch abwechselnd aus lauter positiv und negativ geladenen Kettengliedern. Jedes Na^+ der Kette zieht sich ein Cl^- an Land und jedes Cl^- sucht sich ein Na^+. Auf diese Weise entsteht folgende Doppelkette:

...NaClNaClNaClNaClNaClNaClNaCl...
...ClNaClNaClNaClNaClNaClNaClNa...

Dieses Spielchen wiederholt sich, und es werden sowohl oben wie unten weitere Ketten hinzugelegt. Kurzum, es entsteht eine ebene, quadratische Anordnung, in deren Innern jedes Na^+ von vier Cl^- umgeben ist und jedes Cl^- von vier Na^+. Wir stellen im folgenden nur einen kleinen Ausschnitt dar:

```
   :  :  :  :  :  :  :  :
...NaClNaClNaClNaCl...
...ClNaClNaClNaClNa...
...NaClNaClNaClNaCl...
...ClNaClNaClNaClNa...
...NaClNaClNaClNaCl...
   :  :  :  :  :  :  :  :
```

Dieses Gebilde ist selbstverständlich nur zweidimensional; das Anlegen der Chlornatriumketten findet aber auch unter und über der Papierebene statt, und zwar so lange, bis aus dem Quadrat ein Würfel entstanden ist. Nun ist jedes Natriumion oben und unten, vorn und hinten sowie links und rechts von insgesamt sechs Chlorionen umgeben*, während wiederum jedes Chlorion auf

* Man sagt dann, daß das Natriumion die Koordinationszahl 6 hat, weil es von 6 Chloridionen umgeben ist.

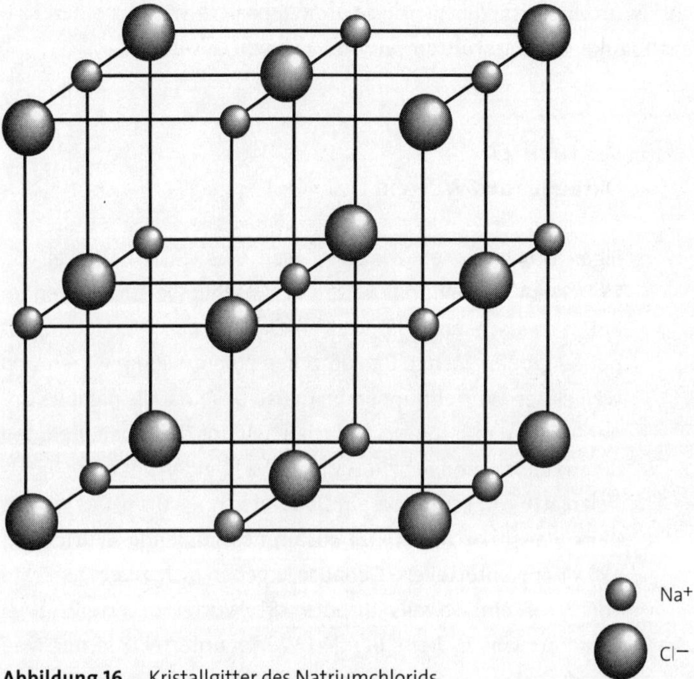

Abbildung 16 Kristallgitter des Natriumchlorids

gleiche Weise von sechs Natrium-Ionen umringt ist – erst jetzt kann man von einem Zustand der Sättigung sprechen. Abbildung 16 zeigt die kleinste würfelförmige Einheit des so entstandenen hochsymmetrischen Kristalls, die sogenannte Elementarzelle. Durch Aneinanderwachsen solcher Einheiten in allen drei Raumrichtungen entstehen Würfel, die man mit bloßem Auge sehen kann.

«Einspruch, Euer Ehren!», höre ich Sie rufen. Denn Sie haben in Versuch 22 beobachtet, daß so gut wie keine Würfel, dafür jedoch sehr viele Oktaeder entstanden sind. Um zu verstehen, wie aus Würfeln Oktaeder werden können, basteln wir uns einen Kristallbaukasten und führen mit ihm Versuch 23 durch.

Versuch 23
Oktaeder aus Würfeln

Eigentlich brauchen wir für diesen Versuch 451 Würfel von 1×1×1 cm (beziehungsweise für Anschlußversuche weitere 880, also insgesamt 1331 Würfel). Da Kauf oder Herstellung einer so großen Menge Bauklötzchen zu aufwendig wären und weil einige Würfelgruppen beim Bau des Kristalls nicht verändert werden müssen, vereinfachen wir uns die Arbeit, nehmen einen Laubsägebogen zur Hand und schneiden aus einer Sperrholzplatte von 1 cm Dicke ein Quadrat von 11×11 cm, das wir mit dem Bleistift in 11×11 = 121 zusammenhängende Würfel von 1×1×1 cm unterteilen. Genauso ergeben sich zwei Quadrate von 9×9 cm, jeweils in 9×9 = 81 Würfel unterteilt, zwei Quadrate von 7×7 cm, in je 49 Würfel unterteilt; ferner zwei Quadrate von 5×5 cm, in je 25 Würfel unterteilt, sowie zwei Quadrätchen von 3×3 cm, in je 9 Würfel unterteilt.

Somit haben wir schon 449 Würfel in den Quadratplatten und brauchen nur noch zwei einzelne Würfel, die wir von einer Holzleiste mit dem Querschnitt 1×1 cm absägen.

Wir bauen nun auf der Platte von 11×11 cm eine Stufenpyramide, indem wir nacheinander jeweils in der Mitte eine Platte von 9×9 cm Grundfläche, anschließend eine von 7×7 cm Grundfläche, dann eine von 5×5 cm Grundfläche und zuletzt eine von 3×3 cm Grundfläche auflegen. In die Mitte der obersten Platte setzen wir zur Krönung einen der beiden Würfel.

Nun schieben wir vorsichtig die zweite Platte von 9×9 cm unter die Platte von 11×11 cm, darunter die von 7×7 cm und so fort, bis wir das Ganze behutsam auf den zweiten Würfel set-

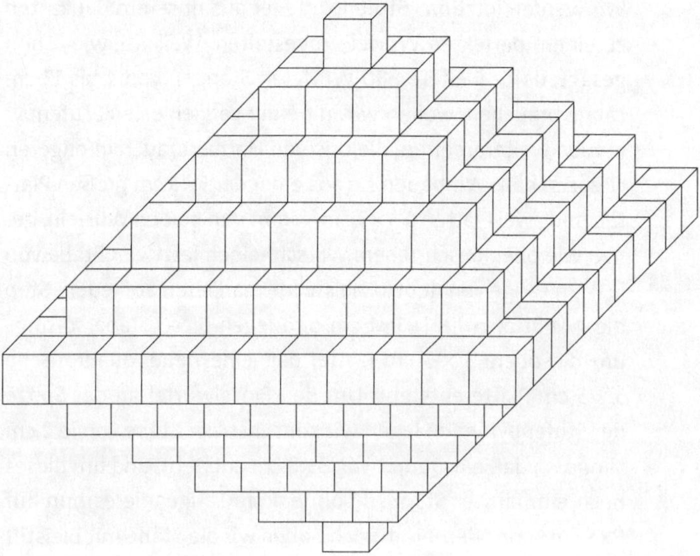

Abbildung 17 Oktaederähnliche doppelte Stufenpyramide aus Würfeln

zen können. Als Ergebnis haben wir eine etwas wackelige, aber vollkommen regelmäßige doppelte Stufenpyramide erhalten, deren Umriß schon stark an ein Oktaeder erinnert (*siehe Abbildung 17*).

Wenn wir nun in Gedanken den Versuch mit immer kleineren Bausteinen wiederholen, nähert sich die Gestalt der Stufenpyramide immer mehr dem Oktaeder. Und wenn wir zuletzt Würfelchen verwenden, die nur noch aus wenigen Natrium- oder Chlorionen zusammengesetzt sind, etwa in der Art der Elementarzelle in Abbildung 16, wird kein Mikroskop der Welt mehr fähig sein, die Stufen sichtbar zu machen.

Wir werden jetzt das Stufenoktaeder aus unserem Baukasten zu einem perfekten Würfel umgestalten. Weil wir, wie schon gesagt, dafür weitere 880 Würfel in Stangen von 2 bis 12 cm Länge brauchen, wollen wir mit einer verkleinerten Stufenpyramide weiterarbeiten, die unseren Holzverbrauch in engeren Grenzen hält. Wir bauen sie aus einer der 5×5 cm großen Platten und zwei Platten à 3×3 cm – samt den beiden Würfeln, genau wie oben beschrieben. Wir schneiden jetzt vier Stäbe von je 4 cm Länge von der Holzleiste ab, markieren auf jedem Stab die 4 Würfel zu je 1×1×1 cm und legen diese Stäbe so rings um die obere 3-×-3-cm-Platte, daß eine neue, quadratische 5-×-5-cm-Platte entsteht. Um den Einzelwürfel an der Spitze der Stufenpyramide legen wir zunächst vier Stäbe von je 2 cm Länge, so daß ein Qudrat von 3×3 cm entsteht, und um dieses noch einmal vier Stangen von je 4 cm Länge, die es nun auf 5×5 cm vergrößern. Natürlich haben wir die Stäbe mit Bleistift in einzelne Würfel unterteilt.

Wir sehen jetzt, daß die obere Hälfte des Stufenoktaeders zur oberen Hälfte eines Würfels geworden ist und bauen, wenn wir noch Lust haben, den unteren Teil in gleicher Weise um.

Die Erkenntnis, daß aus einfachen würfelförmigen Zellen andere regelmäßige Körper wie das Oktaeder gebildet werden können, verdanken die Chemiker dem französischen Priester und Gelehrten René Just Hauy, der damit 1784 an der Sorbonne die wissenschaftliche Kristallographie begründete.

Wenden wir uns wieder unserem Kochsalzkristall zu. Wir erhalten ihn aus unseren Würfeln auch dann, wenn wir jeden Würfel als ein Ion ansehen und die Holzplatten schachbrettartig in schwarze und weiße Würfel unterteilen; dabei soll Schwarz ein Na^+ und Weiß ein Cl^- bedeuten. Damit wir den Kristall richtig zusammensetzen können, fangen wir bei der größten Platte links oben mit Weiß an.

Die nächstkleinere beginnen wir dagegen links oben mit Schwarz, die übernächste wieder mit Weiß und so fort. Beim Zusammensetzen der Platten müssen wir nämlich darauf achten, daß auch in senkrechter Richtung stets Natrium- und Chlorionen aufeinanderfolgen und nicht etwa gleich geladene Nachbarn auftreten, da sich diese ja abstoßen und nicht anziehen würden.

Diese elektrischen Anziehungskräfte, die nun in allen drei Raumrichtungen wirken, sind viel stärker als die eingangs beschriebenen und im Versuch 2 sichtbar gemachten Anziehungskräfte zwischen elektrisch neutralen Molekülen. Deshalb werden auch die Ionen im dreidimensionalen Kristallgitter des Natriumchlorids wesentlich stärker festgehalten; im Klartext bedeutet dies, daß das Salz einen sehr hohen Schmelzpunkt haben muß. Tatsächlich wird NaCl erst bei 801 Grad Celsius flüssig, ist dann aber immer noch in Ionen zerfallen. Selbstverständlich krallen sich die Ionen auch in der Flüssigkeit nach wie vor heftig aneinander, und erst bei 1440 Grad Celsius treten NaCl-Moleküle (!) in den Dampfraum über.

Ähnlich hohe Schmelz- und Siedepunkte haben alle ionisch aufgebauten Verbindungen, also zum Beispiel Salze wie Kaliumchlorid oder Lithiumfluorid, aber auch viele Metalloxide wie Aluminiumoxid oder Magnesiumoxid. Wie riesig der Unterschied zu homöopolar gebauten Substanzen ist, mag uns der Schmelz- und Siedepunkt des Tetrachlorkohlenstoffs klarmachen: Während der Schmelzpunkt bei –23 Grad Celsius liegt, ist der Siedepunkt bei 77 Grad Celsius erreicht – obwohl das Molekulargewicht von CCl_4 höher ist als das von NaCl. Allerdings vergleichen wir in diesem Fall Äpfel mit Birnen, weil im Grunde genommen ein Steinsalzkristall ein einziges riesiges «Molekül» darstellt, in dem die heteropolaren Bindungskräfte in allen drei Raumrichtungen zwischen entgegengesetzt geladenen Ionen wirken.

Erstaunlich ist wiederum, wie nahe Anziehungs- und Abstoßungskräfte beim Natriumchloridkristall nebeneinanderliegen. Denn wir brauchen in unserer Stufenpyramide nur eine der Würfelplatten um eine Würfelkantenlänge zu verschieben, und schon sind Natriumionen mit Natriumionen benachbart beziehungsweise Chlorionen mit Chlorionen. Statt Anziehungskräften herrschen jetzt gleich starke Abstoßungskräfte, und der Kristall muß an dieser Fläche auseinanderplatzen. Im echten Kristall genügt die Verschiebung um den Durchmesser eines Ions, also um weniger als ein Millionstel Millimeter, um die Kräfte umkehren zu lassen. In Abbildung 18 ist das dramatische Geschehen dargestellt.

Da wir mißtrauisch sind, wollen wir mit dem nächsten Versuch prüfen, ob eine derartige Kristallspaltung entlang den Würfelflächen wirklich stattfindet.

Versuch 24
Spaltbarkeit von Natriumchloridkristallen

Wir zerdrücken eines der größten Oktaeder aus Versuch 22 vorsichtig auf einer harten Unterlage mit dem Messer; alternativ können wir auch mit dem Hammer auf einen größeren Steinsalz-Kristall schlagen, den wir bei einer Mineralienschau erworben haben. Beide zerspringen in regelmäßig geformte Bruchstücke. Wir überzeugen uns, notfalls mit Hilfe einer starken Lupe oder eines Mikroskops, daß diese die typisch rechtwinklig aufeinanderstehenden Kanten des Würfels haben. Der Hammerschlag beziehungsweise unsere Muskelkraft haben also bewirkt, daß sich die NaCl-Platten um einen Ionendurchmesser gegeneinander verschoben haben, wodurch die Abstoßungskräfte wirksam wurden.

Eine derartige Spaltbarkeit entlang von Schwächezonen zeigen viele Stoffe mit heteropolaren und nicht wenige mit kovalenten Bindungen. Diese eindrucksvolle Eigenschaft ist schon den mittel-

Abbildung 18 Spaltbarkeit des Natriumchlorid
Ein Hammerschlag oder massiver Druck verschiebt Teile des Kristallgitters um einen Ionendurchmesser nach unten (1). Dadurch werden entlang einer (zur Papierebene senkrecht stehenden) Würfelfläche Natriumionen mit Natriumionen und Chlorionen mit Chlorionen benachbart (2). Anstatt der elektrostatischen Anziehungskräfte tritt jetzt gleich starke Abstoßung ein; der Kristall spaltet sich entlang der Fläche (3). (Aus Gründen der Übersichtlichkeit sind die Ladungen der Ionen nicht eingezeichnet.)

alterlichen Bergleuten aufgefallen; sie nannten solche Mineralien «Spat» und prägten sehr sinnvolle Bezeichnungen wie Kalkspat, Flußspat, Schwerspat, Feldspat und Spateisenstein. Natürlich entstehen dabei nicht immer Würfel, sondern auch andere Körper wie Oktaeder beim Flußspat, Rhomboeder beim Kalkspat und Platten bei den Glimmern. Die Spaltkörper sind für jeden Stoff typisch, in manchen Fällen können versierte Mineralogen ein Mineral sogar ohne zusätzliche Analysen oder physikalische Bestimmungsverfahren nur anhand der Spaltkörper bestimmen.

Wegen der ausgezeichneten Spaltbarkeit des Kohlenstoffs in seiner Modifikation als Graphit können wir mit dem «Bleistift» schreiben, denn das Papier reibt von der Graphitmine winzige Spaltplättchen ab, die dann wegen der zwischenmolekularen Anziehungskräfte (siehe Versuch 2) auf der Oberfläche des Blatts haftenbleiben. Und die vollkommene Spaltbarkeit des Kohlenstoffs in seiner Erscheinungsform als Diamant benutzten die Edelsteinschleifer früher beim Formatisieren der Rohsteine zu regelmäßigen Oktaedern vor der Weiterverarbeitung zum Brillanten. Diamant ist also keineswegs so unzerstörbar, wie viele glauben und wie sein Name, der aus dem Griechischen stammt und «unbezwingbar» bedeutet, suggeriert. Diesem Mythos erlag auch jener französische Chemiker, der vor rund zweihundert Jahren auf die gewinnträchtige Idee kam, mehrere kleine Diamanten zu einem einzigen größeren zu verschmelzen. Zu seiner maßlosen Verblüffung verbrannten die Steinchen vor dem Schmelzen zu Kohlendioxid! Aus Kostengründen wurde dieser Versuch seither nicht allzuoft wiederholt.

Die Spaltbarkeit ist bei den homöopolaren Verbindungen weniger deutlich ausgeprägt. Im allgemeinen sind sie auch viel weicher als die heteropolaren. Schließlich besteht schon ein gewaltiger Unterschied darin, ob sich elektrische Dipole wie bei den Ionenverbindungen in allen drei Raumrichtungen ineinander «verbeißen» oder ob nur jene schwachen zwischenmolekularen Kräfte für eine dreidimensionale Ordnung im Kristall sorgen, wie wir sie bereits aus Versuch 2 kennen.

Die Metallische Bindung

Gewissenhafte Leser werden schon seit einiger Zeit von einer gewissen Unruhe geplagt. Ihnen ist aufgefallen, daß wir inzwischen zwar perfekt wissen, wie sich Nichtmetallatome verhalten, wenn sie keinen Reaktionspartner finden, aber nicht, wie sich Metallatome in dieser Situation benehmen. Sie müssen sich doch mit ihren lästigen Valenzelektronen mindestens so unwohl fühlen wie die Nichtmetallatome mit ihren unvollständigen Achterschalen!

Das trifft wohl zu, aber auch sie macht die Not erfinderisch. Metallatome geben einfach lästige Elektronen ab und werden zu positiv geladenen Metallionen. Die bleiben auf ihren Kristallgitterplätzen sitzen, schwingen allenfalls je nach Temperatur mehr oder weniger heftig hin und her, wie wir es auf Seite 30 gelernt haben. Wir können also am Beispiel des Eisens formulieren:

$$Fe \rightarrow Fe^{++} + 2\,e^-$$

Was passiert nun aber mit den Elektronen? Schmählich verstoßen, laufen sie zwischen den Ionen des Kristallgitters planlos hin und her; sie bilden ein *Elektronengas*. Obwohl ungeliebt, erfüllen sie damit dennoch eine wichtige Aufgabe, denn die positiv geladenen Metallionen stoßen sich ja gegenseitig ab. Gäbe es nicht die negativ geladenen Elektronen des Elektronengases als ausgleichende Klebesubstanz zwischen ihnen, so müßten sich die Kristalle ähnlich spalten wie unser Kochsalzkristall in Versuch 24. Katastrophale Folgen hätte das im Fall des Eisenatoms beispielsweise für

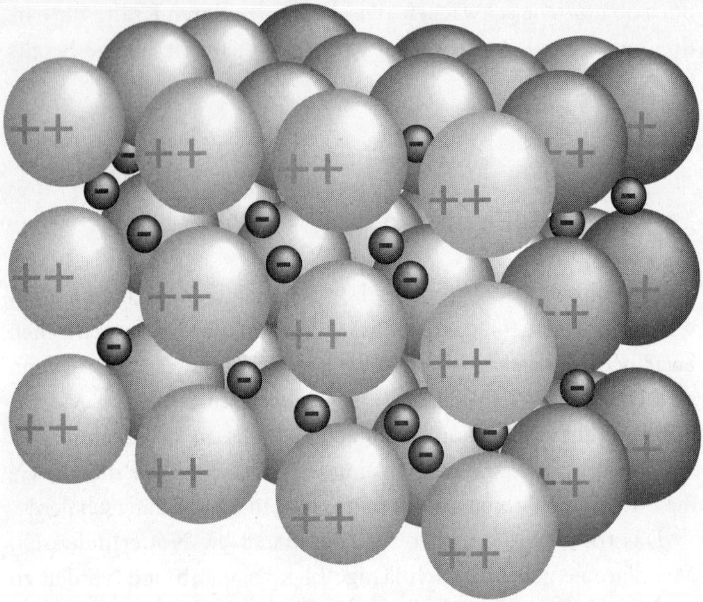

Abbildung 19 Die Metallische Bindung. Die großen Kreise symbolisieren positiv zweiwertige Metallionen, also z. B. Be^{++} oder Fe^{++}; die kleinen Kreise mit dem Minuszeichen die Elektronen des Elektronengases. Das Elektronengas hält einerseits als « Kleber» mit elektrostatischen Anziehungskräften die auseinanderstrebenden Metallionen im Gitter beisammen, andererseits wirkt es auch als Schmiermittel für das Aneinandervorbeirutschen der Metallionen beim Schmieden oder Biegen des Metalls.

Ihr Auto, das zu einem Haufen Eisenionenpulver zerfallen müßte. So aber zieht das Fe^{++}-Ion das Elektronengas an, dieses wiederum das nächste Fe^{++}-Ion und so fort: Der physische Zusammenhalt des Eisens und Ihres Autos ist damit gewährleistet. Abbildung 19 versucht, diesen Sachverhalt anschaulich zu machen.

Da kann man froh sein, daß Autos aus Eisen und nicht aus

Lithium bestehen! Denn Eisen besitzt zweifach positiv geladene Ionen und doppelt soviel *Elektronenkleber* pro Ion wie das Lithium, hält also besser zusammen, ist härter und gibt nicht schon beim Kratzen mit dem Fingernagel nach.

Was geschieht aber mit den Metallatomen beim Verdampfen? Sie haben keinen Grund, sich zu zweiatomigen Gasen zu verbinden. Weil sich jedes Metallatom seiner Elektronen entledigen möchte und keines bereit ist, Elektronen anzunehmen, sind Metalldämpfe atomar. Schlichtweg gesagt, ist ihnen der Weg zur gemeinsam errungenen Edelgaskonfiguration einfach zu weit.

Doch zurück zum festen Zustand:

Das Elektronengas zwischen den positiv geladenen Ionen auf den Gitterplätzen bewirkt, daß Metalle durch Schmiedevorgänge verformt werden können. Wir können das leicht begreifen, wenn wir uns den Elektronengaskleber als halbflüssige Paste oder eine Art Honig vorstellen. (Das ist keine willkürliche Annahme, sondern folgt aus der Tatsache, daß die einzelnen Elektronen wie in einer Flüssigkeit beweglich sind.) Solche Stoffe wirken nicht nur als Kitt, sondern auch wie Schmiermittel und erlauben, daß die Ionen auf ihren Gitterplätzen beim Schmieden, das heißt bei Energiezufuhr durch Hitze und Hämmern, aneinander vorbeigleiten können, etwa wie Murmeln im Honig. Wir können das wirklich ausprobieren: Ein Kochlöffelstiel läßt sich in einer Gugelhupfform* voll Murmeln nur mit großer Kraft bewegen, übergießen wir aber die Murmeln mit leicht angewärmtem oder verdünntem Bienenhonig, dann geht der Löffelstiel leichter durch die Masse. Der «Elektronenhonig» ist also ein Schmiermittel. Seine Eigenschaft als Klebemittel bemerken wir, wenn wir die Kuchenform

* Die Gugelhupfform verhindert im Gegensatz zu einem glatten Becher, daß die Murmeln am Rand entlangrollen und damit eine Beweglichkeit vortäuschen, die sie eigentlich nicht haben.

schütteln; der «Honig» verhindert, daß einzelne Murmeln herausfliegen. Wieder ein rein biophysikalischer Vergleichsversuch, diesmal nicht unappetitlich, doch ziemlich klebrig.

Aufgrund dieser Fähigkeit von Metallionen, aneinander vorbeigleiten zu können, läßt sich ein Metalldraht verbiegen oder ein weiches Metall (beispielsweise Blei oder Kupfer) mit dem Messer schneiden beziehungsweise mit der Beißzange abkneifen.

Kulturhistoriker erkennen hier mit Erstaunen, daß die wichtigsten Fortschritte der Eisenzeit ohne Elektronengas nicht möglich gewesen wären, und Elektriker begreifen, warum Metalle so gute Leiter sind: Wenn an einen Metalldraht eine Stromquelle angeschlossen wird, die ja bekanntlich am Pluspol Elektronen absaugt und am Minuspol nachliefert, zögert das Elektronengas nicht lange, sondern setzt sich in Marsch. Das geht zwar verhältnismäßig leicht, aber dennoch nicht ganz ohne Widerstand, weil die Elektronen sich ja zwischen den positiven Ionen des Metallgitters durchquetschen müssen, die sie zwar nicht mögen, aber trotzdem an sich heranziehen und an der völlig freien Bewegung hindern. Deshalb besitzt jeder Metalldraht einen meßbaren Widerstand für den elektrischen Strom. Deshalb ist auch die Wanderungsgeschwindigkeit der Elektronen in der Überlandleitung zwischen Kraftwerk und Haushalten keineswegs sehr groß. Es dauert vielmehr Wochen oder gar Monate, bis ein Elektron die ganze Wegstrecke zurückgelegt hat. Das spielt für unser tägliches Leben keine Rolle, entscheidend ist nur, daß das Elektronengas sofort nach dem Einschalten zu fließen beginnt.

Wir können nun in Gedanken eine starke Stromquelle an einen sehr dünnen Draht anschließen und ohne weiteres vorhersagen, was geschehen wird. Die starke Stromquelle treibt sehr viele Elektronen mit Gewalt durch den dünnen Draht. Zwischen den Metallionen herrscht ein schreckliches Gedränge, jedes Elektron will so schnell wie möglich zum Pluspol der Stromquelle kommen. Das geht nicht ohne Gerangel ab, und die negativen Elektronen knallen mit großer Häufigkeit und Wucht auf die dicken positiven Metallionen. Derartige «Schläge» bringen natürlich die Metallionen aus der beschaulichen Ruhe, und sie schwingen wie ein angestoßenes Pendel weiter aus. Heftigere Schwing- oder Zitterbewegungen der Ionen bedeuten aber, wie wir bereits erfahren haben, nichts anderes als höhere Temperatur. Der Draht erwärmt oder erhitzt sich und fängt vielleicht sogar an zu glühen. Wir beginnen zu ahnen, daß das Elektronengas auch für das Funktionieren einer Elektroheizung, eines Föhns, eines Tauchsieders zuständig ist und sogar eine Glühbirne leuchten läßt. Sollte der Draht darüber hinaus sogar durchschmelzen, dann war er gewiß in einer Sicherung eingebaut.

Selbstverständlich wirken die heftig schwingenden Moleküle einer heißen Oberfläche ähnlich auf die Elektronen eines Metalls wie Boris Beckers Tennisschläger auf einen fliegenden Tennisball: Die Elektronen, die verhältnismäßig langsam ankommen, fliegen mit viel höherer Geschwindigkeit in das Metall zurück. Bei ihrem beschleunigten Umherschweifen zwischen den Metallionen übertragen sie ihre frisch gewonnene Energie durch kräftiges Anrempeln auf ihren «Kollisionspartner». Matt und langsam kehren sie wieder zur Wärmequelle zurück, werden erneut beschleunigt, und das Spielchen beginnt von vorn. Sie ahnen sicherlich, was das bedeutet: Metalle sind aus genau diesem Grund gute Wärmeleiter, viel bessere jedenfalls als die Nichtmetalle, bei denen keine elektronischen Boten als Wärmeüberträger herumlaufen. Bei den Nichtmetallen muß erst eine Molekülschicht, die von der Wärmequelle zu heftigeren Schwingungen angeregt wurde, die Nachbarschicht zum Mitschwingen anregen, um diesen Prozeß in Gang zu setzen. Das kostet Zeit und Mühe. Nun dürfte es verständlich geworden sein, warum die Faustregel gilt, daß gute Stromleiter auch gute Wärmeleiter sind und umgekehrt. Aus dem gleichen Grunde fühlen sich Metalle normalerweise kalt und isolierende Stoffe warm an. In der

90 Grad Celsius heißen Sauna ist es gerade umgekehrt: Während ein Silber- oder Goldring am Finger unangenehm heiß wird, halten es die Saunagäste auf Holzbänken und Handtüchern ganz gut aus.

Ein weiteres wichtiges Kennzeichen der Metalle ist ihre Undurchsichtigkeit – im Gegensatz zu ihnen sind Nichtmetalle durchsichtig oder durchscheinend. Nachdem wir so ziemlich alle typischen Metalleigenschaften der Wirkung des Elektronengases zuschreiben konnten, dürfte auch hier ein Zusammenhang bestehen. Dieser erschließt sich uns allerdings nicht so leicht, doch wollen wir für spätere Zwecke im Hinterkopf behalten, daß leicht bewegliche Elektronen offenbar Licht schlucken oder reflektieren können.

Philosophisch angehauchte Leser entdecken möglicherweise im atomar-elektronischen Mikrokosmos die bemerkenswerte Tatsache, daß Verzicht auf (Elektronen-)Besitz leitend macht. Erneut fällt ihnen auf, daß sich auch diese Analogie nur schlecht auf den Makrokosmos der Menschen und Tiere übertragen läßt.

Nun wollen wir mit einigen Versuchen die unterschiedliche Abneigung verschiedener Metalle gegenüber den Elektronen aufzeigen und sehen, wie wir uns diese Aversionen zunutze machen können.

Versuch 25
Die Spannungsreihe

Wir erinnern uns an die Versuche 17 und 18, bei denen wir gesehen haben, daß sowohl Aluminium als auch Eisen fähig sind, mit ihrer Abneigung gegen Elektronen Wasserstoff aus dem Ionenzustand zu verdrängen, und beschließen, diese Fähigkeit auch beim Kupfer zu testen. Aus einem Kupferdraht feilen wir uns Späne und übergießen sie mit halbkonzentrierter Salzsäure.

Zu unserer Überraschung findet keine Reaktion statt. Offensichtlich ist das Kupfer unfähig, Wasserstoffionen zu elementarem Wasserstoff zu reduzieren. Wir können auch statt dessen sagen, daß das Kupfer weniger als Eisen oder Aluminium dazu neigt, Elektronen abzugeben. Das würde allerdings auch bedeuten, daß Aluminium und Eisen das Kupfer aus dem Ionenzustand verdrängen können.

Um das nachzuprüfen, werfen wir einen Eisennagel in eine Lösung von Kupfersulfat (das man unter der Bezeichnung «Kupfervitriol» in guten Apotheken und Drogerien kaufen kann). Tatsächlich! Der Nagel überzieht sich mit rotem Kupfer, die blaue Kupfersulfatlösung wird entfärbt, wenn wir sie in schwacher Konzentration angesetzt haben oder eine ausreichende Menge Nägel hinzugeben. Statt dessen nimmt sie eine schwach grüngelbe Farbe an, wie wir sie von der $Fe^{++}(Cl^-)_2$-Lösung des Versuchs 18 in Erinnerung haben. Nun fällt es uns nicht schwer, die Reaktion in einer Gleichung zu beschreiben:

$$Cu^{++} + Fe \rightarrow Cu + Fe^{++}$$

Auch dieser Versuch bestätigt die Hackordnung unter den Elementen: Das Eisen drängt dem Kupferion seine Elektronen auf, es verdrängt quasi das Kupfer aus dem Ionenzustand. Selbstverständlich springt Aluminium in gleicher Weise mit dem Kupfer um.

Wer ein bißchen kreativ sein will, kann dieses Verhalten ausnutzen, einen Tropfen Kupfersulfatlösung auf ein Aluminiumblech setzen und dann mit einer Nadel seine Initialen in das benetzte Metall kratzen. Das Kupfer setzt sich zuerst an solchen Stellen ab, wo die Oberfläche des Aluminiums frisch ist und nicht bereits vom Luftsauerstoff oxidiert wurde, also in den Kratzern. Ähnlich verhält sich ein verzinktes Blech.

Wir können unser neues Wissen über die Hackordnung zwischen den Metallen dadurch ausdrücken, daß wir sie in einer Reihe anschreiben, in der die «fanatischsten Elektronenhasser» zuerst genannt werden. Die Reihe sieht dann folgendermaßen aus:

$$Al > Zn > Fe > H > Cu$$

Wir haben Aluminium und Zink vor das Eisen gestellt, weil beide heftiger mit Salzsäure reagieren als Eisen, also ihre Elektronen noch «spontaner» an die Wasserstoffionen abgeben. Der Wasserstoff steht ebenfalls in dieser Reihe, so als ob er ein Metall wäre. (Tatsächlich benimmt er sich in diesem Zusammenhang ganz ähnlich.) Metalle, die links vom Wasserstoff in der «Spannungsreihe» stehen, können ihn aus dem Ionenzustand verdrängen, ergeben also mit Säuren elementaren Wasserstoff. Metalle, die sich rechts von ihm befinden, sind dazu nicht in der Lage.

Beim Betrachten der obigen Reihe stellt sich eine glanzvolle Idee ein: Wir verbinden ein Zinkblech durch einen Metalldraht mit einem Kupferblech. Wenn es stimmt, daß Zink seine Elektronen stärker haßt als Kupfer, muß jetzt ein Strom fließen, weil Zink die Elektronen einfach durch den Draht an das Kupfer abschiebt, wo sie dann vom Kupfer akzeptiert werden. Und «Heureka*», können wir nun rufen, «wir haben eine billige Stromquelle erfunden».

Die experimentelle Prüfung der Idee zeigt, daß sie doch nicht ganz so brauchbar ist, wie ursprünglich gedacht. Zwar fließen im ersten Augenblick ein paar Elektronen zum Kupfer hinüber, dieser

* Dieser Jubelschrei angesichts eines erfolgreich gelösten (nicht nur naturwissenschaftlichen) Problems geht auf Archimedes zurück, der um 250 v. Chr. im öffentlichen Bad durch Nachdenken und Beobachten die Auftriebsgesetze entdeckte und anschließend nackt mit dem Ruf «Ich hab's gefunden! (griech. = *heureka*)» durch die Straßen von Syrakus nach Hause lief.

Fluß bricht jedoch nach Bruchteilen von Sekunden ab, weil das Kupferblech dadurch negativ aufgeladen wird und jetzt Elektronen abstößt. Umgekehrt lädt sich das Zinkblech durch den Elektronenmangel positiv auf und zieht nun Elektronen an. Es treten also nach ganz kurzer Zeit Bremsvorgänge ein, die bewirken, daß pro Sekunde gleich viel Elektronen hin- wie zurückfließen – mit anderen Worten, es fließt kein Strom mehr, weil keine Ladung transportiert wird.

Daß sich die Elektronen tatsächlich ungleichmäßig zwischen den beiden Metallen verteilen, kann man nachweisen, indem man zwei aneinanderliegende, gut plan geschliffene Platten an isolierten Griffen packt und auseinanderreißt, ohne sie zu verkippen. Der Zeigerausschlag eines Elektroskops beweist dann, daß sie elektrisch aufgeladen sind, und zwar das Zink positiv, das Kupfer negativ. Diese *Berührungselektrizität* hat Volta bereits um 1800 entdeckt; sie kommt auch bei Nichtmetallen vor, braucht dort aber aufgrund der Schwerbeweglichkeit der Elektronen in diesen Nichtleitern heftigeren Kontakt in Form von Reibung. Die Reibungselektrizität hat der Grieche Thales schon um 600 v. Chr. am Bernstein * beobachtet.

Wenn jetzt das Kupfer eine Gelegenheit hätte, Kupferionen zu treffen, dann könnte es den Elektronenüberschuß an diese weiterreichen. Und wenn das Zink zum Beispiel negativ geladene Chloridionen oder Sulfationen träfe, könnte es diesen Ionen eigene übergeben und so die lästige positive Ladung loswerden.

Den Elementen kann geholfen werden! Wir stellen einfach das Zinkblech in eine Zinksulfatlösung, das Kupferblech in eine Kupfersulfatlösung und verbinden die beiden erwartungsvoll über einen Draht.

* Bernstein heißt im Griechischen *Elektron*; von daher leitet sich der Name Elektrizität ab.

Auch bei diesem Versuch müssen wir mit einer Enttäuschung rechnen. Denn wieder fließt nur für ganz kurze Zeit ein Elektronenstrom vom Zink zum Kupfer. Diesmal muß er anhalten, weil nun aus dem Zinkblech Zinkionen in die Zinksulfatlösung hineinwandern – was einleuchtet, da sie ja ihr Elektronengas durch den Draht an das Kupferblech geleitet haben und so zu wasserlöslichen Zinkionen wurden. Dadurch wird aber die Zinksulfatlösung positiv aufgeladen. Sie will nun ihrerseits Elektronen haben. Diese verlangt sie vom Zinkblech, das aber selbst zu wenig Elektronen besitzt. Dem Zinkblech bleibt kein anderer Ausweg, als erneut Elektronen durch den Draht vom Kupferblech zurückzuverlangen. Auch hier setzt also eine Gegenbewegung ein, die den ursprünglichen Elektronenstrom nach kurzer Zeit stoppen läßt. Abbildung 20 zeigt die einzelnen Akte dieser «Tragödie».

Nicht viel anders geht es am Kupferblech zu. Die ersten Elektronen, die durch den Draht ankommen, wurden durch das Blech an die Kupferionen der Kupfersulfatlösung weitergereicht. Die verwandeln sich in elementares Kupfer, das sich sofort am Kupferblech festsetzt. Die Lösung «verarmt» an positiv geladenen Ionen, lädt sich negativ auf und treibt nun ihrerseits Elektronen postwendend durch den Draht zum Zinkblech zurück. Der im Draht vorhandene Elektronenstrom wird also nicht nur durch die Rückholaktion des Zinkblechs, sondern auch vom Drang des Kupferblechs gestoppt, Elektronen abzugeben. Abbildung 21 zeigt die Handlung, die sich am Kupferblech abspielt.

Es kommt in der Chemie recht häufig vor, daß eine ursprünglich rasch einsetzende Reaktion nach kurzer Zeit durch eine Gegenreaktion angehalten wird, bevor sie vollständig endet. Dabei bildet sich ein Gleichgewichtszustand aus, der innerhalb einer gewissen Zeitspanne Vorwärts- wie Rückwärtsreaktionen gleich oft ablaufen läßt. Auch im täglichen Leben begegnen uns Vorgänge, die durch Gegenbewegungen zum Stillstand kommen.

Denken wir uns ein überbevölkertes Land, das seinen Bewohnern höchst ungünstige Lebensbedingungen bietet. Wir dürfen erwarten, daß die Einwohner versuchen werden, in anderen Ländern ihr Glück zu machen. Sie wandern also aus. Wird diese Emigrationswelle damit enden, daß die Bevölkerung auf Null schrumpft und der letzte Auswanderer am Flughafen das Licht ausschaltet, bevor auch er abfliegt? Mitnichten. Durch das Wegziehen der Auswanderer geht die Überbevölkerung zurück. Die Zurückbleibenden atmen auf, ihre Lebensbedingungen verbessern sich. Immer weniger Bürger suchen noch ihr Heil im Ausland. Die wirtschaftliche Erholung führt im Gegenteil dazu, daß bereits wieder die ersten Auswanderer zurückkehren, weil sie möglicherweise von ihrer neuen Heimat doch enttäuscht wurden. Eine stabile Bevölkerungszahl wird unser Land dann erreichen, wenn die Zahl der Auswanderer pro Monat genauso groß ist wie die Zahl der Rückkehrer. Dann herrscht zwischen beiden Bewegungeen ein «dynamisches» Gleichgewicht analog dem Hin- und Zurückwandern der Elektronen.

Um nun wieder Bewegung in unser Zink-Kupfer-Bad zu bringen, müßte die Zinksulfatlösung in der Lage sein, positive Ionen abzugeben, während die Kupfersulfatlösung andererseits negative Ionen loswerden müßte. Findige Köpfe installieren zu diesem Zweck eine Verbindungsleitung zwischen den beiden Flüssigkeiten. Das kann zum Beispiel eine nicht zu dünne Röhre sein, die unter dem Flüssigkeitsspiegel vom Zink-Zinksulfatgefäß zum Kupfer-Kupfersulfatgefäß führt.

Durch diese Leitung kann jetzt die Zinksulfatlösung positiv geladene Zinkionen zur Kupfersulfatlösung hinüberschicken und auf diese Weise die lästige positive Ladung loswerden. Die Kupfersulfatlösung kann ihrerseits negativ geladene Sulfationen zum Zink hinüberschicken und entledigt sich dadurch ihrer negativen Ladung.

Nun sind an beiden Blechen Voraussetzungen dafür geschaf-

Abbildung 20

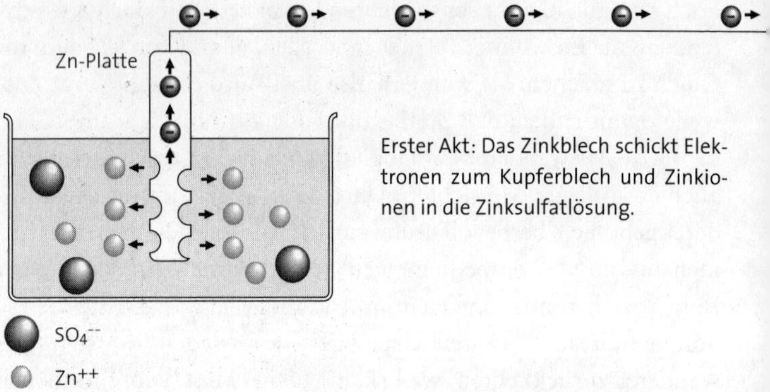

Erster Akt: Das Zinkblech schickt Elektronen zum Kupferblech und Zinkionen in die Zinksulfatlösung.

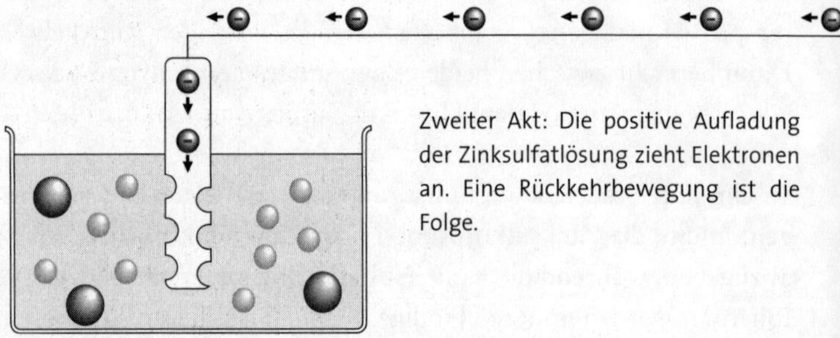

Zweiter Akt: Die positive Aufladung der Zinksulfatlösung zieht Elektronen an. Eine Rückkehrbewegung ist die Folge.

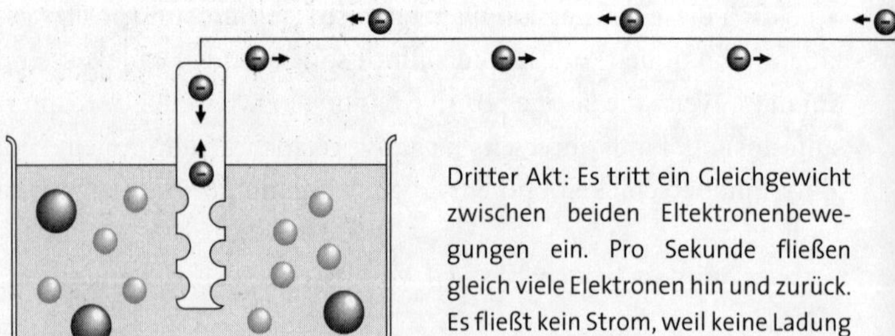

Dritter Akt: Es tritt ein Gleichgewicht zwischen beiden Eltektronenbewegungen ein. Pro Sekunde fließen gleich viele Elektronen hin und zurück. Es fließt kein Strom, weil keine Ladung transportiert wird.

Abbildung 21

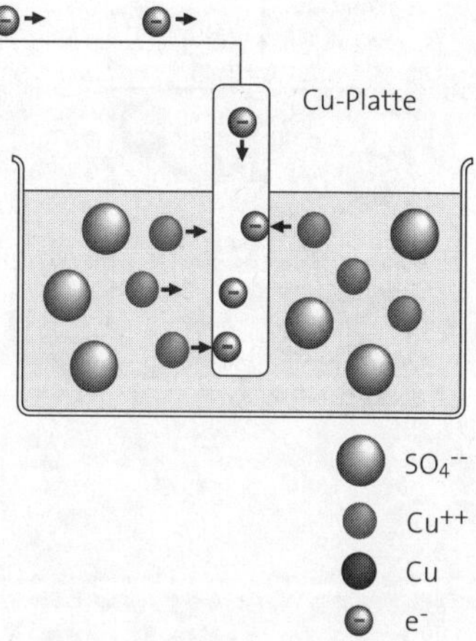

Erster Akt: Die vom Zink kommenden Elektronen neutralisieren Kupferionen aus der Kupfersulfatlösung.

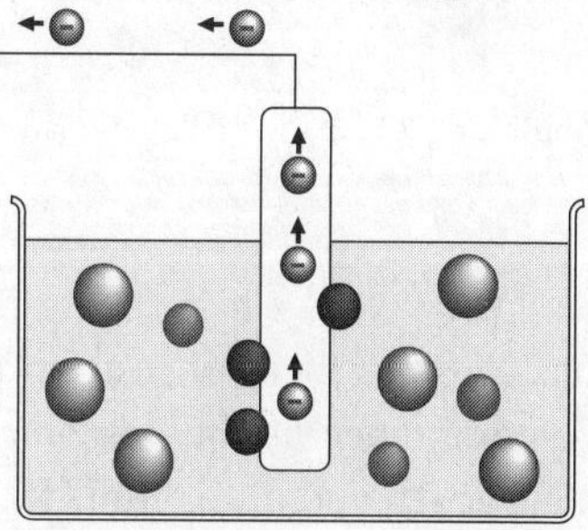

Zweiter Akt: Kupferatome setzen sich am Kupferblech ab (als schwarze Punkte dargestellt). Die Kupfersulfatlösung verarmt an Kupferionen und lädt sich deshalb negativ auf. Elektronen werden vom Kupferblech in Richtung Zinkblech zurückgetrieben.

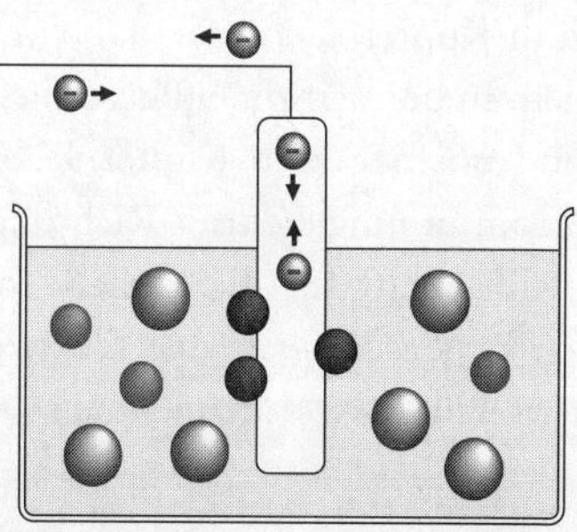

Dritter Akt: Es tritt ein Gleichgewicht zwischen Hin- und Zurückbewegung der Elektronen ein. Es fließt kein Strom.

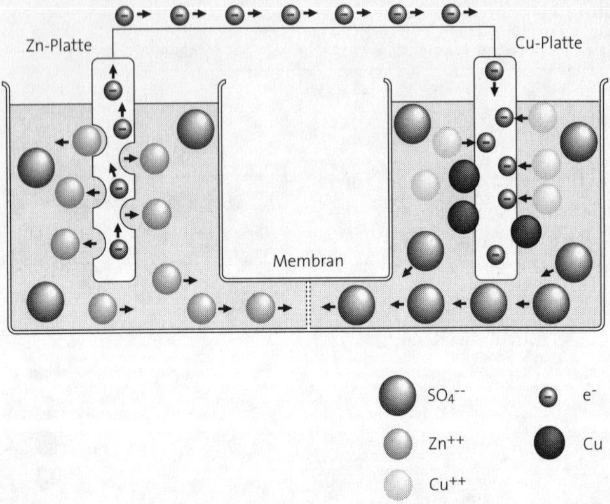

Abbildung 22 Bau und Funktionsweise einer Stromquelle

fen, daß der Elektronenstrom nicht abreißt. Die Elektronen fließen durch den Draht, das Zinkblech bildet Zinkionen, die in Lösung gehen und in Richtung Kupfergefäß abwandern können. Am Kupferblech scheidet sich Kupfer aus der Kupfersulfatlösung ab, und die übrigbleibenden Sulfationen werden dem Zinkgefäß zugeführt. Wie Abbildung 22 zeigt, fließen die Elektronen jetzt ungebremst von Rückhol- oder Rücksendungsaktionen vom Zinkblech zum Kupferblech; wir haben tatsächlich eine Stromquelle erfunden. In der wäßrigen Phase fließen negative Ionen zum Zinkblech und positive zum Kupferblech, und das bedeutet, daß hier der Strom in umgekehrter Richtung, also zum Zinkblech fließt. Treibende Kraft für die Karussellbewegung sind die Abneigung des Zinks gegenüber seinen Elektronen und die Bereitschaft der Kupferionen, diese aufzunehmen.

Selbstverständlich kommt die Stromerzeugung erst dann zum Erliegen, wenn entweder das Zink ganz aufgelöst ist oder alle Kupferionen zu Kupfer reduziert wurden und sich am Kupferblech niedergeschlagen haben.

Es lohnt sich, kurz über die Stromquelle nachzudenken. Wie immer gilt, daß die elektrische Energie nicht aus dem Nichts entsteht, sondern durch den Verbrauch der Zinkelektrode und der Kupfersulfatlösung. Der elektrische Strom bildet sich hier also aus Chemikalien, die miteinander reagieren.

Aber stimmt das tatsächlich? Die Abläufe werden deutlicher, wenn wir den Vorgang am Zinkblech und die Reaktion am Kupferblech dadurch zusammenfassen, daß wir die beiden Gleichungen addieren. So erhalten wir überraschend die Reaktionsgleichung, die uns sehr an Versuch 25 erinnert:

$$(1)\quad Zn \rightarrow Zn^{++} + 2e^-$$
$$(2)\quad Cu^{++} + 2e^- \rightarrow Cu$$
$$(3)\quad Zn + Cu^{++} \rightarrow Cu + Zn^{++}$$

Jetzt sehen wir, daß die Stromerzeugung aufgrund einer Oxidation am Zinkblech sowie einer Reduktion am Kupferblech zustande kommt. Die Apparatur hat die Reaktion auf intelligente Art in zwei örtlich getrennte Teilreaktionen zerlegt und damit für die Stromerzeugung nutzbar gemacht. Ein weiterer Vorteil dieser Stromquelle ist, daß die Reaktion durch Trennung der beiden Kabelenden, also durch Abschalten des elektrischen Stroms, angehalten werden kann und nicht unkontrolliert bis zum vollständigen Verbrauch eines der Reaktanten durchläuft.

Kreative Köpfe kombinieren hier, daß es im Grunde möglich sein muß, auch mit anderen Oxidations- und Reduktionsreaktionen Strom zu erzeugen, wenn wir die beiden Vorgänge örtlich so trennen wie in unserer *Galvanischen Zelle**. Tatsächlich fließt auch Strom, wenn wir in einer aus zwei getrennten Gefäßen bestehenden Apparatur einerseits schwefelsaure Kaliumpermanganatlösung und andererseits eine Salzsäurelösung einfüllen. Als Elektroden müssen wir Graphitstäbe verwenden. Die Verbindung zwischen den beiden Flüssigkeiten schafft ein mit einer gelartig verdickten inerten Salzlösung gefülltes umgekehrtes U-Rohr (ein sogenannter «Stromschlüssel»). Sobald ein Kabel die beiden Graphitelektroden miteinander verbindet, entsteht aus der Salzsäurelösung Chlor und aus der Kaliumpermanganatlösung ein fast farbloses Mn^{++}-Salz, und erwartungsgemäß fließen die Elektronen von der HCl-Elektrode zur $KMnO_4$-Elektrode. Ein Versuch, der unsere experimentellen Möglichkeiten überfordert.

Es leuchtet ein, daß die Techniker unsere Zink-Kupferbatterie durch raffinierte Verbesserungen leistungsstärker und brauchbarer machten. Neben der geschickten Wahl von Metallpaaren oder Oxidations- und Reduktionsmitteln brachte vor allem die Verwendung von mit Mehl eingedickten Salzlösungen in den «Trockenelementen» entscheidende Fortschritte: Die Stromquellen wurden

* Der Name geht auf die berühmte Zufallsentdeckung des italienischen Arztes und Naturforschers Luigi Galvani zurück. Er hatte enthäutete Froschschenkel an Kupferhaken auf ein Eisengestell gehängt und beobachtet, daß die Muskeln immer dann zusammenzuckten, wenn sie das Eisen berührten. Sein Landsmann, der Physiker Alessandro Volta, deutete das rätselhafte Phänomen um 1790 als erster richtig: Eisen und Kupfer spielen die Rolle unserer kurzgeschlossenen Metallbleche, der Froschschenkel mit seiner salzhaltigen Zellflüssigkeit die Rolle der Lösungen. Der Stromkreis schließt sich, wenn der Froschschenkel an einem Ende mit Eisen, am anderen mit Kupfer in Berührung kommt. Ganz nebenher zeigte dieser etwas makaber anmutende rein biophysikalische Versuch, daß die Reizleitung durch die Nerven zu den Muskeln auf elektrochemischen Vorgängen beruht.

transportierbar und kleiner – beispielsweise in Form von Batterien für Kameras oder Herzschrittmacher.

Elektrolyse als Umkehr der Galvanischen Stromerzeugung

Einen weiteren enormen Vorteil hat der Bleiakkumulator, der mit dem Reduktionsmittel Blei und dem Oxidationsmittel Bleidioxid in verdünnter Schwefelsäure die Stromerzeugung startet und mit Blei-II-Sulfat an beiden Elektroden aufhört; dieser «Akku» läßt sich durch Elektrolyse, das heißt Anschließen einer Gleichstromquelle, wiederaufladen. Spätestens an dieser Stelle kommt der Verdacht auf, daß man die Elektrolyseversuche 11 und 13 im Grunde genommen auch hätte umkehren können, wobei dann Strom erzeugt statt verbraucht worden wäre. Tatsächlich entsteht eine Stromquelle, wenn wir zwei speziell präparierte Platinbleche in verdünnte Salzsäure eintauchen und das eine Blech mit Wasserstoff, das andere mit Sauerstoff oder Chlor bespülen.

Von diesem Versuch ist es nur noch ein kleiner Gedankensprung bis zur *Brennstoffzelle*, in der als Reduktionsmittel entweder Wasserstoff oder sogar eine Kohlenstoffverbindung, zum Beispiel CO oder Methanol, und als Oxidationsmittel Sauerstoff oder Luft eingesetzt werden. Solche Geräte gibt es schon, und man kann mit ihrem Strom zum Beispiel Elektroautos betreiben.* Ihr Hauptvorteil besteht darin, daß sie außer Wasserdampf und Kohlendioxid keine Abgase erzeugen, also umweltfreundliche Energiequellen mit hoher Energieausbeute darstellen. Nachteilig wirken sich das hohe Gewicht, die niedrige Leistung und die aufwendige Ausstattung

* Ein Auto mit Brennstoffzellen-Antrieb soll in wenigen Jahren serienreif sein.

mit empfindlichen Elektroden aus. Außerdem begrenzen Nebenreaktionen – ähnlich wie beim Bleiakku – die Lebensdauer.

Galvanische Mikroelemente spielen aber auch eine Rolle bei der sehr ärgerlichen Korrosion von Metallen. Sie tritt immer auf, wenn zwei verschiedene Metalle an der Verbindungsstelle von Salzlösungen benetzt werden und Luftsauerstoff zutreten kann. Wir wollen diese Vorgänge nicht genauer untersuchen, sondern uns mit dem Hinweis begnügen, daß sie ähnlich ablaufen wie Versuch 25.

Selbstverständlich haben die Techniker Wege gefunden, die Elektrolyse von Metallsalzen – die ja die Umkehrung der Stromerzeugung aus Metallen ist – für ihre Zwecke zu nutzen. Ein Beispiel dafür ist Versuch 26.

Versuch 26
Versilbern einer Graphitelektrode

In unser Elektrolysegefäß von Versuch 11 füllen wir destilliertes Wasser, in dem wir eine winzige Spatelspitze Silbernitrat aufgelöst haben. Wir elektrolysieren wie gewohnt mit Hilfe einer 6-Volt-Batterie und beobachten, daß an der Anode ein Gas entsteht (und zwar Sauerstoff), während sich die mit dem Minuspol der Batterie verbundene Graphitmine mit elementarem Silber überzieht. Der Silberüberzug wächst auch auf dem Korken weiter, erreicht aber nicht die andere Elektrode. Wir unterbrechen nach einer Stunde und stellen unter dem Mikroskop fest, daß der Silberüberzug aus winzigen kammförmigen Kriställchen besteht, die sich zum größten Teil recht leicht von der Unterlage abstreifen lassen. In industriellen Verfahren gelingt es natürlich besser, die Bedingungen so einzustellen, daß die «galvanisch» erzeugte Silberschicht optimal auf der Metallunterlage haftet.

Was hier passiert ist, können wir uns ziemlich leicht vorstellen. Der Minuspol der Batterie hat die positiv geladenen Silberionen angezogen und jedem Silberion ein Elektron aufgedrängt:

$$Ag^+ + e^- \rightarrow Ag$$

Die elektrisch neutralen Silberatome haben sich auf dem Graphit abgeschieden.

Mit ähnlichen Verfahren gelingt es, Gegenstände zu vergolden, zu verchromen oder auch oberflächlich mit einer gut haftenden Oxidschicht zu überziehen; das Aluminium wird so *eloxiert*. Mit diesem Fachterminus haben die Chemiker aus den Begriffen «elektrisch» und «oxidieren» einen neuen, sehr deskriptiven Begriff kreiert.

Analog ist es möglich, unreines Kupfer an den Pluspol einer Gleichstromquelle anzuschließen und in einer verdünnten Säure den Elektrolyseprozeß so zu steuern, daß sich an der Kathode reinstes Elektrolytkupfer abscheidet. Sollte die Kathode ein Profil aufweisen wie z. B. den Bundesadler der D-Mark, so kann man davon ein Negativ aus Elektrolytkupfer herstellen und dieses zum Drucken verwenden.

Die unterschiedliche Affinität oder Liebe zu den Elektronen erreicht bei dem Halbmetall Silicium einen exotischen Höhepunkt, denn es gibt beim Bestrahlen mit Sonnenlicht einen Teil seiner Elektronen ab, sofern es in extrem hoher Reinheit vorliegt und für diesen Zweck gezielt teils mit Aluminium-, teils mit Phosphoratomen dotiert wurde. Diese Fremdatome werden ins Kristallgitter des Siliciums aufgenommen, wirken aber dort als Störenfriede, weil der Phosphor ein Elektron zuviel, das Aluminium ein Elektron zuwenig einbringt. Kommen nun die beiden unterschiedlich dotierten Siliciumplatten miteinander in Berührung, so wandern die überschüssigen Elektronen des phosphordotierten Siliciums in die Elektronenlücken des aluminiumdotierten Siliciums. Dadurch wird das P-dotierte Silicium elektrisch positiv, das Al-dotierte negativ aufgeladen.* Die beiden Platten gleichen jetzt den Polen einer Batterie. Strom fließt dauerhaft, wenn man die beiden Platten über ein Kabel verbindet und durch Belichtung dafür sorgt, daß Energie zugeführt wird. Die Lichtquanten schlagen nämlich nun immer wieder Elektronen aus dem Gitterverband des phosphordotierten Siliciums heraus, diese wandern in das aluminiumdotierte Silicium hinein und verlassen die photovoltaische Zelle durch das Kabel. Das phosphordotierte Silicium saugt aus dem anderen Ende des Drahts Elektronen ab, um die Verluste auszugleichen, die ihm durch die Belichtung mit anschließender Elektronenabgabe entstanden sind. Derartige photovoltaische Solarzellen haben als alternative Stromquellen eine große Zukunft, falls es gelingt, sie mit weniger Energieaufwand herzustellen.

Unversehens hat uns die Untersuchung der verschiedenen chemischen Bindungsarten rätselhafte physikalische Erscheinungen wie hohe oder niedrige Schmelz- und Siedepunkte, Kristallisation, Spaltbarkeit, Schmiedeprozesse, Leitfähigkeit für Strom und Wärme, Reibungselektrizität, Elektrogalvanik, Korrosion und Photovoltaik verständlich gemacht. Als Nebeneffekt haben wir eine Hackordnung unter den Elementen entdeckt, die uns zu vertieften Erkenntnissen über Oxidation und Reduktion verholfen und ein weites Feld technischer Anwendungen erschlossen hat. Wenn wir uns nun im folgenden Kapitel ausschließlich dem Wasser widmen, dann geschieht dies in der Hoffnung, daß uns auch das «kühle Naß» einige überraschende Einsichten und Erkenntnisse liefern wird.

* Der Effekt wird dadurch verstärkt, daß auch die durch das Aluminium eingebrachten Elektronenlücken wandern, und zwar den Elektronen entgegen.

Siebter Ausflug

Zum Wasser

«Blut ist ein besonderer Saft», aber Wasser ist es nicht minder. Seit ewigen Zeiten bewundert der Mensch seine Eigenschaften. Für Thales von Milet war es der Ursprung aller Dinge, Wasser ist Sinnbild der Klarheit, Reinheit, Frische, Kühle und Beweglichkeit, ja sogar des Lebens selbst. Nicht zu Unrecht, denn wie wir heute wissen, entstand das Leben vor zweieinhalb Milliarden Jahren im Wasser und begann erst vor 400 Millionen Jahren, das Festland zu erobern. Und selbstverständlich können die Lebewesen auch dort nicht auf Wasser verzichten.

Wasser ist wirklich ein besonderer und wertvoller Stoff. Der einzige, den die meisten Sprachen mit mindestens drei, oft aber mit sechs oder sieben verschiedenen Wörtern bezeichnen, einer der wenigen, die direkt aus dem Dampfzustand als Rauhreif oder Schnee in den festen Zustand übergehen können, ein Stoff, der als Eis auf dem Wasser schwimmt, für den also die allgemeine Regel nicht gilt, daß Festkörper höhere Dichte haben als ihre Schmelzen. Wasser ist ein hervorragendes Lösungsmittel, Hauptkomponente unseres Körpers, der zu rund 70 Prozent aus Wasser besteht, eines der Endprodukte unseres Stoffwechsels, vieler chemischer Reaktionen und der meisten Verbrennungsvorgänge, einzige unschädliche Flüssigkeit, häufigstes Molekül der Erdoberfläche: Das sind nur einige der bemerkenswerten, meist allgemein bekannten Eigenschaften des Wassers. Weniger bekannte, aber nicht weniger bemerkenswerte Merkmale sollen uns die nächsten Versuche zeigen.

Versuch 27
Spezifische Wärmekapazität von Wasser und Land

Wir bringen 250 Gramm möglichst grobe Kieselsteine auf 100 Grad Celsius, indem wir sie etwa 20 Minuten lang in Wasser kochen. Nun gießen wir rasch das siedende Wasser ab und lassen die heißen Steine vorsichtig in einen Behälter mit 500 Gramm Wasser von 20 Grad Celsius fallen. Wir rühren mehrfach mit einem hölzernen Kochlöffel um und beobachten mit Hilfe eines Thermometers, wie die Wassertemperatur ansteigt. Sie bleibt nach etwa 10 Minuten mehr oder weniger genau bei 27–28 °C stehen. (Die Endtemperatur kann niedriger ausfallen, wenn wir mit einem schlecht isolierenden Gefäß oder zu langsam arbeiten.)

Nun bringen wir 50 Gramm Wasser ganz kurz zum Sieden und gießen in die noch kochende Flüssigkeit 500 Gramm Wasser von 20 Grad Celsius. Wir nehmen das Gefäß gleichzeitig vom Feuer und stellen nach dem Umrühren fest, daß die Temperatur ebenfalls auf etwa 27–28 Grad Celsius angestiegen ist.

50 Gramm Wasser von 100 Grad Celsius haben also das gleiche bewirkt wie 250 Gramm Kieselsteine von 100 Grad Celsius. In ihnen steckt offensichtlich genausoviel Wärmeenergie wie in der fünffachen Menge Kieselsteine. Wir können das auch umgekehrt formulieren: In einer bestimmten Menge Wasser steckt fünfmal mehr Wärmeenergie als in der gleichen Menge Kieselsteinen. Der Physiker drückt das genauer, aber auch unverständlicher aus, indem er sagt: «Die spezifische Wärmekapazität des Wassers ist

fünfmal größer als die der Kieselsteine.» Er mißt sie in Kilokalorien pro Kilogramm Substanz und Grad Celsius (statt in Kilokalorien müßte sie heute in Kilojoule gemessen werden); Physiker früherer Tage haben die Kilokalorie so definiert, daß das Wasser die spezifische Wärmekapazität 1,0 hat. Das bedeutet, daß eine Kilokalorie Wärmeenergie ausreicht, um 1 Kilogramm Wasser um 1 Grad Celsius zu erwärmen (Versuch 4). Bei Kieselsteinen (die im wesentlichen aus Quarz bestehen) reicht bereits eine Wärmeenergiemenge von 0,2 Kilokalorien aus, um 1 Kilogramm Quarz um 1 Grad Celsius zu erwärmen. Die spezifische Wärmekapazität des Quarzes beträgt also 0,2 Kilokalorie pro Kilogramm Substanz und pro Grad Celsius.

Lassen Sie sich durch die letzten sechs Sätze nicht verwirren. Wichtiger ist die Beobachtung aus unserem Versuch, daß eine bestimmte Menge Wasser fünfmal soviel Wärme enthält wie dieselbe Menge Quarz mit gleicher Temperatur. Diese Erkenntnis erklärt nämlich, warum der Sand eines Badestrands «glühend heiß» wird, während sich die Wassertemperatur allenfalls um einige Grad nach oben bewegt. Wenn also ein Kilogramm Sand durch die Sonne von 20 auf 50 Grad Celsius, also um 30 Grad Celsius erwärmt wird, reicht logischerweise die gleiche Wärmemenge bei einem Kilogramm Wasser im Eimerchen eines am Strand spielenden Kindes nur für eine Temperaturerhöhung von sechs Grad Celsius. Der Wind, der vom Wasser her weht, bleibt deshalb auch bei intensivem Sonnenschein verhältnismäßig kühl, weil er die Temperatur des Wassers annimmt, während der Wind aus dem Landesinneren tagsüber wie ein Gluthauch wirkt. Wegen seiner geringen spezifischen Wärmekapazität kühlt der Sand natürlich bei Nacht auch schneller ab als das Wasser, das seine Tagestemperatur nahezu beibehält. Aus ähnlichen Gründen bleibt das Meer im Winter verhältnismäßig lange warm, während das Land sehr rasch kalt wird.

Quarz ist ein gutes Näherungsmodell für die Eigenschaften des Festlands, denn auch andere Steine oder Erde besitzen näherungsweise dessen spezifische Wärmekapazität von 0,2. Jetzt verstehen wir, warum Städte am Meer nie so extrem heißes beziehungsweise kaltes Wetter haben wie Städte im Landesinneren. Unser Versuch erklärt auch, warum Kontinente mit langen, stark zerklüfteten Küsten (wie beispielsweise Europa) in vergleichbaren Breiten ein viel gemäßigteres Klima haben als Kontinente mit kurzen, eher geraden Küsten (wie zum Beispiel Australien oder Nordamerika). Wir können demnach sagen, daß die extrem hohe spezifische Wärmekapazität des Wassers schroffe Temperaturwechsel mildert und so eine unabdingbare Voraussetzung für die Bewohnbarkeit weiter Landstriche unseres Planeten ist. Die eingangs geschilderten segensreichen Effekte der Wasserverdunstung, Kondensation, Eisbildung und Schneeschmelze verstärken natürlich noch den mäßigenden Einfluß des Wassers auf das Klima.

Wir wissen alle, daß Europa sein gemäßigtes Klima, insbesondere die milden Winter, nicht zuletzt einem weiteren Phänomen, nämlich dem Golfstrom, zu verdanken hat. Dessen riesige Wassermassen werden im Golf von Mexico durch die intensive Sonneneinstrahlung aufgeheizt und dann in nordöstlicher Richtung bis vor die Küsten der Iberischen Halbinsel, der Britischen Inseln und in die Nordsee getrieben. Dort geben sie einen Teil ihrer Wärmeenergie an die Luft ab, es entsteht die «feuchtwarme Meeresluft», wie es immer so schön im Wetterbericht heißt. Diese wärmt im Winter das Festland und sorgt im Sommer für Regen und Abkühlung. Besäße das Wasser lediglich die spezifische Wärmekapazität des Quarzes oder die der meisten anderen Flüssigkeiten, so ginge der Golfstrom schon fast kochend auf die Reise, käme dennoch im Winter ausgekühlt an und hätte keine Gelegenheit, Wärmeenergie an Europa abzugeben. Weil kaltes Wasser viel langsamer verdunstet als warmes, wäre unsere Meeresluft im Winter als zusätzliche Erschwernis immer trocken und kalt statt feucht und warm. Da auch von Osten her in Europa selten Regen kommt, hätten wir im

Winter ein sehr trockenes, eiskaltes Kontinentalklima. Im Sommer dagegen käme der Golfstrom als brodelnde Strömung an; die Folgen wären endlose heiße Regenfälle bei unerträglicher Schwüle, also ein über-ausgeprägtes Tropenklima. Kurzum, unser Kontinent wäre kein sehr angenehmer Wohnort. Sowohl die Einwohner der Karibik als auch Europas hätten also allen Grund, dem Wasser aus Dankbarkeit Denkmäler zu errichten. Dem eher literarisch angehauchten Leser mag nun der Gedanke kommen, daß wir uns dem Wasser gegenüber ähnlich undankbar verhalten wie gegenüber der Zeit, für die schon Voltaire vergeblich ein Denkmal mit der Inschrift *Der einzigen Trösterin* forderte. Möglicherweise würde die Inschrift *Der spezifischen Wärmekapazität des Wassers in Dankbarkeit* den meisten Menschen absolut unverständlich erscheinen – Ihnen, liebe Leser, müßte sich der Sinn dieser Widmung jedoch unmittelbar erschließen.

Eis hat Hohlräume

Eis schwimmt auf dem Wasser – das ist eine alltägliche Beobachtung, über die wir längst nicht mehr nachdenken. Diese Tatsache erscheint uns selbstverständlich. Aber wenn wir Gelegenheit haben, andere Flüssigkeiten beim Gefrieren zu beobachten (zum Beispiel reine Essigsäure oder Zinnschmelzen), dann sehen wir, daß der Festkörper spezifisch schwerer ist als die Flüssigkeit, er schwimmt nicht, sondern geht unter. Dieses Faktum ist auch verständlich: Im Kristallgitter rücken die Atome oder Moleküle näher zusammen als in der Flüssigkeit, sie brauchen also weniger Raum und bewirken dadurch eine höhere Dichte. Das Wasser/Eis-Gemisch stellt in diesem Punkt eine der ganz wenigen Ausnahmen dar. Lohnt es sich wirklich nicht, darüber einen Augenblick lang zu grübeln?

Wenn eine bestimmte Menge Wasser, sagen wir ein Mol, also 18 Gramm, gefriert, so erhöht sich dadurch natürlich nicht die Zahl der Moleküle. Sie bleibt vielmehr vor und nach dem Vorgang konstant bei $6{,}022 \times 10^{23}$. Wenn unsere 18 Gramm Eis auf dem Wasser schwimmen, dann aus dem Grunde, weil Eis eine geringere Dichte hat als Wasser (0,9175 Gramm pro Kubikzentimeter gegenüber 1,0 Gramm pro Kubikzentimeter). Unser Mol Eis nimmt demnach ein größeres Volumen in Anspruch als ein Mol Wasser, nämlich $1 : 0{,}9175 \times 18 = 19{,}6$ Kubikzentimeter. Da aber in 19,6 Kubikzentimeter Eis genauso viele Moleküle enthalten sind wie in 18 Kubikzentimeter Wasser, müssen die H_2O-Moleküle im Eis lockerer gepackt sein als im Wasser. Offensichtlich gibt es also im Kristallgitter des Eises größere Hohlräume oder Löcher, die wir beim Wasser mit seinen dichter gepackten Molekülen nicht finden. Anschaulich gesprochen gleicht das Wasser einem Hefeteig, bevor dieser aufgegangen ist, während das Eis dem aufgegangenen Hefeteig kurz vor dem Backen ähnelt (oder auch dem Brot mit seinen Löchern).

Kühne Denker schließen daraus, daß man Eis schmelzen kann, wenn man seine Hohlräume mit roher Gewalt zusammendrückt. Denn dann werden die H_2O-Moleküle in die zusammenbrechenden Hohlräume gepreßt, das Kristallgitter des Eises wird zerstört, und es muß eine Flüssigkeit, also Wasser, entstehen. Der nächste Versuch soll uns zeigen, ob diese These zutrifft.

Versuch 28
Eis schmilzt unter Druck

Wir stellen uns in der Kühltruhe mit Hilfe einer geeigneten Form ein großes, etwa quaderförmiges Stück Eis her. Dieses legen wir so auf zwei Gartenstühle, daß es zwischen den beiden Sitzflächen eine Art Brücke bildet.

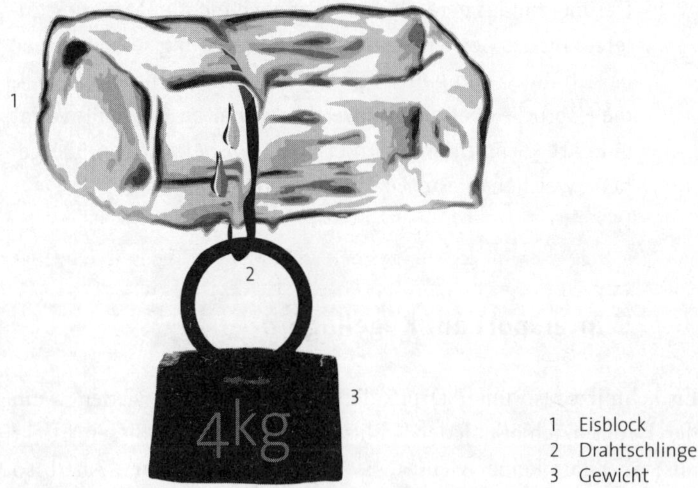

Abbildung 23 Der Eisblock in der Drahtschlinge

Nun hängen wir ein Gewicht von etwa vier Kilogramm mit Hilfe eines Blumendrahts an die Eisbrücke (*Abbildung 23*). Das Gewicht drückt über den dünnen Draht auf die Oberfläche unseres Eisblocks. Optimistische Leser hoffen nun, daß dieser Druck ausreicht, um die Hohlräume im Kristallgitter des Eises zusammenzupressen und dadurch das Eis zu schmelzen.

Und sie haben recht! Sofort schmilzt das Eis unter der Drahtschlinge weg, der Draht dringt, an den Kanten beginnend, immer tiefer in das Eis ein, weil ihm das Schmelzwasser keinen Widerstand leistet. Dennoch wird der Block nicht auseinandergeschnitten, weil das Wasser direkt oberhalb des Drahtes wieder gefriert. Diesem Gefrierprozeß steht nichts im Wege, weil *über* der Schlinge ausreichend Platz besteht, damit das locker gepackte Eis seine Hohlräume im Kristallgitter bilden kann.

Darüber hinaus geraten diese hier auch nicht unter Druck. Zuletzt fällt das Gewicht samt seiner Aufhängung zu Boden, weil es sich durch den ganzen Block «hindurchgeschmolzen» hat; die Eisbrücke aber bleibt unversehrt erhalten. Allenfalls verrät eine Art «Schnittnarbe» im Eis, wo es roher Kraft vorübergehend weichen mußte. Ein verblüffender Versuch!

Wintersport auf Kugellagern

Eis schmilzt also unter Druck* und gefriert sofort wieder, wenn der Druck nachläßt. Jeder Schlittschuhläufer nützt diesen Effekt aus; aber fast keiner weiß, daß sein Schlittschuh nur deshalb so mühelos über das Eis gleitet, weil er das Eis zu Wasser zerdrückt und dieses dann als Schmiermittel zwischen der Kufe und der Eisoberfläche wirkt. Die Schmierwirkung wiederum kommt dadurch zustande, daß die Wassermoleküle wie winzige Kugeln zwischen den beiden Reibungsflächen rollen. Selbstverständlich muß der Reibungskoeffizient nahe bei Null liegen. (So drücken sich die Physiker aus, wenn sie sagen wollen, daß der Schlittschuh auf dem Eis nahezu reibungslos fährt.) Logischerweise funktionieren Ski, Snowboard, Bob, Rodelschlitten und der Eisstock beim Eisschießen ganz ähnlich; selbst eine lustige Schneeballschlacht oder der Bau eines Iglus wäre ohne diese erstaunliche Eigenschaft der H_2O-Moleküle unmöglich.** Kurzum, Sie sehen, daß die Winter-

* Präziser formuliert senkt der Druck den Schmelzpunkt des Eises auf weniger als 0 Grad Celsius, und deshalb schmilzt es an der Stelle, wo wir es unter Druck setzen.

** Durch den Druck unserer Hände schmilzt ein Teil der Schneekristalle. Sobald wir eine Kugel geformt haben, lassen wir los, und das Wasser gefriert wieder. Dabei backt es die noch vorhandenen Schneekristalle wie ein sich verfestigender Mörtel zusammen.

sportler ohne die Hohlräume im Kristallgitter von Eis und Schnee im wahrsten Sinne des Wortes auf dem Trockenen stünden, und ihre Sportgeräte würden freudlos über sand- oder ascheähnliche Pisten kratzen. Daß der niedrige Reibungskoeffizient auch seine Kehrseite hat, zeigt uns das Glatteis mit seinen heimtückischen Gefahren für Fußgänger und Autofahrer.

Eine Abschätzung im Stil Mendelejews

Die nächste verblüffende Eigenschaft des Wassers erkennen wir, wenn wir ein wenig Mendelejew spielen. Wir stellen uns vor, das Wasser sei noch nicht entdeckt und wir hätten die Aufgabe, seine Eigenschaften, insbesondere seinen Siede- und Schmelzpunkt vorherzusagen. Wir erinnern uns, daß der geniale Russe solche Probleme löste, indem er die Siede- und Schmelzpunkte entsprechender Verbindungen der Nachbarelemente in seinem Periodensystem niederschrieb und dann Mittelwerte bildete. Analog wollen auch wir dabei vorgehen (die Abkürzung Smp. steht für Schmelzpunkt, Sdp. bedeutet Siedepunkt):

	CH_4	NH_3	H_2O	HF
Smp.	−184 °C	−77 °C		−83 °C
Sdp.	−162 °C	−33,5 °C		+19 °C

In diese Reihe würden ein Schmelzpunkt von ungefähr −80 Grad Celsius und ein Siedepunkt von −5 oder −10 Grad Celsius optimal passen. Der unter dem Wasser stehende Schwefelwasserstoff H_2S mit einem Siedepunkt von −61 Grad Celsius und einem Schmelzpunkt von −85 Grad Celsius bestärkt uns erst recht in der Erwartung, daß das Wasser bei normalen Temperaturen ein Gas sein müßte. Tatsächlich ist es aber eine Flüssigkeit mit dem Schmelzpunkt 0 Grad Celsius und dem Siedepunkt 100 Grad Celsius. Beide Werte sind mindestens 80 beziehungsweise 110 Grad höher, als wir nach dem Periodensystem voraussagen würden.

Wasser hat also einen erstaunlich hohen Schmelz- und Siedepunkt. Hier brauchen wir nicht umständlich über die Konsequenzen nachdenken, die ein Siedepunkt von –10 °C für das Leben auf unserem Planeten hätte – es gäbe keine Lebensformen.

Daher stellt sich uns die quälende Frage, warum Mendelejew, eine Koryphäe der Anorganischen Chemie, in seiner bestechenden Logik durch das anomale Verhalten des Wassers brüskiert wurde. Liegt es vielleicht daran, daß die H-O-Bindung mit einem Elektronegativitätsunterschied von 1,4 schon einen deutlichen Ionenbindungscharakter aufweist? Sicher spielt dieser Faktor eine bedeutende Rolle. Jedoch kann dies nicht die ganze Wahrheit sein, weil Fluorwasserstoff mit einer Elektronegativitätsdifferenz von 1,9 und deutlich höherem Ionenbindungsanteil bei 20 Grad Celsius stets als Gas vorliegt und zudem einen viel niedrigeren Schmelzpunkt als Wasser besitzt.

In unserer Ratlosigkeit schlagen wir noch einmal Abbildung 11 auf und betrachten das Ammoniak- und Wassermolekül, am besten in der Elektronenpaarschreibweise. Insbesondere vergleichen wir die beiden mit dem Methanmolekül in Abbildung 10. Aus Gründen der Übersichtlichkeit malen wir die drei Verbindungen noch einmal auf:

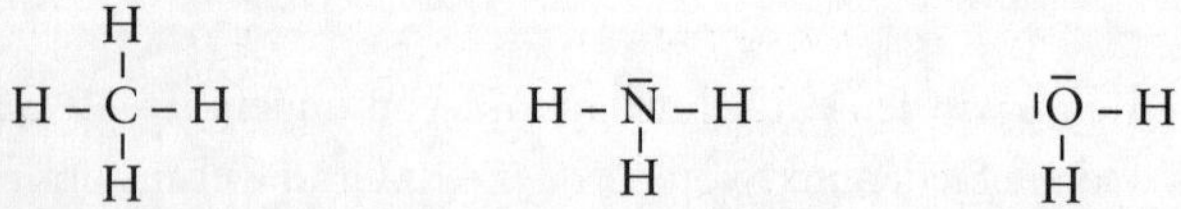

Zunächst fällt uns die strukturelle Ähnlichkeit der drei Moleküle auf; wenn man so will, findet man beim Wasser und Ammoniak anstelle des «oberen» Wasserstoffatoms des Methans ein freies

Elektronenpaar. Das Wasser besitzt darüber hinaus noch ein Wasserstoffatom weniger und statt dessen ein weiteres freies Elektronenpaar am Sauerstoff. Möglicherweise sind diese freien Elektronenpaare, die den Platz von anderen chemischen Bindungspartnern (Liganden) eingenommen haben, für diese Phänomene verantwortlich.

Wie sind wohl die vier Wasserstoffatome, die im Methan den Kohlenstoff umgeben, angeordnet? Sehr wahrscheinlich in einer regelmäßigen Struktur, da alle vier gleichberechtigt sind. Bedeutet dies aber nun, daß sie sich in einer Ebene befinden, also an den Ecken eines Quadrats, oder daß sie räumlich an den Ecken eines Tetraeders stehen, in dessen Mittelpunkt sich das Kohlenstoffatom befindet?

Die Frage können wir beantworten, wenn wir uns an den Bau des Kohlenstoffatoms erinnern: Es hat in der K-Schale zwei und in der L-Schale vier Elektronen. Diese vier Valenzelektronen müssen sich gegenseitig abstoßen, da sie ja alle negativ geladen sind. Sie werden also versuchen, einen möglichst großen Abstand voneinander zu halten, genau wie Leute, die sich nicht mögen; das gelingt ihnen am besten, wenn sie den Raum dreidimensional ausnutzen und in tetraedrischer Anordnung um das Kohlenstoffatom kreisen. Auf Abbildung 24 ist ein solches Tetraeder dargestellt. Verständlicherweise wird diese tetraedrische Anordnung beibehalten, wenn die Valenzelektronen mit den Wasserstoffatomen Elektronenpaarbindungen ausbilden. Demnach ist das Methanmolekül tetraedrisch gebaut, mit dem Kohlenstoffatom in der Mitte des Tetraeders und den vier Wasserstoffatomen an dessen Ecken.

Logischerweise muß das Ammoniakmolekül ähnlich beschaffen sein – mit dem Unterschied, daß eine Ecke des Tetraeders von seinem einsamen Elektronenpaar besetzt ist. Das Wassermolekül folgt ebenfalls diesem Bauprinzip, hat aber natürlich an zwei Tetraederecken Elektronenpaare anstelle von Wasserstoffatomen. Betrachten wir nur die Atome, so ist demnach Ammoniak wie eine

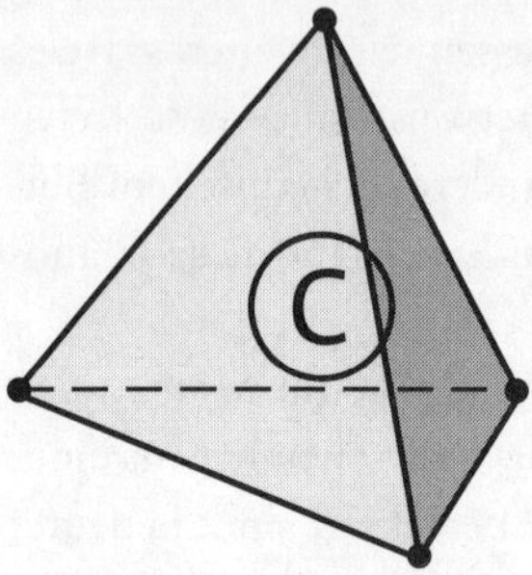

Abbildung 24

Die vier Valenzelektronen des Kohlenstoffatoms umkreisen den Atomkern C in tetraedrischer Anordnung. (Die beiden Elektronen der K-Schale wurden aus Gründen der Übersichtlichkeit weggelassen.)

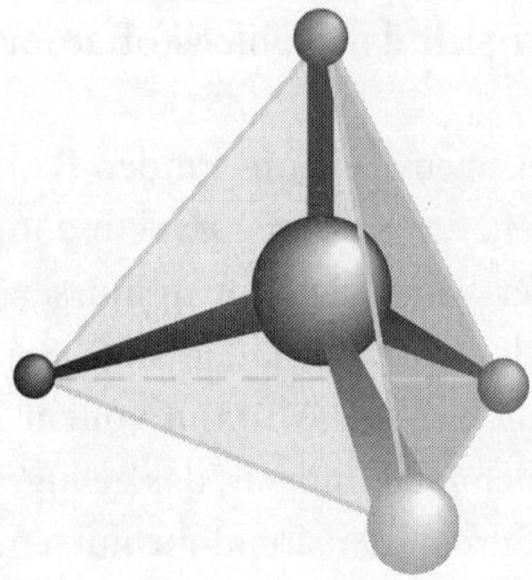

Das Kohlenstoffatom im Zentrum des Tetraeders hat mit Hilfe seiner Valenzelektronen vier Wasserstoffatome an sich gebunden. Die Wasserstoffatome besetzen die Ecken des Tetraeders. Methan (CH_4) ist tetraedrisch gebaut.

flache Pyramide und Wasser gewinkelt gebaut, also nicht linear gestreckt (*vgl. Abbildung 25*). Nach mathematischen Berechnungen muß der Bindungswinkel am Zentralatom dann 109,5 Grad betragen, was für das Methan völlig zutrifft; beim Wasser allerdings ist dieser Winkel ein wenig auf 105 Grad zusammengedrückt.

Die Ursache für diese Abweichung finden wir bei den beiden Elektronenpaaren, die ja jeweils doppelt negativ geladen sind und sich heftig gegenseitig abstoßen. Sie versuchen, möglichst großen Abstand voneinander zu halten. Ansatzweise haben sie mit ihrem «Ausweichmanöver» Erfolg, denn sie spreizen den Winkel, wel-

Abbildung 25

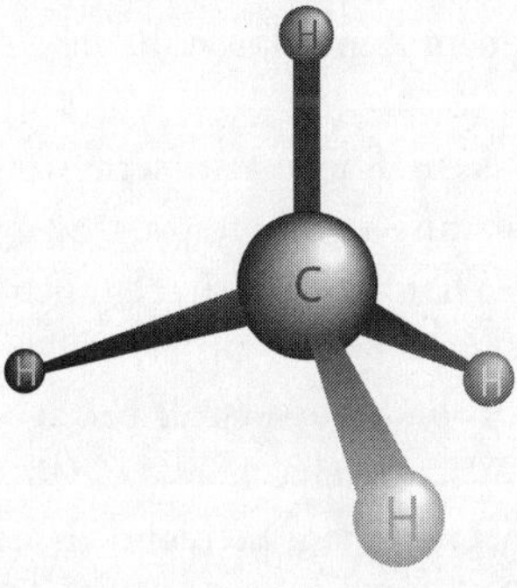

Methan, CH_4, ist tetraedrisch gebaut, d.h., das Kohlenstoffatom sitzt im Zentrum des Tetraeders und die Wasserstoffatome an den Ecken. Im Gegensatz zur Abbildung 24 sind die Tetraederkanten nicht mehr eingezeichnet.

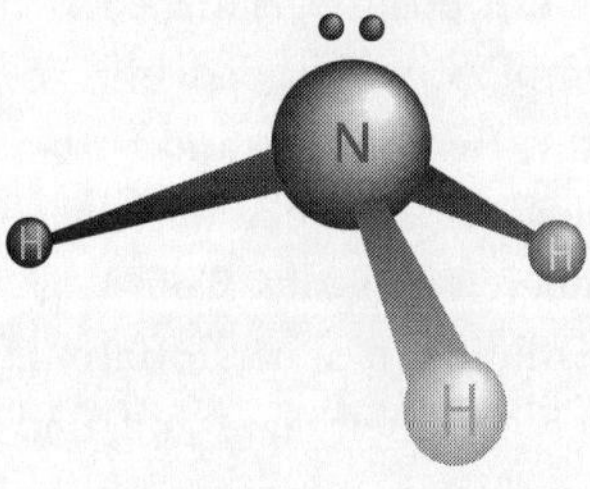

Das Ammoniakmolekül, NH_3, ist ähnlich gebaut wie das Methan, aber an die Stelle des oberen Wasserstoffatoms ist ein freies Elektronenpaar getreten. Dadurch wird aus dem Tetraeder eine flache dreiseitige Pyramide mit dem Stickstoffatom an der Spitze.

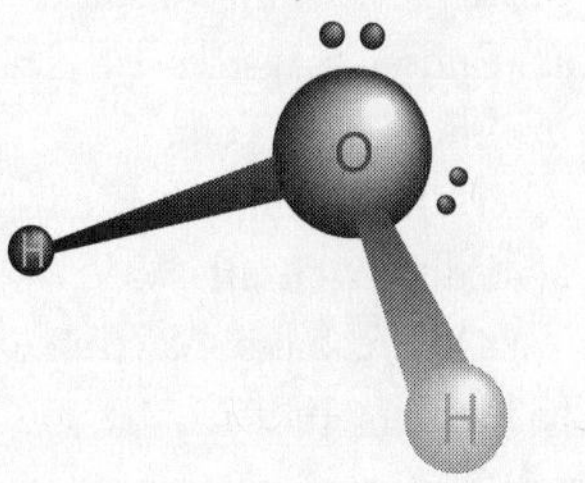

Das Wassermolekül, H_2O, ist ähnlich gebaut wie das Methan. Das Sauerstoffatom O befindet sich im Zentrum eines Tetraeders, von dem jedoch nur zwei Ecken mit Wasserstoffatomen besetzt sind. An die Stelle des oberen und des hinteren unteren Wasserstoffatoms ist je ein freies Elektronenpaar getreten. Dadurch wird aus dem Tetraeder ein gewinkelt gebautes Molekül mit dem Sauerstoffatom in der Mitte. Der Bindungswinkel am Sauerstoff beträgt theoretisch 109 Grad.

chen sie mit dem Sauerstoffatom bilden, und stauchen dadurch den Winkel, den die Wasserstoffatome mit dem Zentralatom bilden.

Aber genug der Feinheiten! Wichtiger ist, daß jedes Wassermolekül wegen seiner freien Elektronenpaare am Sauerstoffatom sozusagen eine Stelle mit negativen Ladungen hat. Doch besitzt es auch Stellen mit positiver Ladung? Zweifellos. Denn die Differenz der Elektronegativitäten zwischen Sauerstoff und Wasserstoff beträgt immerhin 1,4, und dies bedeutet, daß Wasser keine rein kovalenten Bindungen aufweist, sondern solche mit einem beträchtlichen Ionencharakter. Der «elektronenhabgierige» Sauerstoff zieht die Bindungselektronen zu sich herüber wie ein egoistischer Schläfer die Bettdecke und verursacht auf diese Weise beim armen Wasserstoff einen gewissen Elektronenmangel. Der positiv geladene Kern des Wasserstoffatoms wird teilweise entblößt wie irgendein Körperteil der benachteiligten Bettgefährtin. Der Endzustand ist bei den Schläfern eine ungerechte Verteilung der Zudecke mit Überschuß auf der einen, Mangel auf der anderen Bettseite. Beim Wassermolekül entsteht eine negative Teilladung am Sauerstoffatom, und zwar besonders dort, wo die freien Elektronenpaare sind, und eine positive an den Wasserstoffatomen. Wegen des gewinkelten Baus summieren sich die positiven Ladungen der Wasserstoffatome in der Art eines Kräfteparallelogramms. Im Klartext bedeutet dies, daß das Wassermolekül eine positive Ladung am einen und eine negative Ladung am anderen «Ende» trägt; es ist ein winziger elektrischer Dipol, so wie das Abbildung 26 zeigt.

Solche Dipole sind uns bei den Ionenverbindungen schon einmal begegnet, und zwar als Extremfall, in dem sich alle Valenzelektronen beim Chlorid befinden, jedoch keine beim Natrium. Um bei unserem Bettdeckenvergleich zu bleiben, hier ist das gesamte Oberbett beim Egoisten gelandet.

Dipole hatten als dramatische Folgen einen extrem hohen Schmelzpunkt und Siedepunkt, wie wir am Beispiel des Versuchs

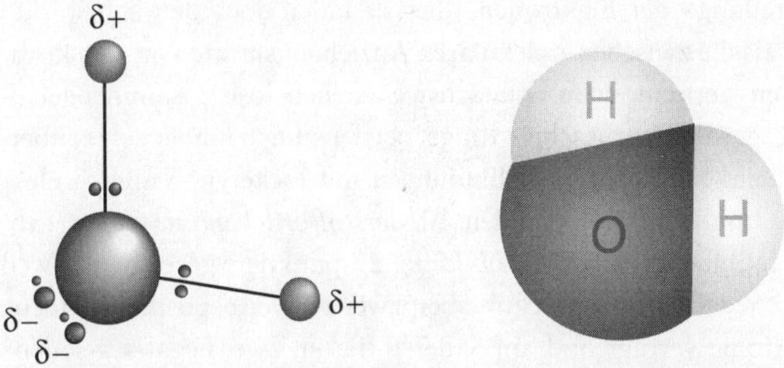

Abbildung 26

Links: Bau des Wassermoleküls. Weil sich die Elektronen der H-O-Bindungen im Durchschnitt näher beim Sauerstoffatom befinden als beim Wasserstoffatom, entsteht ein elektrischer Dipol mit positiven Teilladungen δ+ an den Wasserstoffatomen und negativer Teilladung δ– an den beiden freien Elektronenpaaren des Sauerstoffatoms. Diese liegen wegen der tetraedrischen Gesamtanordnung über bzw. unter der Papierebene. Der Bindungswinkel am Sauerstoffatom beträgt 105°, der Abstand H-O 96 Milliardstel Millimeter. – In der Abbildung ist die ungleichmäßige Verteilung der Bindungselektronen dadurch angedeutet, daß das bindende Elektronenpaar nicht in die Mitte zwischen H und O gezeichnet wurde.

Rechts: Raumfüllende Darstellung des Wassermoleküls

mit magnetisierten Eisenfeilspänen gesehen haben. Im Falle des Wassermoleküls liefern Dipole die Erklärung, warum wir als «Mini-Mendelejews» scheitern mußten.

Denn ähnlich wie wir beim Natriumchlorid herausgefunden haben, daß es wegen der elektrischen Anziehungskräfte im Festkörper ein dreidimensionales Ionengitter bildet, müssen wir auch beim Eis davon ausgehen, daß sich die Moleküle in irgendeiner Weise aneinanderhängen. Selbstverständlich sind die Anziehungskräfte schwächer als bei den Ionen mit ihrer «Alles-oder-nichts-

Verteilung» der Elektronen, aber sie fallen doch deutlich stärker aus als die zwischenmolekularen Anziehungskräfte von rein kovalenten Verbindungen. Zunächst entstehen lose zusammengehaltene, gewellte sechseckige Ringe, bei denen sich immer echte, überwiegend kovalente H-O-Bindungen mit lockeren, lediglich elektrostatisch funktionierenden *Wasserstoffbrückenbindungen** abwechseln (diese sind in *Abbildung 27* punktiert gezeichnet). Weil aber jedes Wassermolekül über **zwei** teilweise positiv geladene H-Atome verfügt und am Sauerstoffatom **zwei** negativ geladene Elektronenpaare aufweist, bleibt es nicht bei gewellten Sechseckstrukturen. Vielmehr kommt es durch Übereinanderlagerung solcher Ringstrukturen zu räumlichen Gebilden. Diese sind verhältnismäßig luftig gebaut, weil die Wasserstoffbrückenbindungen viel länger sind als die echten kovalenten O-H-Bindungen. Das Eis bildet also tatsächlich ein locker strukturiertes Gebilde, sozusagen eine Art Kartenhaus mit Hohlräumen. Aufgrund ebendieser Hohlräume hat Eis eine deutlich geringere Dichte als Wasser.

Heureka! Durch bloßes Nachdenken und sinnvolles Anwenden unseres bisher erarbeiteten Wissens ist es uns gelungen, den anomal hohen Schmelzpunkt des Wassers und die verhältnismäßig niedrige Dichte des Eises zu erklären. (Der hohe Siedepunkt und die hohe spezifische Wärmekapazität beruhen natürlich auf der gleichen Ursache.)

* Solche Wasserstoffbrückenbindungen spielen in der Natur eine wichtige Rolle. Sie sorgen z. B. dafür, daß die DNS-Stränge, in denen die gesamte Erbinformation einer Zelle gespeichert ist, zusammengehalten werden. Aber auch für den Zusammenhalt von Eiweißmolekülen in den Wollfasern oder in unseren Haaren sind sie zuständig. Es ist sehr verblüffend, daß die Natur dabei vorgeht wie ein Seiler bei seiner Arbeit: Die fadenförmigen Eiweißmoleküle verzwirbeln sich mit Hilfe der Wasserstoffbrückenbindungen zu dünnen Fasern, die ihrerseits so lange verzwirnt werden, bis zuletzt das makroskopisch sichtbare Haar entsteht. Seine Fasern stecken in einer Schutzhülle aus Eiweiß, ähnlich manchen Nylonschnüren.

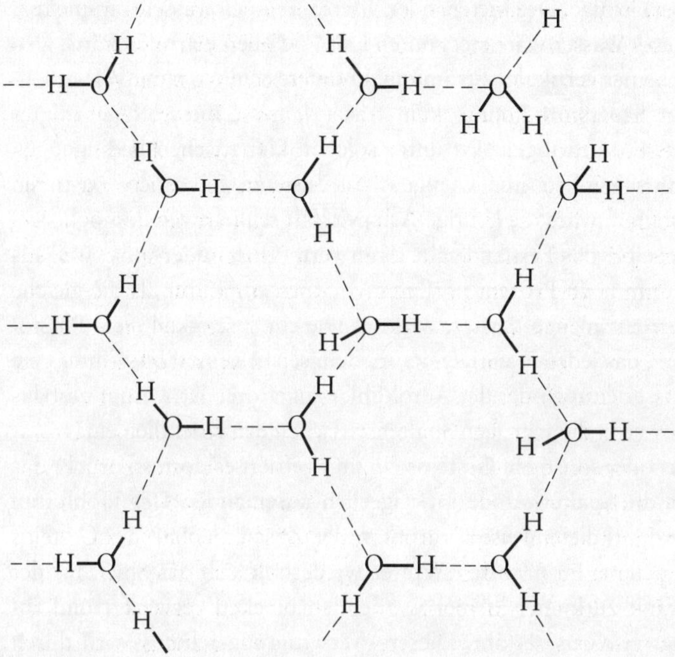

Abbildung 27 Die Kristallstruktur von gefrorenem Wasser (Eis).

Wieder wäre es für das Bestehen der meisten Lebensformen höchst fatal, wenn das Eis diese Eigenschaft nicht besäße. Denn dann würde sich in jedem Winter an der Oberfläche der Seen, Meere und Ozeane Eis bilden, das sofort absänke. Auf dem See- oder Meeresboden wäre es vor einer Erwärmung durch Sonnenlicht geschützt, weil dieses nicht bis in diese Tiefe vordringt. Nach und nach würde sich am Boden immer mehr Eis ansammeln, bis zuletzt alle Gewässer auf der Erdoberfläche nur noch aus Eis bestünden, auf dem sich im Sommer (und in den Tropen das ganze Jahr über) einige Dezimeter oder Meter Schmelzwasser sammelten. Dieses Wasser wäre stets unten kalt und oben warm, es käme also zu keiner vertikalen Strömung. In tiefere Schichten mit verbrauchtem Sauerstoff könnte kein frisches, mit Sauerstoff gesättigtes Wasser vordringen. Da unter solchen klimatischen Bedingungen wahrscheinlich nur wenige frostresistente Bakterien existieren könnten, wäre die heutige Artenvielfalt schlichtweg unmöglich.

Selbst das Festland sähe dann vermutlich anders aus. Weil Eis ein um neun Prozent größeres Volumen einnimmt als die gleiche Gewichtsmenge Wasser, wirkt es wie ein Sprengkeil – ein Phänomen, das jeder bestätigen kann, dem schon einmal im Winter eine Wasserleitung oder der Autokühler zugefroren ist. Dringt nun das Wasser in die winzigen Spalten zwischen den Kristallen eines Granits oder sonstigen Gesteins ein und gefriert es dort, so drückt das Eis die Spaltenwände unweigerlich auseinander. Der Hohlraum wird auf diese Weise vergrößert, der Zusammenhalt des Gesteins gelockert. Im nächsten Winter wiederholt sich das Spiel, bis der Granit zu immer kleiner werdenden Blöcken verwittert und zuletzt zu Grus zerfällt. Dieser «Verwitterungsschutt» wird durch die Schmelzwässer abtransportiert, allmählich entstehen aus unscheinbaren Abflußrinnen eindrucksvolle Täler zwischen mehr oder minder zerklüfteten Bergen. Vor der Küste bilden sich Sand- und Schlickbänke, weil die Flüsse dort ihre Fracht absetzen. Aus dem Grus bildet sich durch chemische Verwitterung ein feinporiger Boden, in dem auch Gräser, Büsche und Bäume wurzeln können. Ohne die Hohlräume des Eises gäbe es also keine Verwitterung, keine Bodenbildung, die Landschaft bliebe schroff, felsig und unzugänglich, etwa so wie ein junges Lavafeld. Aufgrund der fehlenden Pflanzendecke fänden Tiere keine Nahrung, und unser Planet wäre wüst und leer.

Unerwartete Folge: Das Dichtemaximum

Wenn wir Eis langsam erwärmen, nimmt die Schwingungsbewegung der H_2O-Moleküle so stark zu, daß das Kristallgitter zusammenbricht: Das Eis schmilzt. Die Moleküle verlassen ihre festen Gitterplätze und bewegen sich relativ frei, wie wir bereits eingangs erfahren haben. Während aber bei praktisch allen anderen Flüssigkeiten dieser Vorgang vollständig abläuft, bleiben beim Wasser viele Moleküle aufgrund ihrer Dipoleigenschaften aneinander hängen. Wenn das *nicht* der Fall wäre, läge der Siedepunkt des Wassers viel niedriger. Es entstehen verhältnismäßig große, ziemlich gut geordnete Molekülgruppen (*Cluster*) aus bis zu hundert Wassermolekülen, die jedoch weiterhin die für Eis typischen Hohlräume besitzen und zwischen kleineren Molekülgruppen und einzelnen Wassermolekülen herumschwimmen. Diese Cluster sind nicht übermäßig stabil, sie verlieren gelegentlich einen Teil ihrer Moleküle und lagern dafür an anderer Stelle neue Wassermoleküle an. Es herrscht also ständige Bewegung und ständiges Händchenhalten wie bei einer Volkstanzgruppe. Mit steigender Temperatur schrumpfen die Cluster und nehmen zahlenmäßig ab, und auch die Zahl der Hohlräume verringert sich. Dadurch rücken die Wassermoleküle, im Durchschnitt betrachtet, näher zusammen, und die Dichte der Flüssigkeit nimmt zu.

Dieses Verhalten weicht drastisch von dem aller sonstigen Flüssigkeiten ab; denn deren Dichte nimmt mit zunehmender Temperatur ab, weil die immer lebhafter umherschwirrenden Moleküle mehr Platz benötigen und weiter auseinanderrücken.

Diesen typischen Effekt der anderen Flüssigkeiten beobachten wir auch bei den Einzelmolekülen des Wassers. Wenn wir also Wasser von null Grad Celsius allmählich erwärmen, spielen sich zwei Vorgänge ab, die entgegengesetzte Wirkung haben:

Einerseits werden die Molekülcluster mit ihren Hohlräumen immer kleiner und immer seltener, dadurch steigt die Dichte an.

Andererseits werden die Einzelmoleküle immer häufiger und immer schneller, weswegen sie mehr Platz beanspruchen, und als Konsequenz nimmt die Dichte ab.

Welcher der beiden Effekte ist stärker – und was passiert wirklich? Das hängt offensichtlich davon ab, wieviel Wasser noch annähernd kristallartig (sprich mit Hohlräumen) geordnet und wieviel in flüssigem Zustand vorliegt. Im kalten Wasser mit seinen zahlreichen, großen Molekülgruppen überwiegt der erste Effekt, im warmen oder gar heißen Wasser mit seinen vielen Einzelmolekülen hingegen der zweite Effekt (*siehe Abbildung 28*).

Deshalb können wir vorhersagen, daß die Dichte des Wassers beim Erwärmen ab null Grad Celsius zunächst ansteigen und dann wieder abnehmen wird. Zwischen dieser Zu- und Abnahme muß es eine Temperatur geben, bei der die Dichte einen maximalen Wert aufweist, ähnlich wie es zwischen dem ansteigenden und abfallenden Teil einer Gebirgsstraße einen höchsten Punkt geben muß.

Zur Absicherung unserer Gedankenkonstruktion suchen wir nach einer Dichtetafel beziehungsweise einer graphischen Darstellung der Dichte des Wassers bei verschiedenen Temperaturen. In Abbildung 29 fündig geworden, stellen wir in der Tat fest, daß die Dichte bei null Grad Celsius noch einen Wert von 0,99982 Gramm pro Kubikzentimeter aufweist, dieser bei vier Grad Celsius auf 1,00000 angestiegen ist, um dann allmählich bei zehn Grad Celsius bis auf 0,99973 Gramm pro Kubikzentimeter abzufallen – Tendenz weiter abnehmend. Das Dichtemaximum des Wassers liegt also bei vier Grad Celsius.

Der Dichteunterschied zwischen vier Grad kaltem Wasser und Wasser von 0 Grad oder acht Grad Celsius ist im Prinzip recht ge-

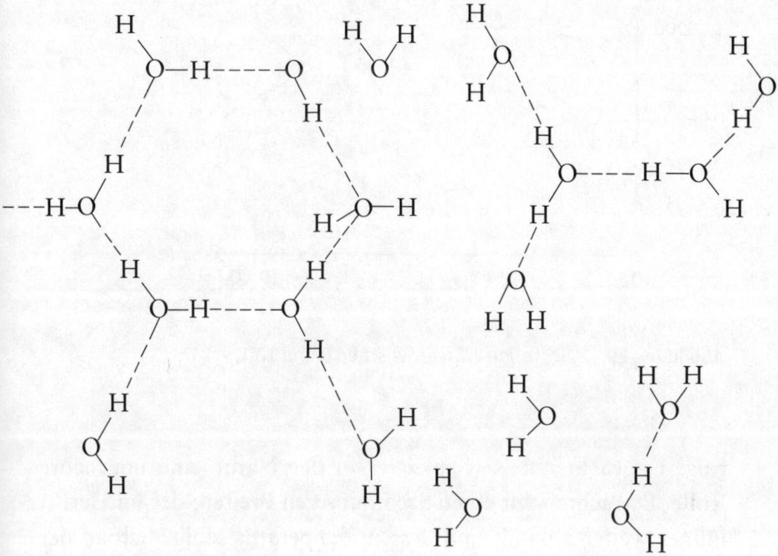

Abbildung 28 Kaltes Wasser: Es gibt noch größere Cluster mit Hohlräumen und verhältnismäßig wenige Einzelmoleküle.

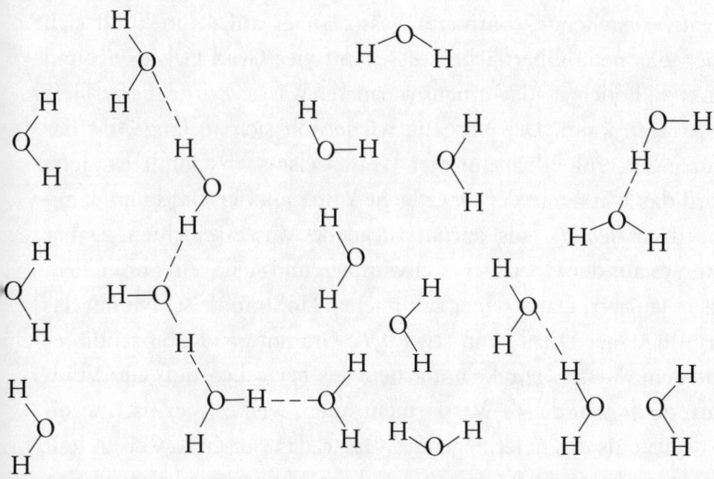

Warmes Wasser: Die Cluster sind kleiner geworden und haben kaum noch Hohlräume. Die Zahl der Einzelmoleküle hat zugenommen. Am Siedepunkt gibt es fast nur noch Einzelmoleküle.

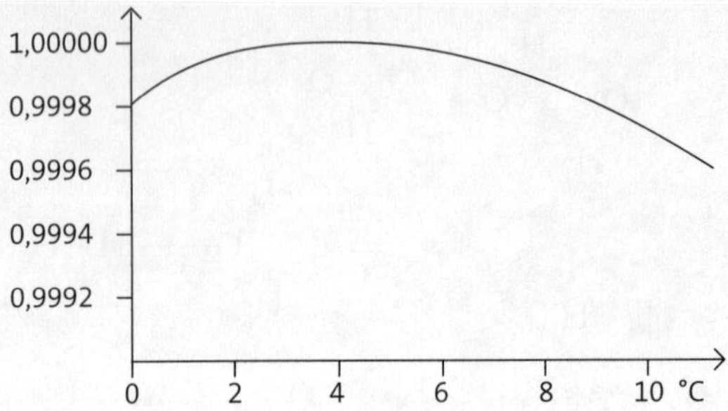

Abbildung 29 Dichte von Wasser zwischen 0 und 10°C

ring. Ungeachtet dessen spielt er in der Natur eine ungeheure Rolle. Betrachten wir einen See in unseren Breiten, der im Herbst immer weiter abkühlt und dessen Temperatur schließlich an der Oberfläche den Wert von vier Grad Celsius erreicht. Spätestens jetzt besitzt das Wasser an der Oberfläche eine größere Dichte als die tieferen, wärmeren Wasserschichten. Es sinkt also ab, und das darunter stehende, wärmere Wasser steigt auf. Nun kühlt sich auch das neue Oberflächenwasser auf vier Grad Celsius ab und sinkt zu Boden, so daß erneut wärmeres Wasser aus größerer Tiefe aufsteigen kann. Der Vorgang wiederholt sich so lange, bis der ganze See einheitlich auf vier Grad Celsius abgekühlt ist. Jetzt wird das Wasser an der Oberfläche kälter als vier Grad und damit spezifisch *leichter* als darunterliegende Wasserschichten. Daher kann es auf der Oberfläche schwimmen und sich weiter abkühlen, bis es gefriert. Dank seiner zahlreichen Hohlräume schwimmt das Eis mit seiner Dichte von etwa 0,92 Gramm pro Kubikzentimter auf dem Wasser. Direkt unter dem Eis herrschen null Grad Celsius, doch geht dieses Wasser nicht unter, weil es spezifisch weniger wiegt als das tiefer liegende Wasser, das vier Grad Celsius kalt ist. In größerer Tiefe messen wir diese Temperatur konstant den ganzen Winter über – ein Phänomen, das Fischen, Lurchen, Krebsen und anderen Tieren und Pflanzen des Wassers erlaubt, die Eisperiode unbeschadet zu überstehen. Das Dichtemaximum ist demnach eine weitere einzigartige Eigenschaft des Wassers, die ein Leben im «feuchten Element» überhaupt erst ermöglicht.

Hohe spezifische Wärmekapazität, Hohlräume im Gitter, hoher Siedepunkt, hoher Schmelzpunkt, sprunghafte Abnahme der Dichte bei Eisbildung und Dichtemaximum des «flüssigen» Wassers bei vier Grad Celsius – dies alles sind Eigenschaften, die wir auf den Dipol-Charakter des Wassermoleküls zurückführen können und ohne den das Leben unmöglich oder außerordentlich erschwert wäre. Wir sind allmählich überzeugt, daß sich im Weltall Leben nur dort entwickeln kann, wo Wasser vorkommt. Erneut erlaubt uns die Chemie, Aussagen über unerreichbare Welten zu treffen; diesmal handelt es sich allerdings um das Universum und nicht um den Mikrokosmos der Atome und Moleküle.

Wasser als Lösemittel

Haben Sie schon einmal darüber nachgedacht, warum Wasser zugleich ein gutes und ein schlechtes Lösungsmittel ist? Denn es löst viele Salze, Säuren, Laugen und organische Substanzen wie Alkohol, Aceton und Zucker ausgezeichnet, ist aber für Olivenöl, Schmierfett, Wachs, Tetrachlorkohlenstoff, Benzin und Dieselöl – um nur einige zu nennen – völlig ungeeignet. Die Ursache für dieses ambivalente Verhalten erfahren wir in den folgenden Versuchen.

Versuch 29
Volumenverminderung bei Lösevorgängen

Wir füllen in eine Dreiviertelliter-Rotweinflasche mit zylindrischem Hals 150 Gramm Kochsalz. Anschließend geben wir ohne Schütteln oder Rühren so viel Wasser hinzu, daß es etwa bis zur Mitte des Flaschenhalses reicht. Diesen Wasserstand markieren wir sofort mit einem Klebestreifen.

Danach wird die Flasche mit einem Korken verschlossen und mehrfach unter Schütteln umgedreht. Bei jedem Umdrehen setzt sich das Salz unten ab, so daß die Lösung gut durchmischt wird. Nach einiger Zeit ist das gesamte Salz fast vollständig gelöst.

Die Lösung nimmt erstaunlicherweise weniger Raum ein als vorher die Salzkristalle mit dem Aufgußwasser. Wir erkennen das daran, daß der Flüssigkeitsspiegel um mehrere Zentimeter abgesunken ist. Durch Nachgießen einer genau abgemessenen Wassermenge bis zur Markierung stellen wir fest, daß etwa 14 Kubikzentimeter fehlen.

Verfolgen wir die Temperatur des Wassers während des Lösungsvorgangs mit einem Thermometer, so stellen wir fest, daß Wärme verbraucht wurde, denn die Temperatur der Lösung liegt deutlich niedriger als die des zugeschütteten Wassers.

Ähnliche Vorgänge spielen sich ab, wenn Wasser andere Salze, Säuren oder Laugen löst. Daß dabei auch Wärme entstehen kann, merken wir am Beispiel des wasserfreien Kupfersulfats, das wir allerdings erst in Versuch 31 herstellen und anschließend in Wasser lösen werden. Vorher interessiert uns das Löslichkeitsverhalten einer organischen Flüssigkeit:

Versuch 30
Alkohol und Wasser

Wir vermischen 100 Kubikzentimeter entmineralisiertes Wasser mit 100 Kubikzentimetern Brennspiritus (Ethylalkohol) und stellen fest, daß die Mischung nur 194 Kubikzentimeter Volumen beansprucht. Auch hier haben wir eine schwache Erwärmung beobachtet.

Volumenschwund und Wärmetönung sind deutliche Anzeichen, daß sich Kochsalz oder Alkohol beim Auflösen im Wasser nicht nur mit dessen Molekülen physikalisch vermischen, sondern auch reagieren.

Um zu verstehen, was sich beim Auflösen des Natriumchlorids in Wasser abspielt, schlagen wir noch einmal zur Abbildung 16 zurück. Die dort dargestellte würfelförmige Elementarzelle ist der einfachste Baustein des Kochsalzgitters. In ihm befinden sich Natrium-Ionen und Chloridionen jeweils abwechselnd in einer dreidimensionalen Struktur. Im Innern dieses Gitters ist jedes Natriumion rechts und links, vorne und hinten sowie oben und unten von insgesamt sechs Chloridionen umgeben und jedes Chloridion seinerseits in gleicher Weise von sechs Natriumionen. Dieses nachbarschaftliche Verhältnis gilt *nicht* für die Ionen an der Oberfläche eines Kristallwürfels. Dem Chloridion auf der Dachfläche des Würfels fehlt *ein* Nachbarion, und zwar das Natriumion, welches genau über ihm sitzen sollte, die Koordinationszahl dieses Cl^- ist in diesem Fall nur fünf. In gleicher Weise wird jedes Natriumion auf der Oberfläche eines Kristallwürfels nur von fünf Chloridionen umgeben. Verständlicherweise behagt diese Situation den Natrium- und Chlorionen überhaupt nicht, so daß sie sehnsüchtig nach Möglichkeiten Ausschau halten, sich einen sechsten Liganden an Land zu ziehen. (Wer an sechs Partner gewöhnt ist, wird sich mit fünfen nicht mehr zufriedengeben.) Ihre Situation sieht jedoch noch glimpflich aus, verglichen mit der Lage jener Ionen, die auf einer Kante des Würfels sitzen. Diesen fehlen nämlich gleich zwei Nachbarn und den Ionen an der Würfelecke sogar drei. Es gibt also an der Grenze zur Luft eine ganze Menge «unzufriedene» Ionen – wissenschaftlicher ausgedrückt, haben die Ionen an der Oberfläche eines Kochsalzkristalls freie *Valenzen* oder elektrostatische Anziehungskräfte, die nicht durch Nachbarionen abgesättigt sind.

Jetzt werfen wir den Kristall mit seinen «bindungssüchtigen» Oberflächenionen ins Wasser. Und siehe da, die Wassermoleküle stillen deren Verlangen. Aufgrund ihres Dipolcharakters haben sie für jeden etwas zu bieten: Den Na^+-Ionen nähern sie sich mit dem negativen Ende, also mit den freien Elektronenpaaren des Sauerstoffatoms, und den Cl^--Ionen mit dem positiven Ende, also den teilweise elektronenentblößten Wasserstoffatomen. Selbst wenn einmal die Annäherung verkehrt herum erfolgen sollte, sorgen die Anziehungs- und Abstoßungskräfte für eine rechtzeitige Wendung des Wassermoleküls. Die Ionen an der Kante werden durch zwei Wassermoleküle, diejenigen an den Ecken des Würfels sogar von dreien abgesättigt. Wir können uns vorstellen, daß die angelagerten Wassermoleküle an ihren neuen Bindungspartnern «zerren», und weil die Übermacht der Wassermoleküle einfach zu groß ist, verlassen die Ionen den Kristall und umhüllen sich ganz mit Wassermolekülen. Dadurch gelangen Ionen, die vorher im Innern des Kristalls saßen, an die Oberfläche, so daß sie nun ihrerseits aus ihrer Ordnung gerissen werden und in Lösung gehen. Dieses Spielchen wiederholt sich so lange, bis der Kristall aufgelöst ist. In Abbildung 31 sind diese *Hydratisierungsvorgänge* dargestellt.

Zu guter Letzt befinden sich in der Lösung nur noch hydratisierte Natrium- und Chloridionen (also von Wassermolekülen

Abbildung 30
Auflösung eines NaCl-Kristalls in Wasser

Oben: Wassermoleküle lagern sich an ein Chloridion und an ein Natriumion an.

Mitte: Wassermoleküle haben das Chloridion aus dem Kristallverbund herausgerissen und umgeben es jetzt von allen Seiten. Andere Wassermoleküle finden nun leichter Zugang zu dem benachbarten Natriumion.

Unten: Auch das Natriumion wurde aus dem Kristallverbund gelöst und allseitig von Wassermolekülen eingehüllt. Chlorid- und Natriumionen, die vorher im Inneren des Kristalls eingebaut waren, können von weiteren Wassermolekülen angegriffen werden.

umhüllte Ionen), die zwischen den Wassermolekülen beziehungsweise deren Clustern umherschwimmen. Die elektrischen Anziehungskräfte sorgen in dieser Lösungsstruktur dafür, daß alle Beteiligten eng zusammenrücken, wodurch Platz gespart wird. Diese Platzersparnis kann man mit bloßem Auge erkennen, denn das Volumen der Lösung ist geschrumpft, wie wir in Versuch 29 gesehen haben.

Erstaunlicherweise wollen sich manche Ionen von ihren neuen Gefährten offenbar selbst beim Kristallisieren nicht wieder trennen, sondern integrieren Hydrathüllen teilweise oder auch komplett in ihr Kristallgitter. So entstehen Ionenkomplexe mit sogenanntem «Kristallwasser», die eingeschlossene Wassermoleküle erst beim Erhitzen Stück für Stück wieder abgeben. Berühmte Beispiele sind das Natriumcarbonat («Soda»), das aus der Lösung als «Dekahydrat» $Na_2CO_3 \times 10H_2O$ kristallisiert, oder das Calciumsulfatdihydrat ($CaSO_4 \times 2H_2O$). Letzteres wird auch «Gips» genannt*; es kommt in der Natur in riesigen Mengen vor (zum Beispiel besteht der Montmartre teilweise aus diesem Mineral). Wir untersuchen im nächsten Versuch das Verhalten des Kupfersulfats, das wir als Kupfervitriol ($CuSO_4 \times 5H_2O$) in der Apotheke erstanden haben:

* Der Name «Gips» kommt von «Ägypten», wo dieses Mineral zuerst zum Bauen eingesetzt wurde. Beim Erhitzen («Brennen») verliert es Wasser bis zur Zusammensetzung des «Halbhydrats» $CaSO_4 \times {}^1/_2H_2O$; der «gebrannte» Gips nimmt diese Wassermenge beim Abbinden wieder auf und bildet dabei ein wirr verfilztes Gemenge von winzigen Kristallen.

Versuch 31
Kristallwasser

Wir erhitzen eine Spatelspitze Kupfersulfat in einem waagerecht gehaltenen Reagenzglas über dem Spiritusbrenner. Die blauen Kristalle zerfallen unter Knistern zu einem grauweißen Pulver. Offensichtlich entweicht dabei Wasserdampf, denn an der kühleren Wand des Reagenzglases schlagen sich Wassertröpfchen nieder. Wir vertreiben sie aus dem Reagenzglas durch vorsichtiges Erhitzen und lassen dann das trockene Reagenzglas mit dem grauweißen Pulver abkühlen. (Auch beim Austreiben der Wassertröpfchen halten wir das Reagenzglas möglichst waagerecht in die Flamme, weil sonst Wassertropfen in den heißen Teil des Glases herabrollen und dieses zerspringt.)

Nun gießen wir etwa einen Kubikzentimeter kaltes Wasser auf das grauweiße Pulver. Unter kräftiger Wärmeentwicklung wird das grauweiße Pulver wieder blau. Ein Teil der blauen Substanz bildet mit dem Wasser eine blaue Lösung.

Das Kupfersulfat mit der Formel $CuSO_4 \times 5H_2O$ verliert beim Erhitzen nach und nach alle fünf Moleküle Kristallwasser. Das wasserfreie Kupfersulfat $CuSO_4$ ist ein weißgraues Pulver, das unter kräftiger Wärmeentwicklung wieder fünf Moleküle Kristallwasser aufnimmt (und zwar umhüllen vier das Kupferion, und eines ist an das Sulfation angelagert). Dabei gewinnt das Kupferion seine blaue Farbe zurück; ohne Hydrathülle ist es farblos.

Diejenigen organischen Verbindungen, die mit Wasser beliebig mischbar oder gut löslich sind, besitzen in ihren Molekülen ebenfalls Atome, die Elektronen an sich heranziehen. Dadurch tritt an anderen Stellen des Moleküls eine Elektronenverarmung ein – anders ausgedrückt, entsteht dort eine positive Teilladung. Solche Moleküle sind folglich ebenfalls Dipole wie das Wassermolekül, besitzen allerdings meist schwächere Ladungen. Besonders leicht

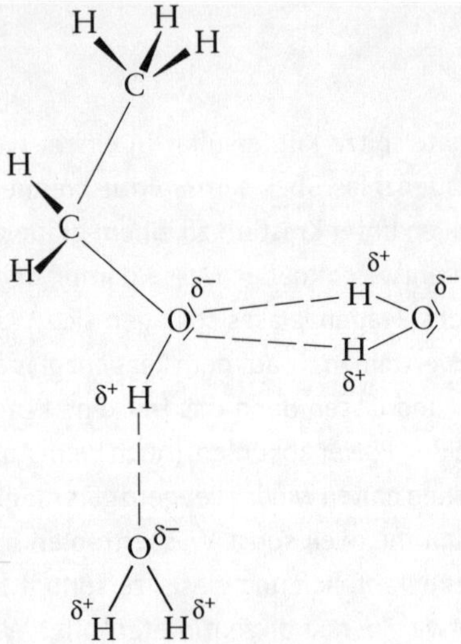

Abbildung 31 Ein Dipol-Dipol-Komplex zwischen einem Ethanolmolekül und zwei Wassermolekülen

sehen wir das am Alkohol, der mit seiner Formel C_2H_5OH genau wie das Wasser eine OH-Gruppe aufweist. Wenn man nun Wasser mit Alkohol vermischt, findet das Wasser auch am Alkoholmolekül ein Wasserstoffatom mit positiver Teilladung und ein Sauerstoffatom mit negativer Teilladung. Weil sich entgegengesetzte elektrische Ladungen anziehen, lagern sich Wassermoleküle an Alkoholmoleküle an, und zwar mit ihrem jeweils entgegengesetzt aufgeladenen Ende. Es entstehen also locker aneinander gebundene Dipol-Dipol-Komplexe aus Wasser- und Alkoholmolekülen.

Auch hier bewirken die Anziehungskräfte eine Platzersparnis, die wir mit bloßem Auge in Versuch 30 als Volumenverminderung beobachten konnten.

Beim Traubenzucker, der Glucose, welche die Summenformel

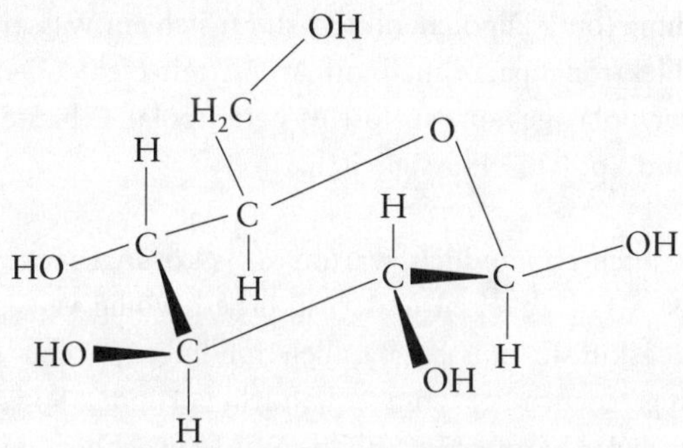

Abbildung 32 Das Glucose-Molekül

$C_6H_{12}O_6$ besitzt, zur Strukturformel siehe Abbildung 32, gibt es sogar fünf OH-Gruppen auf sechs Kohlenstoffatome. In diesem Falle findet das Wasser fast überall im Molekül partiell positiv aufgeladene H-Atome und negativ aufgeladene O-Atome, an die es sich mit seinem jeweils entgegengesetzt aufgeladenen Ende anlagern kann. So wird es verständlich, daß sich Traubenzucker in Wasser sehr gut lösen läßt.

Daß es nicht immer OH-Gruppen sein müssen, die ein organisches Molekül zu einem Dipol machen, beweist das Aceton, in dessen Molekül eine C=O-Gruppe vorkommt. Sie ist polarisiert, weil auch hier das Sauerstoffatom die vier Elektronen der Doppelbindung stärker an sich heranzieht als das Kohlenstoffatom. Eine negative Teilladung entsteht also am O, eine positive am C der C=O-Gruppe.

Das Wasser ist demnach eine janusköpfige Verbindung.* Je

* Der altitalische Gott Janus war eine Gottheit, die mit dem Sonnenlauf – daher der Monatsname Januar – oder der Haustür, sprich Eingang und Ausgang, assoziiert war. Janus wird stets mit einem nach vorne und hinten

nach Ladung (oder Dipolcharakter) stürzt sich ein Wassermolekül mal auf Elektronenpaare, mal auf Atome mit Elektronenmangel. Da Wasser polar gebaut ist, löst es heteropolar gebaute Verbindungen und «polare» Flüssigkeiten.

Nun wird auch verständlich, warum es als Lösungsmittel bei einigen anderen Flüssigkeiten und Festkörpern völlig versagt. Seine Anlagerungskünste müssen nämlich mißlingen, wenn es keine elektrisch geladenen Pole zum Anbändeln vorfindet. So verrät uns die Struktur der Formeln in Abbildung 33 tatsächlich, daß in diesen Molekülen elektrische Langeweile herrscht. Es sind typisch kovalente Verbindungen mit geringen Unterschieden in der Elektronegativität der Bindungspartner. Weder das H-Atom noch das C-Atom in der C-H-Bindung zieht die Elektronen zu sich herüber, hier wird die Elektronendecke brüderlich geteilt. Solche Moleküle sind keine elektrischen Dipole und wollen ihrerseits auch mit Dipolen nichts zu tun haben. Sie halten untereinander mit Hilfe der zwischenmolekularen Kräfte Kontakt und verwehren dem Wasser mit seinen Dipolmolekülen das Eindringen, ähnlich wie Demonstranten den Teilnehmern einer Gegendemonstration das Eindringen in ihre Reihen nach Möglichkeit verwehren.

Jetzt begreifen wir, warum sich Fette, Wachse, Öle, Tetrachlorkohlenstoff und Benzin gegenüber Wasser regelrecht abweisend verhalten. Bis vor wenigen Jahrzehnten nutzten die Seeleute diese Eigenschaft aus, um sich mit «Ölzeug» bei Schlechtwetter und stürmischer See vor Nässe zu schützen. Auch von einem guten Autowachs erwarten wir, daß es den Lack «wasserabweisend» macht. Auf diesem Prinzip beruht das moderne Offset-Druckverfahren: Mit Hilfe photochemischer Vorgänge erzeugt man an den Stellen, wo die fetthaltige Druckfarbe haften soll, einen sogenann-

blickenden Doppelkopf dargestellt; janusköpfig im übertragenen Sinn ist daher stets etwas Ambivalentes.

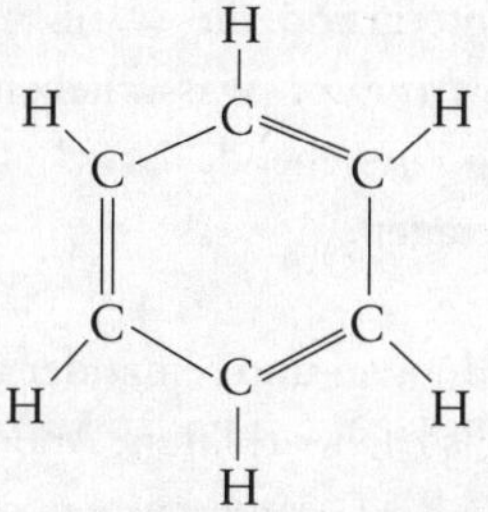

Benzol

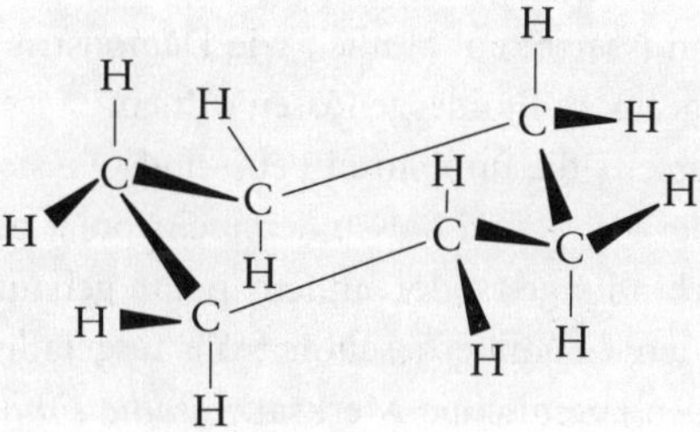

Cyclohexan

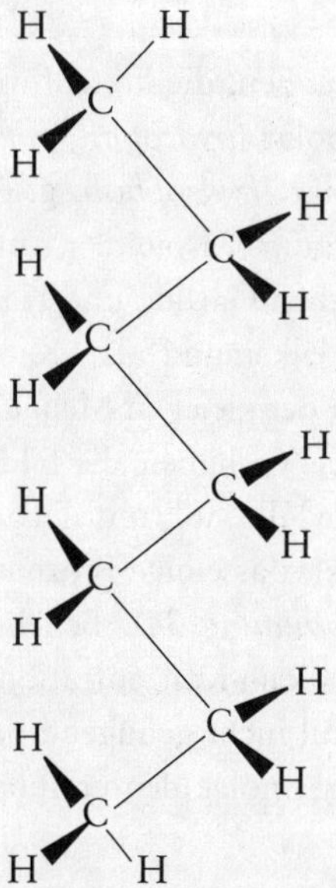

n-Heptan

Abbildung 33 Unpolare Lösungsmittel

ten *lipophilen* («fettliebenden») Untergrund, die «weißen» Stellen der Druckplatte sind hingegen *hydrophil* («wasserliebend») und weisen die Druckfarbe ab. Die so entstehende Druckplatte läßt sich anschließend auf Papier übertragen.

Daß die unpolar gebauten Verbindungen untereinander recht gut mischbar sind, können wir ebenfalls leicht erklären: Andere kovalente Verbindungen werden quasi als «Gesinnungsgenossen» mit gleich guter Elektronenverteilung angesehen und dürfen reibungslos in den Molekülverbund übertreten, ähnlich wie Demonstranten ihre Reihen für gleichgesinnte Bundesgenossen öffnen.

Die Tatsache, daß einerseits die unpolaren Fette und Öle sich untereinander mischen oder lösen, und daß andererseits polar gebaute Moleküle Ionenverbindungen oder andere polar gebaute Verbindungen lösen, ist den Chemikern schon früh aufgefallen und wurde früher durch den lateinischen Merksatz *Similia similibus solvuntur* (Ähnliche werden durch Ähnliche gelöst) charakterisiert.

Nun gibt es in der Natur Verbindungen, die kettenförmig gebaut sind und an einem Kettenende polar (*hydrophil*, griechisch: wasserfreundlich), am anderen unpolar (*hydrophob*, griechisch: wasserfeindlich) sind. Zu ihnen zählt zum Beispiel der Amylalkohol, ein Nebenprodukt der alkoholischen Gärung und Hauptverursacher der Beschwerden, die der Volksmund als «Kater» bezeichnet. Wenn wir diese Substanz mit der gleichen Menge Wasser zu mischen versuchen, mißlingt unser Vorhaben. Es bilden sich zwei Schichten: Oben schwimmt Amylalkohol, mit einigen Prozent Wasser hydratisiert, unten Wasser, das einige Prozent Amylalkohol aufgenommen hat (*siehe Abbildung 34*). Beliebige Mischungsverhältnisse zwischen diesen beiden Konzentrationen sind also nicht möglich, weil es im Molekül nicht genügend polar gebaute Gruppen gibt, die es den Wassermolekülen erlauben, sich anzulagern.

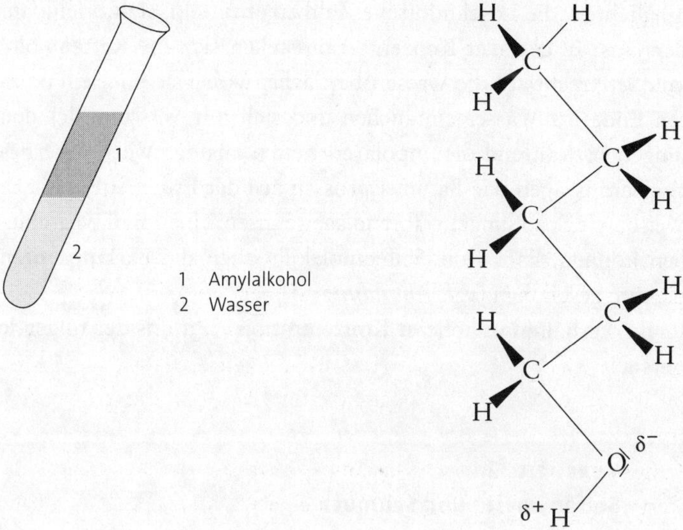

Abbildung 34 Amylalkohol und Wasser

Links: Der Versuch, gleiche Mengen Wasser und Amylalkohol zu mischen, mißlingt. Es bilden sich zwei Schichten: oben Amylalkohol, der etwas Wasser enthält, unten Wasser mit etwas Amylalkohol.

Rechts: Die beiden Stoffe lassen sich nicht beliebig miteinander mischen, weil der Amylalkohol zu viele wasserabstoßende CH_2-Gruppen und zuwenig wasserliebende OH-Gruppen enthält.

Nun hat der Amylalkohol immerhin nur fünf Kohlenstoffatome in seiner hydrophoben Kette. Extrem wird die Angelegenheit bei den Molekülen der Kernseife, die 15–17 hydrophobe Kohlenstoff-Kettenglieder haben und nur *eine* hydrophile Atomgruppe am Ende. Verständlicherweise kann diese gegen die Übermacht nichts ausrichten, und die Löslichkeit in Wasser ist sehr gering. Das Verhalten dieser Moleküle, die uns im Versuch 10 ermöglichten, die Loschmidtsche Zahl zu ermitteln, sieht völlig anders aus: In geringer Konzentration stellen sich die Kettenmoleküle senkrecht auf die Wasseroberfläche, wobei sie mit dem polaren Ende ins Wasser eintauchen und sich mit Wassermolekülen umgeben, während die unpolaren Ketten aus der Wasseroberfläche herausragen wie Bambussprossen aus der Erde. Auf ähnliche Weise, wie Sprößlinge, während sie wachsen, einen Ball wegschieben können, haben die Seifenmoleküle auch die Bärlappsporen beiseite geschoben (*vgl. Abbildung 35*).

Ihr Verhalten in höherer Konzentration zeigt uns der folgende Versuch:

Versuch 32
Seifenwasser und Schmutz

Aus lauwarmem, entmineralisiertem Wasser und Kernseife entsteht anstatt einer klaren Lösung eine weißlichtrübe Flüssigkeit, von der wir einen Tropfen unter dem Mikroskop bei 300- bis 500facher Vergrößerung untersuchen. Wir erblicken kleine, ziemlich kugelförmige Gebilde, die ganz ähnlich wie die Fetttröpfchen der Milch in Versuch 1 von den Wassermolekülen hin- und hergestoßen werden.

Diese *Micellen* verursachen offensichtlich das trübe Aussehen des Seifenwassers. Sie entstehen, weil das polar gebaute Wasser die langen Molekülketten der Kernseife nur an ihren polaren Enden hydratisieren kann. Das reicht aber zu einer echten Lösung nicht aus, weshalb sich die Seifenmoleküle untereinander zu Kugeln zusammenlagern. Dieser Schulterschluß geschieht nicht wirr durcheinander, sondern streng geordnet: Im Innern der Micellen verstecken die Seifenmoleküle ihre unpolaren Ketten, die ja wasserabstoßend reagieren, während ihre polaren Endgruppen mit

Abbildung 35

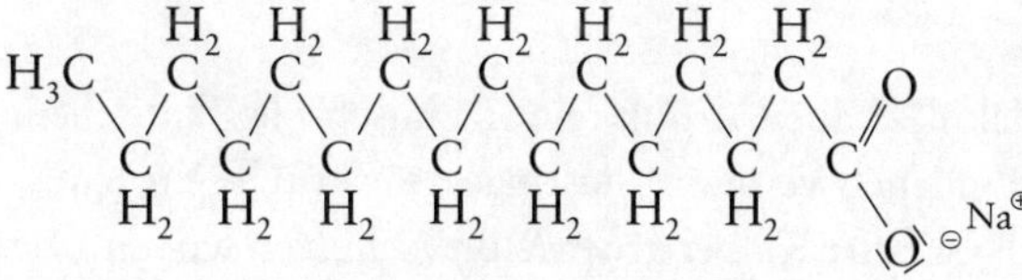

Natriumpalmitat ein typisches Molekül der Kernseife

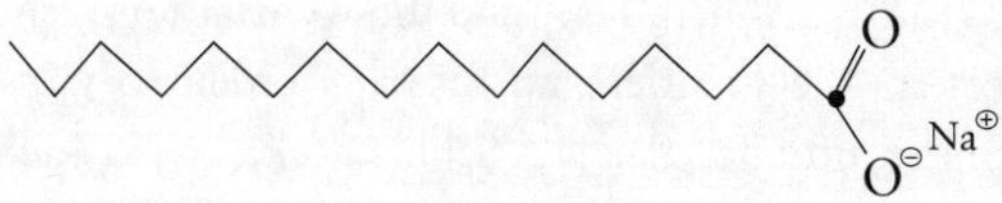

vereinfachte Schreibweise

stark vereinfachte Schreibweise

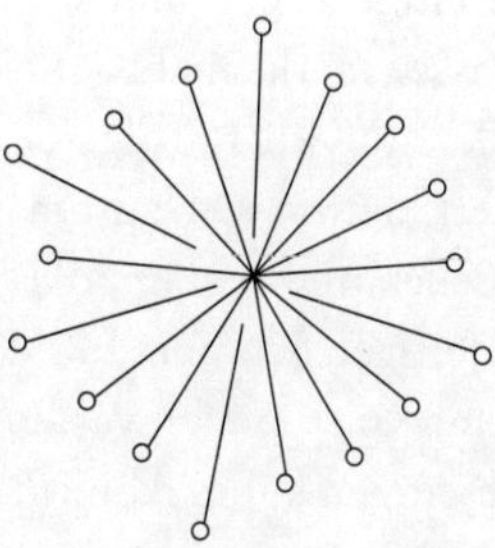

Seifenmicellen

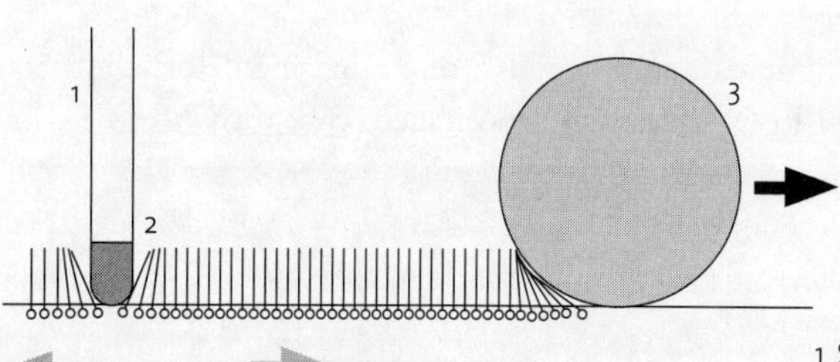

1 Streichholz
2 Seifenstück
3 Bärlappspore

den angelagerten Wassermolekülen nach außen weisen *(siehe Abbildung 35)*.

Die Seifenmoleküle bilden – auf rein chemisch-physikalischem Wege – einen ähnlichen Verteidigungsring wie arktische Moschusochsen, die sich und ihre Kälber gegen Wölfe schützen wollen: Die Hinterteile weisen nach innen, während die wehrhaften Gehörne nach außen zeigen. Die Jungtiere im Innern werden so vor dem Angreifer geschützt, und der gleiche «Schutzeffekt» wird auch bei Micellen wirksam, die in ihrem Innern hydrophobe Teilchen (zum Beispiel manche pharmazeutischen Wirkstoffe) unbeschadet durch ein wäßriges Milieu schleusen. Der gleiche Effekt greift auch bei Spülmitteln (siehe nächster Absatz).

Die Micellen sind demnach kugelförmige unpolare Molekülklumpen, die im Wasser eigentlich nicht vorkommen dürfen, aber scheinheilig nach außen eine dünne polare Hülle zeigen und sich damit in das Wasser einschleichen. Das Wasser merkt nichts von diesem «Trick» und hydratisiert die Micellen äußerlich, trägt sie deshalb auch in der «Lösung» und verhindert, daß sie sich zusammenballen. Es ist einleuchtend, daß die Micellen in ihrem unpolaren Inneren unpolare Substanzen wie etwa fettigen Schmutz lösen können; so erklärt sich mühelos, warum das Seifenwasser Schmutz löst, den das reine Wasser nicht beseitigen kann. Ähnlich wirken die Tenside der modernen Wasch- und Spülmittel; sie verfügen jedoch über andere, oft auch mehr hydrophile Gruppen und sind daher echte Lösungsvermittler zwischen Fett und Wasser.

Eine weitere interessante Frage ist, ob wäßrige Salzlösungen bei null Grad Celsius gefrieren. Unser Versuch 33 beantwortet sie sehr drastisch.

VERSUCH 33
Gefrierpunkterniedrigung

Wir zerstoßen Eiswürfel in einem sauberen Tuch und mischen anschließend in einem Topf jeweils drei Löffel Eisbrei mit einem Löffel Kochsalz.

Das Eis schmilzt sofort unter Verbrauch der dafür erforderlichen Schmelzwärme. Dieser Wärmeentzug bewirkt, daß sich die Eis-Kochsalzmischung bis auf etwa –22 °C abkühlt. Trotzdem bleibt die Mischung flüssig.

Unser Versuch wird im Winter tagtäglich in großem Maßstab ausgeführt. Die Streufahrzeuge befreien mit Hilfe von Salz die Autobahnen, Straßen und Brücken von Schnee und Glatteis. Das Verfahren erfordert je nach Temperatur geringere oder größere Mengen von Salz. Knapp unter dem Gefrierpunkt reichen geringe Salzmengen aus, um Eis zu schmelzen und zu verhindern, daß es erneut gefriert. Bei –22 Grad Celsius braucht man schon ein Teil Salz auf drei Teile Eis; und sollte die Temperatur noch tiefer absinken, so gefriert die Wasser-Eis-Mischung erneut – sofern sie überhaupt geschmolzen ist. Es nützt dann nichts mehr, die Salzmenge noch weiter zu erhöhen.

Offensichtlich wird der Schmelzpunkt des Eises durch das Salz erniedrigt, und zwar um so stärker, je mehr Salz zur Verfügung steht. Das ist einleuchtend, denn wir wissen ja, daß die Wassermoleküle einer Salzlösung teilweise an die Natriumionen und Chloridionen gebunden sind. Diese Komplexverbindungen hemmen das Gefrieren, weil sie nicht in das Kristallgitter des Eises passen. Der Vorgang findet deshalb nicht bei seiner normalen Temperatur statt, sondern bei einer tieferen. Je mehr Salzionen stören, desto stärker muß die Temperatur sinken, um eine Kristallisation zu bewirken. Dabei kommt es nicht auf den Typ des Salzes an, sondern auf die Zahl der Ionen, die den Kristallisationsvorgang stören.

Das wiederum bedeutet, daß ein Mol Natriumchlorid den Schmelzpunkt im gleichen Ausmaß absenkt wie ein Mol Lithiumfluorid, denn in einem Mol sind ja bekanntlich gleich viele «Moleküle» NaCl bzw. LiF enthalten. Wenn man erst einmal weiß, daß ein Mol dieser Salze, in einem Liter Wasser gelöst, den Schmelzpunkt um 3,72 Grad Celsius erniedrigt, so lassen sich auf diese Weise auch die Molgewichte unbekannter Substanzen ermitteln. Hierzu wiegt man eine gewisse Menge ein und mißt anschließend die Erniedrigung des Gefrierpunkts. Falls zum Beispiel 43,9 Gramm eingewogen wurden und die Schmelzpunktserniedrigung 1,86 Grad betrug, so haben wir offensichtlich ein halbes Mol der unbekannten Substanz in diesem Liter Wasser aufgelöst. Das Molgewicht ist also 87,8; demnach könnte es sich um Lithiumbromid (LiBr) handeln.

Diese Zusammenhänge gelten nicht nur für Wasser und darin gelöste Salze, sondern auch für andere gelöste Substanzen und ihre Lösemittel. Jedes Lösemittel verfügt in diesem Zusammenhang über eine eigene Konstante für die Gefrierpunktserniedrigung, die ein Mol gelöster Stoff verursacht. Um genaue Ergebnisse zu erhalten, arbeitet man mit Spezialthermometern in ziemlich verdünnten Lösungen.

Auf analoge Weise verursachen gelöste Stoffe auch eine Siedepunkt*erhöhung* des Lösemittels, weil sie dessen Moleküle festhalten und damit das Entweichen in den Dampfraum über der Flüssigkeit erschweren. Daher dauert es länger, bis Salzwasser kocht. Auch die Siedepunkterhöhung kann man für die Ermittlung von Molgewichten heranziehen. All diese Phänomene sind vor über 100 Jahren von dem französischen Physiker François Marie Raoult entdeckt und erforscht worden.

Stellen Sie sich doch einmal vor, wie die Welt aussähe, wenn das Wasser nicht die Eigenschaft besäße, mit Hilfe gelöster Stoffe seinen Gefrierpunkt zu erniedrigen. Dann wären nämlich überhaupt keine Pflanzen frostresistent; sie müßten unterhalb von null Grad Celsius gnadenlos erfrieren, weil ihre Zellflüssigkeit erstarrt. Es gäbe keine immergrünen Tannen und Fichten, weil es denen gar nichts nützen würde, daß sie ihren Zellsaft mit kleinen Zuckermolekülen anreichern und damit auch bei extrem niedrigen Temperaturen flüssig halten. Weil jeder Kälteeinbruch verheerende Folgen für den Wald hätte, gäbe es nur in den Tropen Bäume und höhere Pflanzen, in allen anderen Gegenden gäbe es überhaupt keine Vegetation, da alle Pflanzen – selbst dickschalige Sporen von Farnen und Moosen – beim ersten Nachtfrost eingehen müßten.

Versuch 34
Tinte und Wasser

Wir bringen ein Glas Wasser und einen Füllfederhalter so lange in einen gleichmäßig kühlen Raum, bis wir sicher sind, daß beide die Umgebungstemperatur angenommen haben. Nun lassen wir aus möglichst geringer Höhe einen Tropfen Tinte in das Wasser fallen.

Er bildet zunächst farbige Schlieren, die aber im Laufe der nächsten Stunden immer blasser werden, weil sie sich ausdehnen. Zuletzt verschwinden die Schlieren vollständig; die Tinte hat sich – ohne Umrühren oder Konvektionsströmungen – gleichmäßig im Wasser verteilt, das nun überall eine einheitlich hellblaue Farbe angenommen hat.

Klar, sagen Sie, das ist das Ergebnis der Molekularbewegung, die wir ja schon in Versuch 1 kennengelernt haben. Die Tintenmoleküle wandern (*diffundieren*) in das Wasser hinein und verteilen sich dort gleichmäßig. Absolut richtig! Aber warum bleiben sie trotz aller Bewegung nicht zusammen, etwa in den Schlieren, so wie ein Mückenschwarm bei allen Einzelbewegungen der Tiere in der Luft beisammenbleibt? Warum bilden sie außerdem nach weiteren Wanderbewegungen nicht die Schlieren zurück, zum Beispiel mit Hilfe der zwischenmolekularen Anziehungskräfte?

Ordnung schaffen, denn Unordnung entsteht von allein

Bei einiger Überlegung fallen uns allerlei andere Vorgänge ein, die – eventuell nach einem äußeren Anstoß – spontan in einer Richtung laufen, aber niemals spontan zurück: die Explosion eines Silvesterböllers, der Einsturz einer Mauer, das Zerspringen eines herabfallenden Glastellers, das Durchmischen von Alkohol und Wasser, das Auflösen von Salz in Wasser, das allmähliche Verdunsten einer Wasserlache, die Ausbreitung des üblen Geruchs einer Stinkmorchel, das Platzen einer Seifenblase, das Schmelzen von Eis in der warmen Luft des Frühlings. Wir könnten die Liste endlos fortsetzen.

Nur auf den ersten Blick finden wir bei diesen Vorgängen keinerlei Gemeinsamkeiten – mal abgesehen von der Tatsache, daß ihre Umkehrung dem gesunden Menschenverstand widerspricht. Wer genauer hinsieht, bemerkt, daß sie alle etwas mit Ordnung und Unordnung zu tun haben.

Vor der Explosion des Böllers war das Pulver in einer Papphülse, während die Zündschnur an einem der beiden Enden saß, nach der Explosion blieben nur ein Wölkchen «Pulverdampf» und ein Haufen zersetztes Papier übrig. Vor dem Einsturz gab es eine Mauer, anschließend nur noch Trümmer. Vor dem Lösevorgang saßen die Salzionen wohlgeordnet in einem Kristall, während die Wassermoleküle in einer Schüssel herumwuselten, danach gab es ein wildes Durcheinander von hydratisierten Ionen und Wassermolekülen. Vor der Ausbreitung des Gestanks saßen die übelriechenden Moleküle im Körper der Stinkmorchel beisammen, anschließend sind sie weit verstreut. Vor dem Durchmischen befanden sich Alkohol und Wasser säuberlich getrennt in zwei Gefäßen, danach lag nur noch ein Gewirr von Wasser- und Alkoholmolekülen vor. Vor dem Schmelzen des Eises waren die Wassermoleküle auf ihren Gitterplätzen angeordnet, danach haben wir ein wildes Gemisch von Clustern. Selbst diese «Wasserklumpen» verwandeln sich in völlig unregelmäßig umherschwirrende Dampfmoleküle, wenn das Wasser verdunstet. Alle diese Vorgänge beginnen mit einem geordneten Zustand und enden in Unordnung.

Die zweite Gemeinsamkeit ist leicht erkennbar: Die Umkehrung dieser Vorgänge können wir erzwingen; sie ist jedoch stets mit Arbeit verbunden. Die eingestürzte Mauer können wir aus den Trümmern wieder aufbauen, jedoch benötigen wir Mörtel, Maurer und Kräne. Den Alkohol können wir zurückgewinnen, aber nur durch Destillation. Auch Wasser können wir in Eis zurückverwandeln, aber nur im Gefrierfach unter Einsatz von elektrischer Energie, und die Glasscherben lassen sich sammeln und zu einem neuen Teller umschmelzen, aber auch hier müssen wir Arbeit und Energie einsetzen.

Somit gelangen wir zu einer interessanten Schlußfolgerung: Unordnung entsteht offenbar von selbst, während man Ordnung unter Einsatz von Energie schaffen muß. (Als Wissenschaftler beruhigt es uns, daß wir die Richtigkeit dieser Aussage am Zustand unseres Schreibtischs und unseres Werkzeugkastens immer wieder nachprüfen können.) Wir können auch resignierend sagen: Ordnung ist künstlich und unwahrscheinlich; Unordnung hingegen ganz natürlich und tritt mit größerer Wahrscheinlichkeit ein.

Diese melancholisch stimmende Erfahrung gilt natürlich nicht nur für unsere kleine Alltagswelt, sondern für das gesamte Universum. Das Maß seiner Unordnung nimmt stetig zu, weil jeden Tag unendlich viele Vorgänge ablaufen, die mit dem Verlust von Ordnung einhergehen. Unmittelbar nach dem Urknall hing das Weltall übersichtlich in einer Kugelgestalt zusammen, inzwischen hat es sich ausgedehnt und besteht aus einem unübersichtlichen Gewirr von Sternen, Planeten, Sternhaufen, Galaxien, schwarzen Löchern und Quasaren. Angesichts des unaufhaltsamen Vormarschs der Unordnung ist es ein wahres Wunder, daß das allgemeine Durcheinander immer noch nicht zum Abschluß gekommen ist, sondern noch beträchtliche Vorräte an Ordnung vorhanden sind. Um nur einige Beispiele zu nennen: Auf der Sonne ist Wasserstoff in hohen Konzentrationen bei extrem hohen Temperaturen vorhanden (deshalb leuchtet sie), im Weltraum liegt er in äußerst niedrigen Konzentrationen vor. Die Erde besitzt eine extrem hohe Dichte, weil sie viel mehr schwere Atome enthält als der Weltraum. Das Wasser ist auf unserem Planeten häufig, im Weltall selten. Selbstverständlich befindet sich auch jede Galaxie in einem stärker geordneten Zustand als die interstellare Materie.

Die Physiker, die für derartige Betrachtungen zuständig sind, beruhigen uns deshalb mit der Aussage, daß der «Wärmetod» des Universums noch ziemlich lange auf sich warten läßt. Das ist dann der Zustand der höchsten Unordnung: Es gibt keine Ordnung mehr in der Verteilung der Materie und in ihrer Temperatur, ja nicht einmal mehr Materie. Das Weltall ist vielmehr gleichmäßig von Strahlung und Elementarteilchen ausgefüllt, die so weit voneinander entfernt sind, daß sie sich nicht mehr begegnen können. (Dabei ist vorausgesetzt, daß sich unser Weltall wie in den letzten 15 Milliarden Jahren seit dem Urknall immer weiter ausgedehnt hat.)

Daran können auch die Ordnungsfanatiker, die immer wieder aufs neue aufräumen wollen, nichts ändern. Denn sie brauchen ja zu deren Wiederherstellung, wie wir oben sahen, Energie, also Muskelkraft oder einen Motor. Der verbrennt beispielsweise Benzin, um Wärmeenergie in mechanische Energie umzuwandeln.

Dies gelingt jedoch nur teilweise, denn es entstehen chaotisch ungeordnete heiße Auspuffgase und auch das warme Kühlwasser erhöht das Durcheinander der umherirrenden Moleküle. Ein geringer Zuwachs an Ordnung in einem Abschnitt des Systems bewirkt, daß die Unordnung im Gesamtsystem sogar noch größer wird. Die Chaoten und «Ordnungsmuffel» läßt so eine Meldung triumphieren: Schon immer haben sie geahnt, daß Aufräumen und ähnliche ordnungsschaffende Tätigkeiten unnütze Energieverschwendung sind!

Diese Gesetzmäßigkeit ändert sich leider auch dann nicht, wenn man eine der vielgepriesenen erneuerbaren Energien einsetzt, wie beispielsweise Rapsölmethylester oder Wasserstoff aus Sonnenkraftwerken. Denn auch diese Energieträger brauchen Kühlwasser und erzeugen heiße Abgase.

Die beiden Hauptsätze der Wärmelehre

Die Physiker benutzen als Maß für die Unordnung die *Entropie*. Der Österreicher Ludwig Boltzmann hat 1877 als erster erkannt, daß man diese Entropie mit Hilfe der Wahrscheinlichkeitstheorie berechnen kann – letztlich genau aus dem Grunde, weil Unordnung wahrscheinlicher ist als Ordnung. Schon vor ihm hatte der Deutsche Rudolf Clausius die beiden Hauptsätze der Wärmelehre (oder Thermodynamik) in der folgenden eleganten Formulierung aufgestellt:

Erster Hauptsatz: Der Energieinhalt des Weltalls ist konstant.
Zweiter Hauptsatz: Die Entropie des Weltalls nimmt immer nur zu.

Abbildung 36 Ein Perpetuum mobile der ersten Art (Lithographie «Wasserfall» von M.C. Escher, 1961)

Abbildung 37 Außenbord-Bootsantrieb durch ein Perpetuum mobile der 2. Art. Aus dem Tank T fließt über den Schlauch S Wasser von 20° C in die Maschine M. Dort wird es in Wasser von 0° C und Dampf zerlegt. Während das kalte Wasser über den «Auspuff» A entsorgt wird, strömt der Dampf mit hoher Geschwindigkeit aus der Düse D aus und treibt dadurch das Boot in Fahrtrichtung F voran. Durch eine sinnvolle, von M selbst angetriebene Vorrichtung wird H_2O aus dem See in den Tank nachgefüllt (hier nicht dargestellt).

Erstaunlicherweise sind diese beiden Sätze lediglich vereinfachte Formulierungen jener beiden Hauptsätze, die wir uns unter Qualen im Physikunterricht einzuprägen versuchten:

Erster Hauptsatz: Es gibt kein Perpetuum mobile erster Art. Ein Perpetuum mobile ist eine Maschine, die aus dem Nichts Energie erzeugt. Diesen Sachverhalt hat schon Demokrit geahnt, als er erklärte: *Aus nichts kann nichts entstehen.* (Siehe dazu *Abbildung 36*).

Zweiter Hauptsatz: Es gibt kein Perpetuum mobile zweiter Art (eine Maschine, die den ersten Hauptsatz respektiert, aber ohne Energieverbrauch ihre Umwelt abkühlt und dadurch Wärme gewinnt). Ein Perpetuum mobile zweiter Art wäre zum Beispiel ein Schiff, das ohne Treibstoff über den Ozean fährt, weil es seine Antriebsenergie durch Abkühlen des Meerwassers erzeugt, oder eine Wärmepumpe, die keine Antriebsenergie braucht.

Der innere Zusammenhang mit den Formulierungen Clausius' ist beim ersten Hauptsatz ziemlich offensichtlich; beim zweiten hilft uns die Überlegung, daß eine solche Maschine ohne Energieverbrauch das molekulare Durcheinander des lauwarmen Wassers in einen Zustand höherer Ordnung verwandeln könnte, indem sie die schnellsten Moleküle in *einem* Behälter sammelt und alle langsamen im anderen zurückläßt. Ähnlich wäre ein Schnellboot, das ohne Antrieb von außen 20 Grad warmes Wasser in Dampf und kaltes Wasser aufspaltet, ein Perpetuum mobile der zweiten Art *(siehe dazu Abbildung 37)*.

Die Unordnung kann eben bei allen Vorgängen in einem geschlossenen System nicht ab-, sondern nur zunehmen, und das Weltall ist das größte geschlossene System. Umgekehrt wird uns verständlich, warum ein Kristall bei –273 Grad Celsius die niedrigste Entropie hat, denn in ihm herrscht bei dieser Temperatur absolute Ordnung. Alle Atome sitzen fest auf ihren Gitterplätzen und rühren sich nicht, weil bei dieser Temperatur, dem «absoluten Nullpunkt», auch null Kelvin genannt, sogar ihre Schwingungsbewegungen aufgehört haben. Daß dies so ist, sagt der Dritte Hauptsatz der Wärmelehre aus. Nach seinem Entdecker, dem deutschen Physikochemiker Walter Nernst, wird er auch das «Nernstsche Theorem» genannt.

Es ist erstaunlich, zu welchen Schlußfolgerungen uns dieser schlichte Tintenwasserversuch geführt hat! Er ist natürlich auch ideal geeignet, uns den Zusammenhang zwischen Unordnung und Wahrscheinlichkeit klarzumachen: Die Tintenmoleküle im Tintentropfen werden höchstwahrscheinlich wegen ihrer Molekularbewegung nicht beisammenbleiben, und wenn sie erst einmal gleichmäßig im Wasser verstreut sind, ist es völlig unwahrscheinlich, daß sie sich erneut zu Schlieren oder Tropfen zusammenschließen. Ganz ähnlich verhält es sich mit dem Sack voll Flöhen, der sich sprichwörtlich schlecht hüten läßt: Die Tierchen werden höchstwahrscheinlich entspringen und mit an Sicherheit grenzender Wahrscheinlichkeit nie wieder alle in den Sack zurückkehren.

Sogar die Übel in der Büchse der Pandora haben sich so verhalten. Kaum weniger Bedeutung kommt dem nächsten Versuch zu, der uns gleichzeitig beispielhaft erklärt, wofür der Chemiker die Lehre von der Entropie als Maß der Unordnung gebrauchen kann.

Versuch 35
Osmose

Zunächst entfernen wir die Schalen von drei rohen Hühnereiern, indem wir sie in einem großen Gefäß (Plastikschüssel oder -eimer) mit verdünnter Salzsäure bedecken. (Das Verdünnungsverhältnis von 1:4 erhalten wir, wenn wir zu vier Teilen Wasser ein Teil konzentrierte Säure geben. Achtung, Spritzgefahr – und immer darauf achten, daß die Säure ins Wasser gegeben wird, nie umgekehrt!) Unter heftigem Aufschäumen löst sich die Kalkschale der Eier auf, diese sind nun nur noch von einer dünnen Membran umgeben. Wir dekantieren die Salzsäure und übergießen die Eier mehrmals mit Wasser, um sie durch diesen Waschvorgang weitgehend von Säure zu befreien. Mit Hilfe eines Löffels legen wir dann vorsichtig das erste Ei in eine Tasse mit entmineralisiertem Wasser, das zweite Ei in eine Tasse mit einprozentiger Kochsalzlösung und das dritte Ei in eine Tasse mit konzentrierter Kochsalzlösung. (Einprozentige Kochsalzlösung stellen wir uns her, indem wir fünf Gramm NaCl in einen Halbliter-Meßbecher geben und auf 500 Milliliter mit Wasser auffüllen. Sollte eine Trübung zurückbleiben, so filtrieren oder dekantieren wir die Salzlösungen.)

Nach etwa 24 Stunden stellen wir fest, daß das erste Ei deutlich größer wurde, daß das zweite Ei unverändert blieb und das dritte Ei geschrumpft ist.

Das Versuchsergebnis bleibt rätselhaft, wenn wir nicht unser neu erworbenes Wissen über die Entropie zur Erklärung heranziehen.

Eiklar und Dotter der Eier enthalten gelöstes Kochsalz, im entmineralisierten Wasser befindet sich jedoch gar kein Natriumchlorid. Wir können die in der Membran des ersten Eis «eingesperrten» Salzionen als ein geordnetes System ansehen, das danach strebt, in Unordnung überzugehen (die Salzionen wollen in das salzfreie Wasser «ausbrechen», und zwar so lange, bis innen und außen gleiche Salzkonzentration herrscht). Da die Membran jedoch für die Salzionen undurchlässig ist, nutzt das System einen anderen Trick, um die verschiedenen Konzentrationen auszugleichen: Es schickt Wasser aus der Tasse in das Ei, um die Salzkonzentration in seinem Inneren zu verdünnen. Die Poren der Eihaut sind zwar für die Salzionen unpassierbar, Wassermoleküle sind jedoch klein genug, um durch die Membran in das Ei hineinzudiffundieren. Dadurch wird das Ei gedehnt. Der Wanderungsprozeß kommt zum Stillstand, wenn die Eihaut so stark gespannt ist, daß sie zur selben Zeit gleich viele Wassermoleküle aus dem Ei hinauspreßt, wie wegen des Zweiten Hauptsatzes eindringen. Beim zweiten Ei ist die Salzkonzentration außen und innen gleich hoch. Da hier kein Konzentrationsgefälle vorliegt, herrscht schon Unordnung, und deshalb diffundieren hier von vornherein schon gleich viele Wassermoleküle in beiden Richtungen durch die Eihaut. Der Eidurchmesser verändert sich also nicht.

Beim dritten Ei herrscht wieder ein unwahrscheinlicher Ordnungszustand, da die Salzkonzentration außen viel höher ist als im Ei. Das System erreicht den ersehnten Ausgleich, indem es Wassermoleküle aus dem Ei in die Salzlösung schickt, um sie zu verdünnen. Also schrumpft das Ei!

Die Wanderung von Wassermolekülen durch sogenannte *semipermeable* (das heißt teilweise durchlässige) Membranen nennt man Osmose. Wir wenden jetzt unser neues Wissen auf diesen Vorgang an und fragen uns, wie wir ihn umkehren können. Denn wenn uns das beim dritten Ei gelingt, haben wir im Prinzip ein Verfahren zur Gewinnung von Süßwasser aus Meerwasser entdeckt.

Wir wissen, daß die Umkehrung nur unter Einsatz von Energie möglich ist. Diese Energie verwenden wir dazu, Meerwasser mit Hilfe einer Pumpe durch eine semipermeable Membran zu pressen. Wenn der Druck hoch genug ist und die Membran stabil genug, werden nur Wassermoleküle durch die Poren gepreßt und die Salzionen zurückgehalten. Man wendet dieses Verfahren tatsächlich zur Gewinnung von Süßwasser aus Meerwasser an, insbesondere auf der Arabischen Halbinsel, wo ja die Energie billig und Trinkwasser teuer ist. Bei dieser sogenannten «Umgekehrten Osmose» werden speziell hergestellte Schläuche aus Kunststoff als semipermeable Membranen verwendet.

Auch unser Körper arbeitet nach dem Prinzip der Umgekehrten Osmose. Ein beträchtlicher Teil der mit unserer Nahrung aufgenommenen Energie dient zum Beispiel dazu, die Kaliumionenkonzentration in den Körperzellen höher zu halten als im Blut und damit die Reizleitung im Nervensystem zu ermöglichen.

Unser Versuch mit dem Ei in konzentrierter Salzlösung erklärt übrigens wunderbar, warum Salzwasser den Durst verstärkt, statt ihn zu löschen. Unsere Eingeweide wirken nämlich als halbdurchlässige Membranen, und die Wassermoleküle wandern vom Blut in den Verdauungstrakt, um dort die konzentrierte Salzlösung zu verdünnen. Aus ähnlichen Gründen welken Blumen in Salzwasser besonders rasch, platzen Süßkirschen nach einem heftigen Regen auf, und selbst Fäulnisbakterien wird durch konzentrierte Salzlösungen so viel Wasser entzogen, daß sie kläglich verenden. Deshalb kann man Fisch und Fleisch durch Einlegen in «Salzlake» konservieren. Dieses Verfahren war schon zur Römerzeit bekannt, obwohl die Römer keine Ahnung hatten, daß der eigentliche Motor beim Einpökeln der Zweite Hauptsatz der Thermodynamik ist.

Osmotische Vorgänge sind natürlich nicht auf Wasser und Salz beschränkt, sondern spielen im Stoffwechsel aller Lebewesen eine entscheidende Rolle. Durch die semipermeablen Membranen der

Körperzellen werden nach diesem Prinzip Sauerstoff und Nährstofflösungen aufgenommen und Stoffwechselabfallprodukte wie Kohlendioxid und Wasser ausgeschieden, ohne daß die Eiweißmoleküle das Zelleninnere verlassen können. Ohne Osmose gäbe es kein Leben und ohne Wasser keine Osmose.

Unser Ausflug zum Wasser geht hier zu Ende. Wir haben einzigartige Eigenschaften dieser scheinbar so trivialen Verbindung kennengelernt, und immer wieder haben wir gesehen, wie wesentlich sie für die Bewohnbarkeit der Erde sind. Einfache Versuche haben uns die Augen für das höchst unwahrscheinliche Wunder des Lebens auf unserem schönen Planeten geöffnet und klargemacht, daß es wohl nirgends im Weltall Leben ohne Wasser gibt.

Achter Ausflug

Ins Reich des Sauerstoffs

Der Sauerstoff ist das bei weitem häufigste Element der Erdkruste, aber auch der Erde insgesamt. Nach dem Fluor ist er das elektronegativste Element, er ist unentbehrlich für das Atmen der meisten Lebewesen und kommt nicht nur in Luft und Wasser, sondern auch in den meisten Gesteinen und Mineralien vor. Entdecker des Sauerstoffs war Lavoisier, der Begründer der wissenschaftlichen Chemie. Er hatte im Jahre 1774 Versuche durchgeführt, bei denen er Quecksilber erst tagelang bei höherer Temperatur mit Luft oxidierte und anschließend das so entstandene rote Quecksilberoxid durch starkes Erhitzen wieder zersetzte. Wie immer verfolgte er die Reaktion «quantitativ», indem er das Volumen des aufgenommenen und dann wieder abgespaltenen Sauerstoffs maß. Es war ein bahnbrechender Versuch, der ihm schon kurze Zeit später ermöglichte, auch das Rosten von Eisen als Oxidation zu erklären (siehe dazu Versuch 9). Weil einige Sauerstoffverbindungen Säuren ergeben, nannte er das neue Element *Oxygène* nach einem altgriechischen Lehnwort, das frei übersetzt «Säurebildner» bedeutet. Der Name hat sich im Englischen und in den romanischen Sprachen durchgesetzt, im Deutschen versuchte noch Schopenhauer um 1830 die Übersetzung mit «Sauerstoff» zu verhindern.

Daß «Säurebildner» eine gewisse Berechtigung hat, zeigt der folgende Versuch:

VERSUCH 36
Oxidation von Kohlenstoff

Wir halten über ein Stück glühende Holzkohle (beziehungsweise eine brennende Kerze oder die Flamme des Spiritusbrenners) einen umgekehrten Glastrichter und fangen die aus dem Trichterhals aufsteigenden heißen Verbrennungsgase mit Hilfe eines umgekehrten Reagenzglases auf. Danach führen wir in das Reagenzglas ein feuchtes blaues Lackmuspapier ein. Die rote Verfärbung des Papiers zeigt an, daß eine Säure entstanden ist. Aus Kohlenstoff, dem Hauptbestandteil der oben verwendeten Brennstoffe, hat sich durch Reaktion mit dem Sauerstoff der Luft Kohlendioxid gebildet (1); dieses reagiert mit dem Wasser des feuchten Lackmuspapiers zu Kohlensäure (2):

$$(1)\quad C + O_2 \rightarrow CO_2 + \text{Wärmeenergie}$$
$$(2)\quad CO_2 + H_2O \rightarrow H_2CO_3$$

Erinnern wir uns noch einmal an die Strukturformel des CO_2-Moleküls in Abbildung 10: Dem Kohlenstoffatom fehlen vier Valenzelektronen bis zur Edelgaskonfiguration des Neons, dem Sauerstoff zwei. Wenn ein Kohlenstoffatom mit zwei Sauerstoffatomen Doppelbindungen eingeht, können alle drei Atome sich in dem Gefühl wiegen, von voll besetzten Achterschalen umgeben zu sein. Erstaunlicherweise schafft es der Kohlenstoff, die Doppelbindung der Sauerstoffmoleküle zu knacken und sich zwischen die beiden Atome zu quetschen. Offensichtlich reagiert er mit dem Sauerstoff sehr gern, eine Eigenschaft, die der Chemiker als hohe Affinität zu diesem Element bezeichnet. Nach einer anderen Formulierweise gilt der Kohlenstoff als ein ausgezeichnetes Reduktionsmittel, weil er gern mit Sauerstoff zu Kohlendioxid oder wenigstens zu Kohlenmonoxid (CO) oxidiert. (Dieses giftige Gas entsteht, wenn der

Reduktionsvorgang bei hohen Temperaturen oder unter Sauerstoffmangel abläuft.)

Diese reduzierende Kraft des Kohlenstoffs nutzt der Mensch seit dem Beginn der Eisenzeit. In jener Epoche, vor etwa 2800 Jahren, eignete er sich den Verhüttungsprozeß an, als er zum ersten Male ein oxidisches Eisenerz mit Holzkohle in einem primitiven Vorläufer des Hochofens zu elementarem Eisen umsetzte – ein Vorgang, den folgende Formel beschreibt:

$$Fe_2O_3 + 3C + \text{Wärmeenergie} \rightarrow 3CO + 2Fe$$

Auch heute noch ist Kohlenstoff, meist in Form seiner Wasserstoffverbindungen (Erdgas, Erdöl oder Kohle) ein äußerst billiges und vielfach genutztes großtechnisches Reduktionsmittel. Dabei stört der gebundene Wasserstoff nicht, weil er mit zusätzlichem Sauerstoff Wasserdampf bildet.

Nun interessiert uns die Frage, ob das Kohlendioxid gewinkelt oder gestreckt gebaut ist. Wir können sie leicht entscheiden, wenn wir das Kohlendioxid mit allen Valenzelektronen anschreiben:

$$:\ddot{O}::C::\ddot{O}:$$

Das Kohlenstoffatom ist von je zwei Elektronenpaaren umgeben. Weil diese sich gegenseitig abstoßen, versuchen sie, sich möglichst weit voneinander zu entfernen. Das gelingt ihnen am besten, wenn sie einander entgegengesetzte Positionen einnehmen. Das Kohlendioxid ist deshalb gestreckt gebaut, die Sauerstoffatome bilden am Kohlenstoff einen Winkel von 180 Grad.

Versuch 37
Eigenschaften des Kohlendioxids

Wir geben einen Teelöffel voll Natriumhydrogencarbonat (Doppeltkohlensaures Natron oder Natriumbicarbonat aus der Apotheke oder aus dem Backzutatenregal des Supermarkts) oder Natriumcarbonat (Soda) in ein hohes, schlankes Viertelliterglas. Das Pulver übergießen wir nach und nach mit Essig. Unter heftigem Aufschäumen füllt sich das Wasserglas mit Kohlendioxid. Wir merken dies daran, daß ein hineingehaltenes brennendes Streichholz verlöscht. Wir warten ab, bis die Gasentwicklung abklingt, und halten erneut ein brennendes Zündholz in das Glas; wenn wir keine Luftverwirbelungen verursachen, verlöscht die Flamme auch noch nach zwei bis drei Minuten. Das Kohlendioxid bleibt also in dem Trinkglas stehen, weil es offensichtlich schwerer ist als Luft. Mit etwas Geschick können wir das Gas sogar behutsam in ein zweites Glas umgießen und dort wieder mit dem verlöschenden Streichholz nachweisen. Selbstverständlich hat sich das erste Glas durch das Umgießen geleert; wir merken dies daran, daß das Streichholz nun weiterbrennt.

Aber nur Laien sind über die hohe Dichte des Kohlendioxids verwundert. In Wirklichkeit müssen wir bei einem Molgewicht von 44 ein solches Verhalten unbedingt erwarten. (Luft hat nur ein mittleres Molgewicht von knapp 29.) Diese Eigenschaft wurde schon manchem Hund zum Verhängnis, der in die berühmte «Hundegrotte» auf der Insel Capri eingedrungen ist. In dieser Grotte steht das postvulkanisch entwichene Kohlendioxid so hoch, daß ein Mensch darin atmen kann, ein Hund jedoch erstickt. Da Kohlendioxid sich auch bei der alkoholischen Gärung bildet, prüfen Winzer vor dem Betreten des Weinkellers mit einer Kerze, ob die Luft atembar ist oder nicht.

Das Kohlendioxid entsteht unter Sauerstoffverbrauch bei der Verbrennung von Kohlenstoff oder kohlenstoffhaltigen Verbindungen. Auch ohne Zutun des Menschen laufen solche Vorgänge in unvorstellbarem Ausmaß Tag für Tag ab, beispielsweise durch natürliche Waldbrände infolge von Blitzschlag. An der natürlichen Entstehung des CO_2 haben sie sicherlich keinen besonderen Anteil; nicht zu unterschätzen sind jedoch die Mengen an Kohlendioxid, die wir biochemischen Vorgängen verdanken. Verwesung und Verrottung von organischem Material ist nämlich ein durch Mikroorganismen ausgelöster «flammenloser Verbrennungsvorgang», als dessen Endprodukte wie bei einem echten Feuer Kohlendioxid und Wasser entstehen. Einen großen Anteil nimmt weiterhin Kohlendioxid ein, das aus dem Stoffwechsel von Lebewesen stammt. Auch er läuft, wie wir noch sehen werden, auf eine biochemisch gesteuerte Oxidation des Kohlenstoffs hinaus, der in unserer Nahrung enthalten ist.* Andere kohlendioxiderzeugende Prozesse sind Gärungsvorgänge (am bekanntesten und beliebtesten ist die alkoholische Gärung). Nicht zuletzt setzen auch aktive Vulkane, Mofetten und Mineralwasserquellen erhebliche Mengen dieses Gases frei. Kurzum, die Erdatmosphäre müßte schon längst ganz überwiegend aus Kohlendioxid bestehen und ihr gesamter Sauerstoffvorrat längst verbraucht sein, gäbe es in der Natur nicht auch ähnlich mächtige kohlendioxidverbrauchende Reaktionen, die sogenannten «Kohlendioxidsenken».

* Durch den Stoffwechsel der rund sechs Milliarden Menschen unseres Planeten entstehen jährlich zwei Milliarden Tonnen Kohlendioxid.

Eine wunderbare Erfindung der Evolution

Der bedeutendste dieser Vorgänge ist die Assimilation oder auch *Photosynthese* der Blattgrün enthaltenden Pflanzen. Pflanzen können nämlich Kohlendioxid aus der Luft aufnehmen und mit Wasser umsetzen. Dabei entsteht jedoch nicht Kohlensäure wie in unserem Versuch 36, vielmehr bilden sie unter Verbrauch von Sonnenlicht-Energie die sogenannten Kohlehydrate. Zu dieser Stoffklasse zählen die im Tier- und Pflanzenreich vorkommenden Zucker. Ursprünglich waren Kohlehydrate als Kohlenstoffverbindungen definiert, welche die Elemente Wasserstoff und Sauerstoff in gleichen Mengen wie das Wasser (zwei H zu einem O) enthalten und der Summenformel $C_mH_{2n}O_n$ folgen (m gibt die Anzahl der Kohlenstoffatome an). So hat der aus sechs Kohlenstoffatomen bestehende Traubenzucker die Summenformel $C_6H_{12}O_6$ und die Strukturformel, die in Abbildung 32 zu sehen ist, während beispielsweise für die Arabinose (ein Zucker, der im Saft der Aloepflanze vorkommt) die Summenformel $C_5H_{10}O_5$ und für den Rübenzucker $C_{12}H_{22}O_{11}$ gilt. Die Photosynthese verläuft nach folgender Reaktionsgleichung:

$$6CO_2 + 6H_2O + \text{Lichtenergie} \rightarrow C_6H_{12}O_6 + 6O_2$$

Erfreulicherweise wird also bei dieser in riesigem Maßstab* ablaufenden Umsetzung nicht nur Kohlendioxid verbraucht, sondern auch Sauerstoff zurückgewonnen.

Diese Aussage erlaubt den logischen Schluß, daß Kohlendioxid ein Dünger sein muß, denn wir können erwarten, daß die Photo-

* Der jährliche Verbrauch an Kohlendioxid durch die Photosynthese der Landpflanzen wird auf 60 Milliarden Tonnen geschätzt, während Meerespflanzen sogar 460 Milliarden Tonnen Kohlendioxid «schlucken».

synthese sich bei Kohlendioxidmangel verlangsamt und schließlich ganz unterbleibt. Umgekehrt sollte sie dann bei einem erhöhten Angebot an Kohlendioxid besonders flott ablaufen – was die Realität durchaus bestätigt! Indem man nämlich Pflanzen in einem Treibhaus mit CO_2 begast, wird ihr Wachstum erheblich beschleunigt.

Die Photosynthese ist eine der ältesten biochemischen Synthesen. Wahrscheinlich wurde sie vor etwa zweieinhalb Milliarden Jahren von Blaualgen «erfunden», und alle grünen Pflanzen ahmen sie bis heute nach. Die Geochemiker versichern uns, daß die Erdatmosphäre zu jener Zeit ganz anders zusammengesetzt war; es gab keinen Sauerstoff, aber sehr viel CO_2 und andere, für uns erstikkend wirkende Gase wie Wasserstoff, Stickstoff, Ammoniak, Kohlenmonoxid und Methan. Durch die beharrliche Arbeit der Blaualgen und ihrer «Plagiatoren» sank der Kohlendioxidgehalt im Laufe der Jahrmilliarden überhaupt erst auf weit unter ein Prozent, während der Sauerstoffgehalt auf über 20 Prozent anstieg und so ein Atmen an Land überhaupt erst ermöglichte.

Die Photosynthese zählt auch zu den am längsten untersuchten Reaktionen der Chemie. Sie wurde bereits im 18. Jahrhundert durch den Engländer Joseph Priestley entdeckt, aber erst vor wenigen Jahren völlig aufgeklärt. Priestley beobachtete damals, daß eine Maus in einem Gefäß, das keinen Sauerstoff enthielt, nur dann weiteratmen konnte, wenn in ihm gleichzeitig einige Zweige Pfefferminze lagen. Wir können mit einem ähnlichen biochemischen Versuch den entstehenden Sauerstoff nachweisen:

Versuch 38
Photosynthese

Wir füllen ein Einmachglas mit Wasser, geben einige Zweige Wasserpest oder eine andere grüne Wasserpflanze hinein, bedecken diese mit einem umgekehrten Trichter und stellen es ins Sonnenlicht. Nach kurzer Zeit beobachten wir, daß an den Zweigen der Wasserpest Gasbläschen entstehen, die durch den Trichter aufsteigen. Die Bläschen können wir mit Hilfe eines umgekehrten wassergefüllten Reagenzglases sammeln (was eventuell einige Tage Belichtungszeit erfordert) und durch Einführen eines glimmenden Holzspans untersuchen. Der Span brennt hell auf – es lag also Sauerstoff vor.

Die Pflanzen bauen den Traubenzucker nicht nur in einige ihrer Früchte ein, sondern gestalten ihn auch in vielfältiger Weise um. So stellen sie aus ihm andere Kohlehydrate wie beispielsweise Rohrzucker, Fruchtzucker, Stärke oder Zellulose her. Während die ersten drei Pflanze, Mensch und Tier als Nahrungsmittel dienen, ist die letztgenannte Verbindung der Hauptbestandteil pflanzlicher Zellwände, der Baumwolle und zusammen mit dem Lignin die wichtigste Stützsubstanz des Holzes.

Aber die Pflanzen sind meisterhafte Biochemiker, die mühelos ihre Kohlehydrate zu Fett und Eiweiß (Protein) umbauen. Die beteiligten biochemischen Reaktionen können wir Chemiker kaum nachvollziehen und nur höchst unvollkommen nachahmen. Kurzum, diese «grünen» Zauberkünstler decken mit ihren Endprodukten den Tisch für menschliche Vegetarier und alle Pflanzenfresser des Tierreichs. Während allerdings die Flora ganz gut ohne die Tiere auskommen kann, sind Mensch und Tier voll und ganz auf die Pflanzen als Nahrungsmittellieferanten angewiesen. Da Menschen, Tiere und Pilze keine Photosynthese betreiben (und zudem einige Bausteine der Proteine nicht synthetisieren können), müssen sie pflanzliches Eiweiß mit der Nahrung aufnehmen, im Körper verdauen und in körpereigene Proteine «umbauen». (Besagte Proteinbausteine, die unser Körper nicht bilden kann, sind die sogenannten essentiellen Aminosäuren.) Es ist ein glücklicher Umstand, daß Pflanzen – mit der kräftigen Nachhilfe der Landwirte – weit mehr Nährstoffe liefern, als sie selbst für den eigenen Energiebedarf verbrauchen, und damit die Welternährung – nicht nur der Menschen – einigermaßen sicherstellen.

Der Kreislauf des Sauerstoffs

Was wird nun aus den Nahrungsmitteln, die wir täglich zu uns nehmen? Einerseits werden sie für den Aufbau und die Erneuerung sämtlicher Körperzellen benötigt, andererseits dienen sie als Energiespender für unseren Stoffwechsel. Mit Hilfe einer flammenlosen Verbrennung oder – biochemisch ausgedrückt – durch *Enzyme* gesteuerten Oxidationsreaktion wird Energie gewonnen, die unser Körper braucht, um Arbeit zu leisten und seine Temperatur von 37 Grad Celsius aufrechtzuerhalten. Den dafür notwendigen Sauerstoff nehmen wir aus der Luft über die Lungen auf, die wichtigsten Oxidationsprodukte sind wieder Wasser und Kohlendioxid. Beide werden über die Lunge, ersteres auch über Haut und Nieren ausgeschieden. Für die Verbrennung des Traubenzuckers ergibt sich beispielsweise folgende Gleichung:

$$C_6H_{12}O_6 + 6O_2 \rightarrow 6CO_2 + 6H_2O + \text{Energie}$$

Kommt Ihnen das nicht bekannt vor? Sicher, das ist die rückwärts gelesene Photosynthesegleichung, die wir schon einige Seiten zuvor kennengelernt haben!

Der Sauerstoff läuft also in der belebten Natur wunderbar im

Kreis: Erst wird er durch die Photosynthese erzeugt und dann durch Verbrennungsvorgänge wieder verbraucht. Das dabei entstehende Kohlendioxid wird erneut assimiliert, wobei Sauerstoff zurückgewonnen wird, und so kann das ewig weitergehen. Eine großartige Erfindung der Evolution!

Der Kreislauf des Kohlenstoffs

Ein ähnlicher Kreisprozeß gilt auch für den Kohlenstoff: Die Pflanzen nehmen ihn bei der Photosynthese in Form von Kohlendioxid aus der Luft auf*, binden ihn in den Kohlehydraten und wandeln diese wenigstens zum Teil in Fett oder Eiweiß um. Die wiederum werden bei Stoffwechsel- und Abbauprozessen unter Sauerstoffverbrauch wieder zu Kohlendioxid oxidiert, das dann erneut in die Photosynthese wandern kann. Eventuell macht dabei der Kohlenstoff einen Umweg über Mensch, Tier oder Raubtier, aber deren Stoffwechselvorgänge enden unweigerlich ebenso bei Kohlendioxid und Wasser. In Abbildung 38 sind die beiden Kreisläufe übersichtlich dargestellt.

Im Gegensatz dazu ist die Energie nicht in Kreislaufprozesse eingebunden. Zwar wird die bei der Assimilation verbrauchte Sonnenenergie bei der flammenlosen Verbrennung in gleicher Menge wieder frei; doch für den nächsten Kreislauf des Kohlenstoffs nimmt die Pflanze erneut Sonnenenergie auf, um Kohlehydrate zu bilden. Diese werden ebenfalls unter Energiegewinnung verbrannt, das dabei entstehende Kohlendioxid wird abermals assimiliert und so fort. Wir sehen, daß der Kreislauf des Kohlen-

* Alle anderen Pflanzennährstoffe stammen aus dem Boden und werden (wenn wir von bestimmten Spezialisten absehen) ausschließlich über die Wurzeln aufgenommen.

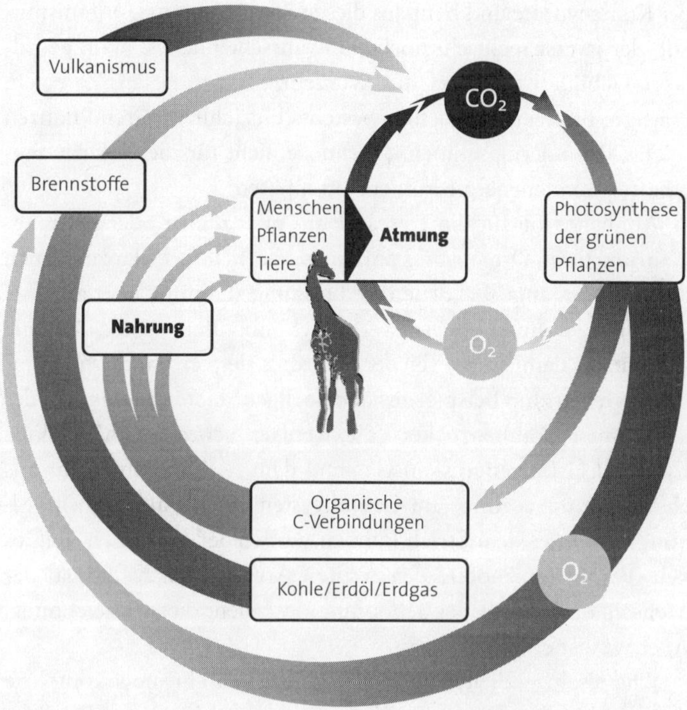

Abbildung 38 Kreislauf des Kohlenstoffs und des Sauerstoffs

stoffs wie das Schwungrad eines Zweitaktmotors funktioniert, das einmal je Umdrehung Energie vom Zylinder über Kolben und Pleuelstange aufnimmt (das heißt: angestoßen wird) und deshalb beständig Energie abgeben kann.

Auf den ersten Blick sieht es so aus, als sei jede grüne Pflanze ein Perpetuum mobile der zweiten Art. Schließlich erzeugt sie aus zwei sehr einfach gebauten Molekülen die hoch geordneten Moleküle der Kohlehydrate und baut aus diesen ihren gesamten Organismus auf, der ja erst recht ein höchst unwahrscheinliches, hoch geordnetes Gebilde ist, weil er aus Wurzeln, Stamm, Ästen, Zweigen, Blättern, Blüten und Früchten besteht. Tatsächlich wären Pflanzen solche «Wundermaschinen», wenn sie nicht für dieses Ordnungschaffen Sonnenenergie aufnehmen müßten.

Ähnliches gilt für die Tiere, die aus pflanzlicher oder tierischer Nahrung ihren Organismus aufbauen und sich fortpflanzen. Auch das sind Vorgänge, bei denen die Ordnung zunimmt, aber auch sie können nur unter Energieverbrauch ablaufen. Diese Energie stammt aus demjenigen Teil der Nahrung, der verbrannt wird. Dabei entstehen zum Beispiel aus den hochgeordneten Molekülen des kristallinen Traubenzuckers die weniger geordneten Moleküle CO_2 und H_2O, ersteres ein Gas und damit schon von Natur aus chaosartig ungeordnet. Im Gesamtsystem nimmt also die Unordnung zu. Unter dem Strich können wir wieder feststellen, daß es kein Perpetuum mobile der zweiten Art gibt. Nicht einmal der Mensch, die «Krone der Schöpfung», verdient diese Bezeichnung. Aber was ist er dann?

Chemisch gesehen, ist er nichts anderes als eine hochkomplexe Ansammlung von Wasser, Mineralsalzen und Kohlenstoffverbindungen, die letzten Endes ausnahmslos aus Kohlendioxid entstanden sind. Aber alle Atome unseres Körpers sind so kunstvoll angeordnet und wirken so sinnvoll zusammen, daß wir nicht nur Nahrung aufnehmen, verdauen, wachsen, uns bewegen und fortpflanzen können, sondern auch sehen, hören, riechen, schmecken und fühlen. Ja, die Materie, aus der wir bestehen, gewinnt dank eines überaus sinnreichen Bauplans ein Bewußtsein ihrer selbst, kann denken, lieben, hassen, zweifeln, glauben, forschen und philosophieren.

Bei all diesen Vorgängen bleibt jedoch der Körper nie unverändert. Langsam oder schnell tauscht er seine Atome gegen andere aus, weil täglich Zellen absterben und neu entstehen. Kohlenstoffatome, die heute noch in einem unserer Organe gebunden sind, werden vielleicht morgen als Kohlendioxid unsere Lungen verlassen und übermorgen als Cellulose in einen Grashalm eingebaut. Selbst der Bauplan unseres Körpers ändert sich langsam, aber stetig: Aus der befruchteten Eizelle wird ein Embryo, der bis zur Geburt noch einmal die ganze Evolution vom Einzeller bis zum Menschen durchlebt; aus dem Säugling wird das Kind, aus dem Kind wird der Jugendliche, der Erwachsene, der Greis, und zuletzt sorgt die Verwesung dafür, daß alle Kohlenstoffverbindungen wieder in Kohlendioxid zurückverwandelt werden. Alles fließt – wie schon der Philosoph Heraklit erkannte. Das Unvergängliche an uns sind die Atome; aber selbst die sind uns nur geliehen. Dies ist kein ganz neuer Gedanke: Demokrits rastlos durcheinanderwirbelnde Atome begegnen uns hier wieder.

Liefern diese Erkenntnisse lediglich Argumente für einen platten Materialismus nach der Art Feuerbachs: *Der Mensch ist, was er ißt*? Keineswegs. Denn nicht die Atome machen den Menschen aus, sondern ihre sinnreiche Anordnung in Verbindungen, das Zusammenspiel der Verbindungen in den Zellen, die Zusammenarbeit der Zellen in den Organen und deren Zusammenwirken im Körper. Anders ausgedrückt, gibt es ein genetisches Programm, das wir «Information» nennen und – zumindest teilweise – der nächsten Generation vererben. Neben diesen rein physischen Komponenten werden bei der Vererbung aber auch unser Charakter und unsere Persönlichkeit weitergegeben. Die Atome spielen bei diesem Prozeß nur die Rolle der Träger – so wie die Magnetkörnchen auf einem Tonband zwar «Tonträger» sind, ohne sinnvolle Anordnung jedoch beim Abspielen keinen Ton erklingen lassen.

Aus den gleichen Gründen liefert die Chemie keine Argumente für animistische Spekulationen: Ein Baum ist nicht schon deswegen «beseelt», weil er einige Atome enthält, die vielleicht einst in Platons Körper weilten.

Atome sind uralte Weltenbummler

Dabei sind die Atome, die uns umgeben oder in unseren Körper eingebaut sind, uralt, viel älter als die ältesten Fossilien. Die Astronomen versichern uns, daß alle Wasserstoffatome des Weltalls bereits drei Minuten nach dem Urknall vor 15 Milliarden Jahren entstanden waren. Die Atome der anderen Elemente kamen zwar erst später dazu, aber auch sie sind durchweg älter als unser Sonnensystem mit seinen fünf Milliarden Jahren. Und sie stammen aus allen Teilen unserer Milchstraße, einige wenige sogar aus anderen Galaxien: Wir merken, daß «unsere» Atome schon den Weltraum durchreisten, lange bevor wir überhaupt an solche Ausflüge denken konnten.

Darüber herrscht Einigkeit: Die belebte Natur bezieht ihren gesamten Energiebedarf mit Hilfe der Photosynthese aus dem Sonnenlicht. Jede grüne Pflanze ist ein kleines Chemiewerk, das aus Sonnenlicht und zwei Stoffwechselabfallprodukten, nämlich Kohlendioxid und Wasser, brennbare Substanzen herstellt.

Wenn wir Kohle, Erdöl oder Erdgas verfeuern, nutzen wir die Assimilationsprodukte längst vergangener Zeiten; schließlich sind all diese fossilen Energieträger Kohlenstoffverbindungen, die unter Luftabschluß aus abgestorbenen Pflanzen oder Tieren durch langsam ablaufende chemische Reaktionen in vielen, manchmal Hunderten von Millionen Jahren entstanden und durch geologische Vorgänge gespeichert wurden. Wenn wir jetzt in wenigen Jahrhunderten die Assimilationsprodukte vieler Jahrmillionen verbrennen, speisen wir riesige Mengen zusätzliches Kohlendioxid * in den Kreislauf ein, das durch die Assimilation der Pflanzenwelt

* Allein Deutschland hat 1990 für seine Energieversorgung über eine Milliarde Tonnen Kohlendioxid erzeugt, das sind etwa fünf Prozent der Welterzeugung. 1995 waren es zwölf Prozent weniger.

nicht mehr umgesetzt werden kann. Aus diesem Grund steigt die Konzentration des CO_2 durch menschliches Zutun (*anthropogen*) in der Atmosphäre an.

Diese Konzentration lag noch vor rund hundert Jahren bei 0,028 Volumprozent. Wenn sie heute 0,036 Prozent beträgt, ist sie in dieser Zeitspanne um ein knappes Drittel angestiegen. Da sich außerdem der Anstieg in den letzten Jahrzehnten beschleunigt hat, könnte sie sich bis zum Ende des nächsten Jahrhunderts verdoppeln, wenn die Menschheit weiter wächst und nicht gegensteuert.

Obwohl das auf den ersten Blick nicht weiter bedeutsam aussieht, liefert es reichen Stoff für Unheilspropheten aller Schattierungen. Denn Kohlendioxid zählt zu den Treibhausgasen, welche die Eigenschaft haben, Sonnenlicht durchzulassen, aber Infrarotstrahlen – das sind Wärmestrahlen – zu «verschlucken». Sie halten daher einen Teil derjenigen Energie zurück, die unsere wohlig warme Erde beständig in den frostigen Weltraum mit seinen –270 Grad Celsius (drei Kelvin) abstrahlt. Man nennt dies den Treibhauseffekt, weil die Glasplatten eines Treibhauses ebenfalls Sonnenlicht hereinlassen, die Abstrahlung von Wärme jedoch verhindern. Nimmt also die Kohlendioxidkonzentration zu, so muß das den Treibhauseffekt verstärken und auf die Dauer zu einer Erwärmung der Erde führen (sofern keine neue Eiszeit dieses Aufheizen bremst oder stoppt). Dies führt wiederum zu einem Anstieg der Weltmeere, weil die Polareiskappen abschmelzen, zu einer Zunahme der Wüsten, zu häufiger auftretenden Wirbelstürmen und anderen bisher unvorstellbaren Katastrophen. In diesem Punkt herrscht kein Mangel an apokalyptischen Visionen.

Bei aller berechtigten Sorge vor der Zunahme dieses Effekts sollten wir uns doch klarmachen, daß unser Planet ohne die Treibhausgase, zu denen auch der allgegenwärtige und kaum vermeidbare Wasserdampf gehört, unbewohnbar wäre, weil andernfalls ohne sie auf der Erdoberfläche ständig Temperaturen von minus achtzehn Grad Celsius herrschten. Das Kohlendioxid steuert allein schon sieben Grad zu einer Gesamterwärmung auf durchschnittlich plus 15 Grad bei. Diese hohe prozentuale Beteiligung (gut ein Fünftel) macht es nach dem Wasserdampf zum wichtigsten Treibhausgas. Deshalb kann es uns nicht gleichgültig lassen, daß die CO_2-Konzentration in so kurzer Zeit so spürbar ansteigt, zumal die anderen Treibhausgase – offensichtlich auch zivilisationsbedingt – ebenfalls zunehmen.

Nur ist bislang noch niemandem der Nachweis gelungen, daß sich die Erde im 20. Jahrhundert um ein Drittel von sieben Grad Celsius (also etwa 2,3 Grad) erwärmt hat. Skeptiker bezweifeln sogar die oft behauptete Erwärmung um 0,5 Grad, die seit dem Jahrzehnt 1880–1890 stattgefunden hat, einer zufällig überdurchschnittlich kalten Dekade, die von daher auch schon ohne anthropogene Effekte beim Vergleich mit normalen Jahrzehnten eine Erwärmung vortäuscht.

Darüber hinaus führen die Computersimulationen je nach den zugrundeliegenden Arbeitshypothesen zu Erwärmungen zwischen 0,5 und 4,5 Grad, immer unter der Voraussetzung, daß die Entwicklung bis zum Jahr 2100 ungebremst anhält. Ähnlich widersprüchlich lauten auch ihre Voraussagen über den Anstieg des Meeresspiegels: Einige Szenarien kommen sogar am Ende ihrer Berechnungen zu einem Absinken, weil es an den Polen häufiger schneien wird und der Schnee dort liegenbleibt.

Wenn die Ergebnisse unserer Hochrechnungen so stark differieren, beweist das eigentlich nur, daß wir bei weitem nicht genug über das Zusammenspiel der Faktoren wissen, die das Klima bestimmen. Deshalb nehmen sich immerhin achtzig Prozent der amerikanischen Klimaforscher das Recht heraus, an der Existenz des Treibhauseffekts zu zweifeln, und die Zahl der Skeptiker wächst neuerdings sogar. Diese Entwicklung findet statt, obwohl Medien und Politiker längst auf diesen apokalyptischen Zug aufgesprungen sind und unter anderem eine deftige Energie- oder Kohlendioxidsteuer fordern.

Abgrundtiefer Pessimismus, Angst oder gar Panik sind daher ebenso unangebracht wie verantwortungsloses «Weiterwursteln». Fast ohne Zweifel ist die Zunahme des Kohlendioxids durch den Menschen bedingt, und ganz ohne Zweifel dürfen wir uns nicht das Recht herausnehmen, ein Experiment mit ungewissem Ausgang anzustellen, nur weil wir zu bequem oder zu habgierig sind, um mit den fossilen Energievorräten der Erde sparsam umzugehen.

Was also sollten wir tun? Die verschiedenen Möglichkeiten sind uns schon so oft vorgebetet worden, daß wir sie bald auswendig hersagen können und hier nicht abermals herunterleiern müssen. Vielleicht sollten wir uns auch einmal fragen, was wir auf keinen Fall tun sollten:

Ganz sicher ist es kontraproduktiv, die umwelttechnisch gut ausgerüstete deutsche Industrie zu verteufeln und durch Ökosteuern im nationalen Alleingang zu vertreiben, weil dadurch letztlich nur das Ökodumping der Entwicklungs- und Schwellenländer gefördert wird.

Letzten Endes laufen die meisten der vorgeschlagenen Maßnahmen darauf hinaus, Verbrennungsvorgänge zu optimieren oder einzuschränken. Das ist auch aus einem anderen Grunde sinnvoll, denn in jeder Flamme entsteht ein unerwartetes Nebenprodukt, das keineswegs unschädlich ist.

Auch Stickstoff kann «verbrennen»

Die beiden Elemente Stickstoff und Sauerstoff führen in der Luft bei normalen Temperaturen eine friedliche Koexistenz. Der höchst reaktionsträge Stickstoff zeigt dem chemisch ziemlich aggressiven Sauerstoff beständig die kalte Schulter und läßt sich von ihm nicht umsetzen. Das ändert sich bei hohen Temperaturen, wie sie zum Beispiel in einem Blitz oder in einer Flamme auftreten. Bei über tausend Grad Celsius beschleunigen sich die Sauerstoff- und Stickstoffmoleküle so stark, daß zufällige Zusammenstöße für beide fatal enden. Die Moleküle brechen auseinander und aus ihren Bruchstücken entstehen unter Wärmeverbrauch zwei neue, gewissermaßen gemischte Moleküle:

$$N_2 + O_2 + \text{Wärmeenergie} \rightarrow 2\,NO$$

Es lohnt sich, darüber nachzudenken, in welchen Teilschritten diese «Stoßreaktion» abläuft und warum sie Energie verbraucht.

Wenn wir uns noch einmal daran erinnern, wie sehr die O=O-Doppelbindung den Elektronenhunger der Sauerstoffatome gestillt hat, wundert es uns nicht, daß für ihre Spaltung Energie nötig ist (1). Ein fast doppelt so hoher Energieaufwand ist für das Aufbrechen der Dreifachbindung im Stickstoffmolekül erforderlich (2). In einer Art doppeltem Partnertausch reagiert nun jedes N-Atom mit einem O-Atom (3). Dabei wird Wärme frei, allerdings weniger als für die beiden vorhergehenden Reaktionen verbraucht wurde. Wenn wir die drei Gleichungen addieren, ergibt sich deshalb ein Energiebedarf für die Gesamtreaktion (4). Das Stickstoffmonoxid ist ein farbloses Gas, das bei Raumtemperatur mit weiterem Luftsauerstoff zu Stickstoffdioxid reagiert (5). Das wiederum ist ein braunes, dumpf riechendes, sehr giftiges Gas.

(1) $O=O + 495{,}04\ kJ \rightarrow 2O$
(2) $N \equiv N + 945{,}30\ kJ \rightarrow 2N$
(3) $2N + 2O \rightarrow 2NO + 1259{,}60\ kJ$
(4) $N_2 + O_2 + 180{,}74\ kJ \rightarrow 2NO$
(5) $2NO + O_2 \rightarrow 2NO_2 + 113\ kJ$

Beide Gase, die der Chemiker als *nitrose* Gase bezeichnet, lassen sich experimentell darstellen, indem man Kupferdraht im Reagenzglas mit mäßig verdünnter Salpetersäure übergießt. Nach dem Erwärmen dieses Gemischs bildet sich zunächst ein braunes Gas, das jedoch allmählich von einem farblosen Gas verdrängt wird, welches am Kupferdraht entsteht. Bei Luftkontakt färbt sich aber auch dieses Gas braun. Feuchtes Lackmuspapier färbt sich rot, wenn es in die braunen Dämpfe gehalten wird, demnach ist hier Säure entstanden. Da die gasförmigen Stickstoffoxide sehr giftig sind, wollen wir sie nicht in den eigenen vier Wänden herstellen – obwohl wir unwissentlich jeden Tag große Mengen dieser Gase produzieren. Doch darüber später mehr.

Die Reaktionsgleichung zur Darstellung von Stickstoffoxiden ist nicht ganz einfach zu erarbeiten, deshalb soll sie hier nur in groben Zügen erklärt werden: In der Salpetersäure (Formel HNO_3) hat der Stickstoff die Oxidationsstufe +5. Er wird durch das Kupfer bis zum Stickstoffmonoxid (Oxidationsstufe +2) reduziert. Dabei oxidiert sich das Kupfer von der Oxidationsstufe 0 bis zur Oxidationsstufe +2. Die Cu^{+2}-Ionen bewirken, daß sich die Flüssigkeit während des Versuchs sattgrün verfärbt.

Das Stickstoffmonoxid reagiert zunächst mit dem Sauerstoff der Luft zu braunem Stickstoffdioxid. Sobald der Luftsauerstoff verbraucht ist, füllt sich das Reagenzglas mit (farblosem) Stickstoffmonoxid. Wenn auch dieses mit Luftsauerstoff in Berührung kommt, kann es sich ebenfalls zu NO_2 umsetzen. Dieses Gas bildet mit dem Wasser des feuchten Lackmuspapiers Säure.

Wie bereits erwähnt, sind Stickstoffoxide Verbindungen, die der Mensch unabsichtlich in beträchtlichen Mengen erzeugt, und zwar immer dann, wenn er durch Verbrennungsvorgänge Energie gewinnt. So entsteht in jedem Otto- oder Dieselmotor neben CO_2 und Wasserdampf auch NO, weil die Temperaturen im Zylinder ausreichen, um Sauerstoff und Stickstoff miteinander reagieren zu lassen. Das NO gelangt mit den anderen Auspuffgasen ins Freie und kann dort in aller Ruhe mit Luftsauerstoff Stickstoffdioxid bilden. Ähnliche Prozesse spielen sich in Gas-, Öl- oder Kohleheizungen beziehungsweise Wärmekraftwerken ab.

Erstaunlicherweise funktioniert dieses giftige Gas in unserem Körper als ein vielseitiger Botenstoff, der bewirkt, daß sich der Magen dem Mageninhalt anpaßt und daß sich die Blutgefäße gegen Arteriosklerose schützen können. Außerdem ist er bei Lernvorgängen, der Regelung des Blutdrucks und einigen Reaktionen unseres Nervensystems beteiligt.

Sicherlich ist Ihnen schon mehrfach aufgefallen, daß manche Reaktionen spontan in einer bestimmten Richtung verlaufen. Manchmal bedürfen sie nicht einmal eines Anstoßes – wie beispielsweise die Oxidation des Stickstoffmonoxids zum Stickstoffdioxid oder wie die Reaktionen der Versuche 17 und 18; andere verlaufen freiwillig nach einer Art Initialzündung, wie etwa die Entstehung von Wasser aus Wasserstoff und Sauerstoff oder die Entstehung von Schwefeleisen in Versuch 5. Auch das langsame Verbrennen von Holzkohle oder Kohlenstoffverbindungen an der Luft bedarf einer Zündung, läuft dann aber selbständig weiter, bisweilen mit verheerenden Folgen. Andere Reaktionen laufen niemals freiwillig ab, auch nicht nach einem Anstoß, sondern bedürfen einer beständigen Nachhilfe. Die Entstehung von Stickstoffmonoxid im Verbrennungsmotor ist ein gutes Beispiel: Sobald der Motor anhält und abkühlt, hört die Reaktion auf. Ähnlich unterbleibt die Photosynthese, sobald keine Lichtenergie mehr zugeführt wird. Auf den ersten Blick verlaufen Reaktionen, die Energie verbrauchen, nicht freiwillig, während andererseits energieerzeugende Reaktionen dies sehr wohl tun.

Seit den frühesten Tagen der wissenschaftlichen Chemie haben die Chemiker ihre Verbindungen in *energiereiche* und *energiearme* unterteilt. Energiereich sind natürlich alle Brennstoffe – also zum Beispiel Wasserstoff, Kohlenstoff, Schwefel, Phosphor, das Methan im Erdgas, die Kohlenwasserstoffverbindungen im Benzin, Kohlehydrate, Fette und Eiweiß, denn man kann bei ihren Verbrennungsreaktionen Energie gewinnen. Energiearm sind dagegen alle Verbrennungsprodukte, wie etwa das Wasser, das Kohlendioxid, das Schwefeldioxid oder die Salze der Holzasche, weil man aus ihnen durch Verbrennung keine weitere Wärmeenergie gewinnen kann. Wenn wir den Begriff «energiereich» allgemein auf alle Reduktionsmittel ausdehnen, die mit Oxidationsmitteln wie Chlor oder Schwefel unter Wärmeentwicklung reagieren, so erfassen wir mit dieser qualitativen Unterteilung schon ziemlich viele chemische Verbindungen. Dennoch geraten wir beim Kohlenmonoxid (CO) in eine Zwickmühle: Schließlich handelt es sich hier einerseits um einen Brennstoff, wenn wir es zu Kohlendioxid verbrennen, andererseits um ein Verbrennungsprodukt, wenn wir es unter Sauerstoffmangel aus Kohlenstoff herstellen.

Anscheinend gibt es verschiedene Grade der Energiearmut. Für die meisten Chemiker – und erst recht für Laien – reicht diese qualitative Unterteilung völlig aus, Physikochemiker dagegen geben sich mit ihr bei weitem nicht zufrieden. Diese Spezialisten wollen möglichst alles quantitativ erfassen. Daher messen sie seit etwa eineinhalb Jahrhunderten mit ihren Kalorimetern sorgfältig die Wärmemengen, die bei chemischen Reaktionen anfallen, und notieren die Ergebnisse in Tabellen. Denen können wir – um ein Beispiel zu nennen – entnehmen, daß zwei Mol NO 180,74 Kilojoule mehr *Enthalpie* * enthalten als ein Mol O_2 und ein Mol N_2 zusammen. Wenn wir nun einen Blick zurück auf die Entstehungsgleichung für NO werfen, so erkennen wir, daß dieser Energiebetrag exakt der Reaktionswärme entspricht, die wir für die Herstellung von 2 Mol NO gebraucht haben. Pro Mol NO ist also die Änderung der Enthalpie 90,37 Kilojoule. Sollte dieses Rechenexempel zu verwirrend gewesen sein, so wird sicherlich das zweite Beispiel endgültige Klarheit verschaffen.

Um die Oxidation des Stickstoffmonoxids zum Stickstoffdioxid auf ähnliche Weise zu untersuchen, schauen wir noch einmal in die Tabellen der Physikochemiker und sehen, daß das NO_2 pro Mol 33,85 Kilojoule mehr Enthalpie enthält als ein Mol O_2. Wir schreiben jetzt die Reaktionsgleichung an und notieren unter den einzelnen Substanzen die Enthalpiewerte aus den Tabellen (1). Wenn jetzt auf der linken Seite der Gleichung 180,74 Kilojoule stehen und auf der rechten nur 67,70 Kilojoule, so bedeutet das, daß die Differenz zwischen beiden Zahlen als Reaktionswärme frei geworden sein muß. Demnach sind 113,04 Kilojoule Wärmeenergie entstanden, andernfalls geht die Gleichung (2) nicht auf.

$$(1)\quad 2\,NO + O_2 \rightarrow 2\,NO_2$$
$$2 \times 90{,}37\ kJ + 0\ kJ \rightarrow 2 \times 33{,}85\ kJ\,?$$
$$(2)\quad 180{,}74\ kJ + 0\ kJ \rightarrow 67{,}70\ kJ + 113{,}04\ kJ$$

Erneut läßt sich Demokrits These *Aus etwas kann nicht nichts werden* auf die Aussage ummünzen, daß Energie nicht verschwinden kann. Wenn wir in zwei Mol NO 180,74 Kilojoule hatten und in den zwei Mol NO_2 nur 67,70 Kilojoule finden, muß der Rest

* Die Enthalpie ist definiert als der Energieinhalt einer Substanz in Kilojoule pro Mol, korrigiert auf konstanten Druck. Die Korrektur ist nicht sehr bedeutend; bis auf wenige Prozent ist die Enthalpie mit der «Inneren Energie» gleich.

von 113,04 Kilojoule in die Umwelt entwichen sein. Demnach sind pro Mol NO_2 56,52 Kilojoule Wärme entstanden. Die Reaktion lief freiwillig ab, wie anscheinend alle Reaktionen, bei denen Wärme entsteht.

Allerdings erkennen wir beim genaueren Hinsehen, daß dies nicht die ganze Wahrheit sein kann, denn die Reaktion *Wasser → Eis + Wärmeenergie* erzeugt durchaus Wärme, verläuft aber keineswegs von selbst. Umgekehrt verbraucht die Reaktion *Wasser + Wärmeenergie → Wasserdampf* zweifellos Wärme und findet dennoch spontan bei der Verdunstung statt. Außer der Reaktionswärme muß es also noch eine andere Antriebskraft geben, die eine Reaktion spontan ablaufen läßt. Einen Anhaltspunkt vermittelt uns der Tinte-Wasser-Mischversuch (Nummer 34), denn er verläuft von selbst, ohne daß überhaupt Wärme aufgenommen oder abgegeben wird. Treibende Kraft ist hier die Zunahme der Unordnung, der Entropie. Jetzt wird uns auch klar, warum Eis nicht spontan aus Wasser entsteht, denn durch den Kristallisationsvorgang würde ja Ordnung geschaffen! Aus dem entgegengesetzten Grund verdunstet aber Wasser spontan, weil dabei nämlich ein Gas entsteht, die Unordnung also zunimmt.

Demnach kann der Chemiker vorhersagen, ob eine Reaktion spontan abläuft oder nicht, wenn er zum einen die Reaktionswärme kennt und zum andern berechnen oder messen kann, wie sich die Entropie während der Reaktion verändert. Er muß also nicht bei jeder (noch) unbekannten Reaktion mit Überraschungen rechnen, wie sie etwa Berthold Schwarz bei der Erfindung des Schießpulvers erlebte.

Genaugenommen gilt für das Maß ΔG der Freiwilligkeit einer Reaktion folgende Gleichung:

$$\Delta G = \Delta H - \Delta S T$$

In dieser Gleichung bedeutet G die *Freie Enthalpie*, H die *Enthalpie* und S die *Entropie*, während der griechische Buchstabe Δ jeweils als Befehl zu lesen ist, zum Beispiel: «Bilde die Differenz zwischen den Enthalpien der Reaktionsprodukte und den Enthalpien der Ausgangsstoffe und setze diese Differenz als ΔH in die Gleichung ein.» Die Differenz der Entropien wird, wie wir sehen, noch mit der Absoluten Temperatur multipliziert. Das leuchtet uns ein, weil höhere Temperatur stets eine Zunahme der Unordnung bewirkt. Außerdem erkennen wir, daß sich das Vorzeichen von ΔG umkehren kann, falls T einen sehr großen Wert annimmt. Das bedeutet, daß die Reaktion in umgekehrter Richtung spontan abläuft, wenn man sie bei extrem hoher Temperatur durchführt.

Bei unserer Reaktion hat sich die Unordnung vermindert, denn aus drei Mol Gas (2 NO und 1 O_2) sind zwei Mol NO_2 entstanden, wodurch sich das Chaos effektiv im Verhältnis 3:2 vermindert hat (in erster Näherung). Dafür wird natürlich Energie verbraucht, und zwar 43,3 Kilojoule bei 298 Kelvin (25 Grad Celsius), wie wir aus den Tabellen für die Entropien von Elementen und Verbindungen ablesen. Deshalb beträgt die Freie Enthalpie, das Maß für die Freiwilligkeit dieser Reaktion, nur 113,04 – 43,30 = 69,74 Kilojoule. Nur diese Wärmeenergie können wir ausnutzen, um mechanische Energie zu gewinnen, daher der etwas befremdlich anmutende Ausdruck Freie Enthalpie.

Vertreter der Physikalischen Chemie lieben derartige Rechnereien über alles. Der Laie kann die ganze Theorie aufgrund unanschaulicher Begriffe wie Entropie und Enthalpie für «Innere Energie bei konstantem Druck» sowie einer etwas verwirrenden Vorzeichenverwendung kaum noch verstehen. Doch erlaubt das Ergebnis derartiger Betrachtungen eine sichere Vorhersage, ob eine Reaktion spontan, also selbständig abläuft oder nicht, allerdings immer unter der Voraussetzung, daß man die entsprechenden Werte in den Tabellen findet. Für uns mag es genügen, wenn wir die folgenden Sätze verstanden haben.

1.) Die «Innere Energie» und die auf konstanten Druck korrigierte Enthalpie von Verbindungen lassen sich messen.

2.) Die Differenz der Enthalpien zwischen Ausgangsstoffen und Reaktionsprodukten ergibt die Reaktionswärme.

3.) Die Differenz der Freien Enthalpien stellt ein Maß für die Freiwilligkeit einer Reaktion dar. (Nur Reaktionen, bei denen die Reaktionsprodukte weniger Freie Enthalpie enthalten als die Ausgangsprodukte, laufen selbständig.)

4.) Die Freie Enthalpie erhält man, wenn man außer der Reaktionswärme gemäß obiger Gleichung auch noch die Änderung der Entropie (als Maß für die Unordnung) und die absolute Temperatur berücksichtigt. Die «Freie Enthalpie» wird größer als die Reaktionswärme, wenn die Unordnung zunimmt, und kleiner als die Reaktionswärme, wenn durch die Reaktion Ordnung geschaffen wird. Eine Reaktion, bei der sowohl Wärme entsteht als auch die Unordnung zunimmt, wird also besonders heftig verlaufen; hier herrscht Explosionsgefahr!

Unheilbringende Folgen der Wärmeenergieerzeugung

Das eben ist der Fluch der bösen Tat, daß sie fortzeugend Böses muß gebären – dieses Schillerzitat könnten wir auch als Überschrift dieses Abschnitts wählen. Denn wenn erst einmal das NO den Motor durch das Auspuffrohr oder den Heizkessel durch den

Schornstein verlassen hat, folgt ein ganzer Rattenschwanz unheilbringender Folgereaktionen. Die erste ist die Weiteroxidation mit dem Sauerstoff der Luft zu NO_2. Bei schönem Wetter spalten die ultravioletten Strahlen der Sonne das Stickstoffdioxid gemäß folgender Gleichung:

$$NO_2 + \text{Lichtenergie} \rightarrow NO + O$$

Nein, das ist kein Schreibfehler; es entsteht tatsächlich atomarer Sauerstoff. Und NO entsteht auch, das natürlich erneut mit dem molekularen Sauerstoff der Luft NO_2 bildet, mit Hilfe des Sonnenlichts ein weiteres Sauerstoffatom erzeugt, sich dabei zu NO reduziert, erneut zu NO_2 oxidiert wird. Sie sehen, ein einziges Molekül NO_2 kann auf diese Weise viele Sauerstoffatome in die Umwelt setzen, bevor es – zum Beispiel durch Reaktion mit Wasserdampfspuren in der Luft – außer Gefecht gesetzt wird (s. u.).

Wir haben in Versuch 16 gesehen, daß atomarer Wasserstoff viel reaktionsfähiger ist als molekularer, und können uns deshalb vorstellen, welche unerwarteten Reaktionen durch den atomaren Sauerstoff ausgelöst werden. Tatsächlich reagiert er mit unverbranntem Benzin und anderen partiell oxidierten Nebenbestandteilen der Auspuffgase unter Bildung von ziemlich giftigen, tränenreizenden Substanzen, die in feinen Tröpfchen nebelähnlich kondensieren und die Sichtweite vermindern. So entsteht der Smog über unseren verkehrsreichen Innenstädten.

Die Einwohner Londons hatten schon im 19. Jahrhundert unter diesem Phänomen zu leiden und prägten hierfür einen Begriff, der sich aus *smoke* (Rauch) und *fog* (Nebel) herleitet. Diese sehr gelungene Wortschöpfung hat sich in allen wichtigen Sprachen durchgesetzt.

Smog ist leider nicht das einzige Übel, das der atomare Sauerstoff erzeugt. Bekanntlich ist ja schon der molekulare Sauerstoff chemisch sehr angriffslustig, atomarer Sauerstoff jedoch noch um ein beträchtliches mehr. Es kann nicht ausbleiben, daß sich die beiden in der Luft begegnen, und es wäre ein Wunder, wenn sie nicht voller Begeisterung miteinander nach folgender Gleichung reagierten:

$$O_2 + O \rightarrow O_3$$

In dem so entstandenen Molekül bilden die Sauerstoffatome eine gewinkelte dreigliedrige Kette.

Das O_3 aber ist nichts anderes als das berüchtigte Ozon. Es ist ziemlich giftig und entsteht gerade dort, wo wir es nicht brauchen, nämlich an der Erdoberfläche, vor allem an sonnigen Tagen. Zum ungerechten Ausgleich verschwindet es aus anderen Gründen dort, wo wir Ozon brauchen, nämlich in den höheren Schichten der Erdatmosphäre, wo O_3 einen Teil der ultravioletten Strahlung der Sonne abfängt. Wenn alljährlich das Ozon im antarktischen Frühling verschwindet oder ausgedünnt wird, entsteht das berüchtigte Ozonloch, das diese schädlichen Strahlen vermehrt durchläßt. Dabei spielen Radikale eine entscheidende Rolle. Das sind kurzlebige Elemente oder Verbindungen, die ein ungepaartes Elektron enthalten und deshalb äußerst reaktionsfreudig sind. Das Chloratom ist ein solches Radikal (siehe *Abbildung 11*). Es entsteht in diesem Teil der irdischen Lufthülle durch ultraviolette Bestrahlung aus Chlorverbindungen. Damit wird verständlich, daß die von Menschen hergestellten Fluorchlorkohlenwasserstoffe, aber auch Chlorwasserstoff aus den Vulkanen und Chlormethan aus den Ozeanen bei der Ausdünnung der Ozonschicht mitwirken.

An der Erdoberfläche dagegen wirkt das Ozon zerstörend auf die Blattoberflächen unserer Wälder und wird deshalb als einer der Verursacher von Waldschäden diskutiert. Auf den menschlichen Organismus wirkt es in höheren Konzentrationen giftig;

empfindliche Personen spüren seine Wirkung schon ab 150 ppm* (die Einwohner von Los Angeles müssen an sonnigen Tagen Konzentrationen von 500 bis 1000 ppm ertragen). Erfreulicherweise läuft bei Dunkelheit eine Reaktion ab, bei der Ozon durch NO wieder zu Sauerstoff reduziert wird:

$$O_3 + NO \rightarrow NO_2 + O_2$$

Demnach baut NO bei Nacht reumütig das Ozon wieder ab, das es tagsüber unter dem Einfluß des Sonnenlichts erzeugt hat. Das ist natürlich ein schwacher Trost; besser wäre es zweifellos, das NO würde gar nicht erst entstehen oder wenigstens nur in geringen Mengen. Die zunehmende Zahl der mit Katalysator ausgerüsteten Fahrzeuge hat erfreulicherweise trotz der immer weiter zunehmenden Verkehrsdichte dazu geführt, daß die Ozon-Maximalwerte deutlich unter den Grenzen bleiben, bei denen Smogalarm ausgelöst wird. Denn der Katalysator bewirkt eine Nachverbrennung der noch heißen Auspuffgase, bei der ihre unvollständig oxidierten Bestandteile weitgehend zu Kohlendioxid und Wasserdampf umgesetzt werden. Dabei bleibt auch das NO auf der Strecke, denn es reagiert mit Kohlenmonoxid, einem anderen Bestandteil der Auspuffgase, nach folgender Gleichung zu CO_2 und Stickstoff:

$$2\,NO + 2\,CO \rightarrow 2CO_2 + N_2$$

Wir sehen hier mit Vergnügen, wie sich zwei giftige Substanzen gegenseitig lahmlegen. Ermöglicht hat dies der Katalysator, denn ohne ihn würde die gleiche Reaktion unendlich langsam ablaufen.

* ppm heißt «Parts per million» (zu deutsch: Anteile pro Million), wenn in einer Millionenstadt ein Eskimo lebt, liegt ihre «Eskimokonzentration» bei 1 ppm.

Was ein Katalysator ist, war bis vor gut zehn Jahren fast nur den Chemikern bekannt. Heute ist er in aller Munde, wird salopp mit «Kat» abgekürzt und steuerlich begünstigt.

Das achtzehnte Kamel

Als Ali Jussuf ibn Jakub ibn Ibrahim starb, hinterließ er seinen drei Söhnen siebzehn Kamele und ein Testament. Darin verfügte er, daß sein ältester Sohn die Hälfte der Kamele erben sollte, der zweitälteste ein Drittel und der jüngste ein Neuntel. Aber die siebzehn Kamele ließen sich nach diesem Plan einfach nicht aufteilen. Die Brüder baten deshalb nach einigem Streit ihren Imam um Rat.

Dieser überlegte lange, bevor er sprach: «Gott ist groß, und der Letzte Wille eures Vaters ist mir heilig. So heilig, daß ich euch sogar mein einziges Kamel geben werde, um die Teilung eures Erbes zu ermöglichen.» Jetzt konnten sich die Brüder mühelos einigen: Der Älteste zog mit neun Kamelen seiner Wege, der Zweitgeborene mit sechs und der Benjamin mit zweien. Hochzufrieden sah der Imam, daß am Schluß noch eines übrigblieb, nämlich sein eigenes. «Gott ist groß», sprach er und nahm das Tier mit nach Hause.

Ein Katalysator wirkt so wie das achtzehnte Kamel in unserer Erzählung aus dem Morgenland: Er ermöglicht einen Vorgang – eine chemische Reaktion –, der ohne ihn nicht ablaufen könnte, und er bleibt dabei unverändert erhalten. In der Hand des Chemikers wirkt er wie ein Zauberstab. In der Industrie ist ein geeigneter Katalysator oft das wichtigste Hilfsmittel, um träge Reaktionen so zu beschleunigen, daß sie in vertretbarer Zeit in überschaubaren Reaktoren ablaufen.

Die Suche nach einem geeigneten Katalysator ist zu Recht mit der Suche nach der Stecknadel im Heuhaufen verglichen worden. Sie erfordert viel Erfahrung, Phantasie und Fingerspitzengefühl. Den Erfolg belohnt das Patentamt mit Schutzrechten und die Industrie mit manchmal beträchtlichen Erfindervergütungen. Es gibt Firmen, die sich auf die Herstellung und den Verkauf von Katalysatoren spezialisiert haben und damit oft weltweit gute Geschäfte machen.

Wir selbst haben in unserem Versuch 7 Soda (Natriumcarbonat) als Katalysator für die elektrolytische Zerlegung des Wassers eingesetzt. Reines Wasser reagiert auch ohne diesen Zusatz, aber unsäglich langsam. In Versuch 9 haben wir Essigsäure als Katalysator benutzt, um das Rosten des Eisens zu beschleunigen. Unglaublich viele, ja fast alle biochemischen Reaktionen werden von Enzymen katalysiert, so auch die Photosynthese (Versuch 38).

Wie wirkt ein solcher «Zauberstab»? Einige Zeilen weiter oben haben wir gesehen, daß Stickstoffdioxid im Sonnenlicht zu atomarem Sauerstoff und NO zerfällt. Weil NO mit Sauerstoff immer wieder Stickstoffdioxid zurückbildet, verbraucht sich das NO_2 nicht, es kann immer wieder atomaren Sauerstoff abspalten. Das NO_2 ist daher ein Katalysator für die Reaktion

$$O_2 + \text{Lichtenergie} \rightarrow 2O$$

denn diese Gleichung ergibt sich, wenn man die beiden folgenden Reaktionsgleichungen addiert:

$$2NO_2 + \text{Lichtenergie} \rightarrow 2NO + 2O$$
$$2NO + O_2 \rightarrow 2NO_2$$

Wir sehen, daß das Stickstoffdioxid am Anfang verbraucht, aber am Ende wiederhergestellt wird. Deshalb erweckt es wie alle Katalysatoren den Anschein, durch bloße Anwesenheit zu wirken.

Auch in Versuch 7 ist die katalytische Wirkung des Natriumcarbonats ziemlich leicht zu durchschauen, wenn man das bedenkt, was wir in Versuch 13 über die Elektrolyse des Natriumchlorids erfahren haben. (An der Kathode wird das Carbonation entladen, es zerfällt sofort in Sauerstoff und CO_2, und letzteres bildet mit dem Wasser wieder Carbonationen.)

Meist macht jedoch die Wirkungsweise eines Katalysators erheblich mehr Kopfzerbrechen, und manchmal gibt der Chemiker resigniert den Versuch auf, den Reaktionsmechanismus seines «Zauberstabes» zu verstehen.

Nachdem wir so viel über die verhängnisvollen Eigenschaften der Stickoxide gelernt haben, verwundert es uns doch ein wenig, daß die Menschheit andererseits ihrer dringend bedarf und sie deshalb in riesigen Mengen technisch herstellt. Tatsächlich ginge die Nahrungsmittelproduktion der Landwirte ohne diese Synthese auf etwa die Hälfte zurück, was wiederum bedeutet, daß von den rund sechs Milliarden Erdbewohnern etwa die Hälfte verhungern müßte. Das ist der Hauptgrund, warum Sie in der Einleitung – sicherlich mit Verwunderung – gelesen haben, daß die Chemie die Hungrigen ernährt.

Natürlich ist hier von Mineraldüngern die Rede, und zwar von denjenigen, die Stickstoff enthalten. Für ihre Herstellung sind die Stickstoffoxide unentbehrliche Zwischenprodukte. Lange Zeit haben sie die Chemiker nach dem Vorbild der Natur erzeugt: aus Luft durch die blitzähnliche elektrische Funkenentladung. Das Verfahren liefert bei hohem Stromverbrauch nur geringe Ausbeuten und gilt deshalb heute als veraltet. Seit 1913 verbrennen die Chemiker statt dessen Ammoniak (NH_3).

Ohne besondere Vorkehrungen erhält man dabei allerdings hauptsächlich Stickstoff und Wasserdampf nach der Reaktionsgleichung (1) und nur ganz wenig Stickoxid nach der Gleichung (2):

$$(1)\quad 4\,NH_3 + 3\,O_2 \rightarrow 2\,N_2 + 6\,H_2O + \text{Wärmeenergie}$$
$$(2)\quad 4\,NH_3 + 5\,O_2 \rightarrow 4\,NO + 6\,H_2O + \text{Wärmeenergie}$$
$$(3)\quad 4\,NO_2 + O_2 + 2\,H_2O \rightarrow 4\,HNO_3$$

Verwendet man jedoch ein glühendes Platinnetz als Katalysator, so läuft die zweite Reaktion fast allein ab, und man erhält als Reaktionsprodukt das gewünschte Stickstoffmonoxid.

Das Stickstoffmonoxid verwandelt sich mit einem kräftigen Luftüberschuß in Stickstoffdioxid, das mit zusätzlicher Luft und Wasser zu Salpetersäure reagiert (3).

Damit wären wir schon fast beim Salpeter angelangt, der als Düngemittel dient. Denn jetzt müssen wir nur noch die Salpetersäure *neutralisieren* – was sich allerdings dahinter verbirgt, erfahren wir erst beim nächsten Ausflug. Selbstverständlich entsteht Salpetersäure in niedriger Konzentration, aber beträchtlichen Mengen auch unbeabsichtigt aus den Stickoxiden der Auspuffgase; sie trägt dann zur Bodenversauerung bei, die wiederum neben vielen anderen zu den Ursachen von Waldschäden zählt. Die Salpetersäure wirkt außerdem als Stickstoffdünger; deshalb sind in unserem verkehrsreichen Land stickstoffarme Böden selten geworden und mit ihnen die Pflanzen, die «magere» Böden bevorzugen.

Die Reaktion (3) hat allerdings auch eine positive Seite, denn sie beseitigt das NO_2, das als Katalysator sonst permanent atomaren Sauerstoff nachliefern würde (Seite 256).

Das alles ist ziemlich verwirrend und nicht ganz leicht zu verstehen. Es wird erheblich klarer, wenn wir jeden Verfahrensschritt mit den uns geläufigeren Reaktionen des Kohlenstoffs vergleichen. Dabei gehen wir vom Methan aus, dem Hauptbestandteil des Erdgases.

Wenn Erdgas unter Sauerstoffmangel verbrennt, «rußt» die Flamme. Das zeigt, daß aus dem Methan Kohlenstoff entsteht (4).

$$(4)\ CH_4 + O_2 \rightarrow C + 2H_2O$$

Nach diesem Prinzip stellen die Chemiker großtechnisch aus Erdgas Ruß her, der ja ziemlich reiner Kohlenstoff ist. Er wird hauptsächlich in die Autoreifen eingearbeitet, um zu verhindern, daß sie im Sonnenlicht verspröden.

Die Reaktion (4) entspricht dem einfachen Verbrennen von Ammoniak ohne Katalysator gemäß Gleichung (1). Wenn wir Methan mit mehr Luftsauerstoff, aber immer noch unter Luftmangel verbrennen, so entsteht das giftige, farb- und geruchlose Kohlenmonoxid gemäß Reaktionsgleichung (5).

$$(5)\ 2CH_4 + 3O_2 \rightarrow 2CO + 4H_2O$$

Beim Ammoniak gelingt diese Reaktion nur mit einem Kunstgriff, weil sich molekularer Stickstoff äußerst leicht bildet und dieses reaktionsträge Element im Prinzip überhaupt keine Lust hat, sich mit dem Sauerstoff zu verbinden. Der erforderliche Kunstgriff ist die Verwendung eines Katalysators für die Reaktion der Gleichung (2).

Mit ausreichender Luftzufuhr entsteht dagegen beim Verbrennen von Methan Kohlendioxid und Wasserdampf (6).

$$(6)\ CH_4 + 2O_2 \rightarrow CO_2 + 2H_2O + \text{Wärmeenergie}$$

Natürlich erhalten wir diese Endprodukte auch, wenn wir statt Methan das Zwischenprodukt Kohlenmonoxid mit Luftsauerstoff verbrennen (7).

$$(7)\ 2CO + O_2 \rightarrow 2CO_2 + \text{Wärmeenergie}$$

Sehen Sie, daß hier eine ganz ähnliche Reaktion wie die Oxidation von Stickstoffmonoxid mit Luftsauerstoff zu Stickstoffdioxid abläuft? Allerdings setzt sich das Stickstoffmonoxid schon bei normaler Temperatur um, während das Kohlenmonoxid erst bei Temperaturen, wie sie in einer Flamme herrschen, genügend rasch reagiert.

Das Kohlendioxid bildet mit Wasser Kohlensäure nach folgender Gleichung (8):

$$(8)\ CO_2 + H_2O \rightarrow H_2CO_3$$

Im Kohlendioxid und in der Kohlensäure hat der Kohlenstoff seine maximale Oxidationszahl erreicht, nämlich +4. Der Stickstoff besitzt im Stickstoffdioxid ebenfalls die Oxidationszahl +4. Dies entspricht aber keineswegs seiner maximalen; weil er in der fünften Hauptgruppe des Periodensystems steht, kann er durchaus +5 erreichen *(vgl. Abbildung 14)*. Die Hälfte der Stickstoffatome erreicht tatsächlich diese Oxidationszahl, wenn das Stickstoffdioxid mit Wasser reagiert. Weil aber das Wasser kein Oxidationsmittel ist, muß für jedes Stickstoffatom mit der Oxidationszahl +5 ein anderes Stickstoffatom auf die Oxidationszahl +3 reduziert werden (9).

$$(9)\ 2NO_2 + H_2O \rightarrow HNO_3 + HNO_2$$

Es entstehen deshalb zwei Säuren, Salpetersäure und Salpetrige Säure. In der ersten hat der Stickstoff die Oxidationszahl +5 *, in der zweiten +3. Eine solche Aufspaltung einer Verbindung in Reaktionsprodukte mit unterschiedlichen Oxidationszahl nennt der Chemiker *Disproportionierung*. Weil sich die Salpetrige Säure mit Sauerstoff leicht zu Salpetersäure oxidieren läßt (10),

* Die Oxidationszahl beträgt +5, weil die drei Sauerstoffatome mit ihrer Oxidationszahl von je −2 zusammen mit der Oxidationszahl des Wasserstoffs (+1) genau −5 ergeben und damit die Oxidationszahl +5 des N ausgleichen. Ähnlich ergibt sich im HNO_2 als Oxidationszahl des Stickstoffs +3.

$$(10)\ 2HNO_2 + O_2 \rightarrow 2HNO_3$$

kann aus Stickstoffdioxid und Wasser bei ausreichender Luftzufuhr direkt Salpetersäure gemäß der uns bereits bekannten Gleichung (11) entstehen:

$$(11)\ 4NO_2 + O_2 + 2H_2O \rightarrow 4HNO_3$$

Gleichung (11) ergibt sich nun nicht mehr durch langwieriges Probieren, sondern ganz leicht, wenn wir dafür sorgen, daß das Zwischenprodukt HNO_2 aus Gleichung (9) in Gleichung (10) wieder verbraucht wird. Dazu müssen wir Gleichung (9) zuerst auf beiden Seiten mit zwei multiplizieren und dann zu Gleichung (10) addieren.

Bei der Salpetersäure gelangen wir nach einigem Nachdenken zu der vermutlichen Strukturformel

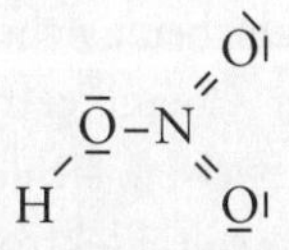

Aufmerksame Leser entdecken allerdings beim Abzählen der Elektronenpaare, daß in ihr das Stickstoffatom von zehn Elektronen umgeben ist, also von zweien mehr, als die L-Schale aufnehmen kann. Unsere Schreibweise kann demnach nicht ganz richtig sein. Der Fehler läßt sich beheben, wenn wir annehmen, daß eines der beiden Sauerstoffatome ein Elektronenpaar zu sich herüberzieht. Dann allerdings müssen wir dem anderen Sauerstoffatom dieses Recht ebenfalls zugestehen und in Kauf nehmen, daß im Salpetersäuremolekül eine deutliche Trennung der elektrischen Ladung erfolgt. Dabei erhält das Stickstoffatom eine positive Ladung, während die beiden Sauerstoffatome die negative Ladung tragen.

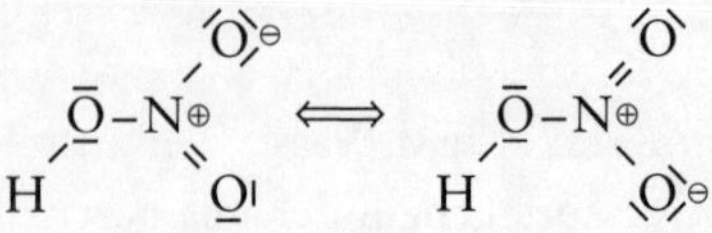

I II

Aber auch diese Strukturformeln I und II erfüllen uns mit Unbehagen. Sie können nicht ganz richtig sein, denn Stickstoff und Sauerstoff besitzen fast die gleiche Elektronegativität (3,0 beziehungsweise 3,5). Der Unterschied von nur 0,5 spricht für eine nahezu rein kovalente Bindung zwischen den beiden Elementen. Angesichts dessen kann die elektrische Ladungsverteilung bei weitem nicht so ausgeprägt sein, wie es die Formeln I und II darstellen. Sie übertreiben also einen Sachverhalt, der allerdings durchaus real gegeben ist. Wir könnten auch sagen, daß sie den realen Zustand eingrenzen, ohne die Wirklichkeit exakt wiederzugeben.

Erstmals begegnet uns hier ein Molekül, das wir nicht mehr mit einer einzigen Strukturformel zufriedenstellend beschreiben können. Wir brauchen vielmehr beide Schreibweisen, um die Realität richtig einzugrenzen. Der Chemiker nennt solche Formeln, die durchaus ihre Mängel aufweisen, sich aber dennoch dazu eignen, eine dazwischen liegende reale Elektronenverteilung zu beschreiben, deshalb auch gern *mesomere Grenzformen* und setzt zwischen sie das Zeichen ↔. In der angelsächsischen Literatur heißen sie *Resonanzhybride*. Es gilt stets die Faustregel, daß eine Verbindung um so stabiler (energieärmer) ist, je mehr sinnvolle mesomere Grenzformen sich für sie aufstellen lassen.

Tatsächlich zeigt die röntgenographische Untersuchung des Salpetersäuremoleküls, daß die beiden Resonanzhybriden I und II genau gleiches Gewicht (im Sinne von Wichtigkeit) haben, denn die beiden N-O-Bindungen weisen mit jeweils 122 Milliardstel Millimeter genau die gleiche Länge auf. Das ist deutlich weniger als die N-O-Einfachbindung in der N-O-H-Gruppe mit ihren 141 Milliardstel Millimeter, aber auch deutlich mehr, als einer echten

N=O-Doppelbindung entspricht. Offensichtlich liegt hier ein Zwitter zwischen Einfach- und Doppelbindung vor. Die gleiche Bindungslänge von je 122 Picometer * wiederum ist ein klares Zeichen dafür, daß die Elektronenpaare sich weder bei dem einen, noch bei dem anderen Sauerstoffatom bevorzugt aufhalten, sondern über die Atomgruppe O-N-O gleichmäßig «verschmiert» sind. Man nennt solche Elektronenpaare mit wechselndem Aufenthaltsbereich *delokalisiert* und benutzt für ihre bildliche Darstellung eine gestrichelte Linie *(siehe Abbildung 39 unten)*.

Aber die ungleiche Elektronenverteilung zwischen Stickstoff und Sauerstoff ist nicht die einzige Ladungstrennung im Salpetersäuremolekül. Auch das mit dem Wasserstoffatom verbundene Sauerstoffatom benimmt sich als Elektronenräuber und zieht die Bindungselektronen der H-O-Bindung zu sich herüber – ganz ähnlich, wie wir es beim Wassermolekül kennengelernt haben. Es bewirkt dadurch, daß sich das Wasserstoffatom partiell positiv auflädt. Weil das Sauerstoffatom aber ziemlich klein ist, befindet sich das teilweise positiv geladene Wasserstoffatom in unerträglicher Nähe zum positiv geladenen Stickstoffatom und wird mit beträchtlicher Kraft abgestoßen. Das Salpetersäuremolekül hat also hier, zwischen H und O, eine Art «Sollbruchstelle».

Dies macht sich sofort bemerkbar, wenn Salpetersäure mit Wasser verdünnt wird. Denn nun verläßt der Wasserstoff unter Zurücklassung seines Elektrons als Proton den Molekülverband, und zurück bleibt das negativ geladene Nitrat-Ion mit der Formel NO_3^-. In Abbildung 39 ist die Dissoziation der Salpetersäure in Protonen und Nitrat-Anionen ausführlich dargestellt.

Der Vorgang verläuft rasch und vollständig; deshalb ist HNO_3 eine starke Säure, ganz ähnlich wie Chlorwasserstoff, der ja in

* Ein Picometer (abgekürzt pm) ist ein Billionstel Meter oder ein Milliardstel Millimeter.

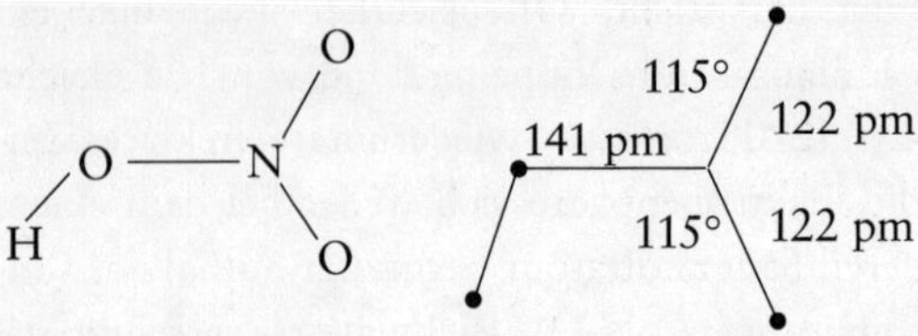

Bindungsabstände und -winkel

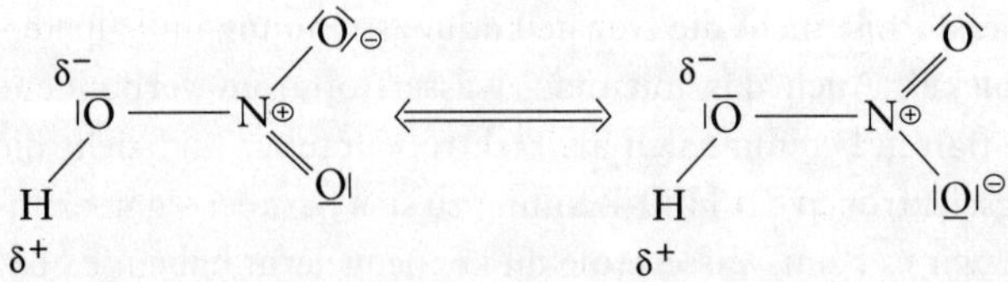

Ladungsverteilung und mesomere Grenzformen

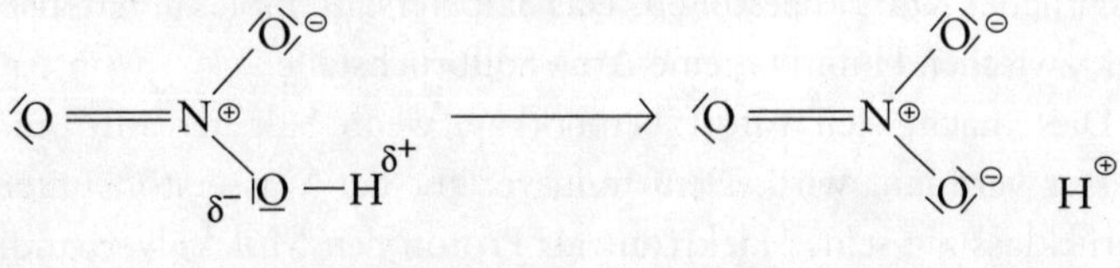

Abstoßung eines Protons in wäßriger Lösung (*Dissoziation*)

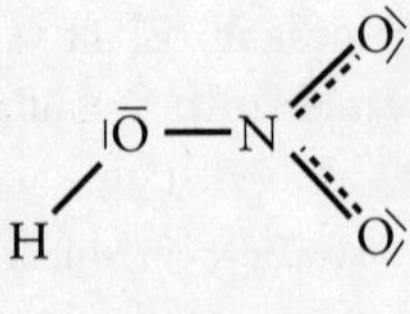

Schreibweise mit delokalisierten Elektronen

Abbildung 39 Das Salpetersäuremolekül

wäßriger Lösung ebenfalls vollständig in Protonen und Chloridionen zerfällt. Die vollständige Dissoziation der Salpetersäure hat zwei Gründe: einmal die Tatsache, daß sich der partiell positiv geladene Wasserstoff von dem ebenfalls partiell positiv geladenen Stickstoff abstößt, und zum anderen, daß wir für das zurückbleibende Nitrat-Anion mehr mesomere Formen anschreiben können als für das intakte Salpetersäuremolekül *(Abbildung 40)*. Das Nitration ist deshalb stabiler als die Salpetersäure, in anderen Worten: Es bildet sich gern und leicht aus ihr. Wegen der Gleichberechtigung zwischen den drei Sauerstoffatomen ist es ein völlig ebenes, hochsymmetrisches Ion, dessen negative Ladung über alle drei Sauerstoffatome verschmiert ist. An den drei N-O-Bindungen sind drei delokalisierte Elektronenpaare beteiligt. Der Chemiker deutet dies wieder durch gestrichelte Linien an.

Im Gegensatz zu Kohlensäure, die beim Erwärmen sofort wieder in Kohlendioxid und Wasser zerfällt, kann man Salpetersäure durch Destillation aufkonzentrieren. Diesen Vorgang wollen wir etwas genauer ansehen.

Eine stark verdünnte Salpetersäure verhält sich beim Erhitzen ganz ähnlich wie Wasser. Sie siedet ziemlich genau bei 100 Grad Celsius, und wenn sich die Dämpfe an den Wänden eines Kühlers absetzen (niederschlagen), so erhalten wir Wasser als Destillat. Weil das Wasser abdestilliert, steigt allmählich die Salpetersäurekonzentration im Siedegefäß an. Auch der Siedepunkt steigt jetzt allmählich über die Temperatur von 100 Grad Celsius hinaus, weil die Salpetersäuremoleküle Wassermoleküle festhalten. Daher sind höhere Temperaturen erforderlich, um diese in den freien Dampfraum hinauszukatapultieren. Nach und nach wird die Siedetemperatur so hoch, daß auch Salpetersäuremoleküle mit den Wassermolekülen in den Dampfraum hinausfliegen und in das Destillat gelangen. Dieser Vorgang gewinnt mit steigendem Siedepunkt immer mehr Bedeutung.

Wenn in der Destillationsblase schließlich die Säurekonzentra-

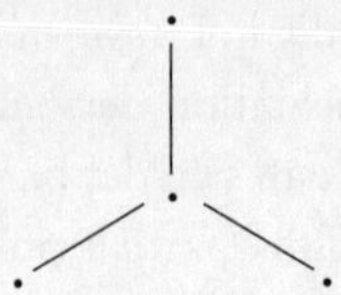

Alle Bindungswinkel sind gleich (120°)
Alle N-O-Bindungsabstände sind gleich (122 pm)

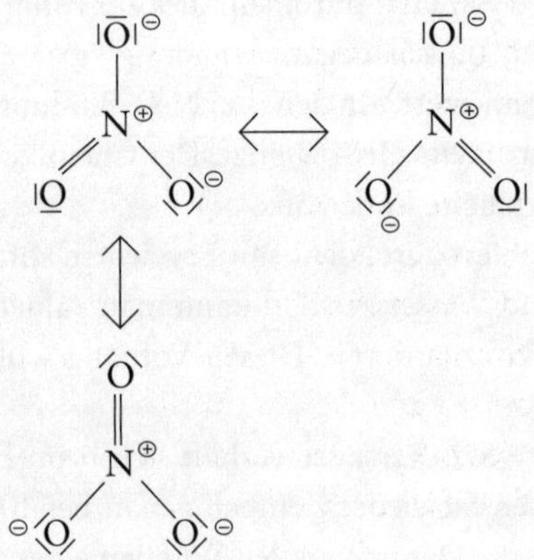

Mesomere Grenzformen

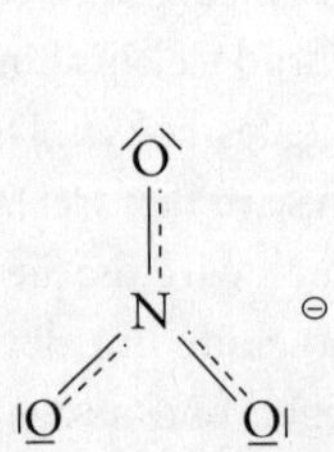

Schreibweise mit delokalisierten Elektronenpaaren

Abbildung 40 Das Nitrat-Anion NO_3^-

tion 68 Prozent erreicht hat, siedet die Flüssigkeit bei 120 Grad Celsius. Der Dampf, der sich bei dieser Siedetemperatur bildet, enthält ebenfalls 68 Prozent Säure und 32 Prozent Wasser. Schlägt man diesen Dampf durch Abkühlen nieder, so erhält man natürlich 68prozentige Salpetersäure als Destillat. Weiteres Destillieren ändert nun gar nichts mehr. Die Konzentration der Flüssigkeit steigt nicht über 68 Prozent, weil der entweichende Dampf ebenfalls zu 68 Prozent aus Salpetersäure und zu 32 Prozent aus Wasser besteht. Der Siedepunkt ändert sich auch nicht mehr, weil die Säurekonzentration nicht weiter steigt und das Destillat die gleiche Zusammensetzung wie die siedende Flüssigkeit aufweist. Der Chemiker sagt dann resignierend, daß die Salpetersäure mit 32 Prozent Wasser ein *azeotropes* Gemisch bildet. (Solche *Azeotrope* gibt es auch zwischen anderen Verbindungen; ziemlich bekannt ist das Wasser-Alkohol-Azeotrop, das zu 96 Prozent aus Alkohol besteht. Seinetwegen gelingt es nicht, völlig wasserfreien Alkohol durch Destillation bei Normaldruck herzustellen.)

Den letzten Rest Wasser kann der Chemiker entweder bei anderem Druck abdestillieren oder einfacher mit chemischen Methoden binden. Die wasserfreie Säure siedet dann bei 83 Grad Celsius.

Wenn wir nun eine Destillation mit hochkonzentrierter Salpetersäure von über 99 Prozent beginnen, so destilliert zunächst Salpetersäure ab, weil sie einen niedrigeren Siedepunkt hat als Wasser. Die Wasserkonzentration steigt deswegen in der Destillationsblase allmählich an. Die Siedetemperatur erhöht sich ebenfalls, weil sich in zunehmendem Maße Wassermoleküle an die Salpetersäuremoleküle anlagern und deren Entkommen in den Dampfraum behindern. Nach und nach werden aber auch Wassermoleküle in den Dampfraum mitgerissen. Dieser Vorgang gewinnt mit steigender Siedetemperatur immer mehr Bedeutung, bis schließlich der Siedepunkt 120 Grad Celsius erreicht ist. Jetzt haben sich wieder die gleichen Verhältnisse wie vorhin eingestellt: In der Destillations-

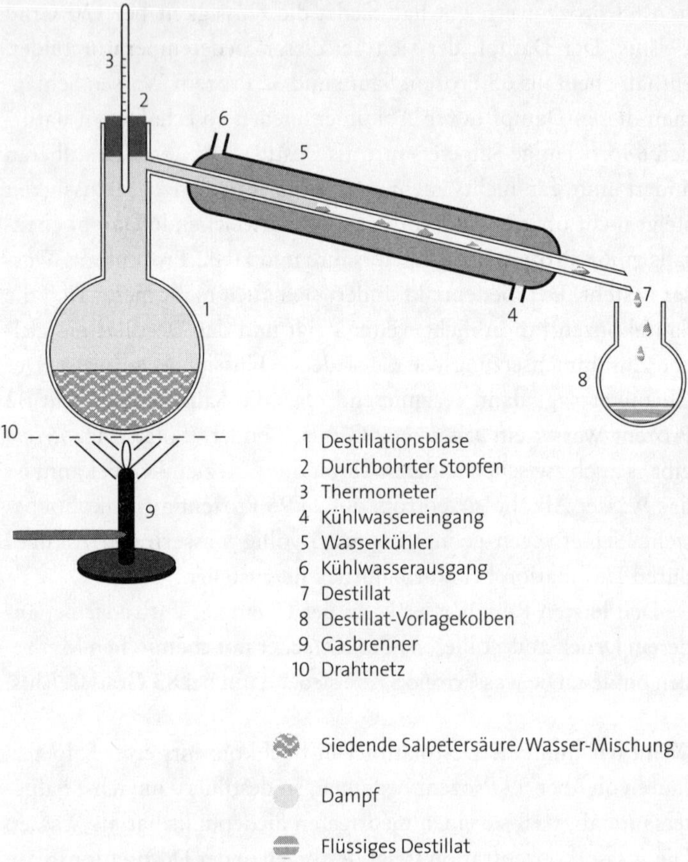

Abbildung 41 Verfahren der Destillation vereinfacht dargestellt.

blase siedet eine 68prozentige Salpetersäure, der Dampf enthält ebenfalls 68 Prozent, und wenn er im Kühler kondensiert, bildet er ein Destillat aus 68 Prozent Salpetersäure und 32 Prozent Wasser. Es siedet wieder das azeotrope Gemisch, und es ändert sich nichts mehr, wenn wir den Destillationsvorgang fortsetzen.

Die Entstehung des azeotropen Gemischs verhindert demnach sowohl das Aufkonzentrieren einer verdünnten Säure auf über 68 Prozent wie auch das Abdestillieren von Wasser aus einer noch höher konzentrierten Salpetersäure. Im Gegenteil wird diese immer mehr verdünnt, bis wieder die Konzentration von 68 Prozent erreicht ist. Der durstige Wüstenwanderer, der in einem Lagerschuppen ein Destilliergerät, Brennstoff und 70prozentige Salpetersäure findet, kann also sein Leben nicht dadurch retten, daß er das Wasser daraus abdestilliert. Es ist recht bemerkenswert, daß sich azeotrope Gemische hinsichtlich ihres Siedepunktes benehmen, als ob sie reine Verbindungen wären.

Aber zurück zu unserer Salpetersäure! Wir haben gesehen, daß der Stickstoff in ihrem Molekül die Oxidationszahl plus fünf aufweist, die höchste, zu der dieses Element fähig ist *(siehe Abbildung 14)*. Wir vermuten, daß sich der Stickstoff damit nicht besonders wohl fühlt und dazu neigt, mit geeigneten Reaktionspartnern in eine niedrigere Oxidationsstufe überzugehen. Wenn er sich selbst reduziert, oxidiert er bekanntlich seinen Reaktionspartner. Diese Eigenschaft haben wir schon bei der Reaktion zwischen Kupfer und mäßig verdünnter Salpetersäure kennengelernt, denn aus der Salpetersäure wurde NO, in dem der Stickstoff zweifach positiv geladen ist, und aus dem elementaren Kupfer mit der Oxidationsstufe null ein Kupfersalz (nämlich Kupfernitrat), in dem das Metall die Oxidationszahl plus zwei aufweist. Salpetersäure ist also ein gutes Oxidationsmittel, und insbesondere in höherer Konzentration ist diese Eigenschaft sehr ausgeprägt. So oxidiert sie auch das Edelmetall Silber, das ja nicht gern Elektronen abgibt, zu Silber-I-Nitrat, und nur das Gold widersteht ihren Oxidationskünsten.* Typische Säure-

* Der Name Silber-I-Nitrat (gesprochen «Silber-eins-Nitrat») sagt aus, daß das Silber in dieser Verbindung die Oxidationsstufe eins besitzt. – Bergleute und Alchimisten nannten die Salpetersäure wegen ihrer Fähigkeit, Sil-

eigenschaften zeigt sie dagegen in verdünnter Lösung; zum Beispiel löst sie dann Eisenfeilspäne unter Bildung von Wasserstoff, verhält sich also nun ähnlich wie Salzsäure (siehe Versuch 18).

Kohlendioxid ergibt mit Wasser Kohlensäure, Stickstoffdioxid eine Mischung aus Salpetriger Säure und Salpetersäure. Findige Leser vermuten, daß dahinter eine Gesetzmäßigkeit verborgen sein könnte, und regen an, weitere Oxide herzustellen, um deren Reaktionsprodukte mit Wasser auf Säureeigenschaften zu untersuchen.

Versuch 39
Oxidation von Schwefel und Phosphor

Wir zünden eine winzige Spatelspitze Schwefelpulver an. Das Element verbrennt langsam mit bläulicher Flamme und unter Entstehung eines stechend riechenden, farblosen Gases: Schwefeldioxid (SO_2). Als gute Beobachter sehen wir außerdem, daß in geringen Mengen ein feiner weißer Rauch entweicht; dies ist eine andere Sauerstoffverbindung des Schwefels, nämlich Schwefeltrioxid (SO_3). Wir stülpen sofort ein frisch ausgespültes Becherglas umgekehrt über den brennenden Schwefel. Etwa 30 Sekunden danach löschen wir das Element durch Eintauchen des Spatels in Wasser und prüfen die Wassertropfen an der Wand des Becherglases mit einem Streifen Lackmus- oder pH-Papier. Der Streifen färbt sich deutlich rot; wir schließen daraus, daß wie in Versuch 36 wieder eine Säure entstanden ist. Sie heißt «Schweflige Säure» und besitzt ganz

ber von Gold zu scheiden, «Scheidewasser». Eine Mischung von Salzsäure und Salpetersäure, die wegen ihres Gehalts an Chlor sogar Gold, den «König der Metalle», chemisch auflöst, hieß dagegen «Königswasser». Dieser Ausdruck ist auch heute noch gebräuchlich.

ähnlich wie Kohlensäure die Formel H_2SO_3 (1). Aus dem weißen Rauch entstand dagegen ein wenig Schwefelsäure mit der Formel H_2SO_4* (2):

$$(1)\quad H_2O + SO_2 \rightarrow H_2SO_3 + \text{Wärmeenergie}$$
$$(2)\quad H_2O + SO_3 \rightarrow H_2SO_4 + \text{Wärmeenergie}$$

Nun verbrennen wir roten Phosphor, indem wir von einer Streichholzschachtel die braune, sandfreie Reibefläche abkratzen und anzünden. Wir stülpen über die brennende Masse ein frisch gespültes Becherglas, lassen zu Ende brennen und warten, bis sich der weiße Rauch von Phosphorpentoxid (P_2O_5)** etwas verzogen hat. In den Wassertropfen, die an der Becherglaswand haften, weisen wir wie oben eine ziemlich starke Säure, und zwar Phosphorsäure mit der Formel H_3PO_4, nach:

$$3P_2O_5 + 9HOH \rightarrow 6\,H_3PO_4 + \text{Wärmeenergie}$$

Nichtmetalloxide sind Säureanhydride

Unsere vier Oxidationsreaktionen sind Beispiele für einen allgemein gültigen Satz: *Nichtmetalle reagieren mit Sauerstoff zu Nichtmetalloxiden; diese bilden mit Wasser Säuren.* Man kann die Bildungsreaktion natürlich auch umkehren und aus den Säuren Wasser abspalten; es bilden sich dann die Nichtmetalloxide zu-

* Bei der großtechnischen Herstellung von Schwefelsäure aus Schwefel und Luft bewirkt ein Katalysator, daß das Zwischenprodukt Schwefeldioxid mit Luftüberschuß zu Schwefeltrioxid umgesetzt wird.

** Bewußt vereinfacht. Genaugenommen bildet sich P_4O_{10}.

rück. Der Chemiker nennt die Nichtmetalloxide deshalb auch *Säureanhydride*, womit er sagen will, daß sie sozusagen «Säuren minus Wasser» sind. Das Wort *Anhydrid* ist wieder ein Fachbegriff humanistischer Prägung: Das griechische Wort *Hydor* bedeutet Wasser. Im Genitiv heißt es *Hydros*; dies ist der Wortstamm für zahlreiche Fremdwörter, die sich auf Wasser beziehen (zum Beispiel Hydrolyse). Die ebenfalls altgriechische Vorsilbe *An* übt bei der Wortbildung die gleiche Umkehrfunktion aus wie das deutsche Präfix *Un* (also Wohlsein – Unwohlsein, Wetter – Unwetter oder Dank – Undank). Bekannte Beispiele für die Vorsilbe *An* im deutschen Sprachgebrauch sind An-alphabet (der kein Alphabet kennt) oder an-onym (ohne Namen). *Anorganische Chemie* gehört ebenfalls zu diesen Wortgebilden. Wir merken uns natürlich umgekehrt, daß Nichtmetalloxide Säureanhydride sind, weil sie mit Wasser Säuren ergeben. Das Kohlendioxid ist demnach das Säureanhydrid der Kohlensäure.

Und damit kehren wir zurück zu unserer Reaktion des Kohlendioxids mit Wasser: Wir entnehmen der Reaktionsgleichung auf Seite 232, daß die beiden im Molverhältnis 1:1 miteinander reagieren. Nach einigem Nachdenken vermuten wir, daß die wahrscheinlichste Strukturformel

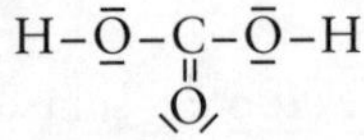

lautet, weil nur in ihr jedes Wasserstoffatom einen Bindungspartner, jedes Sauerstoffatom zwei und das Kohlenstoffatom vier Bindungspartner aufweist (Doppelbindungen zählen als zwei Bindungspartner). Wenn wir alle Elektronenpaare abzählen, sehen wir, daß O und C von je acht Elektronen umkreist werden und damit die vollständig gefüllte L-Elektronenschale des Neons erreichen; der Wasserstoff dagegen wird von zwei Elektronen umkreist und besitzt nun die komplette K-Schale des Heliums.

Welcher Art sind wohl die Bindungen im Molekül? Kovalent oder heteropolar? Wir schlagen zur Tabelle der Elektronegativitäten zurück und stellen fest, daß die C-O-Bindungen mit einem Unterschied von nur 1,0 ziemlich homöopolar sind, die H-O-Bindungen mit einem Unterschied von 1,4 jedoch schon einen deutlichen Anteil an Ionenbindung zeigen. Sicher ist diese Bindung so polarisiert wie im Wassermolekül, also positiv am Wasserstoffatom und negativ am Sauerstoffatom. Dieser partielle Ionencharakter wird aber noch verstärkt durch die benachbarte C=O-Doppelbindung, denn dort zerrt natürlich wieder der elektronenhungrige Sauerstoff an der Elektronendecke des wehrlosen Kohlenstoffs. Er bewirkt, daß das C partiell positiv aufgeladen wird und folglich das ebenfalls partiell positiv geladene H abstößt. Tatsächlich fühlt sich das H so stark abgestoßen, daß es unter Zurücklassung seines Elektrons das Molekül verläßt und als positiv geladenes Wasserstoffion seine eigenen Wege geht (der Chemiker sagt: *dissoziiert*). Zurück bleibt ein negativ geladenes Ion $(HCO_3)^-$, das Hydrogencarbonation (1).

Bis hierher gleicht der Vorgang stark dem Dissoziationsvorgang der Salpetersäure *(Abbildung 39)*. Im Gegensatz zum Nitrat-Anion hat jedoch das Hydrogencarbonat-Anion immer noch ein Wasserstoffatom. Mit diesem wiederholt sich das ganze Spiel, und es dissoziiert ein zweites Proton ab. Zurück bleibt das zweifach negativ geladene Carbonat-Anion CO_3^{-2}, wie dies die Reaktionsgleichung (2) beschreibt.

(1) 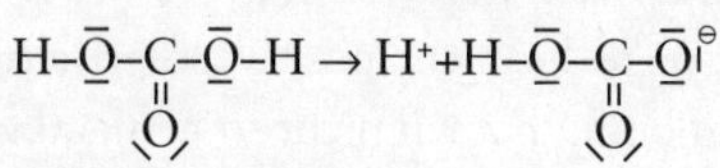

(2) $HCO_3^- \rightarrow H^+ + CO_3^{2-}$

Die Dissoziation der beiden Protonen findet – wieder ähnlich wie bei der Salpetersäure – auch deshalb spontan statt, weil das Carbonation mit seinen beiden negativen Ladungen ein sehr stabiles, ebenes Gebilde in der Form eines Mercedessterns darstellt, für das man mehr mesomere Grenzformen anschreiben kann als für die undissoziierte Kohlensäure oder das Hydrogencarbonat-Ion.

Im Carbonat-Anion kann man nämlich die negativen Ladungen nicht mehr eindeutig zwei von drei Sauerstoffatomen zuordnen, weil sie sich gleichmäßig über alle drei verschmieren. Auch hier können wir von delokalisierten Elektronen sprechen und den Sachverhalt durch gestrichelte Linien andeuten. Die Abstände zwischen den Sauerstoffatomen und dem zentralen Kohlenstoffatom sind alle gleich; sie liegen mit 136 Picometer zwischen den Werten für eine C-O-Einfachbindung (143 Picometer) und denen für eine C=O-Doppelbindung (123 Picometer).

Aber bei weitem nicht alle Kohlensäuremoleküle gehen diese Schritte. Ein großer Teil des in Wasser gelösten Kohlendioxids ist wirklich nur physikalisch gelöst, ein weiterer Teil liegt als nicht in Ionen zerfallene Kohlensäure vor, und nur der Rest davon gibt in einer oder zwei Stufen Protonen ab. Kohlensäure ist also eine schwache Säure. Gut so! Denn wäre es anders, müßte uns jedes Glas kohlensäurehaltiges Mineralwasser den Hals verätzen. Aber woher kommt dann der Unterschied zur Salpetersäure, von der wir gelernt haben, daß sie eine starke Säure ist?

Wenn wir das Carbonation mit dem Nitration vergleichen, so fallen uns zwei Unterschiede auf. Zum einen ist das Kohlenstoffatom deutlich größer als das Stickstoffatom. Das aber heißt, daß die positiv polarisierten Wasserstoffatome der Kohlensäure nicht so unerträglich nahe bei dem positiv polarisierten Kohlenstoffatom stehen und deshalb auch nicht so heftig abgestoßen werden wie im Salpetersäuremolekül. Demnach ist auch die Neigung der Wasserstoffatome, sich als Proton zu entfernen, weniger ausgeprägt. Zum anderen besitzt das Kohlenstoffatom eine geringere Elektronegativität als das Stickstoffatom. Es zieht deshalb Elektronen nicht so energisch an wie der Stickstoff. Auf das Carbonation als Ganzes bezogen heißt dies, daß das Wasserstoffatom weni-

Abbildung 42 Verschiedene Zustandsformen der Kohlensäure

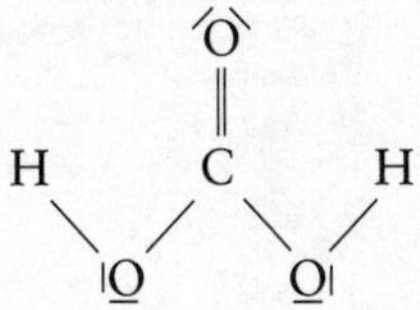

Undissoziierte Kohlensäure

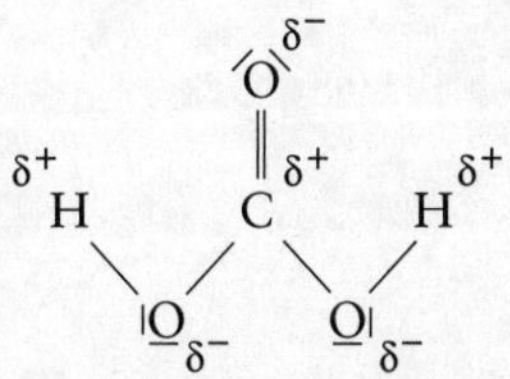

Ladungsverteilung in undissoziierter Kohlensäure

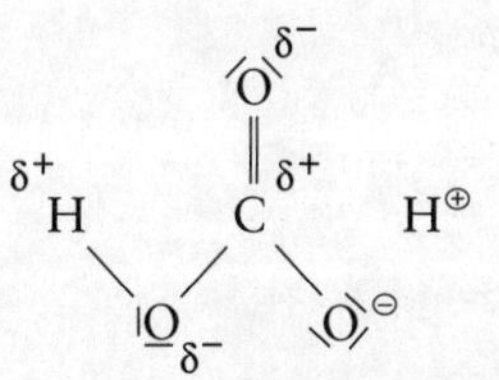

Dissoziation in Proton und Hydrogencarbonat-Ion

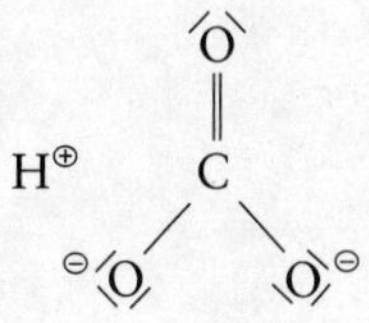

HCO_3^- dissoziiert in $H^{\oplus}$ und CO_3^{-2}

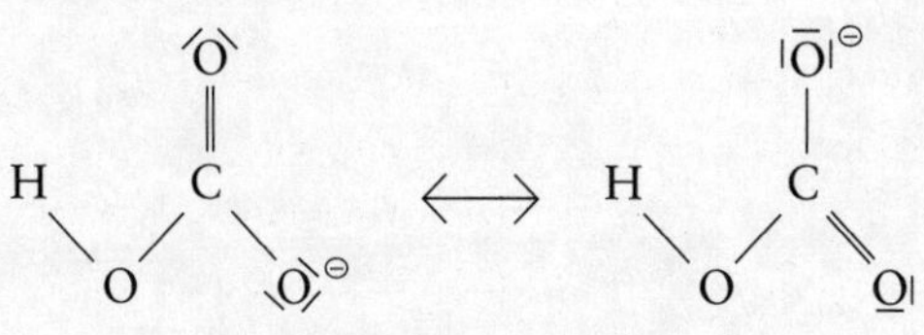

Mesomere Grenzformen des Hydrogencarbonat-Ions

Abbildung 43 Drei mesomere Grenzformen des Carbonations

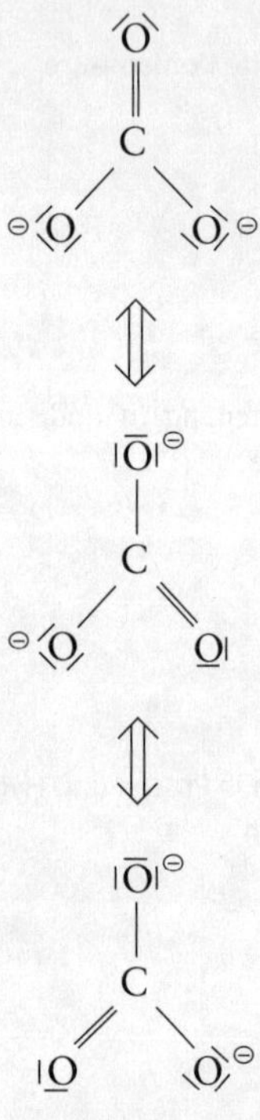

Das Carbonation in der Schreibweise mit delokalisierten Elektronen

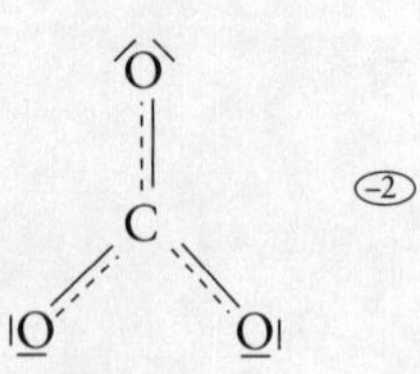

ger Gegenliebe findet, wenn es sein Elektron abgeben und als Proton abdissoziieren will. Also behält es im Zweifelsfall sein Elektron für die O-H-Bindung und geht nicht seine eigenen Wege. Im Nitration dagegen wird das Elektron des Wasserstoffs viel mehr begehrt. Es wird sozusagen dem Wasserstoff entrissen, und so muß er als positiv geladenes Wasserstoffion den Molekülverband verlassen. Das Nitratanion läßt ihm gar keine andere Wahl.

Erneut begegnen wir bei der Dissoziation der Kohlensäure Reaktionen, die unvollständig verlaufen. Sie bleiben offensichtlich nach einem verheißungsvollen Start stehen. Das führt dazu, daß neben den Reaktionsprodukten auch noch die Ausgangsstoffe vorliegen; in unserem Falle also H_2O, CO_2, H_2CO_3, HCO_3^-, H^+ und CO_3^{-2}. Wir werden beim nächsten Ausflug noch mehr solche Reaktionen kennenlernen und nach und nach auch die Gesetze begreifen, denen sie gehorchen.

Wir erinnern uns nun, daß der Chlorwasserstoff in wäßriger Lösung vollständig in Ionen zerfällt:

$$HCl \rightarrow H^+ + Cl^-$$

Die Lösung ist die bekannte Salzsäure. Salzsäure, Salpetersäure und Kohlensäure haben also die gemeinsame Eigenschaft, in wäßriger Lösung Wasserstoffionen (Protonen) abzuspalten. Offensichtlich verhält sich die schweflige Säure, die ja mit ihrer Formel H_2SO_3 der Kohlensäure auffällig gleicht, ebenso. Wir vermuten, daß auch Schwefelsäure und Phosphorsäure in dieser Hinsicht keine Ausnahme bilden.

Die genannten Säuren sind Beispiele für ein allgemeines Gesetz: *Säuren geben Protonen ab*. Unsere nächste Überschrift besagt das gleiche mit Hilfe eines Fachausdrucks, der aus dem Lateinischen stammt und etwa «Protonenspender» oder «Protonengeber» bedeutet.

Offensichtlich ist das Wasserstoffion auch verantwortlich für den sauren Geschmack aller Säuren (den wir aber als vorsichtige Menschen nicht nachprüfen wollen) und für die Rotfärbung des Lackmus- oder pH-Papiers. Theoretisch muß es möglich sein, eine wäßrige Lösung von Kohlensäure so wie Salzsäure in Versuch 11 zu elektrolysieren, dabei müßte aus den Wasserstoffionen an der Kathode elementarer Wasserstoff entstehen. Der Versuch gelingt jedoch nur schlecht, weil sich Kohlendioxid in Wasser nur wenig löst und die Kohlensäurelösung deshalb sehr verdünnt ist. Alle Tricks, mit denen wir sie aufkonzentrieren wollen, schlagen kläglich fehl. Wenn wir zum Beispiel versuchen, das Wasser abzudestillieren, so erhalten wir das Säureanhydrid CO_2 zurück. Die Entstehungsgleichung von Seite 232 müssen wir dann von rechts nach links, also rückwärts lesen; offensichtlich läßt sich die Entstehungsreaktion durch bloßes Erwärmen sehr leicht umkehren. Kohlensäure ist demnach bei höherer Temperatur unbeständig und bei tiefer Temperatur nur in verdünnter wäßriger Lösung stabil. Dennoch entsteht sie Tag für Tag in riesigen Mengen aus Regenwasser und dem Kohlendioxid der Luft, obwohl die Luft nur 0,036 Prozent CO_2 enthält. Trotz ihrer geringen Konzentration spielt sie bei der Verwitterung von Kalkgesteinen eine sehr bedeutende Rolle. Dieses Thema werden wir später vertiefen.

So viel zu den Nichtmetalloxiden. Über das Verhalten der Metalloxide sollen uns die nächsten Versuche unterrichten.

VERSUCH 40
Magnesiumoxid und Wasser

Wir verbrennen eine kleine Spatelspitze Magnesiumpulver (Vorsicht! Schutzbrille und feuerfeste Unterlage!) in der Flamme unseres Spiritusbrenners. Unter blitzartigem Aufleuchten entsteht ein weißes Pulver, das wir auf ein angefeuchtetes pH-Papier legen. Das pH-Papier wird tiefblau, zeigt also «alkalische» oder «basische» Reaktion (pH-Wert 11–12) an. Wir formulieren:

$$2Mg + O_2 \rightarrow 2MgO + \text{Energie}$$
$$MgO + H_2O \rightarrow Mg^{+2}\,(OH^-)_2$$

Das Magnesiumoxid reagiert mit dem Wasser formal ähnlich wie ein Nichtmetalloxid. Es entsteht jedoch keine Säure, sondern offensichtlich das Gegenteil, nämlich eine Base.

Ein Blick in die Tabelle der Elektronegativitäten zeigt uns die Gründe für dieses andersartige Ergebnis: Das Magnesiumoxid mit einer Differenz von 2,3 zwischen Sauerstoff und Magnesium muß eine Ionenverbindung sein. Es besteht demnach aus zweifach positiv geladenen Magnesiumionen und zweifach negativ geladenen Sauerstoffionen. In wäßrigem Milieu verharrt das Mg^{+2}-Ion in phlegmatischem Nichtstun, während das O^{-2}-Ion ein Wasserstoffatom des Wassers an sich heranzieht, weil dieses partiell positiv geladen ist. Das Wasserstoffatom findet so viel Gefallen an dem neuen Nachbarn, daß es den Atomverband des Wassermoleküls als Proton verläßt. Ein OH^--Ion bleibt zurück, ein weiteres entsteht aus dem O^{-2}-Ion und dem Proton.

Das Magnesiumhydroxid liegt also in wäßriger Lösung ebenfalls in Ionen dissoziiert vor; es bildet jedoch keine Wasserstoffionen (Protonen), sondern einfach negativ geladene OH^--Ionen

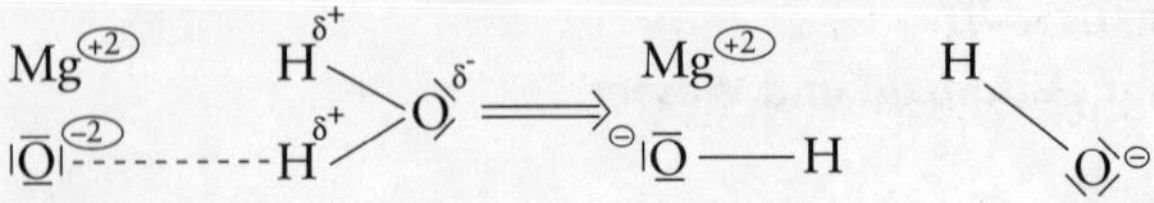

Abbildung 44 Das partiell positiv geladene Wasserstoffatom des Wassermoleküls wird vom zweifach negativ geladenen Sauerstoffion des Magnesiumoxids angezogen und dann gebunden. Es entsteht ein $OH^{\ominus}$-Ion; ein zweites $OH^{\ominus}$-Ion bleibt als Überrest des ehemaligen Wassermoleküls zurück.

und doppelt positiv geladene Magnesiumionen (wobei Magnesiumhydroxid in Wasser nur schlecht löslich ist).

Versuch 41
Calciumoxid und Wasser

Da wir kein elementares Calcium zur Hand haben, stellen wir uns Calciumoxid auf einem anderen Wege her, indem wir Eierschalen mit Hilfe einer Pinzette in der Flamme unseres Spiritusbrenners möglichst gut ausglühen. Nach vorübergehender Schwarzfärbung, die auf der Zersetzung organischer Verbindungen beruht, entsteht ein weißes Reaktionsprodukt, das wir nach dem Abkühlen mit etwas entmineralisiertem Wasser übergießen und filtrieren. Das Filtrat färbt ebenfalls pH-Papier tiefblau (pH-Wert ca. 12).

«Gebrannter Kalk» wird nach dem Brennen gelöscht

Eierschalen bestehen aus «Kalk», genauer gesagt: Calciumcarbonat ($CaCO_3$). Dieses zersetzt sich beim «Kalkbrennen» (einer seit dem Altertum in großem Maßstab technisch durchgeführten Reaktion) ab Temperaturen von 900 Grad Celsius unter Wärmeverbrauch nach folgender Gleichung:

$$(1) \quad CaCO_3 + \text{Wärmeenergie} \rightarrow CaO + CO_2$$

Der «gebrannte Kalk» wird nun mit Wasser «gelöscht», und es entsteht ähnlich wie oben beim Magnesiumoxid «gelöschter Kalk» – also Calciumhydroxid mit der Formel $Ca(OH)_2$. Dieses löst sich begrenzt in Wasser auf; es ist ähnlich wie das Magnesiumhydroxid dissoziiert und zeigt deshalb mit pH-Papier die gleiche Reaktion.

$$(2) \quad CaO + HOH \rightarrow Ca^{+2} + 2OH^- + \text{Wärmeenergie}$$

Unsere beiden Beispiele stehen für ein allgemeines Gesetz, das aussagt:

Metalloxide sind Basenanhydride

Im Prinzip besagt es nichts anderes, als daß sie mit Wasser Basen bilden. Was aber sind Basen? Offensichtlich haben die uns bisher bekannten die Dissoziation in OH^--Gruppen gemeinsam. Wenn wir sie in sehr verdünnter Lösung vorsichtig auf der Zunge probierten (was wir jedoch tunlichst unterlassen!), fänden wir außerdem, daß sie im Gegensatz zu den Säuren unangenehm seifig schmecken. Überhaupt scheinen Basen das Gegenteil von Säuren zu sein.*

Wenn wir diesen Gedanken weiterspinnen und uns daran erinnern, daß Säuren Protonendonatoren sind, so müßten Basen Wasserstoffionen aufnehmen, also *Protonenakzeptoren* sein. Ob dies tatsächlich zutrifft, werden wir im nächsten Kapitel untersuchen.

Auffällig ist, daß Säuren und Laugen formal die Atomgruppe XOH gemeinsam haben. Aber erstaunlicherweise zerbricht die Bindung in der Atomgruppe im Falle des Nichtmetalls Nm zwischen dem Sauerstoffatom und dem Wasserstoffatom gemäß Gleichung (1), während die Gruppierung mit dem Metall Me zwischen dem Metallatom und dem Sauerstoff ihre Schwachstelle hat (2).

$$(1)\quad \text{Nm-O-H} \rightarrow \text{NmO}^- + \text{H}^+$$
$$(2)\quad \text{Me-O-H} \rightarrow \text{Me}^+ + \text{OH}^-$$

Selbstverständlich fragen wir uns nach den Gründen für dieses unterschiedliche Verhalten. Für die Metallhydroxide ist die Antwort klar: Die Metall-Sauerstoffbindung ist wegen der großen Unterschiede in den Elektronegativitäten ionisch, während die Wasserstoff-Sauerstoffbindung einen überwiegend kovalenten Charakter aufweist. Deshalb werden sich beim Auflösen eines Metallhydroxids die Wassermoleküle zwischen die Metallionen und die Hydroxidionen drängen; die OH^--Gruppierung bleibt als Ganzes erhalten.

Bei den Nichtmetall-Sauerstoffbindungen ist der Unterschied der Elektronegativitäten deutlich kleiner als bei den Metall-Sauerstoffbindungen oder der H-O-Bindung. Das Nichtmetallatom bindet deshalb den Sauerstoff weitgehend kovalent. Zwischen das Nichtmetall und den kovalent gebundenen Sauerstoff können sich

* In höherer Konzentration sind sie übrigens mindestens genauso ätzend und giftig wie etwa konzentrierte Salzsäure.

die Wassermoleküle nicht hineindrängen, die Bindung bleibt erhalten. Dagegen ist die O-H-Bindung zu etwa einem Drittel ionisch; sie wird also gespalten, wenn sich eine Nichtmetall-Sauerstoff-Wasserstoffverbindung in Wasser löst. Das Wasserstoffatom wird dabei als Proton abgestoßen, wie wir es in Abbildung 39 gesehen haben.

Die Atomgruppierung X-O-H verhält sich also ganz ähnlich wie eine Dreiecksbeziehung zwischen zwei Männern und einer Frau: Sie geht an der schwächeren Bindung auseinander, die stärkere Bindung bleibt erhalten.

Es ist einleuchtend, daß zwischen den beiden Extremen Base und Säure viele Zwischenglieder vorkommen. So bilden Halbmetalloxide mit Wasser zwar Säuren, aber diese stoßen die Protonen nur sehr schwach ab und heißen deshalb auch «schwache Säuren». Ein Beispiel ist die Borsäure H_3BO_3, die früher in verdünnter Lösung als Augenspülmittel diente. Viele Übergangsmetalle und manche Hauptgruppenmetalle bilden Hydroxide, die in Wasser extrem unlöslich sind und kaum basische Reaktionen zeigen. Im Gegenteil, sie benehmen sich gegenüber starken Basen ähnlich wie schwache Säuren. Solche unentschieden zwischen sauer und basisch stehende Metallhydroxide nennen die Chemiker *amphoter* (mit Betonung auf dem e). Dies ist wieder eine griechisch-neulateinische Wortschöpfung; sie heißt: von beidem etwas, zwitterartig; denken Sie an die *Amphi*bien, also Lurche und Frösche, die sowohl auf dem Lande wie im Wasser leben können. (Ähnlich sind die *Amphi*bienfahrzeuge halb Schiff, halb Auto.) Ein solches Hydroxid lernen wir im nächsten Versuch kennen.

VERSUCH 42
Ein amphoteres Metallhydroxid

Wir versetzen die Aluminiumchloridlösung aus Versuch 17 tropfenweise mit kalter, verdünnter Natronlauge, die wir durch allmähliches Auflösen von etwa zehn Gramm festem Natriumhydroxid in hundert Milliliter Wasser erhalten (Vorsicht, starke Wärmeentwicklung! Schutzbrille und Schutzkleidung verwenden! Feuerfeste Glasgeräte verwenden!). Zunächst wird unter Erwärmung überschüssige Salzsäure «neutralisiert». Dann entsteht ein weißer Niederschlag von unlöslichem Aluminiumhydroxid nach Gleichung (1).

Wenn wir die Hälfte des Niederschlags tropfenweise mit Salzsäure versetzen, löst er sich wieder auf, und es bildet sich Aluminiumchloridlösung gemäß Reaktionsgleichung (2) zurück. Er verhält sich also gegenüber einer Säure so, wie man es von einem Metallhydroxid erwarten kann: Seine OH-Gruppen reagieren mit den Protonen der Säure unter Entstehung von Wasser; Base und Säure neutralisieren sich gegenseitig.

(1) $Al^{+++} + 3Cl^- + 3Na^+ + 3OH^- \rightarrow Al(OH)_3\downarrow + 3Na^+ + 3Cl^-$

(2) $Al(OH)_3 + 3H^+ + 3Cl^- \rightarrow Al^{+++} + 3Cl^- + 3HOH$

(3) $Al(OH)_3 + Na^+ + OH^- \rightarrow Na^+[\mathit{Al(OH)}_4]^-$

Wenn wir zur anderen Hälfte des Niederschlags weiter Natronlauge eintropfen, löst sich das Aluminiumhydroxid *ebenfalls* wieder auf, es bildet sich ein «Komplexsalz», das Natrium-tetrahydroxy-aluminat $Na^+[\mathit{Al(OH)}_4]^-$, eine Ionenverbindung, in der positiv geladene Natriumionen und negativ geladene Aluminat-Anionen vorliegen. Diesen Vorgang beschreibt Gleichung (3). Gegenüber Laugen benimmt sich demnach das Aluminiumhydroxid, als ob es eine Säure wäre, indem es sich die OH-Gruppe des Natriumhydroxids schnappt.

Die gleiche Komplexverbindung entsteht auch direkt aus Aluminiumspänen und verdünnter Natronlauge unter Wasserstoffentwicklung nach der Gleichung

$$Al + NaOH + 3HOH \rightarrow Na[\mathit{Al(OH)_4}] + 3H$$

wobei die H-Atome sofort zu Wasserstoffmolekülen zusammentreten. Das ist der Grund, warum Sie nie versuchen sollten, Natronlauge in einem Aluminiumgefäß aufzubewahren. In Abflußreinigern macht man sich diese Reaktion zunutze. Sie enthalten als wirksame Bestandteile unter anderem elementares Aluminium und Natriumhydroxid. In wäßrigem Milieu entsteht zunächst gemäß obiger Gleichung atomarer Wasserstoff, der die Ablagerungen zerstört, während überschüssige Natronlauge durch eine «Verseifungsreaktion» fettigen Schmutz und etwa vorhandene Eiweißverbindungen wegätzt.

Komplexverbindungen spielen in der Anorganischen Chemie eine bedeutende Rolle. Sie sind uns schon häufiger begegnet, ohne daß wir sie besonders beachtet haben. Typisch ist für sie, daß in ihrem Molekül verschiedenartige Bindungen nebeneinander vorliegen. Bei unserem Beispiel gibt es einerseits eine echte Ionenbindung zwischen dem Natriumion und dem Tetrahydroxy-Alumination, andererseits eine teilweise kovalente Bindung zwischen den OH-Gruppen und dem «Zentralatom» Aluminium. So betrachtet, ist auch die Salpetersäure eine Komplexverbindung, denn es gibt in ihrem Molekül die teilweise ionische H-O-Bindung neben den weitgehend kovalenten Stickstoff-Sauerstoffbindungen. Beim kristallinen wasserhaltigen Kupfersulfat $CuSO_4 \times 5H_2O$ haben sich die Kupferionen mit vier Wassermolekülen umhüllt, die als Dipole an das Ion angelagert sind; ein weiteres Wassermolekül hat sich als Dipol an das Sulfat-Anion angelagert (siehe Versuch 31). Im Sulfation selbst finden wir wieder weitgehend kovalente Schwefel-Sauerstoffbindungen. Das Molekül, das wir abgekürzt meist als $CuSO_4 \times 5H_2O$ kennen, wird also durch die Formel $Cu(H_2O)_4SO_4(H_2O)$ sehr viel genauer beschrieben. Beim Auflösen von Kochsalz in Wasser entstanden die locker gebundenen Hydratkomplexe zwischen Natriumionen und Wassermolekülen einerseits und Chloridionen mit Wassermolekülen andererseits. So besehen sind Komplexverbindungen nichts Neues für uns, und auch die Tatsache, daß die Bindung zwischen dem Zentralatom und den «Liganden» (Bindungspartnern) extrem stark sein kann, überrascht uns nicht, wenn wir an die Beispiele Salpetersäure oder Hydrogencarbonat-Anion denken.

Überraschend ist schon eher, daß viele Übergangsmetalle außerordentlich stabile Komplexverbindungen bilden. Bereits die Alchimisten kannten zum Beispiel das «gelbe Blutlaugensalz», eine Substanz, die sie aus Blut und Pottasche erhielten. Erst später merkten sie, daß in ihr das höchst giftige Cyanidion $(C{\equiv}N)^-$ in großer Menge enthalten ist:

$$K_4[\mathit{Fe(CN)_6}]$$

gelbes Blutlaugensalz
Kalium-Hexacyanoferrat-II

Die Bindung an das Eisenatom ist jedoch so stabil, daß man das Cyanidion nicht mehr mit den üblichen Reaktionen nachweisen kann, dementsprechend ist diese Komplexverbindung praktisch ungiftig! Genauso versagen beim Kalium-hexacyanoferrat-II alle typischen Reaktionen des Eisen-II-Ions; es hält sich gewissermaßen hinter seinen sechs fest gebundenen Cyanidliganden völlig verborgen; es ist «maskiert». Dies erkennen wir im folgenden Versuch.

Versuch 43
Maskierte Eisenionen

Wir lösen eine kleine Spatelspitze gelbes Blutlaugensalz (beim Apotheker erhältlich) in etwa zwei Kubikzentimeter entmineralisiertem Wasser und geben eine Lösung von Soda oder Pottasche in entmineralisiertem Wasser tropfenweise hinzu. Im Gegensatz zu Versuch 18 bilden sich keine Niederschläge.

Daß umgekehrt die Hexacyanoferrat-Anionen zu Reaktionen fähig sind, die mit gewöhnlichen, nicht komplex gebundenen Eisenionen mißlingen, merken wir, wenn wir einen Tropfen Eisendichloridlösung aus Versuch 18 in die Lösung von gelbem Blutlaugensalz fallen lassen. Sofort entsteht ein weißer Niederschlag, der sich aber in Sekundenschnelle schön blau färbt. Der blaue Niederschlag entsteht sofort, wenn wir statt der gelbgrünen Eisendichloridlösung die gelbbraune Eisentrichloridlösung aus Versuch 18 eintropfen.

Zur Kontrolle mischen wir Eisendichloridlösung mit Eisentrichloridlösung. Es entsteht weder ein dunkelblauer noch ein weißer Niederschlag, sondern es findet offensichtlich überhaupt keine Reaktion statt.

Das tiefblaue Reaktionsprodukt aus Eisentrichlorid und Kaliumhexacyanoferrat-II wird unter dem Namen «Berliner Blau» für die Herstellung von Blaupausen, den Druck von Tapeten und als Gegenmittel bei gewissen Vergiftungen durch Thallium oder radioaktives Cäsium eingesetzt. Seine auffallende Farbe hat der hochgiftigen Blausäure (H-C≡N) den Namen gegeben; deren Salze, die gleichfalls giftig sind, heißen deswegen *Cyanide* (abgeleitet von griechisch *kyanos* = blau). Dabei ist paradoxerweise Blausäure selbst eine niedrigsiedende farblose Flüssigkeit und Kaliumcyanid (das berüchtigte Zyankali der Kriminalromane) ein farbloses Pulver.

Mit den uns bisher bekannten Bindungsarten läßt sich die ungewöhnliche Stabilität der Eisen-Cyanid-Bindung absolut nicht erklären. Einen Fingerzeig erhalten wir, wenn wir das Cyanid-Ion mit allen Valenzelektronen anschreiben *(siehe Abbildung 45)* und bedenken, daß Eisen der Oxidationsstufe plus zwei noch zwölf Elektronen braucht, um die Elektronenkonfiguration des nächsten Edelgases Krypton zu erreichen (nämlich vier d-Elektronen in der M-Schale, zwei s-Elektronen und sechs p-Elektronen in der N-Schale – *siehe Abbildung 13*). Diese zwölf Elektronen können direkt von den sechs Cyanidliganden beigesteuert werden, wenn wir annehmen, daß jede $(C{\equiv}N)^-$-Gruppe ein Elektronenpaar hergibt. Es bilden sich also sechs kovalente Bindungen besonderer Art, in denen der gemeinsame Schatz an Bindungselektronen jeweils nur von einem der beiden Reaktionspartner stammt. Abbildung 45 zeigt das so entstehende Komplexion, in dem das Zenralatom Fe^{+2} von sechs $(C{\equiv}N)^-$-Liganden in oktaedrischer Anordnung umgeben ist. Es ist dementsprechend vierfach negativ geladen und bindet deshalb im Kalium-Hexacyanoferrat-II vier Kaliumionen, und zwar in einer fast reinen Ionenbindung.

Eine Verbindung des nullwertigen Nickels

Der deutsch-englische Chemiker Ludwig Mond machte vor gut hundert Jahren eine sehr merkwürdige Beboachtung. Er leitete für irgendeine Reaktion Kohlenmonoxid durch ein heißes Nikkelrohr und zündete es am Ausgang seiner Apparatur an, um es zu Kohlendioxid zu verbrennen. Normalerweise brennt das giftige Gas mit blauer Flamme; in seinem Versuch aber brannte es grün! Er hielt eine kalte Porzellanschale in die Flamme und sah, daß sich auf dem Porzellan ein Metallspiegel bildete, der aus Nickel bestand. Sein Kohlenmonoxid hatte also irgendwie Nik-

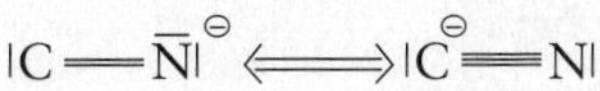

Zwei mesomere Formen des Cyanid-Ions

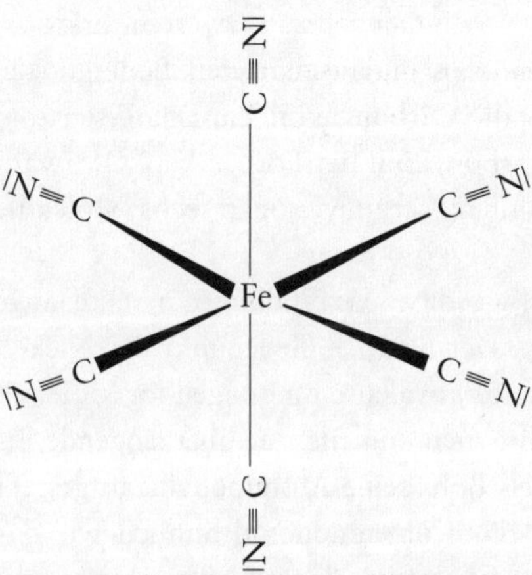

Abbildung 45 Das Cyanid-Ion und das Hexacyanoferrat-Ion

kel aus dem heißen Rohr herausgelöst und bis in die Flamme mitgeschleppt.

Mond ging dieser rätselhaften Erscheinung systematisch nach und fand heraus, daß Nickel bei 80 Grad Celsius mit Kohlenoxid reagiert und dabei eine giftige Flüssigkeit der Zusammensetzung $Ni(CO)_4$, das Nickeltetracarbonyl bildet (1). Bei höherer Temperatur zersetzt sich das Reaktionsprodukt wieder zu Nickel und Kohlenmonoxid (2). Weil bei diesen Reaktionen weder Oxidations- noch Reduktionsprodukte auftreten, muß das Nickel im Nikkelcarbonyl die Oxidationszahl null haben.

$$(1)\quad Ni + 4CO \rightarrow Ni(CO)_4$$
$$(2)\quad Ni(CO)_4 \rightarrow Ni + 4CO$$

Ludwig Mond erkannte sofort, daß er damit eine hervorragende Methode zur Reinigung von rohem Nickel entdeckt hatte. Er entwickelte das «Mond-Verfahren» zur technischen Reife und gründete eine eigene Firma, um es kommerziell zu verwerten. Erst später merkten seine Kollegen, daß unter schärferen Bedingungen auch andere Übergangsmetalle Carbonyle bilden. Das Eisen zum Beispiel bildet Eisenpentacarbonyl mit der Formel $Fe(CO)_5$, während das Chrom im Chromhexacarbonyl sogar sechs Moleküle CO an sich kettet.

Die Deutung dieser merkwürdigen Verbindungen machte lange Zeit große Schwierigkeiten. Der niedrige Siedepunkt des Nickelcarbonyls war ein Hinweis auf kovalente Bindungen im Molekül, aber dieser Fingerzeig reichte nicht aus für eine überzeugende Erklärung. Erst nachdem Niels Bohr seine Atommodelle aufgestellt hatte, erkannte man, daß das Kohlenmonoxid ähnlich wie das Cyanidion in den Blutlaugensalzen mit seinem Elektronenpaar am Kohlenstoff leere Elektronenbahnen dieser Übergangsmetalle auffüllt.

Weil dem elementaren Nickel bis zur Elektronenkonfiguration des Kryptons noch acht Elektronen fehlen, reagiert es mit vier Molekülen Kohlenmonoxid, indem es von jedem CO ein Elektronenpaar übernimmt. Beim Eisen sind fünf und beim Chrom sechs derartige Liganden erforderlich. Bei Kobalt und Mangan treten Carbonyle mit zwei metallischen Zentralatomen auf. Auch die meisten höheren Verwandten der hier erwähnten Elemente, wie zum Beispiel das Wolfram oder das Osmium, binden CO-Moleküle in ähnlicher Weise. Im Laufe der Jahrzehnte ist eine verblüffende Fülle derartiger Komplexe hergestellt worden. Selbst organische Moleküle wie das Benzol oder das Ethylen können als Liganden auftreten, indem sie bewegliche Elektronen in die leeren

Abbildung 46 Kohlenmonoxid und Nickelcarbonyl

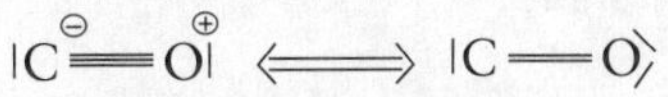

Mesomere Formen des Kohlenmonoxids

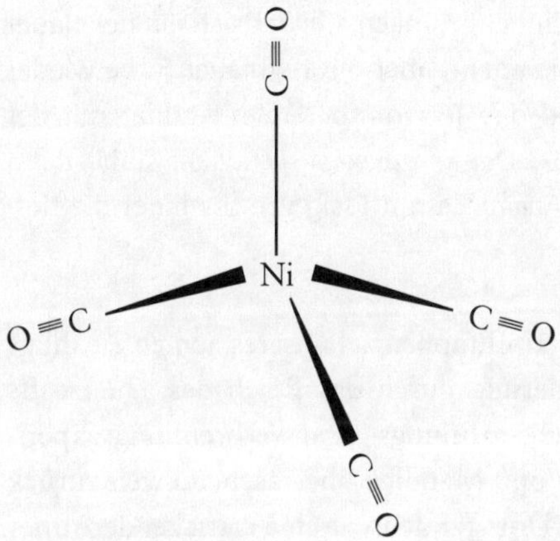

Im $Ni(CO)_4$ sind die Liganden tetraedrisch angeordnet

Elektronenbahnen des Zentralatoms einbauen. Nicht wenige dieser Verbindungen sind ausgezeichnete Katalysatoren, oder sie dienen zur Herstellung feinster Metallpartikel. So gewinnt man zum Beispiel Magnettonträger, die aus metallischem Eisen bestehen, durch thermische Zersetzung von Eisenpentacarbonyl unter geeigneten Bedingungen.

Wir wollen diesen Abstecher in das Gebiet der Komplexchemie nicht abschließen, ohne wenigstens eine Komplexverbindung hergestellt zu haben.

Versuch 44
Ein Kupfer-Ammoniak-Komplex

Wir lösen ein Kriställchen Kupfersulfat in entmineralisiertem Wasser und fügen zu der hellblauen Lösung tropfenweise eine verdünnte wäßrige Ammoniaklösung (in der Apotheke als «Salmiakgeist» erhältlich). Zunächst bildet sich ein hellblauer Niederschlag, der sich dann aber mit tiefblauer Farbe wieder auflöst. Es entstand das Tetrammin-Kupfer-II-Sulfat mit der Formel $[Cu(NH_3)_4]SO_4$. Der Komplex ist nicht sehr stabil, denn beim vorsichtigen Ansäuern mit Essig verschwindet die tiefblaue Farbe wieder.

Etwas erschöpft sind wir am Etappenziel unseres achten Ausflugs angekommen. Die Wanderung durch das Reich des Sauerstoffs führte uns über historische Atmungs- und Verbrennungsexperimente mit Nichtmetallen und Metallen überraschend weit zurück in die Frühzeit der Erde. Dort fanden wir eine erstickende Atmosphäre vor, sahen aber die ersten Blaualgen mit Hilfe der neuesten Erfindung, der Photosynthese, fleißig am Werk, um Sauerstoff aus Kohlendioxid zu produzieren. Beeindruckt standen wir vor dem Riesenrad der Kreisläufe von Sauerstoff und Kohlenstoff. Sie regten uns an, mit Demokrit ein wenig über das Unvergängliche zu philosophieren und bei modernen Astronomen Alter und Herkunft «unserer» irdischen Atome zu erfragen. Die Entstehung der Stickstoffoxide lehrte uns, vorherzusagen, ob eine Reaktion freiwillig verläuft oder der beständigen Nachhilfe bedarf, und wieder einmal stellten wir fest, daß hinter diesem Geschehen die beiden Hauptsätze der Wärmelehre als heimlicher Motor wirken. Bei einem Abstecher ins Morgenland lernten wir ein Kamel als Katalysator kennen – ein Beweis dafür, daß Kamele zu fast allem fähig sind. Ins Abendland zurückgekehrt, warfen wir einen verständnisvolleren Blick auf unsere Umweltprobleme wie Treibhauseffekt,

Smogbildung und Ozonloch. Schließlich lernten wir einen Zwitter unter den Metallhydroxiden kennen, der sich gegenüber Säuren wie eine Base und gegenüber Basen wie eine Säure verhielt; erstaunlich, daß wir ihn anschließend beim Reinigen eines verstopften Abflußrohrs wiederfanden. Ganz zuletzt sahen wir bei einem Abstecher in das Gebiet der Komplexe, daß maskierte Metalle ihren wahren Charakter vollkommen verbergen können, ja, daß sie sogar organischen Molekülen Eintritt in ihre inneren Elektronenbahnen gestatten. Es war eine abwechslungsreiche Reise, deren Fortsetzung uns nun in die Salzsteppe führt. Hoffen wir, daß uns die Landschaft dort nicht allzu monoton erscheint.

Neunter Ausflug

In die Salzsteppe

Versuch 45
Kochsalz aus gefährlichen Rohstoffen

Wir stellen aus acht Gramm Natriumhydroxid (NaOH) durch vorsichtiges Auflösen in 100 Milliliter entmineralisiertem Wasser verdünnte Natronlauge her, wobei wir Schutzbrille und Schutzkleidung tragen sowie wärmebeständiges Glas verwenden. Nach dem Abkühlen auf Zimmertemperatur versetzen wir davon 20 Milliliter unter beständigem Rühren oder Umschwenken rasch mit sieben Milliliter einer Salzsäure, die wir durch Verdünnen von zehn Milliliter konzentrierter (etwa 35prozentiger) Salzsäure mit zehn Milliliter Wasser auf etwa 18 Prozent HCl-Gehalt eingestellt haben. Wir beobachten eine deutliche Erwärmung. Nun verdünnen wir unsere restlichen dreizehn Milliliter Salzsäure mit 125 Milliliter entmineralisiertem Wasser. Anschließend tropfen wir unter ständigem Umschwenken die stark verdünnte Säure in die abgekühlte Mischung von Natronlauge und Salzsäure ein. Ein in die Mischung eingelegter Streifen pH-Papier färbt sich anfangs blau, bleicht dann aber aus und überträgt seine Farbe auf die Lösung. Wir setzen das Eintropfen der verdünnten Säure so lange fort, bis die blaue Farbe der Mischung gerade nach grüngelb umschlägt, ein Zeichen dafür, daß die Mischung nun einen pH-Wert von etwa sieben aufweist. Wenn wir zu viel Säure eingetropft haben, färbt sich die Lösung gelb oder sogar rötlichgelb. Der pH-Wert beträgt dann drei bis sechs. Die Mischung läßt sich aber durch behutsames Hinzufügen von wenigen Tropfen Natronlauge wieder auf den pH-Wert sieben zurückstellen. Nun dunsten wir einen Teil der Lösung ein und stellen mit der Lupe oder dem Mikroskop fest, daß Oktaeder auskristallisieren, wie wir sie in Versuch 22 hergestellt haben. Es ist nicht empfehlenswert, ihren Geschmack zu probieren. Wenn wir es aber täten, fänden wir, daß sie weder sauer noch seifig, sondern schlichtweg salzig schmecken. Aus den beiden stark ätzenden Rohstoffen Salzsäure und Natronlauge ist also harmloses Kochsalz entstanden. Die Reaktion folgt offensichtlich der Gleichung

$$Na^+ + OH^- + H^+ + Cl^- \rightarrow H_2O + Na^+ + Cl^- + \text{Wärme}$$

Wir sehen jetzt, warum Basen (in wäßriger Lösung heißen sie auch Laugen) Protonen akzeptieren. Ihre OH^--Ionen reagieren nämlich mit den H^+-Ionen der Säuren unter Ausgleich der elektrischen Ladungen zu Wasser; sie neutralisieren sich gegenseitig. Die Chemiker nennen deshalb diese unter Wärmeentwicklung ablaufende Reaktion «Neutralisation».

Die Natrium- und Chloridionen nehmen an der Neutralisation nicht teil, sie bleiben unverändert übrig. Da aber nach der Neutralisation weder H^+-Ionen noch OH^--Ionen vorliegen, sondern nur noch Wasser, ist eine Natriumchloridlösung entstanden. Beim allmählichen Verdunsten des Wassers lagern sich ihre Ionen so zu Natriumchloridkristallen zusammen, wie wir dies im Anschluß an Versuch 22 beschreiben und wie es Abbildungen 16 und 17 darstellen. Die beiden Endprodukte unserer Neutralisation sind also Kochsalz und Wasser.

Neutralisation der Gegensätze

Selbstverständlich können wir auch Calciumhydroxidlösung mit Salzsäure neutralisieren (1) – dann entsteht Wasser und Calciumchlorid ($CaCl_2$). Neutralisieren wir Calciumhydroxid mit Salpetersäure (2), so erhalten wir Wasser und Calciumnitrat («Kalksalpeter»). Aus Kohlensäure und $Ca(OH)_2$ entsteht dagegen Wasser und Calciumcarbonat (3). Kalilauge und Salpetersäure ergibt Kaliumnitrat (4) und Wasser; kurzum, wir sehen, daß «Säuren und Laugen zur Salzbildung taugen».

(1) $Ca(OH)_2 + 2HCl \rightarrow CaCl_2 + 2HOH$
(2) $Ca(OH)_2 + 2HNO_3 \rightarrow Ca(NO_3)_2 + 2HOH$
(3) $Ca(OH)_2 + H_2CO_3 \rightarrow CaCO_3 + 2HOH$
(4) $KOH + HNO_3 \rightarrow KNO_3 + HOH$
(5) $Ca(OH)_2 + CO_2 \rightarrow CaCO_3 + HOH$

Auch Säureanhydride oder Basenanhydride können prinzipiell eingesetzt werden; in diesem Falle entsteht entsprechend weniger Wasser. Die Gleichung (5) beschreibt ein Beispiel, das wir mit der Reaktion (3) vergleichen können.

Was ist nun allen diesen Neutralisationsvorgängen gemeinsam? Aus der Tabelle können wir die Antwort mühelos entnehmen: Völlig unabhängig von der gewählten Lauge und Säure entsteht **immer** unter Wärmeentwicklung Wasser. Das zweite Reaktionsprodukt ist stets ein Salz, dessen Kationen aus der Lauge und dessen Anionen aus der Säure stammen.

Die treibende Kraft für den Ablauf der Neutralisationsreaktion ist offensichtlich, daß Protonen und Hydroxidionen sich aufgrund ihrer entgegengesetzten elektrischen Ladung anziehen und dann zu undissoziiertem Wasser zusammenlagern:

$$H^+ + OH^- \rightarrow HOH + 55{,}9\ kJ.$$

Die Metallionen der Base und die Anionen der Säure nehmen an der Reaktion nicht teil, sie bleiben einfach übrig. Erst wenn dann das Lösungsmittel Wasser abdunstet, treten sie zu festen, kristallinen Salzen zusammen. Aber selbst da liegen sie immer noch als Ionen vor, ähnlich wie das Kochsalz in Abbildung 16.

Eines der durch Neutralisation herstellbaren Salze, das Kaliumnitrat (der Kalisalpeter), hat in der Geschichte der Menschheit eine wichtige Rolle gespielt. Sie begann mit einem Paukenschlag.

Als im 14. Jahrhundert der Freiburger Mönch Berthold Schwarz bei seinen alchimistischen Versuchen, Gold aus unedlen Substanzen zu gewinnen, in einem Mörser ahnungslos Kalisalpeter (Kaliumnitrat) mit Schwefel und Holzkohle zerrieb und die Mischung mit einem Stein ziemlich gut abdeckte, wußte er natürlich noch nichts von der Oxidationskraft der Salpetersäure und ihrer Salze. Die machte sich unangenehm bemerkbar, als ihm beim Feuermachen ein Funke in das Gemisch sprang. Das Pulver explodierte mit fürchterlichem Krachen und schleuderte den Stein an die Decke des Klosterlabors. Völlig unbeabsichtigt hatte Schwarz nicht nur das Pulver erfunden, sondern auch gleich das Schießen mit dem Mörser. Die Tatsache, daß weder er noch irgend einer seiner Zeitgenossen diesen Vorgang recht zu deuten wußte, verhinderte nicht, daß das Verfahren rasch Nachahmer fand und im Laufe der Jahrhunderte immer weiter perfektioniert wurde.*

* Es gibt leider Spielverderber, welche dieses hübsche Geschichtchen mit Recht ins Reich der Legende verweisen. Tatsache ist wohl, daß Chinesen das Schwarzpulver schon gegen Ende der Tang-Dynastie (61 bis 906 nach Christus) entdeckt haben. Sie setzten es auch für raketengetriebene Pfeile ein. Die ersten Feuerwaffen brachten dann die Araber, von Osten kommend, etwa hundert Jahre vor Schwarz nach Europa.

Uns fällt es jetzt nicht mehr schwer, die Chemie der Pulverexplosion zu durchschauen: Der Salpeter liefert den Sauerstoff, durch den der Schwefel zu Schwefeldioxid und der Kohlenstoff zu Kohlendioxid oxidiert werden. Bei der Reaktion reduziert sich der Stickstoff des Salpeters zu Stickoxiden und elementarem Stickstoff. Das Kalium bildet vorübergehend ein Oxid, das mit Luftfeuchtigkeit zu KOH und dann mit Kohlendioxid zu K_2CO_3 umgesetzt wird; deshalb beißt «Pulverdampf» in den Augen. Wenn wir von diesen Festkörpern einmal absehen, entstehen also vornehmlich Gase. Weil durch die Reaktion Wärme frei wird, erhitzen sich diese urplötzlich auf hohe Temperaturen und dehnen sich entsprechend stark aus. Warum aber läuft die Reaktion nach dem Zünden völlig freiwillig, genauer gesagt, explosionsartig ab?

Bei der Reaktion entsteht Wärme in beachtlichem Maße, weil die Enthalpie der Reaktionsprodukte erheblich niedriger ist als die der Ausgangsstoffe. Da die Reaktionsprodukte hauptsächlich chaotisch ungeordnete Gase sind, nimmt dagegen die Entropie als Maß für die Unordnung während der Reaktion zu. Dadurch wird die Freie Enthalpie – das Maß für die Freiwilligkeit der Reaktion – um den Beitrag aus der Entropiezunahme größer als die Reaktionswärme. Der Fall liegt demnach genau umgekehrt wie bei der Oxidation des NO zu NO_2, bei der die Entropie abnahm und dadurch die Freiwilligkeit vermindert wurde. Der explosionsartige Verlauf der Reaktion ist also durchaus vorhersehbar.

Ein kleiner Teil der freiwerdenden Wärme wird in Schallenergie umgewandelt, es «kracht». Dieses Krachen der Pulverexplosion wollen wir etwas genauer untersuchen: Der heftige Anprall der plötzlich entstehenden, hoch erhitzten Gasmoleküle an die Luftmoleküle der Umgebung veranlaßt diese, ihre Nachbarn entsprechend heftig anzustoßen. Diese wiederum prallen gegen die übernächsten Nachbarn, und so pflanzt sich eine Druckwelle fort. Sie trifft schließlich auf unser Trommelfell; dieses überträgt den heftigen Stoß auf unsere inneren Hörorgane, und erst in unserem Gehirn entsteht auf elektrochemischem Wege der Eindruck eines Knalls. Eine ähnlich merkwürdige Umwandlung erfährt der Reiz, den die mehr oder weniger heftig auf unsere Haut eintrommelnden Moleküle verursachen, denn wir empfinden ihn als «warm» oder «kalt» *(siehe Seite 15)*. Auch unser Eindruck von Licht und Farbe entsteht erst im Gehirn, ausgelöst wird er durch elektromagnetische Wellen von bestimmter Länge, die auf unsere Netzhaut treffen. Die Welt ist also still und dunkel, weder warm noch kalt. Erst in unserem Gehirn entstehen die uns vertrauten Sinneswahrnehmungen.

Das Schießen und Sprengen mit Schwarzpulver hat den Bedarf an Salpeter seit dem Mittelalter ständig erhöht. Einige natürliche Vorkommen in Indien und Ungarn waren bald ausgebeutet. Bis zur Entdeckung der riesigen Lagerstätten in der Atacamawüste des nördlichen Chile behalf man sich in Europas «Salpetergärten» mit biochemischen Verfahren auf der Basis von Mist und Jauche – natürlich ohne diese Vorgänge zu durchschauen. Für den Ersten Weltkrieg waren derartige Prozesse bei weitem zu unergiebig. Deshalb schnitt die englische Flotte den Deutschen den Salpeterimport aus Chile schon 1914 ab. Nach den Überlegungen der Briten mußte den Deutschen im Folgejahr die Munition ausgehen, und der Kaiser wäre zur Kapitulation gezwungen.

Die Rechnung ging nicht auf, weil die beiden deutschen Chemiker Fritz Haber und Carl Bosch gerade noch rechtzeitig eine Ammoniak- und Salpetersäuresynthese entwickelten und damit den Rohstoff für Nitrate bereitstellen konnten. Durch Neutralisation erhielten sie den dringend benötigten Salpeter, und darum konnte das Blutbad noch drei lange Jahre weitergehen.

Dennoch hat die Ammoniak- und Salpetersäuresynthese nicht nur viele Millionen Menschen das Leben gekostet. Von Anfang an wurde sie für die Herstellung von stickstoffhaltigen Mineraldüngern eingesetzt. Heute ernährt sie Jahr um Jahr die Hälfte der Weltbevölkerung. Ihre Entdecker wurden beide mit dem Nobelpreis ausgezeichnet, Haber schon 1918 und Bosch 1931.

Wir waren uns einig: Die treibende Kraft für den Ablauf der Neutralisationsreaktion ist die Tatsache, daß sich Protonen und Hydroxidionen zu undissoziiertem Wasser zusammenlagern. Ist denn nun das Wasser überhaupt nicht in Protonen und Hydroxidionen zerfallen? Darf man die obige Reaktionsgleichung für die Neutralisationsreaktionen nur von links nach rechts lesen?

In diesem Falle wäre Wasser ein idealer Isolator für elektrischen Strom. Tatsächlich beobachtet man jedoch, daß selbst mehrfach destilliertes Wasser eine (obgleich extrem geringe) Leitfähigkeit besitzt. Man kann es ebenso elektrolysieren wie die Sodalösung in Versuch 7; die Zerlegung in Wasserstoff und Sauerstoff verläuft allerdings unsäglich langsam. Die Physikochemiker haben nachgemessen und gefunden, daß bei 25 Grad Celsius durchschnittlich ein Molekül von 500 Millionen dissoziiert ist, bei 40 Grad Celsius sind es gerade drei. Was das bedeutet, machen wir uns am anschaulichsten am Beispiel der Weltbevölkerung von rund sechs Milliarden Menschen klar: Wenn jeder Erdbewohner ein Wassermolekül darstellte, müßten insgesamt zwölf Erdbewohner in Ionen zerfallen sein.

Wer schnell rechnen kann, ermittelt aus dieser Angabe, der Loschmidtschen Zahl und dem Molgewicht von Wasser, daß in einem Mol (also 18 Gramm) Wasser $6 \times 10^{23} : 500 \times 10^{6} = 1{,}2 \times 10^{15}$ in Ionen dissoziierte Wassermoleküle vorkommen und in einem Liter Wasser 1000 : 18, also 55,5 mal so viele, das sind demnach 66×10^{15}. Wir können die Zahl getrost auf 6×10^{16} abrunden und dann berechnen, daß in einem Liter Wasser offenbar $6 \times 10^{16} : 6 \times 10^{23} = 10^{-7}$ Mol in Ionen zerfallenes Wasser vorliegt. Oder anders ausgedrückt: Die Konzentration an H^+-Ionen beträgt bei 25 Grad Celsius 10^{-7} Mol pro Liter, und die Konzentration an Hydroxidionen beträgt bei dieser Temperatur ebenfalls 10^{-7} Mol pro Liter. Als Gleichung angeschrieben, gilt

$$[H^+] = 10^{-7}\ \text{Mol/Liter und}\ [OH^-] = 10^{-7}\ \text{Mol/Liter}$$

Der riesige Rest von 55,5 Mol pro Liter liegt als undissoziiertes Wasser vor. Dabei müssen wir uns vorstellen, daß sich immer wieder Protonen mit Hydroxidionen zu Wasser vereinigen, aber dafür wieder andere Wassermoleküle in die beiden Ionen zerfallen. Anders ausgedrückt, herrscht ein «dynamisches» Gleichgewicht zwischen der Dissoziation des Wassers in die Ionen und der Rückkombination der Ionen zu Wasser.

Heiratsvermittlung und Ionenprodukt

Was passiert nun, wenn wir in unseren Liter Wasser Salzsäure oder Natronlauge gießen? Um das beantworten zu können, stellen wir uns einen Heiratsvermittler in Köln vor, der in erster Linie Geschiedene in den Hafen der Ehe zurückführt. Er wird in einem Geschäftsjahr um so mehr Ehen vermitteln können, je mehr geschiedene Männer und Frauen sich in seiner Computerkartei befinden, denn mit je 1000 Heiratswilligen kann er leichter vermitteln, als wenn er nur jeweils 100 oder gar nur jeweils 10 Kandidaten und Kandidatinnen hätte. Je höher also der Prozentsatz der geschiedenen Kölner ist, die ihn aufsuchen, desto besser läuft sein Geschäft. Mathematiker formulieren diesen Sachverhalt so: Die Geschwindigkeit c, mit der er Ehen vermitteln kann, ist proportional der Menge $[M]$ an geschiedenen Kölner Männern, die ihn aufsuchen.

Sie ist außerdem proportional der Menge $[F]$ an geschiedenen Kölnerinnen, die ihn konsultieren. Das leuchtet ein, denn bei

Frauenmangel in der 1000-Mann-Kartei verlangsamt sich das Geschäft, bei Frauenüberschuß wird es merklich beschleunigt – und umgekehrt natürlich genauso!

Nun muß ich zu Ihrem Leidwesen auch noch in die physikalische Trickkiste greifen, denn zur Berechnung von c benötigen wir eine Formel, die einigen Lesern vielleicht noch vage aus dem Physikunterricht geläufig ist. Sie beschreibt den Sachverhalt, daß c sowohl der Zahl an Kölnern wie auch der Zahl an Kölnerinnen in seiner Kartei proportional ist, und lautet:

$$c = k \times [M] \times [F]$$

wobei k ein konstanter Proportionalitätsfaktor ist.

Durch die Vermittlungserfolge verliert seine Kartei beständig Heiratskandidaten. Allerdings nimmt er auch dauernd neue Kandidaten auf, weil ständig andere Ehen zu Bruch gehen. Wie viele mögen das wohl jährlich sein? Um mit anschaulichen Zahlen zu arbeiten, schätzen wir die Zahl der Ehepaare in der Millionenstadt auf 250 000 und die Zahl der Scheidungen auf 2500 pro Jahr. Außerdem nehmen wir einmal an, daß jeweils 10 Prozent der frisch geschiedenen Männer und ebenso viele frisch geschiedene Frauen, also je 250 Personen, den Weg in seine Datei finden. Wenn nun die Einwohnerzahl sich kaum ändert, ändert sich auch die Zahl der bestehenden Ehen kaum. Selbst die Zahl der Ehen, die jährlich geschieden werden, ändert sich allenfalls langsam. Für die Genauigkeit, die unser Heiratsvermittler in seiner Statistik braucht, kann er die Zahl der Scheidungen pro Jahr als gleichbleibend oder – mathematisch formuliert – konstant ansetzen. Die Geschwindigkeit c', mit der frisch Geschiedene in seine Kartei drängen, ist dann ebenfalls konstant. Und ob er erfolgreich oder weniger erfolgreich vermittelt, spielt für die Zahl der Ehepaare in der Rheinmetropole insgesamt kaum eine Rolle, sie bleibt doch ziemlich genau bei

250 000. Kurzum, es ergibt sich folgende, völlig unromantische Formel:

$$c' = k'$$

wobei k' wieder eine Konstante bedeutet (in unserem Falle 250 Männer und 250 Frauen pro Jahr).

Unser Heiratsvermittler versucht nun, sein Geschäft zu beschleunigen. Er will mehr Geld verdienen und vermittelt in einem Jahr 350 Paare. Weil aber nur 250 frisch geschiedene Paare in seine Kartei kommen, leidet er im nächsten Jahr unter Heiratskandidatenmangel und bringt nur 150 Ehen zustande. Doch dieses Krisenjahr hat auch eine gute Seite, denn 250 geschiedene Paare sind neu in seine Kartei gekommen und haben den Kandidatenvorrat wieder aufgestockt. Allmählich merkt unser Ehevermittler, daß sein Geschäft nur dann relativ schwankungsfrei verläuft, wenn er die Geschwindigkeit c, mit der er Ehen stiftet, an die Geschwindigkeit c', mit der neue Heiratskandidaten auftauchen, genau angleicht. Seine Agentur stellt sich fast von selbst auf die Vermittlung von jährlich 250 Ehen ein, weil jedes Jahr 250 Männer und 250 Frauen als neue Kandidaten auftauchen. Kurzum, es gilt die Gleichung (1) und deshalb auch die Gleichung (2). In Gleichung (3) haben wir die beiden Konstanten der Gleichung (2) auf die rechte Seite gebracht:

$$(1)\quad c = c'$$
$$(2)\quad k \times [M] \times [F] = k'$$
$$(3)\quad [M] \times [F] = k' : k$$

Wenn aber in der obigen Gleichung außer k auch k' konstant ist, dann ist auch k' : k konstant, und wir können statt dieses Bruchs eine neue Konstante K anschreiben:

$$[M] \times [F] = K$$

Nun kann man die berechtigte Frage stellen, was heiratslustige Rheinländer mit der Dissoziation des Wassers zu tun haben. Also wollen wir die Katze aus dem Sack lassen: Die Männer stehen für die Konzentration an Protonen $[H^+]$, die Frauen für die Konzentration an Hydroxidionen $[OH^-]$ (jeweils in Gramm pro Mol ausgedrückt). Die vermittelten Ehen entsprechen der Konzentration an Wassermolekülen, die aus diesen Ionen durch Neutralisation entstehen, während die vergleichsweise gewaltige Zahl an bestehenden Kölner Ehen für die Riesenmenge an undissoziierten Wassermolekülen steht. Beide Riesenzahlen bleiben praktisch unverändert, denn gleichgültig, ob unser Geschäftsmann ein paar Ehen mehr oder weniger anbahnt, bleibt die Gesamtzahl der Ehen doch ziemlich genau bei 250 000, und ebenso ist es gleichgültig, ob ein paar Wassermoleküle durch Zusammentreten von H^+- mit OH^--Ionen dazukommen oder nicht. Es bleiben immer 55,5 Mol Wasser pro Liter undissoziiert, und das sind $55{,}5 \times 6{,}022 \times 10^{23}$ Wassermoleküle.

Wir halten also als Ergebnis unseres Besuchs beim Heiratsvermittler fest: Für die Reaktion $H^+ + OH^- \rightarrow HOH$ gilt

$$[H^+] \times [OH^-] = K$$

Weil aber sowohl $[H^+] = 10^{-7}$ Mol pro Liter wie auch $[OH^-] = 10^{-7}$ Mol pro Liter beträgt, gilt auch

$$K = 10^{-7} \times 10^{-7} = 10^{-14}$$

Die Konstante $K = 10^{-14}$ bezeichnet der Chemiker als das «Ionenprodukt» des Wassers.

Sie fragen sich natürlich längst, wozu soviel Mathematik gut sein soll. Den Nutzen erkennen wir aber sofort, wenn wir in der obigen Gleichung die Hydroxidionenkonzentration durch Zugabe von NaOH zu unserem Liter Wasser auf das Zehnfache erhöhen, also auf 10^{-6} Mol pro Liter. Dann muß nämlich wegen $K = 10^{-14}$ die Protonenkonzentration ein Zehntel von 10^{-7}, also auf 10^{-8} Mol pro Liter zurückgehen. Für diesen Sachverhalt haben die Chemiker eine einfache Sprachregelung getroffen: Sie sagen, der pH-Wert der Lösung sei nun von sieben auf acht gestiegen. Erhöhen wir die OH^--Ionenkonzentration nochmals um das Zehnfache auf 10^{-5} Mol pro Liter, so wird die Wasserstoffionenkonzentration auf 10^{-9} Mol pro Liter sinken und der pH-Wert neun betragen.

Umgekehrt führt die Zugabe von Salzsäure zu Wasser zu einer Erhöhung der Wasserstoffionenkonzentration. Sollte sie zum Beispiel auf das Zehnfache, das heißt, bis auf 10^{-6} Mol pro Liter angestiegen sein, so beträgt der pH-Wert sechs. (Die Hydroxidionenkonzentration ist deswegen auf 10^{-8} Mol pro Liter abgesunken.) Falls wir durch weitere Säurezugabe die Protonenkonzentration nochmals um den Faktor 100 bis auf 10^{-4} Mol pro Liter erhöhen, so beträgt der neue pH-Wert vier. Bei einer Konzentration von 0,1 Mol HCl pro Liter beträgt die Wasserstoffionenkonzentration ebenfalls 0,1 Mol pro Liter, anders geschrieben 10^{-1} Mol pro Liter. Der pH-Wert dieser Lösung beträgt dann eins.

Der pH-Wert ist also immer der Exponent (oder *dekadische Logarithmus*) der Wasserstoffionenkonzentration in Mol pro Liter, allerdings mit umgekehrtem Vorzeichen.

Durch diesen mathematischen Trick ersparen sich die Chemiker das umständliche Jonglieren mit negativen Exponenten, wenn sie eine Säurekonzentration angeben wollen. pH-Werte zwischen 0 und 7 finden wir in Lösungen, in denen mehr Protonen als Hydroxidionen vorliegen ($10^0 = 1$ Mol H^+/Liter bis $10^{-7} = 0{,}000\,0001$ Mol H^+/Liter); diese sind also sauer. Lösungen mit dem pH-Wert 7 sind neutral, sie enthalten 10^{-7} Mol Protonen pro Liter und die gleiche molare Konzentration an OH^--Ionen. pH-Werte zwischen

7 und 14 finden wir in basischen Lösungen. In ihnen ist die Konzentration an Hydroxidionen größer als die der Wasserstoffionen; der pH-Wert 9 bedeutet, daß pro Liter nur 10^{-9} Mol Protonen vorhanden sind, aber 10^{-5} Mol OH-Ionen, weil die Gleichung für das Ionenprodukt des Wassers $[H^+] \times [OH^-] = 10^{-14}$ immer erfüllt sein muß. Unser pH-Papier hat die wunderbare Eigenschaft, den pH-Wert durch Farbänderungen direkt anzuzeigen. Wir können damit einige Flüssigkeiten prüfen und dabei entdecken, daß Wein einen pH-Wert von etwa drei hat, Zitronensaft zwei und Seifenwasser zehn.

Es ist recht bemerkenswert, daß die Protonenkonzentration selbst bei einem pH-Wert von 14 nicht Null wird, sondern nur auf 10^{-14} Mol/Liter zurückgeht. Das ist freilich ein Wert, der schon verdammt nahe bei Null liegt, nämlich ein Zehnmillionstel der Konzentration, die im reinen Wasser vorliegt. Das entspräche zwölf Erdbewohnern auf die Bevölkerung von zehn Millionen Erden! Aber diese Tatsache deckt sich mit den Erfahrungen des Heiratsmaklers, der durch irgendeinen unglücklichen Umstand nur hundert Männer, jedoch tausend Frauen in der Kartei hat. Bei diesem Überangebot an Frauen wird es ihm gelingen, fast alle Männer zu verheiraten, aber eben nur fast alle. Vermutlich wird es selbst bei soviel Auswahl etwa zehn zaudernde Kandidaten geben. *C'est la vie!* (Beim pH-Wert von 14 ist natürlich der Hydroxidionenüberschuß viel extremer, weshalb die verbleibende Konzentration an Protonen viel näher an Null heranrückt als die Zahl der Zauderer bei unserem Ehevermittler.)

Umgekehrt ist selbst beim pH-Wert von 1 die Wasserstoffionenkonzentration keineswegs beängstigend hoch: 0,1 Mol pro Liter oder anschaulicher 0,1 Gramm pro Liter. Wir erreichen sie, wenn wir genau 0,1 Mol Chlorwasserstoffgas, also 3,65 Gramm in Wasser lösen und dieses auf einen Liter auffüllen. Näherungsweise erzielen wir das gleiche Resultat, wenn wir konzentrierte Salzsäure, die etwa 35 Prozent HCl enthält, im Verhältnis 1:100 mit Wasser verdünnen. Eine solche Lösung nennt man auch 0,1-molare Salzsäure, abgekürzt 0,1 m HCl.

Im Versuch 45 haben wir mit einer etwa 0,5-molaren Salzsäure Natronlauge neutralisiert (am Anfang benutzten wir konzentriertere Lösungen, um die Wärmetönung der Neutralisationsreaktion beobachten zu können).* Der Chemiker gebraucht Lösungen mit genau bekanntem Protonengehalt, um den Hydroxidionengehalt einer unbekannten Substanz zu bestimmen, oder auch umgekehrt eine genau eingestellte Natronlauge, um den Protonengehalt einer Probe festzustellen. Das Verfahren ist nicht auf Säuren und Laugen beschränkt, sondern äußerst vielseitig. Jede Reaktion, die in Lösung ausreichend schnell und vollständig (der Chemiker sagt «quantitativ») abläuft, läßt sich für derartige «maßanalytische» Bestimmungsverfahren gebrauchen, wenn man einen «Indikator» findet, der das Ende der Reaktion anzeigt (in unserem Falle war das ein pH-Papier). Die Einrichtungen, mit denen der Chemiker «titriert», gehen zum Teil auf Lavoisier zurück; ihre Bezeichnungen stammen deshalb aus dem Französischen, so zum Beispiel «Bürette», «Pipette», «Indikator», «Titer» (von *titre* = Titel) für Konzentrationsangaben und so fort.

Durch die Zugabe von Säuren oder Laugen läßt sich die Konzentration der Protonen und Hydroxidionen im Wasser nahezu beliebig verschieben. Daß es jedoch auch Salze gibt, die den pH-Wert von Wasser verändern, zeigt der nächste Versuch.

* Häufiger liest oder hört man von 1-normaler Salzsäure, abgekürzt 1n HCl. In diesem Falle ist 1m = 1n, also Molarität = Normalität. Dagegen ist eine 1-molare Schwefelsäure 2-normal. Sie enthält definitionsgemäß 1 Mol H_2SO_4 im Liter. Weil aber in wäßriger Lösung aus einem Mol Schwefelsäure zwei Mol Wasserstoffionen entstehen, beträgt die Wasserstoffionenkonzentration 2 Mol Protonen pro Liter. Deshalb ist die 1-molare Schwefelsäure 2-normal.

VERSUCH 46
Das Carbonation als Base

Wir lösen eine Spatelspitze Natriumcarbonat («Soda», Na_2CO_3) oder Kaliumcarbonat («Pottasche») in wenigen Milliliter entmineralisiertem Wasser und stellen mit Hilfe eines pH-Papiers fest, daß die Lösung alkalisch reagiert (pH-Wert 12–13).

Was ist hier passiert? Offensichtlich haben die Carbonationen dem Wasser Protonen entrissen; dabei sind Hydroxidionen übriggeblieben. Diese verursachen die Blaufärbung des pH-Papiers und den seifigen Geschmack, den wir aber als vorsichtige Menschen nicht nachprüfen wollen. Die Reaktion folgt der Gleichung (1):

$$(1)\quad CO_3^{-2} + HOH \rightarrow HCO_3^- + OH^-$$
$$(2)\quad HOH \rightarrow H^+ + OH^-$$
$$(3)\quad CO_3^{-2} + H^+ \rightarrow HCO_3^-$$
$$(4)\quad HCO_3^- + OH^- \rightarrow CO_3^{-2} + HOH$$

Wir erhalten diese Gleichung, wenn wir formal die Gleichung (2) zur Gleichung (3) addieren. Das bedeutet aber, daß offensichtlich das Carbonation gemäß Gleichung (3) die Protonen wegfängt, die laut Gleichung (2) aus Wasser entstehen. Dabei bleiben OH-Ionen übrig, und diese verursachen die alkalische Reaktion der Sodalösung. Offensichtlich wird also das Wasser hier durch ein einfaches Salz der Kohlensäure zerlegt, allerdings nicht in seine Elemente, wie durch elektrische Energie bei Versuch 7, sondern in seine Ionen! Es wird auch nicht vollständig umgesetzt, denn die Gegenreaktion (4), bei der Hydrogencarbonat als Säure mit Hydroxidionen neutralisiert wird, sorgt dafür, daß nicht alle Carbonationen verschwinden. Gleichung (4) aber ist nichts anderes als die von rechts nach links gelesene Gleichung (1). Es stellt sich also ein Gleichgewicht zwischen Reaktion (1) und Gegenreaktion (4) ein, welches dafür sorgt, daß nebeneinander Natriumionen, Hydroxidionen, Carbonationen und Hydrogencarbonat-Ionen vorliegen.

Treibende Kraft bei der Reaktion (1) des Natriumcarbonats ist das Bestreben des Carbonations, ein Proton aufzunehmen und so in Hydrogencarbonat überzugehen. Darum erlaubt uns der Versuch 46 zwei Aussagen:

1. Das Bestreben des Carbonations, ein Proton anzulagern, ist stärker als das gleichartige Bestreben des Hydroxidions. Aus genau diesem Grunde wird Wasser zersetzt, allerdings nicht in seine Elemente, sondern in seine Ionen. Da Protonen verschwinden, bleiben Hydroxidionen übrig. Die Chemiker nennen diesen Vorgang *Hydrolyse*, zu deutsch «Wasserzerlegung».

2. Da das Carbonation ein Proton aufnimmt, ist es ein Protonenakzeptor, also eine Base.

Die kühnsten Denker unter den Lesern ziehen bereits waghalsige Schlüsse. Nach dem Prinzip: *Was der Soda recht ist, ist dem Kochsalz billig* postulieren sie:

1. Das Chloridion ist eine Base, ähnlich wie das Carbonation, und
2. Eine Natriumchloridlösung reagiert alkalisch, ähnlich wie die Sodalösung.

Die Skeptiker unter uns werden einwenden, daß dann jede ordentlich gesalzene Suppe nach Seife schmecken müßte, und mißtrauisch die Behauptung mit pH-Papier an einer Natriumchloridlösung nachprüfen. Tatsächlich finden sie triumphierend einen pH-Wert von etwa sieben, also neutrale Reaktion, was nun alle ziemlich ratlos stehenläßt.

Dabei ist es ziemlich leicht zu verstehen, warum das Natriumchlorid in wäßriger Lösung neutral reagiert. Wenn es nämlich alkalisch reagierte, müßten die Chloridionen so energisch Protonen anlagern, daß diese im Wassermolekül die Bindung an das Hydroxidion aufgeben.

$$Cl^- + HOH \rightarrow HCl + OH^- ??$$

Anders ausgedrückt, müßten in wäßriger Lösung Chlorwasserstoffmoleküle entstehen, die **nicht** in Ionen zerfallen sind. Das aber ist unmöglich, weil Chlorwasserstoff in wäßriger Lösung fast vollständig in der Ionenform vorliegt. Das Chloridion ist deshalb kein Protonenakzeptor, höflicher ausgedrückt, ist es eine extrem schwache Base. Dasselbe können wir vom Nitration sagen, dem Anion der stark dissoziierten Salpetersäure. Aus der Definition einer starken Säure ergibt sich automatisch, daß ihr Anion eine extrem schwache Base sein muß.

Anders als bei Salzsäure und Salpetersäure gibt es aber tatsächlich das undissoziierte Hydrogencarbonat-Ion HCO_3^- *(siehe Abbildung 42)*, und wenn es wie im Versuch 46 aus Carbonationen und Wasser entsteht, bleiben OH^--Ionen übrig. Weil das Carbonation sehr gern Protonen aufnimmt, ist es eine starke Base, während das so entstehende Hydrogencarbonation wegen seiner geringen Neigung, Protonen abzuspalten, eine schwache Säure ist. Das Anion einer schwachen Säure ist also immer eine starke Base; das folgt aus der Definition einer schwachen Säure.

Demnach müssen Salze von schwachen Säuren in wäßriger Lösung basisch reagieren.* Das läßt sich auch tatsächlich experimentell nachprüfen: Natriumcarbonat, das Natriumsalz der schwachen Säure Hydrogencarbonat-Ion, reagiert alkalisch, wie wir in

* Aus ähnlichen Gründen reagieren Salze schwacher Basen sauer. Ein Beispiel ist das Kupfersulfat $CuSO_4$, in dessen wäßriger Lösung die undissoziierte schwache Base $Cu(OH)_2$ entsteht. Dies führt dazu, daß Protonen übrigbleiben.

Versuch 46 gesehen haben. Natriumacetat, das Natriumsalz der schwachen Essigsäure, und Natriumborat, das Natriumsalz der schwachen Borsäure, sind zwei zusätzliche Beispiele zu unserem Natriumcarbonat. In den wäßrigen Lösungen dieser Salze wirkt das Acetat-Ion beziehungsweise das Borat-Ion als Base. Ganz alltäglich ist unser viertes Beispiel, die Kernseife. Sie besteht aus den Natriumsalzen der schwachen Fettsäuren. Wir haben bereits mit pH-Papier überprüft, daß Seifenwasser alkalisch reagiert; daß es unangenehm «seifig» schmeckt, wissen wir seit unseren Kindheitstagen. Jetzt wird uns allmählich klar, warum alle Laugen seifig schmecken: Das ist nichts anderes als der Geschmack der OH^--Ionen.

Wir haben das Dissoziationsgleichgewicht des Wassers mit Hilfe einer einfachen Gleichung quantitativ beschrieben. Können wir eine ähnliche Formel für die Dissoziationsreaktion einer schwachen Säure entwickeln? Sie lautet im Falle des Hydrogencarbonations wie folgt:

$$HCO_3^- \rightarrow H^+ + CO_3^-$$

Wie wir bereits wissen, sind nur wenige Hydrogencarbonat-Ionen in Protonen und Carbonationen zerfallen; die meisten bleiben undissoziiert. Gerade deshalb ist ja das Hydrogencarbonation eine schwache Säure. Das Gleichgewicht liegt weit auf der linken Seite, sagt der Chemiker. Wie wirkt die Zugabe einer starken Säure? Was bewirkt die Zugabe von Hydroxidionen?

Heiratsvermittlung und Dissoziationskonstante

Um Antwort auf diese Fragen zu erarbeiten, kehren wir zu unserem Beispiel vom Heiratsmakler zurück. Aber diesmal arbeitet er nicht in Köln, sondern in einer Kleinstadt. Und weil diese vielleicht Schilda heißt, hat er sich ähnlich wie sein Kollege darauf spezialisiert, geschiedenen Bürgern zu neuem Eheglück zu verhelfen, obwohl die Stadt nur zwanzigtausend Einwohner hat. Unser Vermittler hat zwar gerade erst sein Geschäft eröffnet, da er aber dank geschickter Anzeigen bereits gute Vorarbeit geleistet hat, verfügt er schon über eine Kandidatenkartei mit jeweils tausend geschiedenen Frauen und Männern. Er ist sehr fleißig und vermittelt sehr erfolgreich, aber nach blendenden Anfangserfolgen bringt er immer weniger Ehen zustande, weil seine Kundenkartei dank seiner Tätigkeit zunehmend schrumpft. Anders als in der Millionenstadt gibt es nämlich in Schilda nicht mehrere hunderttausend Ehen, sondern nur fünftausend, so wenige, daß die geringe Zahl der Scheidungen (im Durchschnitt 50 pro Jahr) nicht ausreicht, die wachsenden Lücken in der Kartei rechtzeitig zu schließen. Sein Geschäft geht also zurück, aber nicht auf 50 Ehevermittlungen pro Jahr. Denn dank seiner Anfangserfolge ist die Zahl der Ehen in Schilda angestiegen, sagen wir von 5000 auf 5400. Damit nimmt aber auch die Zahl der Scheidungen pro Jahr zu, und zwar von 50 auf etwa 54, denn je mehr Ehen es gibt, desto mehr Ehen gehen in die Brüche. Wenn nun auch noch viertausend Menschen zuziehen, weil Schilda besser an den Nahverkehr zur nächsten Großstadt angeschlossen wird, steigt die Zahl der Scheidungen sogar auf etwa 64 pro Jahr, und damit verbessern sich seine Möglichkeiten noch weiter. Sein Geschäft wird erst dann schwankungsfrei verlaufen, wenn er pro Jahr ebenso viele Ehen vermittelt, wie der Scheidungsrichter von Schilda trennt (dabei haben wir der Einfachheit halber angenommen, daß er alle frisch Geschiedenen wieder in den Hafen der Ehe steuern kann). Wir wenden auf sein sentimentales Geschäft wieder die nüchternen Regeln der Mathematik an und erkennen:

Die Geschwindigkeit c_1, mit der er Ehen zustande bringt, wächst mit der Zahl an Männern und Frauen in seiner Kartei, folglich gilt wie in Köln $c_1 = k \times [M] \times [F]$.

Aber anders als in der Millionenstadt mit ihrem praktisch unveränderlich riesigen Bestand an Ehen hängt die Geschwindigkeit c_2, mit der er seine Kartei wieder auffüllen kann, von der Zahl der Ehen [*MF*] in Schilda ab. Gibt es viele Ehen, so gibt es viele Scheidungen und damit viele Heiratskandidaten, bei einer geringen Zahl von Ehen werden weniger Paare vom Gesetz getrennt. Also ist c_2 proportional zur Zahl der Ehen, mathematisch ausgedrückt gilt:

$$c_2 = k' \times [MF].$$

Sein Geschäft wird dann gleichbleibend, wenn $c_1 = c_2$. Für diesen Fall gelten dann die Formeln (1) und (2), weil wir die Konstanten k und k' zu einer neuen Konstanten K_s zusammenfassen dürfen.

$$(1)\quad k \times [M] \times [F] = k' \times [MF]$$

$$(2)\quad \frac{[M] \times [F]}{[\mathrm{MF}]} = \frac{k'}{k} = K_s$$

Wenn wir unser Heiratsbeispiel wieder auf die Chemie übertragen, stellen wir fest, daß die Zahl der Ehen [*MF*] für die Konzentration an undissoziierter schwacher Säure steht, und erkennen, daß es uns gelungen ist, das gewünschte Dissoziationsgleichgewicht mathematisch abzuleiten. Die Gleichung lautet:

$$\frac{[H^+][CO_3^{-2}]}{[\mathrm{HCO_3^-}]} = K_s = 5{,}6 \times 10^{-11}$$

Die Konstante K_s nennen die Chemiker die «Dissoziationskonstante» einer Säure; in unserem Falle des Hydrogencarbonat-Ions. Der negative dekadische Logarithmus von K_s heißt pK_s-Wert, in Analogie zum pH-Wert beträgt er hier 10,25. Selbstverständlich haben die Chemiker ähnliche Betrachtungen für schwache Basen angestellt; sie führen zu der Basen-Dissoziationskonstante K_B.

Und wozu soll das gut sein? höre ich Sie fragen. Es gibt nicht nur eine, sondern gleich drei Antworten:

1. Es ist immer vorteilhaft, wenn wir ein Versuchsergebnis berechnen können, denn das spart Messungen, Versuche, Chemikalien, Umweltbelastung und Zeit.
2. K_s ist ein Maß für die Stärke einer Säure. Je kleiner K_s ist, desto weniger Säure ist dissoziiert, und um so schwächer ist die Säure. Wenn wir die K_s-Werte verschiedener Säuren gemessen haben oder aus einer Tabelle ablesen, können wir die Säuren nach ihrer Stärke ordnen.
3. Die Gleichung erleichtert uns – zur Not auch ohne Rechnen – das Verständnis für die Wirkungsweise eines Puffers. Aber was ist das nun schon wieder?

Pufferlösungen halten den pH-Wert fest

Wie ein Puffer beim Rangieren von Bahnwaggons wirkt, wissen wir alle: Er dämpft den Anstoß der Lokomotive oder des Nachbarwagens. Ähnlich wirkt ein Puffer in der Chemie: Er dämpft die Veränderungen des pH-Werts bei Säure- oder Laugezugabe zu der «gepufferten» Lösung.

Versuch 47
Wirkung eines Puffers

Wir lösen in einem Liter entmineralisiertem Wasser ein Mol Natriumhydrogencarbonat und ein Mol wasserfreies Natriumcarbonat (also 84 Gramm beziehungsweise 106 Gramm). Wir fügen einen Streifen pH-Papier dazu und lesen als pH-Wert 10 bis 11 ab. In hundert Milliliter dieser Pufferlösung lösen wir langsam unter Umschwenken zehn Milliliter einer Salzsäure, die wir durch Verdünnen von zehn Gramm konzentrierter Salzsäure mit neunzig Milliliter Wasser hergestellt haben (sie ist also etwa 1-molar). Der pH-Wert der Pufferlösung verändert sich nicht.

Zum Vergleich gießen wir in hundert Milliliter Trinkwasser (pH-Wert etwa 6) ebenfalls zehn Milliliter der verdünnten Salzsäure. Der pH-Wert verändert sich dramatisch von 6 auf 1!

In einem zweiten Versuch fügen wir zu hundert Milliliter unserer Pufferlösung 0,4 Gramm Natriumhydroxid, das ist etwa 0,01 Mol. (Wenn wir keine so genau gehende Waage haben, können wir statt dessen einige Plätzchen oder Schuppen Natriumhydroxid zugeben und unter Umrühren auflösen.) Auch hier ändert sich der pH-Wert der Pufferlösung kaum, sehr wohl aber der pH-Wert einer Trinkwasserprobe, die wir wie oben zum Vergleich mit der Pufferlösung heranziehen. Bei ihr bewirkt die Zugabe des Natriumhydroxids einen Sprung des pH-Werts von 6 auf 12.

Wir verstehen die Wirkungsweise unserer Pufferlösung sehr leicht, wenn wir uns veranschaulichen, welche Werte wir für sie in die Gleichung für K_s einsetzen müssen. Weil nämlich die Konzentration an Hydrogencarbonationen ziemlich genau ein Mol pro Liter beträgt und die Konzentration an Carbonationen (aus der Soda) ebenfalls ein Mol pro Liter, muß die Protonenkonzentration

$5{,}6 \times 10^{-11}$ Mol pro Liter sein, der pH-Wert demnach zwischen 10 und 11 liegen (er liegt genau bei 10,25). Wenn wir jetzt zu 0,1 Mol Hydrogencarbonat, die ja in hundert Milliliter Puffergemisch enthalten sind, mit Hilfe von zehn Milliliter einmolarer Salzsäure 0,01 Mol H^+-Ionen zugeben, so wird zunächst die Wasserstoffionenkonzentration $[H^+]$ erhöht. Da aber K_s unverändert bleibt, muß das System sich sofort so verändern, daß der Wert des Bruchs gleich K_s bleibt. Das geschieht dadurch, daß eine bestimmte Menge CO_3^{-2} Protonen einfängt und mit ihnen Hydrogencarbonationen bildet. Dadurch werden alle drei Zahlen des Bruchs folgendermaßen verändert:

1. Die Protonenkonzentration geht sofort wieder zurück und erreicht fast den vorhergehenden Wert; wir werden gleich sehen, welchen.

2. Die CO_3^{-2}-Konzentration nimmt ab, weil ja ein Teil der Carbonat-Ionen Hydrogencarbonat-Ionen bildete, und zwar von 0,1 Mol/100 Milliliter um 0,01 Mol auf 0,09 Mol/100 Milliliter oder 0,9 Mol/Liter.

3. Die Hydrogencarbonat-Ionenkonzentration steigt aus demselben Grunde an, und zwar von 0,1 Mol/100 Milliliter um 0,01 Mol auf 0,11 Mol/100 Milliliter, also 1,1 Mol/Liter.

Jetzt können wir die neue Wasserstoffionenkonzentration $[H^+]$ ausrechnen:

$$\frac{[H^+] \times 0{,}9}{1{,}1} = K_s = 5{,}6 \times 10^{-11} \text{ oder } [H^+] = 6{,}8 \times 10^{-11}$$

Der pH-Wert liegt demnach immer noch zwischen 10 und 11, er hat sich kaum verändert (genaugenommen ist er von 10,25 auf knapp 10,17 gefallen).

Solange es noch CO_3^{--}-Ionen gibt, wird sich die H^+-Ionenkonzentration trotz weiterer Protonenzugabe nur wenig ändern, weil sie durch weitere Bildung von HCO_3^--Ionen stets wieder in die Nähe des ursprünglichen Wertes gebracht wird. Erst wenn durch fortwährende Säurezugabe alle Carbonationen in Hydrogencarbonationen umgewandelt sind, ändert sich die Wasserstoffionenkonzentration, und mit ihr fällt der pH-Wert so sprunghaft, wie wir es beim Vergleichsversuch mit Trinkwasser gesehen haben. Die Wirkung des Puffergemischs ist dann erschöpft.

Versetzen wir dagegen unser Puffergemisch mit Natriumhydroxid, so erniedrigen wir zunächst die Wasserstoffionenkonzentration. Das Puffersystem liefert aber sofort Protonen nach, weil Hydrogencarbonat-Ionen zu Protonen und Carbonationen dissoziieren. Die Protonenkonzentration nähert sich auch hier wieder dem Ausgangswert. Um wieviel sie sich dennoch von ihm unterscheidet, können Sie sich nach dem oben vorgeführten Beispiel ausrechnen.

In Kurzform können wir die Wirkungsweise der Puffermischung bei Laugenzugabe mit der Reaktionsgleichung (1) beschreiben und bei Säurezugabe durch die Reaktionsgleichung (2):

$$(1)\quad HCO_3^- + OH^- \rightarrow CO_3^{-2} + HOH$$
$$(2)\quad CO_3^{-2} + H^+ \rightarrow HCO_3^-$$

Das Puffergemisch zeichnet sich dadurch aus, daß es einen ausreichenden Vorrat sowohl von der schwachen Säure HCO_3^- wie auch von der *konjugierten* (d. h. «zugehörigen») starken Base CO_3^{-2} besitzt, um Hydroxidionen *oder* Wasserstoffionen in weitgehend undissoziierte Verbindungen zu überführen. (Im ersten Fall entsteht Wasser und im zweiten Hydrogencarbonat-Ionen.)

Bei den Stoffwechselreaktionen der Biologie spielen Puffergemische eine ganz wichtige Rolle, weil viele Enzyme (die Katalysatoren der lebenden Zellen) nur bei bestimmten pH-Werten aktiv sind. So ist zum Beispiel unser Blut auf einen pH-Wert von 7,2 ± 0,2 gepuffert, und zwar mit Hilfe von Kohlensäure als Säure und

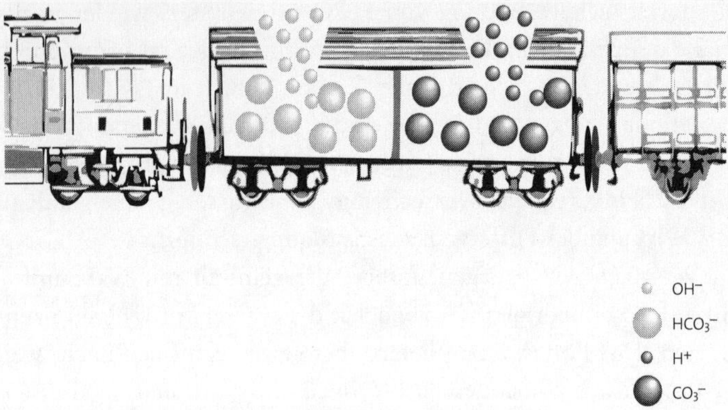

Abbildung 47 Der wohlgepufferte Bahnwaggon
Er ist links gegen Stöße der Lok, rechts gegen Rangierstöße des Nachbarwaggons gepuffert. Seine Ladung ist ein Hydrogencarbonat-Carbonatpuffer, hier durch eine Zwischenwand getrennt. Die Carbonationen im rechten Kompartiment puffern Säurestöße ab, weil die protonenverbrauchende Reaktion $H^+ + CO_3^{-2} \rightarrow HCO_3^-$ stattfindet. – Die Hydrogencarbonationen im linken Kompartiment puffern Laugenstöße ab, weil die Hydroxidionen verbrauchende Reaktion $HCO_3^- + OH^- \rightarrow HOH * CO_3^{--}$ stattfindet. Vermischt man die beiden Ladungen, so wirkt das Gemisch puffernd gegen Säuren und Laugen.

Hydrogencarbonat als Base. Wäre das nicht der Fall, so würde uns schon ein Glas Zitronensaft umbringen. Puffergemische sind also keine Erfindungen, mit denen ehrgeizige Chemiker die Laien beeindrucken oder verwirren wollen, sondern Lösungen, welche die Natur seit vielen hundert Millionen Jahren verwendet, um biochemische Reaktionen zu ermöglichen.

VERSUCH 48
Eigenschaften von Natriumhydrogencarbonat

Wir versuchen, Natriumhydrogencarbonat in entmineralisiertem Wasser zu lösen, und stellen fest, daß es sich verhältnismäßig schlecht löst (etwa 9 Gramm in 100 Milliliter Wasser von 15 Grad Celsius). Die Lösung reagiert schwach alkalisch, weil sich hier das Hydrogencarbonation als schwache Base zeigt:

$$HOH + HCO_3^- \rightarrow OH^- + H_2CO_3$$

Es wirkt also nun als Protonenakzeptor. Wir erkennen, daß das Hydrogencarbonat-Ion ein amphoterer Zwitter ist, der sich gegenüber Basen als Säure und gegenüber Säuren als Base benimmt. Weil es auch in unserem durch die Salzsäure des Magensafts übersäuerten Magen Protonen aufnimmt, ist das «doppeltkohlensaure Natron» ein altbewährtes Hausmittel gegen Sodbrennen.

Wir erhitzen nun eine Spatelspitze Natriumhydrogencarbonat im waagerecht gehaltenen Reagenzglas mit Hilfe unseres Spiritusbrenners. Wir beobachten, daß es Wasserdampf und Kohlendioxid abgibt, und stellen nach dem Abkühlen fest, daß die ausgeglühte Substanz nun sehr gut in Wasser löslich ist und dabei eine stark alkalische Lösung entsteht. Offenbar ist das Natriumhydrogencarbonat durch das Erhitzen in Natriumcarbonat (Soda), Wasser und Kohlendioxid zerfallen:

$$2\,NaHCO_3 + \text{Wärmeenergie} \rightarrow Na_2CO_3 + H_2O\uparrow + CO_2\uparrow$$

(Der nach oben gerichtete Pfeil deutet nach dem Verständnis der Chemiker an, daß Wasser und Kohlendioxid gasförmig entweichen.)

Diese Reaktion haben Bäcker und Hausfrauen schon dutzende Male durchgeführt, wenn sie Natriumhydrogencarbonat als Backpulver verwendeten. Die Bedingungen des Backvorgangs reichen nämlich aus, um Kohlendioxid freizusetzen, das wiederum den Teig auflockert. Die Chemiker benutzen diese Reaktion seit etwa 140 Jahren, um in riesigem Maßstab Soda herzustellen. Soda wiederum brauchen sie in großen Mengen, hauptsächlich für die Herstellung von Glas und Kernseife, aber auch zur Synthese anderer Natriumsalze.

Wälder starben für Pottasche

Soda kommt zwar in Ägypten, Nord- und Südamerika in einigen Salzseen vor, war aber dennoch lange Zeit eine eher rare Verbindung.* Statt dessen benutzte man meist Kaliumcarbonat, weil es durch Auslaugen von Holzasche leicht zu gewinnen war; daher stammt auch der Trivialname «Pottasche». An sich war das ein Verfahren auf der Grundlage nachwachsender Rohstoffe; indessen stieg der Pottaschebedarf der Glas- und Seifenindustrie schon im 18. Jahrhundert so dramatisch, daß ihm riesige Waldbestände zum Opfer fielen. Dies ist einer der Gründe, warum England, der führende Industriestaat jener Zeit, heute kaum noch Wälder besitzt.

Die Situation änderte sich schlagartig, als um 1800 der Franzose Leblanc eine erste chemisch-technische Synthese für Soda erfand.

* Das Buch Jeremia der Bibel erwähnt in Kapitel 2, Vers 22 eine Lauge. Dieses Wort heißt im hebräischen Urtext *neter*; es stammt aus dem Ägyptischen. Offensichtlich war dies eine Sodalösung, die zum Waschen und sogar zur Seifenherstellung diente. *Neter* ist der Wortstamm für «Natron», «Natrium», «Nitrat» und das englische *nitrogen* (= Stickstoff) geworden.

Von nun an konnte man die Wälder schonen, hatte allerdings lange Zeit mit umweltbelastenden oder unbrauchbaren Nebenprodukten zu kämpfen. Gerade als 60 Jahre später alle Probleme gelöst waren und durch intelligente Folgereaktionen sich lauter verkaufbare Nebenprodukte herstellen ließen, erfand der Belgier Ernest Solvay ein konkurrenzlos billiges Verfahren auf der Basis von Natriumhydrogencarbonat.

Solvay nutzte dabei geschickt die geringe Löslichkeit des Salzes und kristallisierte es aus einer Lösung, in der die Natriumionen aus Kochsalz stammen, während die Hydrogencarbonat-Ionen durch eine Neutralisationsreaktion beigestellt werden. Um diese Neutralisationsreaktion zu verstehen, müssen wir nochmals Abb. 25 aufschlagen und das Ammoniakmolekül in der Bildmitte etwas genauer betrachten. Es besitzt ein freies Elektronenpaar an der Spitze der flachen Pyramide, die das Stickstoffatom mit den drei Wasserstoffatomen bildet. Was wird wohl passieren, wenn wir dem Ammoniakmolekül ein Wasserstoffion anbieten? Das untersuchen wir im folgenden Versuch.

Versuch 49
Neutralisation von Ammoniak

Wir besorgen uns aus der Apotheke eine zehnprozentige wäßrige Lösung von Ammoniak («Salmiakgeist») und versetzen etwa 15 ml davon nach und nach mit 1:1 verdünnter Salzsäure (Schutzbrille und Schutzkleidung verwenden! Auch NH_3-Lösung ätzt!). Wir beobachten eine deutliche Erwärmung und setzen die Zugabe von Salzsäure tropfenweise so lange fort, bis ein eingelegter Streifen pH-Papier von stark alkalisch (pH-Wert 11) auf schwach sauer (pH-Wert 5 bis 6) umschlägt. Der stechende Geruch der Ammoniaklösung ist nun verschwunden.

Wenn wir einige Tropfen der Lösung eindunsten, kristallisiert ein Salz aus, dessen Kristalle in regelmäßig angeordneten Fiedern wachsen. Außerordentlich reizvoll ist es, diesen Kristallisationsvorgang unter dem Mikroskop bei etwa 30facher Vergrößerung zu verfolgen.

Offensichtlich ist Ammoniak durch die Salzsäure neutralisiert worden; es ist also eine Base, ein Protonenakzeptor. Wir formulieren:

$$NH_3 + H^+ \rightarrow NH_4^+$$

Demnach hat sich das Proton einfach an das freie Elektronenpaar des Ammoniaks angelagert. Dabei ist eine ziemlich homöopolare Bindung entstanden, eine Bindung allerdings, deren Elektronenpaar nicht von den beiden Reaktionspartnern, sondern allein vom Ammoniak stammt. (Einen ähnlichen Bindungstyp lernten wir bei den Komplexverbindungen kennen.) Jetzt ist aus der stumpfen Pyramide des NH_3-Moleküls ein regelmäßiges Tetraeder wie beim Methan geworden.

Die positive Ladung, die das Wasserstoffion mitgebracht hat, ermöglicht es dem «Ammoniumion» NH_4^+, ähnlich wie Natrium- oder Kaliumionen Salze zu bilden; in unserem Falle das Ammoniumchlorid, $NH_4^+Cl^-$. Es ist recht bemerkenswert, daß hier aus zwei Gasen ein Festkörper entsteht. Das Bestreben des Ammoniaks, ein Proton anzulagern, ist so stark ausgeprägt, daß beim Auflösen von Ammoniak in Wasser das Ionengleichgewicht weit in den alkalischen Bereich verschoben wird*:

$$NH_3 + HOH \rightarrow NH_4^+ + OH^-$$

* Man nennt Verbindungen, die wie das Ammoniak nur wegen ihres freien Elektronenpaars basisch reagieren, «Lewis-Basen» oder Elektronendonatoren. Umgekehrt heißen Verbindungen mit einer Elektronenlücke

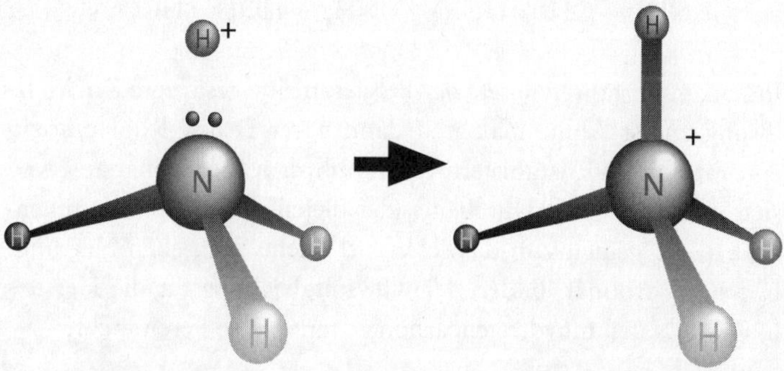

Abbildung 48 Ammoniakmolekül und Ammoniumion
Das Ammoniakmolekül bindet mit Hilfe seines freien Elektronenpaars ein Wasserstoffion. Es entsteht ein positiv geladenes Ammoniumion, in welchem das Stickstoffatom im Zentrum eines Tetraeders sitzt und von vier Wasserstoffatomen an den Ecken des Tetraeders umgeben ist. Es gleicht damit dem Methan (CH_4); vgl. Abbildung 25.

Mit anderen Worten entreißt das Ammoniak dem Wasser ein Proton, wobei NH_4^+ entsteht und OH^- übrigbleibt. Im Gegensatz zum Natriumhydroxid oder Kaliumhydroxid gelingt es allerdings nicht, durch Eindampfen das «Ammoniumhydroxid» zu isolieren – man erhält wieder Ammoniakgas und Wasser zurück.

Selbstverständlich kann man eine so alkalisch reagierende wäßrige Ammoniaklösung nicht nur mit Salzsäure, sondern auch mit anderen Säuren neutralisieren. Solvay benutzte dafür die billige Kohlensäure, die er natürlich als Anhydrid einsetzte, und verschaffte sich mit diesem Kunstgriff die dringend gesuchten Hydrogencarbonat-Ionen:

(wie das Aluminiumhydroxid in Versuch 42) «Lewis-Säuren» oder Elektronenakzeptoren – nach dem Amerikaner G. N. Lewis, der um 1900 erkannte, daß Atome die kompletten Achterschalen der Edelgase anstreben.

$$NH_4^+ + OH^- + H_2CO_3 \rightarrow NH_4^+ + HOH + HCO_3^-$$

In seinem Verfahren leitete der Belgier in eine gesättigte Kochsalzlösung zuerst Ammoniak und dann unter Druck Kohlendioxid ein. Tatsächlich kristallisierte Natriumhydrogencarbonat aus, weil sich im allgemeinen Durcheinander diejenigen Ionen zusammenfinden, die gemeinsam das schwerstlösliche Salz, eben Natriumhydrogencarbonat, bilden. Die Gesamtgleichung für die Herstellung des Natriumhydrogencarbonats lautet also vereinfacht:

$$NaCl + NH_4HCO_3 \rightarrow NaHCO_3\downarrow + NH_4Cl$$

(Mit dem nach unten gerichteten Pfeil deuten die Chemiker an, daß die so gekennzeichnete Verbindung während der Reaktion auskristallisiert.)

Wir besitzen natürlich keine Apparatur, um unter Druck Kohlendioxid in eine ammoniakhaltige Kochsalzlösung einleiten zu können, können aber die Ausfällung des Natriumhydrogencarbonats gemäß obiger Reaktionsgleichung beobachten, wenn wir uns fertiges Ammoniumhydrogencarbonat («Hirschhornsalz») aus der Apotheke oder dem Backzutatenstand des Supermarkts besorgen.

Versuch 50
Herstellung von Natriumhydrogencarbonat

Wir vermischen zehn Gramm Ammoniumhydrogencarbonat mit 24 Milliliter entmineralisiertem Wasser. Das Salz löst sich teilweise unter deutlicher Abkühlung.

In diese Wasser-Hirschhornsalz-Mischung gießen wir die (nötigenfalls filtrierte) Lösung von acht Gramm Kochsalz in 24 Milliliter Wasser. Wir mischen gut durch und lassen das Ganze

24 Stunden stehen. In dieser Zeit hat sich ein dicker weißer Niederschlag abgesetzt, den wir abfiltrieren und auf dem Filter zweimal mit je fünf Milliliter eiskaltem Wasser waschen. Wir trocknen ihn auf dem Filterpapier in einer Schale an einem warmen Ort. Die Ausbeute liegt bei etwa sieben Gramm.

Wir können eine Spatelspitze davon zu Soda glühen (siehe Versuch 48) und damit beweisen, daß unser Niederschlag aus Natriumhydrogencarbonat besteht.

Ernest Solvay schlug auf diese Weise gleich zwei Fliegen mit einer Klappe: Einerseits stellte er über Natriumhydrogencarbonat aus dem billigen Kochsalz die begehrte Soda her, andererseits nahm er den damaligen Leuchtgasfabriken das umweltbelastende Nebenprodukt Ammoniak ab. Und woher nahm er das Kohlendioxid? Einen Teil konnte er beim Glühen des Natriumhydrogencarbonats (siehe Versuch 48) zurückgewinnen, aber für dessen Herstellung brauchte er die doppelte Menge.

Er löste das Problem ganz einfach, indem er einen Kalkbrennofen bauen ließ und in ihm nach dem Verfahren aus dem Altertum billigen Kalkstein (Calciumcarbonat) zu Calciumoxid und CO_2 brannte, genau wie wir das in kleinem Maßstab bei Versuch 41 getan haben. Das Calciumoxid wiederum verkaufte er nicht an Baufirmen, sondern benutzte es, um aus dem Nebenprodukt Ammoniumchlorid das Ammoniak zurückzugewinnen. Im nächsten Versuch lernen wir diese Reaktion kennen.

Versuch 51
Ammoniak aus Ammoniumchlorid

Wir versetzen einige Milliliter der geruchlosen Ammoniumchloridlösung aus Versuch 49 oder das Filtrat aus Versuch 50 mit Calciumoxid aus Versuch 41 (Schutzbrille!) und beobachten, daß jetzt wieder der stechende Geruch des Ammoniaks wahrnehmbar wird. Offensichtlich nehmen die OH^--Ionen des Calciumhydroxids den Ammoniumionen das Proton wieder weg:

$$Ca^{++}(OH^-)_2 + 2\,NH_4{}^+Cl^- \rightarrow 2\,NH_3\uparrow + Ca^{++}(Cl^-)_2 + 2\,HOH$$

Ab jetzt mußte er den Leuchtgasfabrikanten nur noch so viel Ammoniak abkaufen, wie er durch Ausbeuteverluste verlor.

Letzten Endes stellte Solvay also aus Salz, Kalkstein und Kohle (letztere zum Betreiben des Kalkofens und zum Ausglühen des Natriumhydrogencarbonats) die dringend benötigte Soda her. Das Ammoniak führte er weitgehend im Kreis, und als einziges Nebenprodukt fällt eine wäßrige Lösung von Calciumchlorid an. Dieses Salz kann man mit einigem Aufwand gewinnen; es dient zum Enteisen von Start- und Landebahnen, zum Trocknen von Gasen und Flüssigkeiten, ferner als Frostschutzmittel für Betonwaren und Rohziegel, wird aber meist nicht in den Mengen gebraucht, in denen es zwangsläufig als «Kuppelprodukt» der Soda anfällt (nämlich ein Mol pro Mol Natriumcarbonat, also 111 Gramm pro 106 Gramm oder ungefähr eine Tonne je Tonne wasserfreier Soda). Man läßt es daher oft im Abwasser. Es ist zwar ziemlich ungiftig und kommt sowieso im Meereswasser vor, belastet aber sicher die Umwelt, vor allem wenn es tonnenweise in einen theoretisch salzfreien Fluß eingeleitet wird. Das ist der einzige Schwachpunkt dieser gelungenen Synthese, die nicht unverdient Ernest Solvay zu einem der reichsten Männer der Welt machte.

Die Gesamtreaktion des Solvay-Prozesses sieht wie folgt aus:

$$CaCO_3 + 2\,NaCl + \text{Energie} \rightarrow Na_2CO_3 + CaCl_2$$

Freiwillig läuft sie nur in umgekehrter Richtung ab, aber aus welchen Gründen?

Der Solvay-Prozeß kann gemäß obiger Summengleichung nur in der unerwünschten Richtung freiwillig ablaufen, weil nur von rechts nach links gelesen Energie geliefert wird. (Die Entropie können wir in erster Näherung vernachlässigen, weil aus zwei Mol Festkörpern zwei Mol Festkörper entstehen und sich dadurch die Entropie als Maß für die Unordnung nicht wesentlich verändert.)

Doch welche Kunstgriffe hat Solvay angewandt, um sein Ziel zu erreichen? Der Schlüssel zum Erfolg war zweifellos die Umsetzung von Ammoniumhydrogencarbonat mit Natriumchlorid zu schwerlöslichem Natriumhydrogencarbonat und Ammoniumchlorid (siehe Versuch 50). In dem unübersichtlichen Gemisch von insgesamt vier verschiedenen Ionen (Na^+, Cl^-, NH_4^+ und HCO_3^-) finden zielsicher die beiden zusammen, die ein schwerlösliches Salz bilden, und nach dem Abfiltrieren des Niederschlags liegen in der Lösung (fast) nur noch die Ionen des Ammoniumchlorids vor. Das erinnert uns lebhaft an Versuch 45, bei dem wir aus HCl und NaOH undissoziiertes Wasser hergestellt hatten und die Ionen des Natriumchlorids übrigblieben. Wir haben dort festgestellt, daß die Entstehung von Wasser die «treibende Kraft» der Neutralisationsreaktionen ist. Nun schließen wir aus der Herstellungsreaktion für Natriumhydrogencarbonat, daß auch die Entstehung eines unlöslichen Salzes eine Ionenreaktion antreiben kann. Offensichtlich ist es so, daß diese Reaktionen stets **dann** in einer Richtung laufen, wenn zwei der vorhandenen Ionenarten weitgehend aus der wäßrigen Lösung verschwinden – sei es durch die Bildung von weitgehend undissoziiertem Wasser oder durch die Bildung von unlöslichen Kristallen. Fehlt diese Antriebskraft, so bleibt das Ionengemisch unverändert.

Warum das Verschwinden zweier Ionenarten, also eines Reaktionspartners, das Reaktionsgleichgewicht verschiebt, wollen wir in einem Gedankenexperiment untersuchen. Wir kehren dafür zur Natriumhydrogencarbonatsynthese Solvays zurück und schreiben die Reaktionsgleichung vereinfacht ohne Ionen:

$$NH_4HCO_3 + NaCl \rightarrow NaHCO_3\downarrow + NH_4Cl$$

Derartige Reaktionsgleichungen gibt es in der Chemie zuhauf (so zum Beispiel in Versuch 19, 20 und 25). Wir können sie auch ähnlich wie in der Algebra allgemeiner formulieren; sie lautet dann:

$$A + B \rightarrow C + D$$

Was passiert nun eigentlich, wenn wir die beiden Rohstoffe A und B zusammenbringen? Zunächst wird A mit B reagieren und mit einer gewissen Reaktionsgeschwindigkeit w_1 (beispielsweise gemessen in Mol/Minute) die Reaktionsprodukte C und D bilden. Wovon hängt die Reaktionsgeschwindigkeit w_1 ab? Wir erinnern uns an die Überlegungen, die wir beim Heiratsmakler anstellten, und können ganz ähnlich wie dort aussagen, daß w_1 um so größer ist, je größer die Konzentration an A im Reaktionsgemisch ist. Die gleiche Überlegung gilt aber auch für B, so daß sich wieder die Gleichung

$$w_1 = k_1 \times [A] \times [B]$$

ergibt, die wir schon für das Geschäft der Eheanbahnung abgeleitet haben.

Die Reaktionsgeschwindigkeit ist also proportional der Konzentration der Ausgangsprodukte A und B. Das ist auch einleuchtend, denn je mehr A vorhanden ist, desto größer ist die Wahrscheinlichkeit, daß A-Moleküle mit B-Molekülen zusammentreffen und reagieren. Ganz analog ist die Wahrscheinlichkeit, daß B auf A trifft, um so größer, je mehr B-Moleküle vorhanden sind.

Wenn also am Anfang ein Mol A und ein Mol B in einem Liter Lösungsmittel gelöst sind, wird die Reaktion sofort starten, und es werden C und D entstehen. Nach einer gewissen Zeit sind jeweils 0,7 Mol umgesetzt, also nur noch 0,3 Mol A und 0,3 Mol B vorhanden. Ihre Konzentration hat also abgenommen. A und B treffen sich entsprechend seltener und können folglich seltener miteinander reagieren; die Reaktionsgeschwindigkeit hat also ebenfalls abgenommen. Noch etwas später sind schon jeweils 0,9 Mol umgesetzt, und die verbleibende Konzentration beider Reaktionspartner beträgt nur noch je 0,1 Mol pro Liter. Die Reaktionsgeschwindigkeit w_1 ist noch geringer geworden, je weiter die Reaktion fortschreitet, desto langsamer wird sie. Sie läuft sich sozusagen tot. Spätestens dann, wenn alle A-Moleküle und alle B-Moleküle verbraucht sind, kann kein A mehr mit B reagieren, spätestens dann kommt sie also gänzlich zum Stillstand – oder vielleicht doch schon früher?

Jetzt lesen wir die Reaktionsgleichung von rechts nach links. Gleiches Recht für alle! Für die Geschwindigkeit w_2 der Rückreaktion (1) gilt nämlich auch, daß sie um so größer ist, je öfter C-Moleküle mit D-Molekülen zusammenstoßen, und deshalb gilt ganz analog Gleichung (2).

$$(1)\quad C + D \rightarrow A + B$$
$$(2)\quad w_2 = k_2 \times [C] \times [D]$$

Am Anfang unseres obigen Gedankenversuchs ist noch [C] und [*D*] gleich null. Aber in dem Maße, wie A und B miteinander reagieren, entstehen immer größere Mengen C und D, und damit nimmt die Wahrscheinlichkeit zu, daß sie sich treffen. Die Geschwindigkeit w_2 der Rückreaktion steigt also, während die Geschwindigkeit w_1 der Hinreaktion im Versuchsverlauf abnimmt.

Irgendwann erreicht die Geschwindigkeit w_2 den gleichen Wert wie w_1. Dann entstehen offensichtlich pro Zeiteinheit gleich viele Moleküle C und D durch die Hinreaktion, wie mit Hilfe der Rückreaktion durch Umsetzung zu A und B verschwinden. Und durch die Rückreaktion entstehen pro Zeiteinheit ebenso viele Moleküle A und B, wie durch die Hinreaktion verschwinden. Das heißt, daß beide Reaktionen noch gleich schnell weiterlaufen, sich jedoch in ihrer Wirkung gegenseitig aufheben. Mathematisch formuliert, folgt aus Gleichung (1) Gleichung (2), und aus dieser wird Gleichung (3), wenn wir wieder $k_1 : k_2$ in einer neuen Konstanten K zusammenfassen:

$$(1) \quad w_1 = w_2$$

$$(2) \quad k_1 \times [A] \times [B] = k_2 \times [C] \times [D]$$

$$(3) \quad \frac{[C] \times [D]}{[A] \times [B]} = \frac{k_1}{k_2} = K$$

Diese neue Konstante K heißt auch «Gleichgewichtskonstante».* Wir haben damit ein allgemeines Gesetz für die Reaktion von zwei Verbindungen A und B im Molverhältnis 1:1 zu zwei Verbindungen C und D im Molverhältnis 1:1 abgeleitet.

* K ist allerdings von der Temperatur abhängig, nimmt also bei 100 Grad Celsius einen anderen Wert an als bei Zimmertemperatur, und zwar aus folgendem Grund: Am Gleichgewichtspunkt läuft sowohl die Hin- wie auch die Rückreaktion spontan ab, aber beide Reaktionsgeschwindigkeiten sind gleich. Deshalb muß auch ΔG als Maß für die Freiwilligkeit für beide Reaktionen bis auf das Vorzeichen gleich groß sein. Weil aber immer $\Delta G = \Delta H - \Delta ST$ gilt, ergeben sich für verschiedene Werte der absoluten Temperatur T verschiedene ΔG und damit verschiedene Gleichgewichtskonstanten K. Also hat K bei verschiedenen Temperaturen T einen unterschiedlichen Wert.

Demokratie in der Chemie: Das Massenwirkungsgesetz

Diesen Zusammenhängen kamen vor etwa 140 Jahren die norwegischen Chemiker Guldberg und Waage auf die Spur. Da sie nicht das Wort Konzentration verwendeten, sondern mit Massen rechneten, nennen die Chemiker das von ihnen entdeckte Naturgesetz *Massenwirkungsgesetz*. Es ist eines ihrer wichtigsten Hilfsmittel.

Es geht also in der Chemie ganz ähnlich zu wie in der Politik, denn unter dem Einfluß der Massen werden sorgfältig austarierte Gleichgewichte verschoben.

Spätestens hier wird uns klar, daß wir bei der Ableitung der Dissoziationskonstanten K_s einen Sonderfall des Massenwirkungsgesetzes behandelten, bei dem es nur ein einziges Reaktionsprodukt gibt. Die zugehörige Gleichung lautet dann in ihrer allgemeinen Form $A + B \rightarrow C$. Bei der Herleitung des Ionenprodukts von Wasser waren die Verhältnisse noch einfacher, weil das einzige Reaktionsprodukt Wasser in so gewaltiger Konzentration (nämlich 55,5 Mol/Liter) vorlag, daß wir diese konstant setzen durften.

Selbstverständlich kann man das Massenwirkungsgesetz auch auf Reaktionsgleichungen anwenden, die der allgemeinen Form (1) gehorchen; für w_1 ergibt sich dann Gleichung (2).

$$(1) \quad 2\,A + B \rightarrow C + D$$
$$(2) \quad w_1 = k_1 \times [A] \times [A] \times [B] = k_1 \times [A]^2 \times [B]$$

Das Quadrat der Konzentration von A gelangt damit auch in den Nenner des Bruchs für die Gleichgewichtskonstante K. Genauso selbstverständlich gilt das Massenwirkungsgesetz für Reaktionen, die nach unserer Beobachtung *vollständig* in einer Richtung ablaufen, wie etwa die Knallgasreaktion, bei der Wasser aus Wasserstoff und Sauerstoff entsteht. In Wirklichkeit gibt es auch hier eine

Rückreaktion; nur ist die Gleichgewichtskonstante so extrem hoch (nämlich bei 10^{80}), daß die Ausgangsstoffe nach der Reaktion überhaupt nicht mehr nachweisbar sind. Das Gleichgewicht liegt also ganz extrem auf der Seite der Wasserentstehung, die Reaktion läuft praktisch vollständig («quantitativ») ab.

Doch nun zurück zu Solvays Natriumhydrogencarbonatsynthese! Ungeachtet aller weitverbreiteten Abneigung gegen die Mathematik können wir mit dem Massenwirkungsgesetz ausrechnen (oder auch abschätzen), was mit unserer Reaktion passiert, wenn die Konzentration von gelöstem C (Natriumhydrogencarbonat) beständig niedrig bleibt, weil es schwer löslich ist und sich als kristalliner Niederschlag am Boden absetzt. Dann müssen nämlich die Konzentrationen von A (Ammoniumhydrogencarbonat) und B (Natriumchlorid) ebenfalls klein werden; die Konzentration an D (Ammoniumchlorid) dagegen groß, damit die Gleichung des Massenwirkungsgesetzes erfüllt wird. Im Endergebnis verschiebt sich das Gleichgewicht zwischen den vier Reaktionsteilnehmern nach rechts, A und B werden verbraucht, es entsteht D, aber auch C, das jedoch nur zu einem geringen Teil in der Lösung bleibt. Nur diese gelöste Menge zählt als Konzentration für das Massenwirkungsgesetz. Die Hauptmenge an $NaHCO_3$ kristallisiert aus, verschwindet also wie durch ein Loch aus der Lösung und damit aus dem Reaktionsgeschehen. Das Reaktionssystem versucht dennoch krampfhaft, eine höhere Konzentration an C herzustellen. Seine Anstrengungen sind jedoch genauso erfolglos wie die des Teufels, der in einem deutschen Märchen den Stiefel des Soldaten mit Gold füllen soll, aber nicht merkt, daß der Mann die Sohle abgeschnitten hat.

Umgekehrt bewirkt natürlich auch die Konzentrationserhöhung eines der beiden Ausgangsstoffe A oder B, daß die Konzentration der Produkte C und D ansteigt und $[B]$ kleiner wird. Erhöht man zum Beispiel $[A]$ auf 10 Mol/Liter und $[B]$ bleibt 1

Mol/Liter, so muß sowohl das Produkt $[C] \times [D]$ größer als auch $[B]$ kleiner werden, als es beim ursprünglichen Gleichgewicht ohne Überschuß von A war. Auch in diesem Falle verlagert sich also das Gleichgewicht nach rechts auf die Seite der Reaktionsprodukte.

Die Natur schlägt nicht zurück, sie weicht aus

Die quantitativen Aussagen des Massenwirkungsgesetzes können wir uns in qualitativer Form leicht merken, denn es gilt der Satz: *Die Reaktion läuft immer so, daß sie versucht, einem auf das System ausgeübten Zwang auszuweichen oder diesen Zwang zu vermindern.* Die Reaktion baut erhöhte Konzentrationen ab; sie versucht, erniedrigte Konzentrationen zu erhöhen (was aber beständig mißlingt, wenn eine schwerlösliche Verbindung ausfällt oder aus Ionen eine undissoziierte Verbindung entsteht; dann gleicht dieses Bestreben nämlich dem Versuch, einen Sack ohne Boden aufzufüllen). Das Gleichgewicht kann mit diesen Methoden nach rechts oder nach links verschoben werden, je nachdem, wo der Mangel oder Überfluß an Reaktionskomponenten auftritt beziehungsweise erzeugt wird.

In diese Betrachtungen können wir die Reaktionswärme so einbeziehen, als ob sie ein Reaktionsprodukt wäre – genaugenommen ist sie das ja auch. Die mathematische Abhandlung dieses Problems würde den Rahmen dieses Buches sprengen; qualitative Aussagen erlaubt uns jedoch der oben formulierte Satz, daß das Reaktionssystem versucht, Zwängen auszuweichen oder sie abzubauen. So können wir erwarten, daß Reaktionen, die Wärme entwickeln, bei Wärmeabfuhr (Temperaturerniedrigung durch Kühlung) vollständiger ablaufen, als wenn wir die Temperatur während der Reaktion ansteigen lassen. Allerdings dürfen wir dabei nicht die Temperatur zu weit absenken, weil sonst die Reaktion zu langsam verläuft. (Eine Faustregel besagt, daß chemische Reaktionen ihre Geschwindigkeit bei einer Temperaturerniedrigung um 10 Grad Celsius halbieren.) Wärmeverbrauchende Reaktionen verlaufen dagegen bei Temperaturerhöhung vollständiger, weil das Reaktionssystem versucht, die zugeführte Wärmeenergie zu verbrauchen.

Ein schönes Beispiel für diese Gesetzmäßigkeiten ist die Herstellung von NO aus den Elementen nach der Gleichung

$$N_2 + O_2 + 180{,}74\ \text{kJ} \rightarrow 2\ NO$$

NO entsteht aus den Elementen in einer Flamme oder noch besser in einem elektrischen Lichtbogen bei 2400 Grad Celsius. Bei Temperaturen um 1000 Grad zerfällt das so hergestellte NO wieder in die Elemente. Bei Temperaturen unter 700 Grad Celsius ist der Zerfall noch vollständiger als bei 1000 Grad, die Reaktion verläuft aber so langsam, daß das NO praktisch beständig ist. Will man also NO im elektrischen Lichtbogen herstellen, so muß man das Reaktionsgas sehr rasch von 2400 Grad auf weniger als 700 Grad «abschrecken». Gelingt das nicht, so leidet die Ausbeute erheblich.

Mit Hilfe dieser Beobachtung ist sofort zu erkennen, wie sich die Gleichgewichtskonstante K dieser Reaktion mit zunehmender Temperatur ändern wird. Sie muß natürlich größer werden, weil bei höherer Temperatur mehr NO entsteht und dadurch Sauerstoff und Stickstoff verbraucht werden. Bei wärmeerzeugenden Reaktionen ist es selbstverständlich gerade umgekehrt.

Ähnlich weicht das Reaktionssystem eventuellen Druckerhöhungen aus. Das gelingt dadurch, daß sich das Gleichgewicht in jene Richtung verschiebt, in der Druck abgebaut wird. Ein schönes Beispiel dafür liefert die exotherme Synthese des Ammoniaks aus seinen Elementen, die wir beim nächsten Ausflug kennenlernen werden. Bei dieser Synthese entstehen aus drei Mol Wasserstoff und einem Mol Sauerstoff zwei Mol Ammoniak nach der Gleichung

$$3\,H_2 + N_2 \rightarrow 2\,NH_3$$

Somit bilden sich aus vier Mol Rohgas zwei Mol Ammoniakgas. Das heißt aber auch, daß aus vier Volumina durch die Reaktion zwei Volumina entstehen. Wenn wir nun vier Raumteile auf zwei Raumteile zusammenpressen, müssen wir den Druck verdoppeln, weil ja nach dem Satz von Boyle und Mariotte das Produkt aus Druck und Volumen konstant ist. Diese Verdoppelung des Drucks versucht die Reaktion dadurch abzubauen, daß sie in Richtung Ammoniakentstehung ausweicht. Wenn ihr das vollständig gelänge, wäre die Verdoppelung des Drucks gerade wieder beseitigt.

Die mehr qualitative, aber sehr vielseitig anwendbare Aussage, daß jedes Reaktionssystem einen darauf ausgeübten Zwang zu vermindern sucht, haben Braun und Le Chatelier im Jahr 1884 beziehungsweise 1888 als erste formuliert. Man nennt sie deshalb auch das «Prinzip von Braun und Le Chatelier»* oder das «Prinzip vom kleinsten Zwang». Das Massenwirkungsgesetz ist nichts anderes als eine spezielle Anwendung dieses Prinzips, nämlich die quantitative Übertragung auf Konzentrationen.

Wir wollen diesen anstrengenden Ausflug mit zwei weiteren überraschenden Anwendungen des Prinzips vom kleinsten Zwang fort-

* Henry le Chatelier (1850–1936) lehrte in Paris Chemie. Er entdeckte das nach ihm benannte Prinzip 1888. Karl Ferdinand Braun (1850–1918) lehrte Physik in Straßburg. Er ist der Erfinder der Braunschen Röhre, einer Vorläuferin der Fernsehröhre. Für seine Arbeiten über die drahtlose Telegraphie erhielt er 1909 zusammen mit Marconi den Nobelpreis.

setzen. In Versuch 28 haben wir Eis durch Druck geschmolzen und dies mit dem gewaltsamen Zusammenpressen der Hohlräume im Kristallgitter des Eises erklärt. Braun und Le Chatelier können diesen verblüffenden Versuch anhand ihres Prinzips ebenfalls erklären, ohne sich auf die damals noch unbekannte Kristallstruktur des Eises beziehen zu müssen: Eis ist weniger dicht als Wasser, beansprucht also mehr Raum als die gleiche Menge Wasser. Übt man auf Eis Druck aus, so versucht es, diesen Druck zu vermindern. Das gelingt dadurch, daß es zu Wasser schmilzt, denn das Wasser nimmt weniger Raum ein und vermindert dadurch den Druck.

In Versuch 37 haben wir Kohlendioxid aus Natriumcarbonat durch Übergießen mit Essig hergestellt. Warum CO_2 entstand, können wir mit dem Prinzip vom kleinsten Zwang leicht erklären. Wir übten auf das Reaktionsgemisch dadurch einen Zwang aus, daß wir mit Hilfe der Essigsäure die Wasserstoffionenkonzentration beständig erhöhten. Das Gemisch versucht, den Zwang zu vermindern. Deshalb laufen nacheinander die protonenverbrauchenden Reaktionen (1) und (2) ab:

$$(1)\ CO_3^{--} + H^+ \rightarrow HCO_3^-$$
$$(2)\ HCO^-_3 + H^+ \rightarrow H_2CO_3$$
$$(3)\ H_2CO_3 \rightarrow CO_2\uparrow + H_2O$$

Bei Reaktion (1) und (2) wirkt das Carbonation beziehungsweise das Hydrogencarbonat-Ion als Base (Protonenakzeptor), im Endergebnis entsteht die wenig dissoziierte Kohlensäure. Da diese nur in niedrigen Konzentrationen beständig ist, schließt sich eine dritte Reaktion (3) an, die dazu führt, daß Kohlendioxid entweicht.

Flüchtige Stoffe werden verdrängt

Die Kohlensäure zerfällt also in ihr Säureanhydrid und Wasser; ersteres entweicht als Gas. Die Menge an gelöstem Kohlendioxid bleibt deswegen niedrig, und das System versucht krampfhaft, diese zu erhöhen, was aber beständig mißlingt. Auch die Entstehung eines Gases kann also ein Gleichgewicht ins Extrem verschieben. Die Chemiker sagen: Die Kohlensäure ist eine leicht flüchtige Säure, weil sie wie ein gutes Parfüm rasch «verduftet». In unserem nächsten Versuch verwenden wir statt der organischen Verbindung Essigsäure eine anorganische Säure.

Versuch 52
Salzsäure verdrängt Kohlensäure

Wir tropfen in einem Becherglas zu einer Spatelspitze Soda oder Natriumhydrogencarbonat so lange mit der fünffachen Menge Wasser verdünnte Salzsäure, bis die Entwicklung von Kohlendioxid aufhört. Nun dunsten wir einen Tropfen der Lösung ein. Es entstehen die typischen Oktaeder, die wir in Versuch 22 beobachtet haben. Auch in unserem Versuch ist also Kochsalz entstanden. Die Reaktion folgt den oben erarbeiteten Gleichungen (1) bis (3). Weder die Natriumionen aus dem Natriumcarbonat noch die Chloridionen aus der Salzsäure nehmen an der Reaktion teil; sie bleiben einfach übrig. Beim Eindunsten oder Eindampfen treten sie zu kristallinem Natriumchlorid zusammen.

Die Salzsäure hat also die leicht flüchtige Kohlensäure aus dem Natriumcarbonat verdrängt und selbst ein Salz mit dessen Natriumionen gebildet. Diese Reaktion ist kein Einzelfall, sondern gelingt immer, wenn man eine schwerer flüchtige (das heißt: erst bei höherer Temperatur siedende) Säure auf das Salz einer leicht flüchtigen Säure einwirken läßt. Die Chemiker benutzen dieses Verfahren, um mit Hilfe von schwer flüchtigen Säuren leicht flüchtige Säuren aus ihren Salzen «auszutreiben».

Versuch 53
Neutralisation und Mauerbau

Wir neutralisieren die filtrierte Lösung von Calciumhydroxid des Versuchs 41, indem wir langsam ein stark «kohlensäurehaltiges» Mineralwasser hineintropfen lassen. Es entsteht ein weißer Niederschlag von Calciumcarbonat:

$$Ca^{2+} + 2\,OH^{--} + 2\,H^{+} + CO_3^{\,2-} \rightarrow 2\,HOH + CaCO_3\downarrow$$

Bei dieser Neutralisationsreaktion gibt es gleich zwei «Motoren», die für einen vollständigen Ablauf der Reaktion sorgen: einerseits die Entstehung von Wasser aus Protonen und Hydroxidionen, andererseits die Entstehung des unlöslichen Calciumcarbonats.

Das Calciumcarbonat hat ein Kristallgitter, in dem sich Ca^{+2}-Ionen und CO_3^{-2}-Ionen abwechseln. Wir haben es in der Reaktionsgleichung jedoch undissoziiert angeschrieben, weil es unlöslich ist und seine Ionen deshalb in der wäßrigen Lösung keine Rolle spielen. Unser Versuch wird seit etwa 2500 Jahren in großem Maßstab von Maurern durchgeführt, die sich der chemischen Prozesse, welche während ihrer Arbeit ablaufen, sicherlich nicht bewußt sind. Sie «löschen» «gebrannten Kalk» oder schlämmen «gelöschten Kalk» mit Wasser an, fügen Sand dazu und verarbeiten den Mörtel beim Mauerbau. Anschließend können sie zufrieden nach Hause gehen, weil sie wissen, daß der Mörtel selbsttätig fest wird («abbindet»). Dies besorgt nämlich ganz ohne ihr Zutun das Kohlendioxid der Luft. Es löst sich im Wasser des Mörtels, bildet Kohlensäure und neutralisiert das Calciumhydroxid. Dabei fallen feine, sich verfilzende Calciumcarbonatkriställchen aus, welche Sandkörner und Mauersteine miteinander verkitten und schließlich den Mörtel zu einer steinartigen Masse erhärten lassen. Das Wasser des Mörtels verdunstet zusammen mit dem Reaktionswasser, das durch die Neutralisation entsteht; bisweilen beschleunigt der Architekt diesen physikalischen Vorgang, indem er frisch gemauerte Räume mit offenen Kohleöfen heizt. Das durch die Verbrennung entstehende Kohlendioxid beschleunigt seinerseits den chemischen Vorgang des Abbindens; so schlägt er zwei Fliegen mit einer Klappe.

VERSUCH 54
Calciumhydrogencarbonat versetzt Berge

Wir fügen zu dem Niederschlag aus Versuch 53 weitere Mengen unseres stark kohlensäurehaltigen Sprudels. Der Niederschlag löst sich wieder auf, weil mit einem Überschuß an Kohlensäure nach der Gleichung

$$CaCO_3 + 2\,H^+ + CO_3^{2-} \rightarrow Ca^{+2} + 2\,(HCO_3)^-$$

lösliches Calciumhydrogencarbonat entsteht. In der Kurzform geschrieben hat es die Formel $Ca(HCO_3)_2$. Die Fähigkeit des Carbonations, unter Aufnahme eines Protons ein undissoziiertes Hydrogencarbonation zu bilden, ist offenbar die treibende Kraft unseres Versuchs. Erstaunlicherweise reicht sie aus, um ein kristallines, unlösliches Carbonat anzugreifen und aufzulösen.

Da Regenwasser stets Kohlendioxid aus der Luft löst und damit anschließend Kohlensäure bildet, findet die oben formulierte Reaktion tagtäglich trotz der geringen Säurekonzentration in riesigem Umfang statt. Unmerklich löst das kohlensäurehaltige Wasser Kalkgestein (Calciumcarbonat) auf. Selbst an dem so kunstvoll hergestellten Mörtel nagt es im Laufe der Jahrhunderte und Jahrtausende. Aus mikroskopischen Haarrissen im Gestein, die vielleicht gefrierendes Wasser verursacht hat, werden durch den Angriff der Kohlensäure Spalten, in die das saure Wasser tiefer einsickert. Allmählich entstehen Höhlen und Gänge, durch die unterirdische Flüsse ihren Weg suchen, und irgendwann ist das gesamte Gebirge so zerfressen und durchlöchert, daß es wie ein Kartenhaus zusammenstürzt; natürlich nicht von heute auf morgen, sondern innerhalb geologischer Zeiträume. Erdbeben sind oft die Anzeichen dafür, daß wieder ein Teil des unterirdischen Höhlensystems eingebrochen ist; die Bewohner der Schwäbischen Alb und anderer Karstgebiete können ein Lied davon singen. Wenn auch die oberflächennahen Hohlräume eingebrochen sind und das Wasser einen Teil des Schutts weggeschwemmt hat, bleibt eine «Höhlenruine» übrig. Das ist oft eine eindrucksvolle Landschaft mit Felspfeilern, wie etwa der Torcal bei Antequera in Andalusien. Aber auch diese bleibt nicht ewig erhalten; die Kohlensäure verwandelt sie allmählich in ein anfangs sehenswertes, später unscheinbares Felsenmeer. Ganz zuletzt ist von einem riesigen Kalkmassiv nichts mehr übriggeblieben; es hat sich vollständig als Calciumhydrogencarbonat aufgelöst. Ähnlich übel kann es auch einem Sandsteingebirge ergehen, wenn seine Sandkörner durch Calciumcarbonatkriställchen miteinander verkittet sind (im Grunde genommen ist ein solcher «Kalksandstein» nichts anderes als natürlich entstandener, abgebundener Mörtel). Manchmal bleiben dabei vorübergehend bizarre Felstürme erhalten, die zufällig aus etwas beständigerem Material bestehen. Das Elbsandsteingebirge ist dafür ein schönes Beispiel.

Das also ist der schlichte chemische Hintergrund für Laotses philosophisch gedeutete Beobachtung,

«Daß das weiche Wasser in Bewegung
Mit der Zeit den mächtigen Stein besiegt.
Du verstehst, das Harte unterliegt.» *

Erstaunlicherweise fristet das Calciumhydrogencarbonat, obwohl es in ungeheuren Mengen entsteht, dennoch ein ziemlich verborgenes Dasein, denn wir finden es nirgends in der Landschaft, auch nicht in Trockengebieten. Das liegt aber einfach daran, daß dieses Salz ziemlich unbeständig ist. Bevor es irgendwo in nennenswerter Menge auskristallisieren könnte, findet es immer eine Gelegenheit, wieder zu Calciumcarbonat und Kohlensäure zu zerfallen – oder gleich zu Kalkstein, Wasser und Kohlendioxid. Dabei läuft die oben formulierte Entstehungsreaktion für Calciumhydrogencarbonat einfach rückwärts und wird damit zur Zersetzungsreaktion. Eine geringfügige Erwärmung reicht als Anlaß aus, wie uns Versuch 55 zeigt.

VERSUCH 55
Zersetzung von Calciumhydrogencarbonat

Wir erwärmen die Lösung aus Versuch 54 langsam und halten sie längere Zeit warm. Sie wird trüb, und es fällt erneut Calciumcarbonat aus. Dabei entweicht Kohlendioxid. Folgende Reaktionen sind hier abgelaufen:

$$Ca^{+2} + 2\,HCO_3^- + \text{Wärmeenergie} \rightarrow CaCO_3\downarrow + 2\,H^+ + CO_3^{2-}$$
$$2\,H^+ + CO_3^{2-} \rightarrow H_2O + CO_2\uparrow$$

Auf natürliche Weise bilden sich so aus Calciumhydrogencarbonatlösungen, manchmal unter Mithilfe von im Wasser lebenden

* Bert Brecht, «Legende von der Entstehung des Buches Taoteking».

Pflanzen und Tieren, neue kalksteinhaltige Ablagerungen (Sedimente) in Seen und im Meer. Ein Beispiel sind die riesigen Korallenriffe der tropischen Meere. Irgendwann werden diese dann durch geologische Vorgänge aus dem Meer gehoben; es entsteht ein neues Kalksteingebirge, und das kohlensäurehaltige Regenwasser kann das Spiel von neuem beginnen.

Im Wasserkessel unserer Küche läuft derselbe Vorgang ab. Weil in ihm immer wieder «hartes» (calciumhydrogencarbonathaltiges) Leitungswasser abgekocht wird, bildet sich allmählich eine Kruste von Calciumcarbonat, der sogenannte «Kesselstein». Die Kraftwerkstechniker verhindern dies, indem sie ihre Kessel mit sorgfältig entmineralisiertem «Kesselspeisewasser» beschicken. Andernfalls würden diese nicht nur allmählich verkalken, sondern irgendwann sogar explodieren, und zwar deshalb, weil sich in verkrusteten Kesseln überhitztes Wasser ansammeln kann, das mehr als hundert Grad Celsius heiß wird, ohne zu sieden. Dieser «Siedeverzug» endet dann unvermittelt, indem sich plötzlich doch eine riesige Dampfblase bildet. Dadurch kann tatsächlich der Dampfdruck so stark ansteigen, daß der Kessel platzt.

Die Wasserwerke geben den Gehalt ihres Wassers an solchen kesselsteinbildenden Salzen in «Härtegraden» an. Ein Grad deutscher Härte entspricht einem Gehalt von 10 Milligramm CaO pro Liter. Auch gelöste Magnesiumsalze werden in CaO umgerechnet und mit erfaßt, weil sie sich ähnlich verhalten wie die entsprechenden Calciumsalze. Bei der Angabe der «Gesamthärte» werden alle gelösten Calcium- und Magnesiumsalze zu CaO umgerechnet, also auch die Substanzen, die nicht in der Hitze zu Calcium- oder Magnesiumcarbonat zerfallen, sondern in Lösung bleiben, wie zum Beispiel das Calciumsulfat. Man unterteilt deshalb die Gesamthärte zweckmäßig in «temporäre Härte» oder auch «Carbonathärte» einerseits und «permanente» Härte andererseits. Weswegen die Wasserverbraucher Angaben über die Härte ihres Leitungswassers benötigen, zeigt uns der nächste Versuch.

Versuch 56
Seifenlösung und hartes Wasser

Wir lösen ein gut stecknadelkopfgroßes Stückchen Kernseife in zwei oder drei Milliliter entmineralisiertem Wasser. Es entsteht eine schwach trübe Seifenlösung, die beim Umschütteln viel Schaum bildet. Wenn wir nun das gleiche Volumen Leitungswasser hinzugeben, entsteht sofort ein schleimiger Niederschlag, und die Schaumbildung läßt nach. Der Versuch fällt besonders eindrucksvoll aus, wenn wir statt Leitungswasser unsere Calciumhydrogencarbonatlösung aus Versuch 54, also extrem hartes Wasser verwenden.

Die Erklärung ist ziemlich einfach, denn Kernseife besteht aus den (löslichen) Natriumsalzen mehrerer Fettsäuren. Wenn die Fettsäureanionen der Kernseife mit Calciumionen des Leitungswassers zusammentreffen, fallen unlösliche Calciumsalze der Fettsäuren («Kalkseifen») aus.

Hartes Wasser macht also Seifenlösung unwirksam. Wir beobachten diesen Effekt auch beim Händewaschen, denn in Gegenden, die «weiches» Trinkwasser haben, brauchen wir dafür viel weniger Seife als dort, wo das Trinkwasser ziemlich «hart» ist. Der Seifenverlust wäre nun bei vielen Waschvorgängen noch durchaus zu verschmerzen, wenn die Calciumsalze der Fettsäuren nicht die unangenehme Eigenschaft hätten, die Textilfasern zu verkleben und zu verschmieren. Die Wäsche sieht dann merkwürdig fleckig aus und fühlt sich unangenehm hart an. Um diesen unschönen Effekt zu vermeiden, setzt man den Waschmitteln Substanzen zu, welche die Calcium- und Magnesiumionen komplex binden. Je härter das Wasser ist, desto mehr Komplexbildner braucht man.

Damit gelöstes Calciumhydrogencarbonat an Land zerfallen kann, genügt es bereits, wenn die Lösung aus einiger Höhe herabtropft – so entstehen die Tropfsteine – oder wasserfallartig herabstürzt. Auf diese Weise bilden sich Kalksinterfelsen, wie zum Beispiel beim Monasterio de Piedra im spanischen Aragon, oder die steinernen Terrassen im türkischen Pamukkale. Der Sintervorgang läuft mancherorts so schnell ab, daß sich in das rasch fließende Wasser hineingehaltene Zweige binnen Minuten mit Kalk überkrusten. Offensichtlich kann das unscheinbare Calciumhydrogencarbonat im wortwörtlichen Sinne Berge versetzen.

Unser Ausflug in die Salzsteppe hat uns nicht nur mit der Neutralisation als der einfachsten Herstellungsmethode für Salze vertraut gemacht, sondern auch mit so rätselhaften Dingen wie dem pH-Wert oder der Dissoziationskonstante. Leicht umkehrbare Reaktionen, die wegen immer stärker werdender Gegenreaktionen nicht vollständig verlaufen, sondern im «dynamischen» Gleichgewicht verharren, forderten unsere mathematischen Talente heraus und zeigten Mittel und Wege auf, mit denen Chemiker dann doch die Gleichgewichte verschieben. Eine chemische Großsynthese auf der Basis von Salz und Kalkstein war dafür das anschaulichste Beispiel. Das Prinzip vom kleinsten Zwang lehrte uns schließlich, daß entgegen einer weitverbreiteten Ansicht die Natur nicht zurückschlägt, sondern ausweicht. Selbst die Maurer, so lernten wir mit Erstaunen, nutzen eine Neutralisationsreaktion, wenn ihr Kalkmörtel abbindet. Wir sahen bei schlichten Reagenzglasversuchen, wie Gebirge verwittern und neu entstehen; dabei hatten wir Gelegenheit, eine der scheinbar paradoxen Weisheiten Laotses chemisch zu durchleuchten. Inzwischen fühlen wir uns so sicher, daß wir uns im nächsten Ausflug auf umstrittenes Gebiet vorwagen wollen. Gewiß haben Sie Verständnis dafür, daß der Autor sich dabei **für** die Chemie engagiert und nicht gegen sie streitet. Denn die Diskussion um diese schöne Wissenschaft ist durch lautstark vorgetragene Einwände ihrer Gegner geprägt; da bleiben die positiven Argumente ihrer Befürworter allzuleicht auf der Strecke.

ZEHNTER AUSFLUG

Auf umstrittenes Gebiet

In diesem Kapitel wollen wir unser neues Wissen dazu verwenden, Ammoniak aus den Elementen herzustellen. Die Reaktionsgleichung dieser *Ammoniaksynthese* sieht folgendermaßen aus:

$$N_2 + 3\ H_2 \rightarrow 2\ NH_3 + x\ kJ$$

Um die Reaktionswärme x zu ermitteln, schlagen wir in den Tabellen der Physikochemiker nach und finden, daß Ammoniak um 46,2 Kilojoule pro Mol energieärmer ist als die beiden Ausgangsstoffe Stickstoff und Wasserstoff. Weil zwei Mol NH_3 in unserer Reaktion entstehen, werden demnach 2 × 46,2, also 92,4 kJ als Reaktionswärme frei.

Nun wenden wir das Prinzip vom kleinsten Zwang an: Wir kühlen eine Mischung von 22,4 Liter Stickstoff mit 67,2 Liter Wasserstoff* auf minus 20 Grad Celsius ab. Auf diese Weise üben wir einen Zwang auf das Gemisch aus. Der Zwang bedeutet «Wärmeentzug»; er hat zur Folge, daß das Gemisch dem Zwang auszuweichen versucht, und zwar durch Erzeugen von Wärme. Dies ge-

* Zur Erinnerung: Ein Mol eines Gases nimmt bei einer Temperatur von null Grad Celsius und einem Druck von einem Bar ein Volumen von 22,4 Liter ein.

lingt dadurch, daß die beiden Elemente zu Ammoniak reagieren, denn dabei wird die Reaktionswärme frei. Und nun warten wir gespannt auf den Nutzen aus dem Prinzip vom kleinsten Zwang.

Aber die beiden Ausgangsstoffe reagieren überhaupt nicht miteinander; offenbar ist die Temperatur viel zu niedrig. In anderen Worten, die Moleküle sind viel zu langsam, um beim Zusammenstoß zu zerbrechen. Wir müssen also die Temperatur erhöhen, um zu einer vertretbaren Reaktionsgeschwindigkeit zu gelangen.

Tatsächlich läuft die Reaktion bei tausend Grad Celsius mit ausreichender Geschwindigkeit. Allerdings kommt sie schon zum Stillstand, wenn sich ein kleiner Bruchteil der Elemente zu Ammoniak verbunden hat. Das ist auch nicht weiter verwunderlich, da der Zwang bei dieser Reaktionstemperatur Hitze bedeutet; das System entflieht ihm, indem es Wärme verbraucht. Demnach läuft die Reaktion von rechts nach links – sprich, in Richtung Ammoniakzersetzung! Mit anderen Worten zerfällt reines Ammoniak bei Erhitzen auf tausend Grad Celsius bis auf einen kleinen Rest in die Elemente Wasserstoff und Stickstoff. Chemisch formuliert, liegt das Gleichgewicht bei dieser Temperatur auf der linken Seite.

Wir stehen bei der Ammoniaksynthese also vor dem klassischen Problem, daß wir uns die Hände waschen sollen, ohne sie naß zu machen. Hier hilft wiederum nur ein Katalysator. Fritz Haber hat vor fast 100 Jahren in mühseliger Forschungsarbeit den ersten brauchbaren «Beschleuniger» entwickelt – Osmium, ein besonders seltenes und teures Edelmetall. Alwin Mittasch entwickelte in Tausenden von systematisch abgewandelten Versuchen den heute noch benutzten Katalysator, ein mit Tonerde und Kalium dotiertes Eisen. In Anwesenheit dieses Katalysators läuft die Reaktion zwar nicht bei den wünschenswerten Temperaturen unter dem Gefrierpunkt, aber wenigstens bei etwa 450 Grad Celsius mit ausreichender Geschwindigkeit ab.

Als weiteren Trick, um die Reaktion in Schwung zu bringen, können wir am Druck herumspielen, wie wir schon gesehen haben. Wir wollen also nicht bei Atmosphärendruck arbeiten, sondern bei 300 Bar, oder noch besser bei 700 Bar und mehr.

Auch hier gibt es Grenzen der Machbarkeit. Je höher der gewählte Druck, desto teurer der Kompressor, der das Rohgas auf diese Druckstufe verdichtet, desto höher die Stromkosten, um ihn zu betreiben, desto dicker die Wände des Reaktors, der bei 700 Bar die ungeheure Belastung von 700 kg pro Quadratzentimeter aushalten muß, und desto kostspieliger die Rohrleitungen und Armaturen. Deshalb produzieren die Ammoniakfabriken bei Drükken unter 300 Bar.

Und zu guter Letzt fällt uns das Massenwirkungsgesetz ein. Wir können ja mit den Konzentrationen spielen, beispielsweise indem wir die Konzentration des Wasserstoffs erhöhen. Oder sollten wir vielleicht doch lieber die Konzentration des Stickstoffs größer wählen? Weil drei Mol Wasserstoff mit einem Mol Stickstoff reagieren, ist es vorteilhafter, die Wasserstoffkonzentration zu erhöhen. Denn $[H_2]$ steht in der Gleichung für K in der dritten Potenz:

$$\frac{[NH_3]^2}{[H_2]^3 \times [N_2]} = K$$

Aus dieser Formel ergibt eine Verdoppelung von $[H_2]$ den Faktor $2^3 = 8$, eine Verdoppelung von $[N_2]$ nur den Faktor 2 zugunsten der Ammoniakentstehung. Das ist auch ohne Mathematik begreiflich: Wenn schon jedes Stickstoffmolekül mit drei Wasserstoffmolekülen zwei Moleküle Ammoniak bilden soll, dann wird es richtig sein, auf ein Mol Stickstoff wenigstens drei Mol Wasserstoff einzusetzen. Wenn wir jetzt die Wasserstoffkonzentration verdoppeln, kommen auf ein Mol Stickstoff sogar sechs Mol Wasserstoff. Dem reaktionswilligen Stickstoffmolekül stehen also Wasserstoffmoleküle in Hülle und Fülle zur Verfügung. Andererseits erhalten wir ein Molverhältnis von 2:3, wenn wir statt dessen die Stickstoffkonzentration verdoppeln. Statt Wasserstoffmoleküle im Überschuß anzubieten, ärgern wir jetzt das Stickstoffmolekül mit einem Konkurrenten, der auch gern drei Wasserstoffmoleküle als Partner besäße! Es ist also vorteilhaft, ein Synthesegas mit einem Überschuß an Wasserstoff herzustellen. Wie stellt man überhaupt dieses Gasgemisch her? Am einfachsten und billigsten wäre es, wenn der Wasserstoff aus dem Wasser käme und der Stickstoff aus der Luft. Aber im Wassermolekül ist der Wasserstoff an Sauerstoff gebunden, und in der Luft ist der Stickstoff mit Sauerstoff vermischt. Wir müßten das Wasser reduzieren und den Sauerstoff der Luft durch eine Oxidationsreaktion verbrauchen. Für beide Aufgaben brauchen wir ein Reduktionsmittel. Der eleganteste Weg wäre, dafür ein und dasselbe Reduktionsmittel einzusetzen.

Welche Kriterien soll dieses Reduktionsmittel erfüllen? Es muß preiswert und stark sein. Da erinnern wir uns an die Tatsache, daß Kohlenstoff ein billiges und hochwirksames Reduktionsmittel ist, weil er so gern CO_2 bildet, daß er den Sauerstoff sogar dem Eisenoxid-Erz entreißt. Vielleicht entreißt er auch dem Wasser den Sauerstoff? Daß Kohlenstoff der Luft bei der Verbrennung den Sauerstoff entzieht, wissen wir aus der alltäglichen Erfahrung, denn jedes Feuer erstickt, wenn man ihm die Zufuhr von Verbrennungsluft abschneidet.

Tatsächlich hat der deutsche Chemiker Carl Bosch (er war ein Neffe des noch berühmteren Unternehmers Robert Bosch) für die Herstellung seines Synthesegases Koks eingesetzt. Dieser besteht aus ziemlich reinem Kohlenstoff, den man als Rückstand erhält, wenn man Kohle unter Luftausschluß sehr stark erhitzt («trocken destilliert»). Der geniale Nobelpreisträger leitete Wasserdampf durch ein Bett aus weißglühendem Koks und erhielt dadurch unter Wärmeverbrauch Wasserstoff und Kohlenmonoxid (1). Durch den Wärmeverbrauch kühlte sich das Koksbett ab; aber während es noch rot glühte, stellte er die Dampfzufuhr ab und blies statt dessen mit einem Verdichter Luft ein. Diese brachte das Koksbett rasch wieder auf Weißglut, weil der Luftsauerstoff einen Teil des Kokses verbrennt (2).

$$(1)\quad C + H_2O + 131\ \text{Kilojoule} \rightarrow CO + H_2$$
$$(2)\quad 2\,C + O_2 \rightarrow 2\,CO + 221\ \text{Kilojoule}$$

Auf den weißglühenden Koks leitete Bosch erneut Wasserdampf bis zur Abkühlung auf Rotglut, auf den rotglühenden Koks wieder Luft bis zur Weißglut und so fort. Bald redeten die Arbeiter der BASF in Ludwigshafen bei der ersten Reaktion nur noch vom «Kaltblasen», während sie die zweite als «Warmblasen» bezeichneten. Im Minutentakt folgten die Reaktionsschritte aufeinander, und das Ergebnis war ein Gemisch aus Wasserstoff (aus dem Wasserdampf) und Stickstoff (aus der Luft), das darüber hinaus noch viel Kohlenmonoxid enthielt.

Diese Gasmischung war genau, was Carl Bosch wollte. Denn jetzt leitete er in die Mischung noch mehr Wasserdampf ein und führte das «Wassergas» bei etwa 400 Grad Celsius über einen Katalysator aus Eisenoxid. Tatsächlich wirkte nun das Kohlenmonoxid als reduzierende Kohlenstoffverbindung und setzte aus dem Wasserdampf noch zusätzlichen Wasserstoff frei:

$$CO + H_2O \rightarrow CO_2 + H_2 + 41{,}2\ \text{Kilojoule}$$

Im letzten Schritt mußte nur noch das CO_2 eliminiert werden, und das gelang Bosch durch eine Wasserwäsche unter 25 Bar Druck. Dieser Verfahrensschritt ist erneut ein Beispiel, wie man das Prinzip vom kleinsten Zwang in der Chemie anwenden kann: Kohlendioxid bildet mit Wasser Kohlensäure; und bei einem Überangebot an CO_2, etwa durch Erhöhung des Drucks, weicht das System in Richtung Kohlendioxidverbrauch aus. Es entsteht mehr Kohlensäure, was jedoch nichts anderes bedeutet, als daß das Wasser zu einem guten «Lösungsmittel» für Kohlendioxid wird. Im Grunde genommen ist auch der Inhalt einer Sprudelflasche eine unter Druck stehende Kohlendioxidlösung und beim Öffnen («Entspannen») läuft die Reaktion wieder rückwärts in Richtung Kohlendioxid zurück.

Selbstverständlich konnte Bosch durch die richtige Auswahl der Mengenverhältnisse die Synthesegasherstellung derart lenken, daß er als Ausbeute tatsächlich eine Wasserstoff-Stickstoff-Mischung im Molverhältnis 3:1 oder mehr erhielt. Zahlreiche weitere technische Probleme waren noch zu lösen; Bosch und seine Mitarbeiter kümmerten sich in unermüdlicher Arbeit um die Erforschung und Verbesserung dieser Details. Aus Gründen der Wirtschaftlichkeit verwendet man heute als Reduktionsmittel keinen Koks mehr, sondern nimmt statt dessen Erdgas, also Methan. CO_2 wird heutzutage mit organischen Lösemitteln ausgewaschen, und auch sonst wurde das Haber-Bosch-Verfahren tausendfach verbessert und verfeinert. Im Grunde genommen haben sich aber die wesentlichen Schritte der Synthesegaserzeugung nicht verändert, wenn auch das «Kaltblasen» und «Warmblasen» längst durch zwei kontinuierliche Reaktionen ersetzt wurde, nämlich durch die katalytisch begünstigte Reaktion (1) im «Primär-Reformer» einerseits sowie die Verbrennung überschüssigen Methans mit Luft als Stickstoffquelle (2) im «Sekundär-Former» andererseits. Selbstverständlich zeichnet sich eine moderne Ammoniakanlage durch eine optimale Ausnutzung der Wärmeenergie aus; schon Bosch war hier als Pionier vorangegangen. Abbildung 49 zeigt in stark schematisierter Form eine solche Fabrik.

(1) $CH_4 + H_2O + 206{,}1\ \text{Kilojoule} \rightarrow CO + 3\ H_2$

(2) $2\ CH_4 + 3\ O_2 \rightarrow 2\ CO + 4\ H_2O + 1038{,}4\ \text{Kilojoule}$

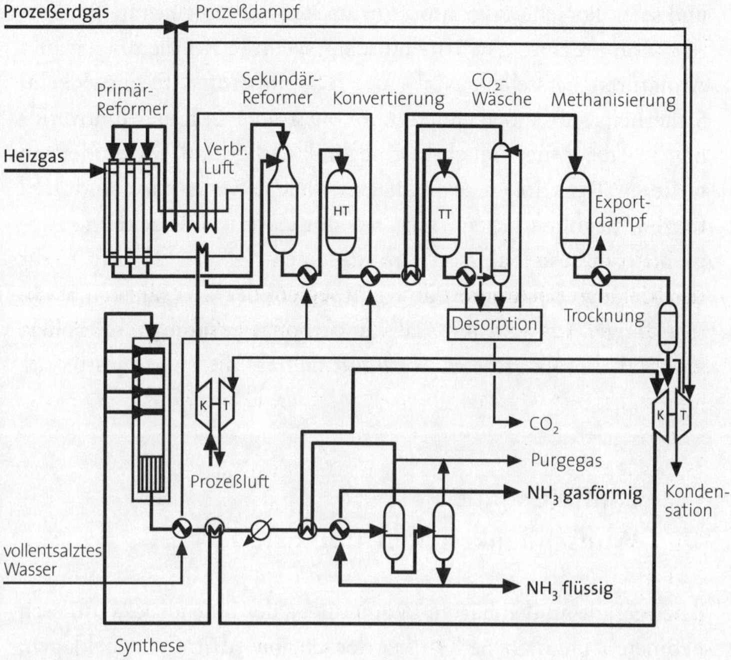

Abbildung 49 Eine moderne Ammoniakanlage

Bleibt noch die eigentliche Ammoniaksynthese. Wir haben sie in Gedanken nach und nach optimiert und fassen hier nur noch einmal die wichtigsten Reaktionsbedingungen zusammen: Temperatur 450 Grad Celsius, Katalysator, 250 Bar Druck und ein Überschuß an Wasserstoff. Dennoch entsteht nur etwa 17 Prozent Ammoniak, so daß das unverbrauchte Synthesegas mit Hilfe eines «Kreisgaskompressors» mehrfach durch das Katalysatorbett gepumpt werden muß, bevor alles umgesetzt ist. Insgesamt haben wir es mit ziemlich harten Bedingungen zu tun. Diese Tatsache war seinerzeit eine der gewaltigsten Herausforderungen für Bosch und seine Forschungsgruppe. Sie mußten völlig neuartige Reaktoren, Kompressoren, Wärmetauscher, Ventile, Rohrleitungen und Armaturen herstellen, Meß- und Regelinstrumente entwickeln, Sicherheitsventile berechnen und konstruieren – lauter Innovationen für die neue «Hochdrucktechnik», die bald Dutzende von weiteren Reaktionen ermöglichte, welche vorher als undurchführbar gegolten hatten. Last but not least verwandelte die Ammoniaksynthese Salpetersäure in einen billigen Rohstoff zur Herstellung von Ammoniumnitrat, einem der wirksamsten Stickstoffdünger. Es wird mit Calciumcarbonat zusammen granuliert als «Kalkammonsalpeter» verkauft und auf die Felder gestreut.

Sanfte Chemie – Wunschdenken oder Traumziel?

Aber gerade an den harten Bedingungen der Hochdrucksynthesen nehmen heute manche Kritiker der Chemie Anstoß. Sie beklagen, daß der Natur Zwang angetan würde, und plädieren für eine «sanfte Chemie», wobei sie ihre Hoffnung hauptsächlich auf biochemische Verfahren setzen.

Hätte die Natur die Gabe, derartige Sehnsüchte zu begreifen, so würde sie sich sehr wundern. Schließlich entstehen im Erdinnern wesentlich höhere Drücke und Temperaturen für die Gesteinsumwandlung (Metamorphose); Blitze erzeugen Temperaturen von über 2400 Grad Celsius, und auf der Sonne oder im Weltall gibt es Bedingungen, mit denen verglichen die Ammoniaksynthese ein sanftes Streicheln der Moleküle darstellt. Tatsächlich sind die Chemiker die ersten, wenn es darum geht, harte Reaktionsbedingungen zu mildern, weil hoher Druck und hohe Temperaturen kostentreibende Faktoren darstellen. Deshalb wurden gerade in der Chemie in den letzten Jahrzehnten Verfahren entwickelt, die mit niedrigeren Drücken und niedrigeren Temperaturen auskommen. Obwohl die drucklose Herstellung von Ammoniak in den benötigten Mengen* noch für lange Zeit reines Wunschdenken bleiben mag, ist doch die «sanfte Chemie» auch für Chemiker ein Traumziel.

Der Nährstoffbedarf der Pflanzen

Als der berühmte deutsche Chemiker Justus von Liebig um die Mitte des vergangenen Jahrhunderts Pflanzenaschen analysierte, fand er in allen ausnahmslos stets dieselben Ionen, und zwar Kalium, Calcium, Magnesium, Eisen, Phosphat, Sulfat und Carbonat. In den Verbrennungsgasen konnte er darüber hinaus Stickstoff, Wasserdampf und Kohlendioxid nachweisen. Aus seinen Untersuchungen zog Liebig folgende Schlüsse:

1. Die wichtigsten Pflanzennährstoffe sind die zehn Elemente K, Ca, Mg, Fe, P, S, C, H, O und N.

2. Pflanzliche Nährstoffe werden in Form von Salzen aus dem Boden über die Wurzeln aufgenommen – mit der einzigen Ausnahme des Kohlenstoffs, den Pflanzen über die Blätter als Kohlendioxid aus der Luft beziehen (Photosynthese).

3. Pflanzen benötigen die Nährstoffe in dem Verhältnis, in dem sie der Chemiker in ihrer Asche und den Verbrennungsgasen vorfindet.

* Schon 1986 betrug die jährliche Ammoniakproduktion rund 110 Millionen Tonnen.

4. Landwirte sollten die Nährstoffe ihren Nutzpflanzen in den gleichen Verhältnissen anbieten.

Dabei kann der Landwirt im Prinzip ohne Boden auskommen, wenn er den Wurzeln die Nährsalze in wäßriger Lösung zuführt («Hydrokultur»). Selbstverständlich nimmt die Pflanze Mineralsalze ohne Rücksicht auf deren «natürliche» oder «künstliche» Herkunft auf, weil ja grundsätzlich kein Unterschied zwischen biochemisch oder chemisch erzeugten Stoffen besteht.

Liebig empfahl also den verblüfften Bauern, ihre Böden mit mineralischen «Nährsalzen» zu düngen, statt wie gewohnt mit Mist und Jauche. Und sehr bald stellten die ersten Mineraldüngerfabriken «Kunstdünger» in beachtlichen Mengen her. Die Bauern kauften und düngten, weil der Erfolg in überzeugender Weise den Theorien Liebigs recht gab. Diese «Erfolgstournee» der mineralischen Düngung dauert nun schon seit 150 Jahren an. Hätten die Kritiker der «künstlichen Düngung» recht, so müßten die Böden längst «ausgelaugt» sein. Statt dessen bringen sie eine Rekordernte nach der anderen hervor.

Dabei nützt es nichts, einzelne Nährstoffe im Übermaß anzubieten. Das Wachstum der Pflanze wird nämlich ausschließlich von dem Nährstoff bestimmt, an dem es der Pflanze mangelt. So nützt es beispielsweise nichts, wenn man ein Zuckerrübenfeld kräftig mit Phosphat (P) und Stickstoff (N) düngt, aber den Hauptnährstoff der Zuckerrübe, das Kalium (K), vergißt. Das Wachstum der Rüben wird dann durch die spärlichen Bodenvorräte an Kalium bestimmt. Gleichfalls bringt es auch nichts, den Zuckerrüben viel «Kali» und Phosphat anzubieten, wenn sie im Boden fast keinen Stickstoff vorfinden. Eine optimale Ernte fährt nur derjenige Landwirt ein, der alle drei Nährstoffe im richtigen Verhältnis anbietet. In Abbildung 50 ist dies anschaulich dargestellt.

Einige Leser werden hier sicher nachdenklich und fragen sich, wie es der Boden eines ungedüngten Feldes – oder einer naturbe-

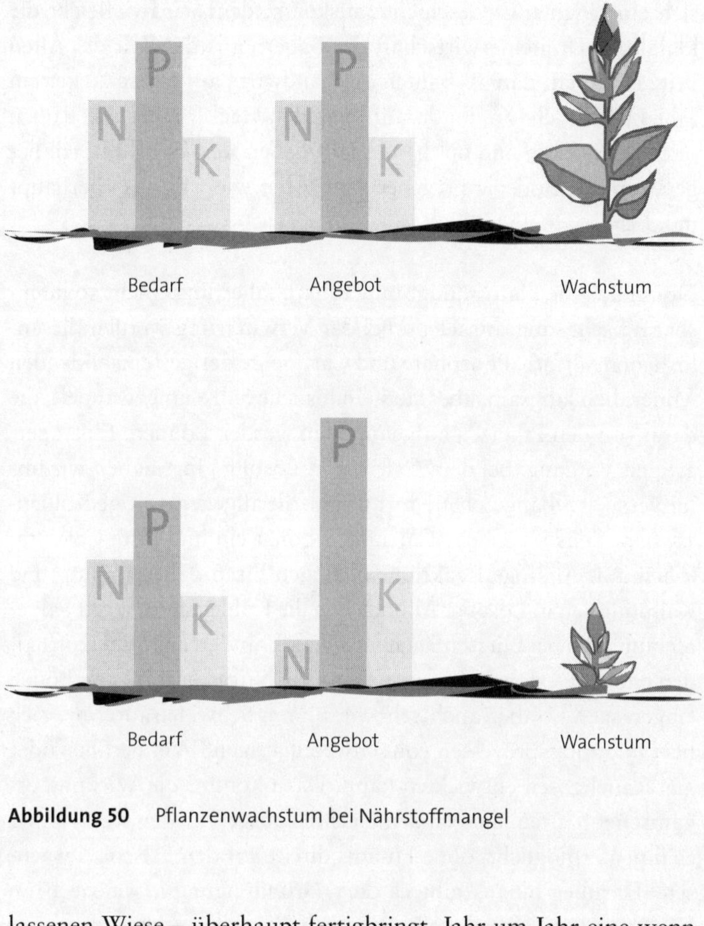

Abbildung 50 Pflanzenwachstum bei Nährstoffmangel

lassenen Wiese – überhaupt fertigbringt, Jahr um Jahr eine wenn auch spärliche Ernte zu tragen. Schließlich verschwinden mit jeder Ernte, mit jedem Fuder Heu, das der Bauer als Wintervorrat in die Scheune einfährt, Nährstoffe aus dem Boden von Äckern und Wiesen. Selbst wenn der Bauer mit Jauche, Mist und Gründüngung einen Teil der Nährstoffe zurückführt, sind Verluste unvermeidbar. Warum erschöpft sich der Nährstoffvorrat nicht? Wer sich ein bißchen in Geschichte auskennt, dem wird vielleicht die klassische Dreifelderwirtschaft der Bauern aus der Zeit des Alten Fritz einfallen; damals bauten die Landwirte auf einem Acker ein Jahr Halmfrucht an, im darauffolgenden Hackfrucht, also Rüben oder Kartoffeln, und im dritten Jahr ließen sie das Feld brach liegen, um den Boden zu regenerieren. Aber wie war das überhaupt möglich?

Nun, auch die Natur düngt mineralisch, allerdings nicht so intensiv und sehr langsam. Denn bei der Verwitterung werden die unlöslichen Silicate, Phosphate und Carbonate der gesteinsbildenden Mineralien langsam, aber stetig in lösliche Salze umgewandelt, die dann von den Pflanzen aufgenommen werden können. Einen derartigen Vorgang, bei dem Calcium in Lösung ging, haben wir uns im Versuch 54 angesehen; dort wirkte die allgegenwärtige Kohlensäure auf das unlösliche Calciumcarbonat ein und löste Calciumionen auf. Analoge Reaktionen bringen Eisen-, Magnesium- und Kaliumionen in Lösung. Ähnlich wie die Kohlensäure wirkt Salpetersäure, die bei Blitzschlägen und Waldbränden aus Stickstoffoxiden entsteht – dabei werden gleichzeitig Nitrationen in den Boden eingetragen –, aber auch sehr verdünnte Schwefelsäure, die sich bei Oxidationsprozessen von schwefelhaltigen Erzmineralien oder aus Rauchgasen entwickeln kann. Dazu kommt die Wirkung organischer Säuren, die von den Flechten ausgeschieden werden und es ihnen ermöglicht, ohne Humus direkt auf den Felsen zu wachsen. Darüber hinaus gibt es die «Gründüngung», welche beim Verrotten von Pflanzenteilen durch bakteriellen Abbau des organischen Materials solche Ionen zurückliefert, die von der Pflanze einst als Nährstoffe aufgenommen wurden. Nitrifizierende Bakterien, die als Symbionten in den Wurzeln der Leguminosen (Erbsen, Bohnen und andere Hülsenfrüchte) leben, können sogar aus dem Stickstoff der Luft über organische Zwischenverbindungen Ammoniumsalze herstellen; andere Bakterien übernehmen die Oxida-

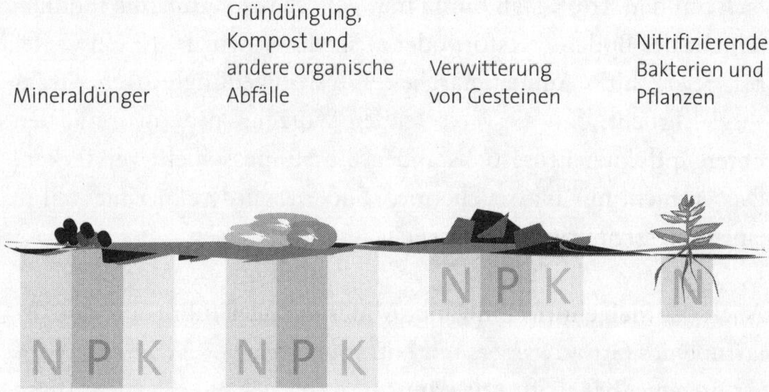

Abbildung 51 Regenerierung des Bodens

tion des Ammoniumions zu Nitraten. Alle diese Vorgänge laufen ohne menschliches Zutun mehr schlecht als recht ab; seit dem Altertum verstärkt sie der Mensch gezielt durch Düngung.* Abbildung 51 zeigt diese Vorgänge am Beispiel der Nitrate, Phosphate und des Kaliums, wobei die Höhe der Säulen die Mengenverhältnisse andeuten soll. Sie ist natürlich nicht maßstabsgerecht und übertreibt die Düngung durch Verwitterung oder Grünabfälle deutlich.

Wie man sieht, verstärkt der Mensch bei der Düngung mit Mineraldüngern lediglich einen Vorgang, der auch ohne sein Zutun abläuft. Insofern sind die abergläubischen Vorbehalte gegen die «Kunstdünger» schwer nachvollziehbar. Insbesondere der Vorwurf «Kunstdünger laugen die Böden aus» stellt die Wahrheit ein-

* Homer erwähnt Stalldünger in der Odyssee, Plinius die Verwendung von Kalkmergel bei den rheinischen Ubiern. Die Gründüngung und die Düngewirkung von Leguminosenwurzeln war den Römern ebenfalls bekannt. In der Bibel wählt Jeremia «Mist auf dem Felde» für eine seiner Unheilsprophezeiungen als Vergleich (Kapitel 9, Vers 21).

fach auf den Kopf. Daß durch mineralische Düngung die Humusschicht des Bodens zerstört oder ausgedünnt würde, ist ein weiteres vielerzähltes Ammenmärchen. Ein wohlgedüngter Acker trägt so viel Frucht, daß die verrottenden Wurzeln zusammen mit den untergepflügten Ernterückständen die Humusschicht verstärken. Das ist nicht nur blasse Theorie, sondern wurde experimentell in einem vierzigjährigen Dauerversuch nachgewiesen.

Auch der vielgehörte Einwand, Mineraldünger führe zu einer Belastung des Grundwassers mit Nitrat und mache so das Trinkwasser ungenießbar, trifft nur dann zu, wenn der Bauer systematisch seine Böden überdüngt. Die Versuchung zu solchem Fehlhandeln war in den letzten Jahrzehnten dank einer verfehlten Subventionierungspolitik der Europäischen Gemeinschaft besonders stark. Inzwischen hat eine Umkehr des Denkens stattgefunden; der heutige Landwirt düngt nicht mehr im Übermaß, sondern ist an richtiger, das heißt gezielter Düngung interessiert. Gerade Mineraldünger kann er gezielt dann streuen, wenn die Pflanze sie braucht; sie wirken rasch und berechenbar, während er mit Gülle oder Jauche vielleicht dann düngen muß, wenn der Tank voll ist, das Pflanzenwachstum – zum Beispiel im Winter – aber gar keine Düngung erfordert. Auch mit Stallmist und Gründüngung ist ein gezieltes Düngen schwieriger als mit Mineraldüngern, weil Abbau und Umwandlung des organischen Materials durch Mikroorganismen erfolgt und deren Aktivität unter anderem vom Wetter abhängt. Es kann durchaus passieren, daß sich die Umwandlung verzögert und die Nährstoffe zur falschen Zeit frei werden, also dann, wenn die Wachstumsperiode vorbei ist, oder bevor die Pflanze Nährstoffe braucht. Beides führt zu Überdüngung! Der Effekt auf den Nitratgehalt des Trinkwassers ist selbstverständlich der gleiche, unabhängig von der Art der Düngemethode und der «biologischen» oder «chemischen» Herkunft der Nitrationen.

Ähnlich schwer beherrschbar ist der Stickstoffeintrag in den

Boden mit Hilfe des Anbaus von Leguminosen. Diese Pflanzen, zu denen unsere Hülsenfrüchte, also Erbsen, Bohnen und Linsen sowie Luzerne und Klee zählen, betreiben an den Wurzeln eine Zusammenarbeit (Symbiose) mit Rhizobium-Bakterien. Diese «Knöllchenbakterien» bringen es fertig, Stickstoff aus der Luft zu organischen Verbindungen umzusetzen, die wiederum andere Bakterien über Ammoniumionen in düngewirksame Nitrationen umwandeln. Geschickte Landwirte bauen deshalb zur Stickstoffdüngung Leguminosen als Zwischenfrucht an. Jedoch müssen die in den Wurzeln gespeicherten Stickstoffverbindungen erst einmal durch die verrottenden Zellwände in den Boden und dann an die Wurzeln der Nutzpflanzen gelangen – und das dauert seine Zeit und läuft je nach Witterung rascher oder langsamer ab. Deshalb kann auch dieses rein biologisch erzeugte Nitrat ins Grundwasser eingeschwemmt werden. Die vieldiskutierten überhöhten Nitratgehalte in manchen heimischen Gemüsesorten sind übrigens auch eine Folge zu reichlicher Stickstoffgaben, gleichgültig welchen Ursprungs.

Natürlich wäre es falsch, jahrhundertealte, durchaus bewährte Düngemethoden den Mineraldüngern zuliebe aufzugeben (zumal sie sich gegenseitig ideal ergänzen), aber mindestens genauso falsch ist es, die mineralische Düngung zu verteufeln, als Alleinschuldige an allen Umweltschäden zu brandmarken oder gar zu verbieten. Gegen Überdüngung hilft keine ideologisch begründete Abneigung gegen die Chemie, sondern nur fachmännischer Umgang mit sämtlichen Düngemitteln, verbunden mit Bodenanalysen und guter Ausbringungs- und Einarbeitungstechnik. Die neueste Technologie ermöglicht dem Landwirt mit Hilfe von künstlichen Satelliten die genaue Standortbestimmung seines Traktors und dadurch eine nach Bedarf gestaffelte Düngung von einzelnen «Schlägen», also von Teilstücken seines Ackers. Er kann auf diese Weise unterschiedliche Bodenqualität, Nährstoffgehalte und Feuchtigkeit bei der Düngung berücksichtigen.

Selbst der Vorwurf, mineralische Düngung sei Energieverschwendung, trifft nicht zu. Moderne Düngeranlagen verbrauchen etwa 30 000 Kilojoule für die Herstellung von einem Kilogramm N in Stickstoffdüngemitteln; Lagerung, Transport und Ausbringung erfordern weitere 6000 Kilojoule, insgesamt also 36 000 Kilojoule. Durch langjährige Vergleichsversuche haben die Agrarexperten nachgewiesen, daß mit einem Kilogramm N ein Mehrertrag von etwa 13 Kilogramm Weizenkörnern zu erzielen ist. Diese 13 Kilogramm haben einen Energieinhalt von über 220 000 Kilojoule, also 6mal so viel, wie an Energie für das eine Kilogramm N als Dünger verbraucht wurde. Dabei wurde eßbare Energie erzeugt (früher sprach man anschaulich von den «Kalorien»), die mit Hilfe der Photosynthese aus Sonnenlicht, ungenießbarem Erdgas und Dieselöl entstanden ist. Durch den Einsatz von Mineraldünger wird also **nicht** Energie verschwendet oder vernichtet, sondern die Photosynthese der Pflanzen verstärkt und damit Sonnenenergie in Form von Kohlehydraten, Fett und Eiweiß gewonnen. Daß dabei verstärkt Kohlendioxid gebunden und Sauerstoff freigesetzt wird, ist ein wenig beachteter, aber höchst segensreicher Nebeneffekt der Düngung. Von dem Sauerstoff, den ein gut gedüngter Hektar Getreide freisetzt, können 33 Menschen ein Jahr lang atmen, und 13,8 Tonnen Kohlendioxid bindet er pro Ernte in Körnern und Stroh.

Kreislauf des Stickstoffs

Wozu brauchen die Pflanzen überhaupt den Stickstoff? Für die Umwandlung der durch die Photosynthese entstandenen Kohlehydrate über die Aminosäuren in Eiweißverbindungen (Proteine). Gewiß erinnern Sie sich, daß Tiere bestimmte Aminosäuren nicht selbst produzieren können, sondern darauf angewiesen sind, diese sogenannten essentiellen Aminosäuren aus pflanzlicher Kost aufzunehmen. (Raubtiere verwerten die essentiellen Aminosäuren aus den Proteinen ihrer Opfer.) Ein Teil der aufgenommenen Proteine dient zum Aufbau der körpereigenen Zellen, andere fließen in den Stoffwechsel ein; letztlich werden jedoch alle Proteine irgendwann wieder abgebaut und ausgeschieden.

$$H_2N-\underset{\underset{\displaystyle O}{\|}}{C}-NH_2$$

Harnstoff

Das bekannteste Abbauprodukt der Proteine ist der Harnstoff* (siehe oben), der den Körper mit dem Urin verläßt, ein anderes, besonders bei Vögeln und Reptilien, die enorm schwerlösliche Harnsäure, die Gicht verursacht, wenn sie der Körper nicht in ausreichender Menge mit dem Urin ausscheidet. Der Harnstoff wird durch die oben erwähnten Mikroorganismen biochemisch über Ammoniak und Kohlensäure in Ammoniumionen und danach in Nitrate umgewandelt, und diese können dann wieder von den Pflanzenwurzeln als Nahrung aufgenommen werden, er ist also ein ausgezeichnetes Stickstoffdüngemittel und wird für diesen Zweck großtechnisch hergestellt. Der Stickstoff unterliegt also einem Kreislaufprozeß. Selbstverständlich gehen alle Eiweißverbindungen irgendwann bei Verwesungs- oder Fäulnisprozessen zugrunde, wobei je nach Bedingungen Ammoniak oder Nitrat entsteht. Selbst wenn diese Zersetzungsreaktionen elementaren Stickstoff oder gar Stickstoffoxide ergeben, werden mit Hilfe von Gewittern, Waldbränden oder den allgegenwärtigen Mikroorga-

* Harnstoff war die erste organische Verbindung, die aus einem rein anorganischen Rohstoff hergestellt wurde. Friedrich Wöhler erhielt ihn 1828 durch Erhitzen des *isomeren* (das heißt äußerlich gleich zusammengesetzten) Ammoniumcyanats $NH_4(O\text{-}C{\equiv}N)$.

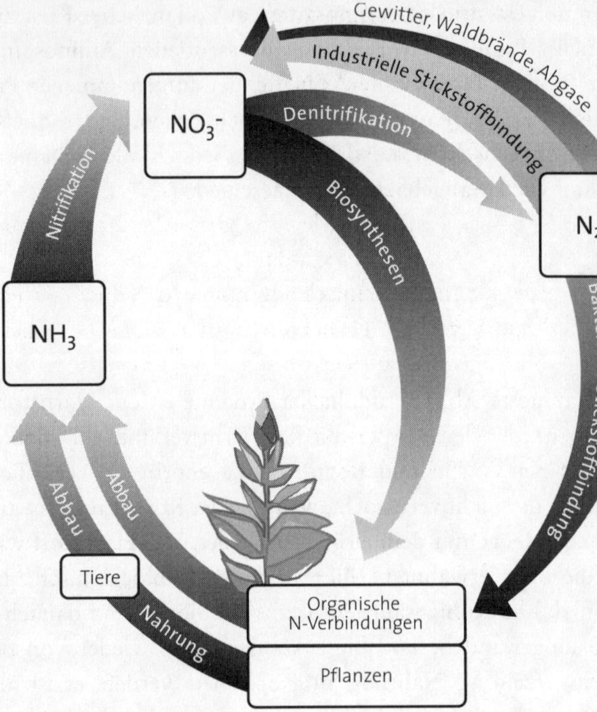

Abbildung 52 Kreislauf des Stickstoffs

nismen wieder Nitrate erzeugt, die von den Pflanzen aufgenommen und erneut zur Eiweißsynthese verwendet werden. Abbildung 52 zeigt die wichtigsten Stationen dieses Stickstoffkreislaufs.

Nachwachsende Rohstoffe

Wegen der Überproduktion an Nahrungsmitteln legen Europas Landwirte Flächen still oder bewirtschaften sie nur noch extensiv; die Regierungen zahlen Zuschüsse, um das entgangene Einkommen wenigstens zum Teil zu ersetzen.* Angesichts dessen erhoffen sich Politiker und Bauern Vorteile von der Erzeugung nachwachsender Rohstoffe. Was müssen wir darunter verstehen?

Die vielgeschmähte Chemische Industrie tritt hier als einer der Hauptkunden auf. Sie braucht – um nur einige Beispiele zu nennen – Stärke aus Kartoffeln, Weizen und Mais; Rapsöl und Sonnenblumenkernöl für die Fettchemie oder für die Herstellung von Rapsölmethylester («Biodiesel»), Zucker für Reduktionsreaktionen und Leinöl für die Farbenindustrie. All diese Produkte haben bereits einen Markt und werden im Laufe der Zeit ungefähr vier Prozent der Ackerfläche unserer Bundesländer benötigen. Selbstverständlich ist auch für sie eine angemessene Düngung und Schädlingsbekämpfung erforderlich. Schon heute stammen in unserem Staate etwa 180 000 Tonnen Rohstoffe jährlich aus nachwachsenden Quellen; ein Teil davon wird allerdings importiert.

Viele Vorschußlorbeeren erntet zur Zeit das Chinaschilf, mit dessen Trockenmasse einige «Zukunftsexperten» die Energieprobleme der Menschheit lösen wollen. Hier ist Skepsis angebracht, zum einen, weil die Erträge offensichtlich nicht so hoch sind, wie zunächst angenommen, zum anderen aber auch, weil der Wasser- und Düngerbedarf entgegen ersten Angaben doch recht erheblich ist.

* Dabei werden gleichzeitig in anderen Kontinenten Millionen Menschen nicht satt. Die Landlosen gewinnen mit riesigen Brandrodungen einen Boden, der allenfalls einige Jahre lang ein Zehntel der Ernten hervorbringt, die ein gut bewirtschafteter Acker ermöglicht. Danach verstreicht ein Vierteljahrhundert, bis sich der Urwaldboden einigermaßen regeneriert hat.

Selbstverständlich ist die Chemische Industrie an nachwachsenden Rohstoffen ernsthaft interessiert, weil sie zum Teil heute schon Vorteile bieten und eines fernen Tages nach der Erschöpfung fossiler Rohstoffe unentbehrlich sein werden. Dennoch will dem unbefangenen Beobachter nicht einleuchten, warum bei einer Erdbevölkerung von bald sechs Milliarden Menschen, von denen ein beträchtlicher Teil nicht jeden Tag satt wird, kostbarer Ackerboden jetzt schon für nachwachsende Rohstoffe von der Art des Chinaschilfs verwendet werden soll. Ähnlich schwer ist zu begreifen, warum nach dem Willen einiger Naturapostel Pflanzenfarbstoffe unbedingt die meist naturidentischen Chemiefarbstoffe ersetzen müssen.

Ganz unversehens sind wir tief in Probleme der Organischen Chemie geraten! Deshalb ein großer Sprung zurück zur Wissenschaft der Anorganischen Chemie, von der wir gerade begriffen haben, warum sie die Hungrigen ernährt. Daß sie die Kranken heilt, werden wir im nächsten Kapitel sehen – aber kleidet sie auch die Nackten, wie Sie in der Einführung dieses Buches gelesen haben?

Die Herstellung künstlicher Fasern ist naturgemäß eine Domäne der Organischen Chemie. Selbst hier gilt, daß noch mehr Menschen hungern müßten, wenn der gesamte Textilbedarf der Menschheit durch Naturprodukte wie Wolle, Baumwolle, Lein und Seide gedeckt würde, weil diese Erzeugnisse einen Teil der immer knapper werdenden landwirtschaftlich nutzbaren Böden benötigen. Aber für ein paar Spezialzwecke haben die Anorganiker doch Faserherstellungsverfahren entwickelt. Leider hat die bekannteste anorganische Faser, der Asbest, aufgrund ihrer krebserregenden Wirkung eine traurige Berühmtheit erlangt.

Asbest – ein Naturprodukt

Allerdings ist Asbest keineswegs ein Erzeugnis der Chemie, sondern ein Naturprodukt! Er entsteht in basischen Gesteinen durch Wasseraufnahme aus Olivin und bildet mit seinen seidig glänzenden Fasern eine Zierde vieler Mineraliensammlungen. Bedeutende Vorkommen liegen in Kanada, Südafrika und Rußland. Sein Hauptvorteil ist die gute Verarbeitbarkeit: Er läßt sich spinnen, und die Fäden lassen sich verweben. Asbest isoliert ausgezeichnet gegen Hitze; die feuerfesten Rettungsanzüge der Feuerwehr wurden bis vor kurzem aus Asbestfasern hergestellt, und in der Bauindustrie nutzte man diese hervorragende Eigenschaft, bis die Mediziner die krebserregende Wirkung eingeatmeter Asbestfasern erkannten. Nun müssen zahlreiche «asbestverseuchte» Gebäude saniert oder abgerissen werden. Ein Beispiel dafür, daß «natürlich» nicht zwangsläufig «gesund» und «ungefährlich» bedeutet.

Selbstverständlich haben die Chemiker frühzeitig versucht, die Natur nachzuahmen und anorganische Fasern in der Retorte herzustellen.

Glasfasern sind die wohl am längsten bekannten Erfolge dieser Bemühungen. Sie entstehen, wenn man geschmolzenes Glas durch Düsen fließen läßt und die noch flüssigen Fäden in die Länge zieht. (Mit einem guten Gasbrenner können Sie das experimentell nachprüfen, indem Sie einen Glasstab in der Mitte bis zur Erweichung erhitzen und dann sehr plötzlich auseinanderziehen.) Glasfasern dienen zur Isolierung oder zur Verstärkung von Kunststoffen, Glasfasergewebe verarbeitet man auch zu unbrennbaren Vorhängen oder zu temperaturbeständigen Filtern – es gibt zahlreiche Anwendungen und mehrere Varianten des Herstellungsverfahrens.

Die Bauindustrie verwendet statt Glasfasern häufig «Steinwolle». Die Herstellung dieser Mineralfasern gelingt nach ähnlichen Methoden wie die Glasfasersynthese. So werden beispielsweise geschmolzene Gesteine oder Mineralien aus den Öffnungen einer rotierenden Trommel ausgeschleudert und die Schmelzefäden durch schnellströmende Verbrennungsgase weiter zerfasert. Mineralfasermatten isolieren ähnlich wie Glasfasermatten hervorragend gegen Hitze, Kälte und Schall.

Selbstverständlich können die Chemiker die Herstellungsbedingungen so auswählen, daß die Stein- oder Glaswollefasern nicht lungengängig sind und deshalb im Gegensatz zum Asbest keinen Krebs erzeugen.

Asbest, Glasfasern und Mineralwolle sind ausnahmslos Silicatverbindungen, also chemisch miteinander verwandt. Formal kann man sich vorstellen, daß die Kieselsäure H_4SiO_4 mit sich selbst reagiert und dabei «polymere» Moleküle in Ring-, Ketten-*, Bänder- oder Blattform bildet. Die Kieselsäure ahmt im Prinzip einen geschickten Zeichner nach, der seine Ornamente aus einem einzigen Motiv entwickelt, indem er es wiederholt zu Ringen, Ketten, Bändern oder Flächen zusammensetzt.

All diese Arten von Kieselsäure finden sich als Mineralien in der Natur – wobei natürlich die Protonen durch Metallionen (z. B. Kalium-, Magnesium-, Calcium- oder Eisenionen) ersetzt sind. Man nennt die entsprechenden Verbindungen der polymeren Kieselsäure nach der Gestalt ihrer Anionen denn auch Ring-, Ketten-, Band- oder Blattsilicate. Nicht selten gibt sich der Bau der Kieselsäuremoleküle auch im äußeren Erscheinungsbild des Minerals zu erkennen: So gehört der Glimmer zu den Blattsilicaten – und tatsächlich lassen sich Glimmerkristalle ganz leicht zu Platten oder dünnen Blättchen spalten. Abbildung 54 zeigt, wie aus der einfachen «Orthokieselsäure» die verschiedenen Spielarten entstehen.

Wenn wir Kieselsäure durch Glühen völlig von Wasser befreien, entsteht ihr Anhydrid, das Siliciumdioxid (SiO_2). SiO_2 kennt man eher unter dem alten Namen «Quarz», den ihm mit-

* Es ist erstaunlich, daß schon Demokrit vermutete, Atome könnten sich faden- oder kettenartig aneinanderlagern.

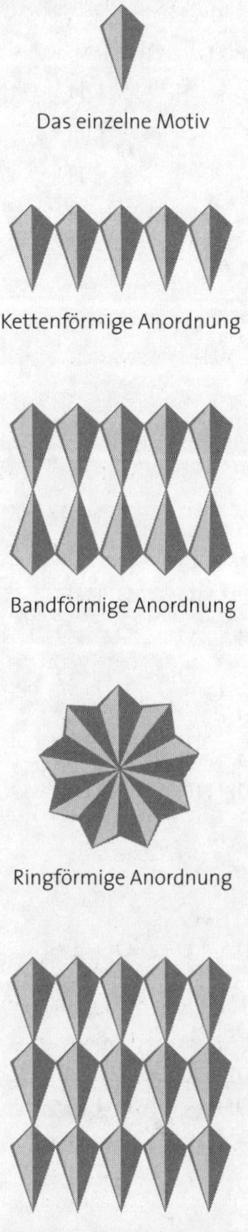

Abbildung 53
Möglichkeiten der polymeren Molekülanordnung bei der Kieselsäure

Abbildung 54 Silicate in unterschiedlicher Gestalt

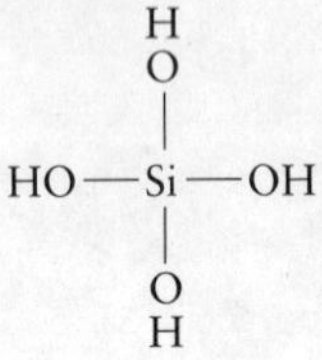

Orthokielsäure

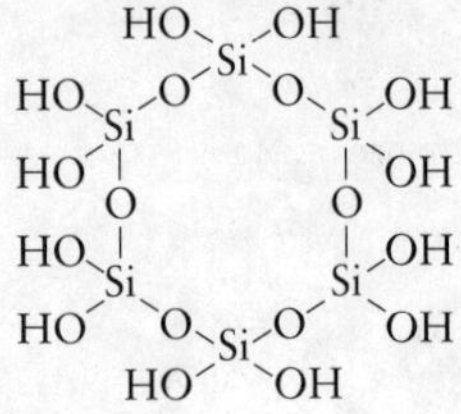

Ringe

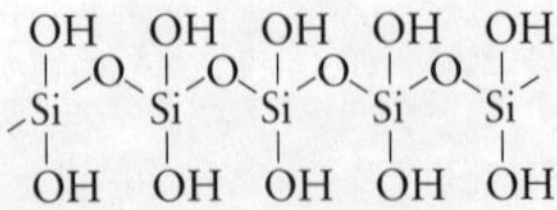

Ketten

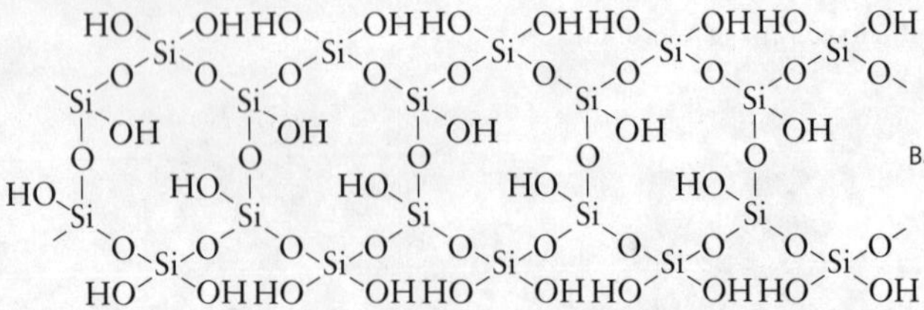

Bänder

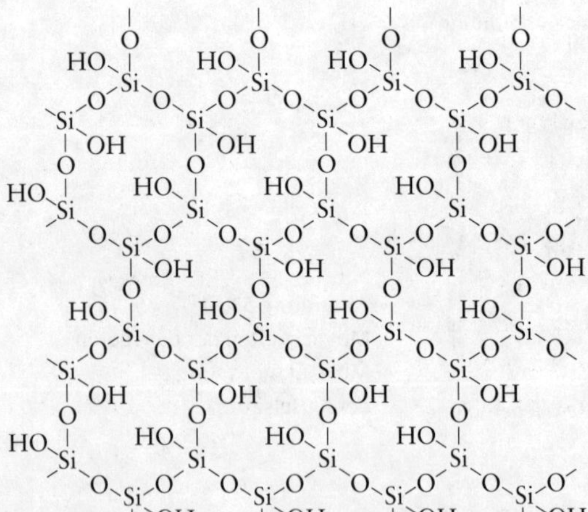

Blattstruktur

telalterliche Bergleute gaben, weil er beim Zerreiben im Mörser ein quarzendes Geräusch von sich gibt. Wir alle haben schon einmal mit Quarz gespielt, nämlich als Kind im Sandkasten, schließlich besteht Sand aus ziemlich reinem Quarz. Auch als Schmuckstück sind wir dem einen oder anderen Quarz schon einmal begegnet, denn «Bergkristall», Amethyst, Citrin und Rauch- oder Rosenquarz sind nichts anderes als besonders reine oder schön gefärbte Varietäten (Abarten) von Quarz. Natürlich steckt in Ihrer «Quarz-Uhr» ebenfalls ein winziger Quarzkristall, der unter dem Einfluß elektrischer Schwingungen seine Länge verändert und auf diese Weise die mechanische Unruh der alten Armbanduhren ersetzt. Allerdings hat sich der Naturstoff Quarz leider auch in die «Staublunge» mancher ehemaligen Bergleute eingelagert und dort die gefährliche Silicose verursacht.

Siliciumdioxid in seiner Modifikation als Quarz ist ein kristalliner Festkörper mit einem Schmelzpunkt von 1705 Grad Celsius. Eigentlich ist dies eine physikalische Unverschämtheit, denn aufgrund der Stellung des Siliciums im Periodensystem müßte SiO_2 dem CO_2 ähnlich sein, demnach also gasförmig oder allenfalls flüssig mit niedrigem Siedepunkt. Sind die Gründe für diese Anomalie ähnlich geartet wie beim Wasser?

Nur auf den ersten Blick. Zwar ist die Si-O-Bindung zu einem erheblichen Teil ionisch. (Der Unterschied der Elektronegativitäten beträgt immerhin 1,7; bei der C-O-Bindung nur 1,0.) Aber wenn das schon die ganze Wahrheit wäre, müßte sich Quarz als Ionenverbindung mehr oder weniger gut in Wasser lösen. Das tut er nun gerade nicht. Aufgrund seiner extremen Unlöslichkeit ist Sand so beständig, daß er im Flußbett von den Alpen bis zur Nordsee rollen kann. Und er müßte sich auf irgendeine Weise spalten lassen, ähnlich wie das Natriumchlorid. Doch auch das ist nicht der Fall. Ganz im Gegenteil ist Quarzsand so hart, daß er sich hervorragend zum Schleifen von Metalloberflächen eignet, beispielsweise im Sandpapier! Die Siliciumdioxidmoleküle müssen also ungeheuer fest zusammenhalten. Sind sie möglicherweise chemisch miteinander verkettet? Das würde auch den extrem hohen Schmelzpunkt des Siliciumdioxids erklären, denn miteinander verkettete Atomgruppen können nicht so leicht durcheinandergeraten wie einzelne Moleküle. Deshalb werden auch solche Atomgruppen erst bei höherer Temperatur schmelzen.

Tatsächlich fanden die Physiker bei Röntgenstrahlbeugungsversuchen, daß im Quarz jedes Siliciumatom mit vier Einfachbindungen vier Sauerstoffatome festhält und jedes Sauerstoffatom zwei Siliciumatome. Es entsteht also ein unendlich großes dreidimensionales Molekül, das nur formal aus lauter SiO_2-Bausteinen zusammengesetzt ist. Offensichtlich gibt es zwischen Si und O keine Doppelbindungen, sondern nur Einfachbindungen. Mittlerweile können wir uns auch die Gründe für dieses Verhalten denken: Die Siliciumatome besitzen eine Elektronenschale mehr als die Kohlenstoffatome, sind also größer und halten den Sauerstoff daher auf Distanz, so daß dieser keine Doppelbindung ausbilden kann. (Man könnte boshaft sagen, daß die «Taille» des Siliciums so dick ist, daß es kein dünnes Atom mehr umarmen kann.) Das Silicium steht mit diesem Verhalten nicht allein, vielmehr gilt die allgemeine Regel, daß Doppelbindungen ab der dritten Periode nicht mehr so leicht zustande kommen wie in der zweiten.

Den hohen Schmelzpunkt und den starken Zusammenhalt zwischen Si- und O-Atomen nutzen trickreiche Chemiker aus, um unbrennbare Textilien herzustellen. Sie verspinnen niedrig schmelzende Gläser zu Fasern, aus denen sie dann Gewebe herstellen. Diese werden anschließend so lange in ein Säurebad eingelegt, bis die Metallionen aus dem Glas herausgelöst sind. Nach dem Trocknen bleibt das unlösliche, polymere Siliciumdioxid zurück, das dabei seine Gewebestruktur beibehalten hat und nun zu feuerfesten Schutzanzügen verarbeitet wird. So kann man heute bei der Brandbekämpfung auf Schutzanzüge aus dem krebserregenden

Naturstoff Asbest verzichten, der moderne Feuerwehrmann trägt schwer schmelzbare, gut isolierende Kleidung aus künstlich erzeugtem Quarzglas.

Bemerkenswerterweise läuft die Versteinerung von Lebewesen nach einem ähnlichen Prinzip. So wurden zum Beispiel die Stämme von abgestorbenen Araukarien vor etwa 250 Millionen Jahren sorgfältig mit Kieselsäure getränkt und dann mit Schlamm und Sand abgedeckt. Im Laufe der Zeit ersetzten Kieselsäuremoleküle die organischen Bestandteile des Holzes (etwa die Zellulose). Zuletzt verlor die Kieselsäure – wahrscheinlich durch gelinde Erwärmung – immer mehr Wasser und verwandelte sich über Zwischenstufen wie Opal* in Achat, eine «kryptokristalline» (das heißt äußerst fein kristallisierte) Varietät des Quarzes. Während auch schon rein äußerlich die Gestalt der «verkieselten» Baumstämme erhalten blieb, bildete dieser Achat im Innern nun die mikroskopisch feinen Strukturen des ehemaligen Holzes bis in alle Einzelheiten ab. Dieses Naturwunder können Sie im «Petrified Forest» bei Phoenix in Arizona, aber auch in den Perm-Ablagerungen der Rheinpfalz und an vielen anderen Orten (wenn auch meist in kleineren Stücken) bestaunen.

Ähnlich werden abgestorbene Tiere und Pflanzen durch Calciumcarbonat, Schwefelkies oder Apatit «fossilisiert», und nicht nur die Bergleute an Ruhr und Saar wissen, daß die urzeitlichen Bäume des Karbonzeitalters als Kohle erhalten geblieben sind. Selbst so feine Strukturen wie Zellwände und Spaltöffnungen der Blätter lassen sich unter dem Mikroskop erkennen.

* Opal ist ein wasserhaltiges Siliciumdioxid. Beim «Edelopal» bewirken optische Interferenzerscheinungen das faszinierende Farbenspiel, das sogar Lessing in «Nathan der Weise» in die Ringparabel aufnahm: «Der Stein war ein Opal, der tausend schöne Farben spielte ...»

Bei diesem «Inkohlungsvorgang» spielen höhere Temperaturen und Luftabschluß eine entscheidende Rolle. Sie bewirken, daß aus den Kohlenstoffverbindungen der Organismen immer mehr Wasser abgespalten wird, gleichzeitig verlieren sie Sauerstoff und Schwefel durch Reduktion. Obwohl die Vorgänge noch nicht bis in alle Einzelheiten geklärt sind, kennen die Chemiker das Endergebnis, die Steinkohle, als ein Verbindungsgemisch, das ziemlich viel Kohlenstoff enthält.

Vielleicht brachten die Inkohlungsvorgänge ideenreiche Erfinder auf den Gedanken, mit ähnlichen Vorgängen Kohlenstoff-Fasern zu erzeugen. Dies gelingt folgendermaßen: Sie synthetisieren erst Fasern aus Polyacrylnitril, einer organischen, C, H und N enthaltenden Verbindung, die verhältnismäßig billig aus Propylen und Ammoniak hergestellt werden kann. Diese Fasern bestehen aus langen kettenförmigen Molekülen, die mit Hilfe elektrostatischer Anziehungskraft zusammenhalten. Durch geeignete Oxidationsvorgänge entziehen sie in zwei Stufen den Kettenmolekülen sämtliche Wasserstoffatome sowie den Stickstoff, und übrig bleibt reiner Kohlenstoff, genaugenommen Graphit, in der Gestalt der ehemaligen Polyacrylnitrilfasern.

Kohlenstoff-Fasern werden inzwischen in einer Menge von über 20000 Tonnen jährlich hergestellt; sie dienen zur Verstärkung von hoch beanspruchten Kunststoffteilen, zum Beispiel Leitwerken in der Flugzeugindustrie. Auf Gewebe aus Kohlenstoff kann man elementares Aluminium aufdampfen; die entstehenden Stoffe werfen Wärmestrahlen zurück und sind so gut wie nicht entflammbar, eignen sich also ebenfalls hervorragend für Feuerwehrschutzanzüge.

Unser Ausflug auf umstrittenes Gebiet geht hier zu Ende. Er führte uns zunächst in eine Ammoniakfabrik, wo Moleküle unter hartem Zwang Verbindungen eingingen, die unter sanften Bedingungen nie zustande gekommen wären. Wir erwarteten, daß solcherart

Erzeugtes nur weiteres Unheil anrichten kann, wurden aber angenehm enttäuscht. Statt Böden auszulaugen und Humus abzutragen, ersetzen Mineraldünger den Nährstoffentzug, der durch das Abernten der Felder eintritt – ohne diese Dünger müßte die Hälfte der Weltbevölkerung glatt verhungern. Vermutlich wußten wir nicht alle, daß Mineraldünger lediglich natürlich ablaufende Vorgänge verstärken, und daß auch organischer Dünger von der Pflanze nur nach Umwandlung in anorganische Salze verwertet werden kann. Kopfschüttelnd erkannten wir beim Anblick einer Hydrokultur, daß die Pflanze überhaupt keinen Boden braucht, wenn wir ihr diese Chemikalien in wäßriger Lösung anbieten. Den meisten von uns war auch nicht klar, daß «Biodiesel» nur mit «Kunstdünger» (und Pflanzenschutzmitteln) einigermaßen preiswert hergestellt werden kann, und daß bei der Umwandlung des Rapsöls zu Rapsölmethylester wieder die Chemiker ihre Finger im Spiel haben. Ganz unversehens gelangten wir auf weniger umstrittenes Gebiet, stellten Glasfasern und Steinwolle her, bestaunten unbrennbare Gewebe aus Asbest, einem krebserzeugenden Naturstoff, sowie aus künstlich hergestelltem Quarzglas. Nach einem Abstecher zu berühmten Fossilienfundplätzen kehrten wir per Flugzeug zurück, sicher gelenkt von einem mit Kohlenstoff-Fasern verstärkten Kunststoffleitwerk.

Aufatmend können wir zusammenfassen: Gerade hier, auf umstrittenem Gelände, haben wir gesehen, wie Natur und Chemie innig verflochten sind, sich gegenseitig ergänzen und befruchten; folglich dürften sich unsere Vorurteile, alles Natürliche sei gesund und alles Künstliche gefährlich, ein wenig abgeschwächt haben. Nach soviel Vorurteilsverlust kann ein wenig Medizin nicht schaden.

Ortsbesichtigung: Anorganische Chemie und Medizin

Es war in den dreißiger Jahren des 16. Jahrhunderts, als der schweizerische Arzt und Naturphilosoph Paracelsus die zahlreichen Irrtümer der mittelalterlichen Medizin anprangerte und seinen Standesgenossen eine neue Denkweise predigte: Nicht das Ungleichgewicht der Körpersäfte mache krank, sondern das Versagen des «Lebensgeists» und der Naturkräfte. Er war überzeugt, daß das richtige Zusammenwirken der drei Elemente Schwefel, Salz und Quecksilber die Grundlage der Gesundheit von Körper, Geist und Seele sei*; der Arzt habe im Prinzip nichts anderes zu tun, als dieses Zusammenwirken wiederherzustellen. Dabei sollten ihm die Alchimisten helfen: Sie sollten ihre fruchtlosen Versuche, Gold zu machen, aufgeben und statt dessen Arzneien herstellen. Er wurde zum Begründer der *Iatrochemie***, der Vorläuferin der modernen wissenschaftlichen Chemie, und selbstverständlich ging er mit gutem Beispiel voran. In Selbstversuchen erprobte er oft Wirkung und Giftigkeit von Salzen und Elementen, bevor er sie seinen Kranken verabreichte. So heilte er Patienten mit Darmverschlingung, indem er ihnen Quecksilber zu trinken gab. Dieses flüssige Metall, von dem ein Liter 13,6 Kilogramm wiegt, ordnet

* Nach seiner Lehre enthielten alle brennbaren Stoffe Schwefel, alle Aschen Salz und alle flüchtigen, verdampfbaren Stoffe Quecksilber.

** *Iatros* (griechisch) = Arzt

durch die Schwerkraft die Eingeweide um und hilft aus diesem Grunde tatsächlich. Die Giftigkeit des Quecksilbers war Paracelsus von den Leiden der Bergleute und Hüttenarbeiter wohlbekannt (schließlich schrieb er die erste Monographie über Berufskrankheiten), aber er ahnte, daß eine einmalige riesige Gabe, die auf natürlichem Wege fast vollständig wieder ausgeschieden wird, ungefährlicher ist als die schleichende Vergiftung durch beständiges Einatmen der Quecksilberdämpfe. Vielleicht waren es solche Beobachtungen und Gedanken, die ihn zu der ersten wissenschaftlich richtigen Definition des Begriffs «Gift» führten: «Die Dosis allein macht, daß ein Ding kein Gift sei.» (Ein Satz, der uns von eigenmächtigem Experimentieren mit allen Arzneien unbedingt abhalten sollte!) Paracelsus war, obwohl in vielen seiner Anschauungen noch ganz dem Mittelalter und der Astrologie verhaftet, der erste moderne Arzt, gleichzeitig war er der erste, der die chemischen Grundlagen der Medizin erkannte und folgerichtig chemische Verbindungen als Arzneimittel einsetzte. Daß er dabei auch manches unwirksame oder gar schädliche Mittel verwendete, schmälert seine Verdienste keineswegs. Er widmete seinen Patienten viel Zeit und Zuwendung, besonders auch den Armen unter ihnen, und war so erfolgreich, daß er fast wie ein Heiliger verehrt wurde. Noch Jahrhunderte nach seinem Tode, sogar noch heute erflehen gläubige Menschen an seinem Grab in Salzburg Paracelsus' Fürsprache im Himmel für ihre kranken Angehörigen.

In den folgenden Jahrhunderten wuchsen die Erkenntnisse rasch. Während es den Chemikern immer besser gelang, reine Substanzen herzustellen, erkannten und prüften die Ärzte immer besser deren Wirkung auf den Organismus. Heute sind die anorganischen Heilmittel nicht mehr aus der Pharmakologie wegzudenken. Gerade in den letzten Jahrzehnten haben uns die ausgetüftelten Untersuchungsmethoden der Physiologen schließlich begreifen lassen, warum und wie bestimmte Mittel wirken. Zweifellos werden derartige Erkenntnisse in absehbarer Zukunft zu neuen, noch wirksameren Arzneien führen.

So ist in der Biologie seit längerem bekannt, daß im Magensaft dank der Anwesenheit von annähernd 0,1molarer Salzsäure ein extrem niedriger pH-Wert von 0,8 herrscht. Lange Zeit war es den Wissenschaftlern ein Rätsel, wie die Zellen der Magenschleimhaut es schaffen, eine derart konzentrierte Säure zu bilden, ohne selbst verdaut zu werden. Dabei stammen die Protonen aus gelöster Kohlensäure, während die Chloridionen aus Kochsalz stammen, das in den Zellen ebenfalls vorkommt. In der Gesamtbilanz findet folgende Reaktion statt:

$$H_2CO_3 + NaCl + \text{Energie} \rightarrow NaHCO_3 + HCl$$

Bei genauerem Hinsehen erkennen wir, daß hier die Reaktion, mit der wir in Versuch 52 Kohlensäure und Kohlendioxid erzeugt haben, umgekehrt abläuft. Wie ist dieser Umkehrvorgang zu erklären?

In den säurebildenden Zellen der Magenschleimhaut, den sogenannten Belegzellen, liegen sämtliche an der Reaktion beteiligten Ionen in sehr niedriger Konzentration vor. Unter Energieverbrauch gelingt es nun der Zelle, Protonen und Chloridionen in spezielle Säurekanälchen zu pumpen, von wo diese in den Magensaft gelangen. Die Protonen gelangen in Form von Wasser an die Membran der Säurekanälchen. Dort dissoziiert das Wasser in H^+ und OH^-, welches durch das Enzym Carboanhydrase abgefangen und an Kohlendioxid gebunden wird. So entstehen Hydrogencarbonat-Ionen, die ins Blut abgegeben werden, während die Protonen ihrerseits in die Kanälchen gelangen. Die Chloridionen werden ebenfalls durch eine spezielle «Pumpe» in den Magensaft geschleust. Somit werden stets zwei Reaktanden aus dem Gemisch – und somit aus dem Gleichgewicht – entfernt.

Zum Schutz gegen die Selbstverdauung bilden die Magenschleimhautzellen einerseits (wie ihr Name bereits verrät) eine dicke schützende Schleimschicht, die große Mengen an pufferndem Hydrogencarbonat enthält. Andererseits kann die Salzsäure nicht gegen die Pumpbewegung ankämpfen, die ja von der Zelle durch die Säurekanälchen in das Mageninnere führt, und daher auch nicht in die Magenwandzelle zurückkehren.

Die Geschehnisse, die wir lapidar als Pumpvorgänge bezeichnet haben, sind in Wirklichkeit ziemlich komplex, und unser bisheriges anorganisches Wissen dürfte nicht ausreichen, um sie bis ins letzte Detail zu verstehen. Immerhin können wir begreifen, daß für ihren Energiebedarf ein beträchtlicher Teil unserer Nahrung benötigt wird. Bei deren Verdauung entsteht als Zwischenstufe das Adenosintriphosphat («ATP»), eine Verbindung von Adenosin (hier als A abgekürzt) mit der Triphosphorsäure (1). Das ATP liefert die Pumpenergie, wenn es mit dem Wasser, das ja in jeder Zelle vorhanden ist, reagiert und zu Adenosindiphosphat («ADP») und Phosphorsäure zerfällt (2):

$$(1)\quad \text{A-O-}\overset{\overset{\displaystyle O}{\|}}{\underset{\underset{\displaystyle OH}{|}}{P}}\text{-O-}\overset{\overset{\displaystyle O}{\|}}{\underset{\underset{\displaystyle OH}{|}}{P}}\text{-O-}\overset{\overset{\displaystyle O}{\|}}{\underset{\underset{\displaystyle OH}{|}}{P}}\text{-OH}\qquad \text{ATP}$$

$$(2)\quad \text{A-O-}\overset{\overset{\displaystyle O}{\|}}{\underset{\underset{\displaystyle OH}{|}}{P}}\text{-O-}\overset{\overset{\displaystyle O}{\|}}{\underset{\underset{\displaystyle OH}{|}}{P}}\text{-OH} + H_2PO_4^- + H^+$$

ADP

Ähnliche Pumpvorgänge bewirken, daß unsere Körperzellen beständig Natriumionen abgeben und Kaliumionen aus der Zellumgebung (zum Beispiel Blut oder Körperflüssigkeit) aufnehmen. Auf diese Weise bauen sich auf beiden Seiten der Zellmembran nicht nur unterschiedliche Konzentrationen an K^+ und Na^+ auf, sondern gleichzeitig auch krasse Ladungsunterschiede. Durch die Ladungstrennung ähnelt die Zellwand einer geladenen Batterie. In bestimmten Situationen (zum Beispiel beim Eintreffen eines Reizes) werden in den Zellwänden «Kanäle» geöffnet, die für jede Ionenart spezifisch sind (anschaulich könnte man von «Kunden- und Lieferanteneingängen» reden). Durch diese Kanäle gleichen sich die Konzentrationsunterschiede sehr schnell wieder aus, weil ja die jeweiligen Ionen nun ungehindert ein- und ausströmen können. Damit gleicht sich auch die Ladung aus, die Batterie wird sozusagen «kurzgeschlossen» und dadurch leer. Da wandernde Ionen elektrische Ladungen transportieren, leuchtet es uns ein, daß so schwache Ströme entstehen. Die «Batterie» wird anschließend durch die Ionenpumpe wieder aufgeladen, ein neuer Reiz kann kommen. Die Schwachströme werden unter anderem in der medizinischen Diagnostik genutzt; ein EKG ist nichts anderes als eine Aufzeichnung der «Herzströme» mittels Schreiber und Papier.

Andererseits laufen zahlreiche Stoffübergänge zwischen Blut und Zelle einfach aufgrund von Konzentrationsunterschieden ohne Energiebedarf durch Osmose ab. Für diese Vorgänge ist ein bestimmter «Elektrolythaushalt», also eine Mischung von Ionen in bestimmten Verhältnissen unabdingbar. (In Versuch 35 entsprach die 1prozentige Kochsalzlösung offenbar der Konzentration im Inneren des Eis.) Offensichtlich funktioniert in unserem Körper nichts ohne jene zehn Elemente, die Liebig schon in den Pflanzenaschen nachgewiesen hat und die wir mit unserer täglichen Nahrung aufnehmen. Hinzu kommen Spurenelemente wie Chlor, Fluor und Jod, die zwar nur in geringen Mengen benötigt werden, aber gleichwohl unentbehrlich sind. Die Aufgaben der wichtigsten Elemente wollen wir uns bei unserem Ortstermin nun etwas genauer ansehen.

Schon bei der Photosynthese wurde uns klar, daß Kohlenstoff, Wasserstoff und Sauerstoff die Hauptkomponenten unserer Nahrung sind, als Zellulose im Stützgerüst aller Pflanzen auftreten, aber auch zusammen mit Stickstoff, Phosphor und Schwefel die Proteine bilden, aus denen ein beträchtlicher Teil unseres Körpers besteht. Und da unser Körper nicht alle Aminosäuren selbst produzieren kann, reicht es nicht aus, sich ausschließlich von Kohlehydraten und Fetten zu ernähren. Wenn unser Essen nicht eine ausreichende Menge an Proteinen und essentiellen Aminosäuren enthält*, tritt die in den Entwicklungsländern immer noch häufige Eiweißmangelernährung ein. Leistungsfähigkeit und Widerstandskraft nehmen ab, der Körper hungert, selbst wenn nur eine der «essentiellen» Aminosäuren fehlt, ganz gleich, ob der Magen nun voll ist oder nicht.

Der Phosphor tritt aber nicht nur in Eiweißverbindungen auf, sondern spielt auch beim Energietransport (Stichwort ATP), bei der Speicherung der Erbinformation in der DNS (Desoxyribonukleinsäure) und beim Aufbau der Knochen und Zähne eine entscheidende Rolle.

Seit langer Zeit ist bekannt, daß äußerst fein verteilter elementarer Schwefel in wäßriger Suspension, die sogenannte «Schwefelmilch», verschiedene Hauterkrankungen erstaunlich bessert oder sogar heilt. Vielleicht ist die schwach desinfizierende Wirkung des Elements dafür verantwortlich.

Das Natrium ist das wichtigste und häufigste Ion im menschlichen Körper. Er enthält etwa 100 Gramm Natrium und muß täglich sechs Gramm aufnehmen, um die ausgeschiedene Menge zu ersetzen. Seine wichtige Funktion als Natriumpumpe bei der Reizleitung kennen wir ja schon; eine mindestens genauso wichtige

* Man rechnet als tägliches Minimum ein Gramm Proteine pro Kilogramm Körpergewicht; bei Kindern, Jugendlichen und älteren Menschen zwanzig Prozent mehr.

spielt das Natrium bei der Ausscheidung über die Nieren und bei der «Eindickung» von Kot und Urin. Bekannt und medizinisch relevant ist seine blutdrucksteigernde Wirkung. Andererseits ist ein anomal niedriger Natriumgehalt im Serum ebenfalls bedenklich; der Blutdruck nimmt ab, und im Extremfall treten schwere, tödlich endende Krämpfe auf.

Glücklicherweise ist ein solcher Salzmangel sehr selten, weil fast alle unsere Nahrungsmittel Natriumchlorid zumindest in niedriger Konzentration enthalten.

Auch das Kalium, der untere Nachbar des Natriums im Periodensystem, benötigt unser Körper in beträchtlicher Menge (zwei bis vier Gramm täglich). Es reguliert den Wasserhaushalt, wirkt bei der Reizleitung in den Nervenzellen mit und ist wichtig für die Muskeltätigkeit. Bei Kaliummangel treten Muskelschwäche, Lähmungen und Herzrhythmusstörungen auf. Bluthochdruckpatienten, denen kochsalzarme Diät vorgeschrieben ist, dürfen meist mit Kaliumchlorid würzen; es schmeckt allerdings mehr brennend als salzig. Neuere Untersuchungen amerikanischer Wissenschaftler deuten darauf hin, daß Kalium ähnlich wie Magnesium das menschliche Gehirn in gewissem Umfang vor Schlaganfällen schützt. Da pflanzliche Kost meist ausreichende Mengen dieser Metallionen enthält, warnen die Ärzte allerdings vor der zusätzlichen Einnahme von Kalium enthaltenden Präparaten. Die bekannte Tatsache, daß der verstärkte Verzehr pflanzlicher Nahrung der Entstehung arteriosklerotischer Erkrankungen wie Herzinfarkt und Gehirnschlag entgegenwirkt, ist möglicherweise mit dem hohen Kalium- und Magnesiumgehalt dieser Nahrungsmittel zu erklären.

Lithium, der obere Nachbar des Natriums in der Alkalimetallgruppe des Periodensystems, wirkt in Form seiner Salze (z. B. Lithiumcarbonat oder Lithiumsulfat) vorbeugend gegen gewisse Psychosen und bei manisch-depressiven Erkrankungen in der manischen Phase. Es muß allerdings sehr genau dosiert und kontrolliert werden.

Das wichtigste Halogen für unseren Körper ist das Chlor. Der Organismus nimmt es meist als Natriumchlorid auf; Mangelerscheinungen treten also normalerweise nicht auf. Unser Magen benötigt, wie wir gesehen haben, die Chloridionen für die Salzsäure, die er zur Verdauung unserer Speisen reichlich absondert, aber auch als Katalysator für eiweißabbauende Enzyme (zum Beispiel das Trypsin) beziehungsweise stärkespaltende Enzyme (Amylasen). Im Blutplasma und in den Körperflüssigkeiten ist das Chloridion das häufigste Anion.

In der Hygiene ist das *elementare* Chlor wichtig; dort dient es als Desinfektionsmittel. Insbesondere für die Aufbereitung des Trinkwassers ist es nahezu unentbehrlich. Es wirkt noch in Konzentrationen von wenigen Millionstel Mol pro Liter. Teilweise tötet es direkt gefährliche Krankheitskeime, teilweise wirkt die sogenannte Unterchlorige Säure, die aus Chlor durch Reaktion (Disproportionierung) mit Wasser nach folgender Gleichung (1) entsteht. Unterchlorige Säure wirkt wiederum wahrscheinlich desinfizierend, weil sie atomaren Sauerstoff abspaltet (2).

$$(1)\quad Cl_2 + HOH \rightarrow HOCl + HCl$$
$$(2)\quad HOCl \rightarrow HCl + O$$

Benötigt man für grobe Desinfektionen beispielsweise der Fäkalien im «Chemieklo» von Campmobilen unterchlorige Säure in höherer Konzentration, so setzt man zweckmäßig das Reaktionsprodukt von Chlor mit Natronlauge oder Calciumhydroxid ein (*Eau de Javelle* bzw. Chlorkalk). Man erhält diese Produkte nach den Gleichungen (1) und (2). Bei beiden Reaktionen entstehen Salze der unterchlorigen Säure, die mit Wasser zur freien Säure und NaOH zerfallen (3).

$$
\begin{aligned}
&(1)\ Cl_2 + 2\,NaOH \rightarrow NaOCl + NaCl + HOH\\
&(2)\ Cl_2 + Ca(OH)_2 \rightarrow ClCaOCl + HOH\\
&(3)\ NaOCl + HOH \rightarrow HOCl + NaOH
\end{aligned}
$$

Eine andere, in Krankenhäusern verwendete Quelle für Unterchlorige Säure ist das Chloramin H_2NCl, weil es mit Wasser langsam HOCl abspaltet. Es gibt auch organische Chlorverbindungen, welche diese nützliche Eigenschaft haben.

Die Chlorchemie hat bei vielen Umweltschützern keine gute Presse. Sie beanstanden insbesondere die organischen Chlorverbindungen, die im allgemeinen nicht in Ionen zerfallen, sondern das Chlor in kovalenter Bindung enthalten. Viele dieser Substanzen kommen in der Natur nicht vor, sind deshalb den Mikroorganismen unbekannt und werden dementsprechend biologisch nicht oder nur langsam abgebaut. Deshalb reichern sie sich in der Umwelt an und gelangen über die Nahrungskette auch in den menschlichen Körper, wo sie wegen ihrer Giftigkeit schwere Erkrankungen auslösen können. Besonders das «Seveso-Gift», ein chloriertes Dibenzodioxin, das unter Umständen bei Schwelbränden aus Chlorverbindungen entstehen kann, aber auch spurenweise in jedem Kaminfeuer freigesetzt wird, hat große Ängste verursacht. Der Grenzwert, den in Deutschland Müllverbrennungen einhalten müssen, ist allerdings so niedrig, daß pro 100 000 Tonnen Müll nicht einmal 100 Milligramm Dioxin in die Umwelt gelangen. Vergleichsweise sind die Mengen von über 400 Gramm jährlich, die manche Eisenhütten fast unbemerkt ausstießen, schon viel eher ein Grund zur Sorge. Die Chemiker haben inzwischen Hunderte von natürlich vorkommenden Chlorverbindungen entdeckt. So entsteht zum Beispiel über den Wellen der Ozeane bei Sonneneinstrahlung Chlormethan in riesigen Mengen. Demnach bedarf das Argument der Nicht-Abbaubarkeit mindestens in vielen Fällen einer Überprüfung. Daß auch nicht alle organischen Chlorverbindungen hinsichtlich ihrer Schädlichkeit in einen Topf geworfen werden können, beweist das Breitband-Antibiotikum Chloramphenicol. All das befreit die Chemiker natürlich nicht von der Verpflichtung, für gefährliche organische Chlorprodukte geschlossene Kreisläufe oder Senken zu schaffen und dadurch eine Anreicherung in der Umwelt zu verhindern. Rufe nach dem «Ausstieg aus der Chlorchemie», der übrigens für die Chemieindustrie kaum zu verkraften wäre, werden dadurch gegenstandslos.

Nach diesem Exkurs zu den Gefahren der organischen Chlorchemie wollen wir uns wieder den segensreichen Eigenschaften des Desinfektionsmittels Chlor zuwenden. Mittlerweile gilt es als erwiesen, daß zahlreiche endemische Erkrankungen der Verdauungsorgane, die früher weite Kreise der Bevölkerung heimsuchten, verschwunden sind, seit das Trinkwasser gechlort wird. Die Desinfektion des Trinkwassers ist weltweit unverzichtbar, weil es auf der Erde gar nicht genug bakteriologisch einwandfreies Wasser für sechs Milliarden Menschen gibt. Die Chemie sorgt nicht nur für die Hungrigen, die Nackten und die Kranken, sondern auch für die Dürstenden.

Ein anderes, für die Wundbehandlung geeignetes Desinfektionsmittel ist das elementare Jod. Die Ärzte und Sanitäter setzen es meist als «Jodtinktur» ein, weil sich das Jod in einer Mischung aus Wasser, Alkohol und Kaliumjodid besser löst als in Wasser allein. Das Kaliumjodid bildet dabei mit dem Element einen lockeren Anlagerungskomplex der Formel $KI \times I_2$.

Die Tiroler waren schon immer berühmt für ihre holzgeschnitzten Krippenfiguren. Sammler dieser Kostbarkeiten wissen, daß alte Figuren immer ein «Kropftuch» tragen, eine Art Halstuch, das den darunter hervortretenden Kropf verdeckt. Dieses Charakteristikum entstand, weil in Tirol (und in allen Alpenländern) praktisch jedermann von dieser Vergrößerung der Schilddrüse heimgesucht wurde und die Tiroler deshalb glaubten, jeder müsse ein Kropftuch getragen haben, also auch Joseph, Maria, das Jesuskind, die Hirten und die Könige. Demgegenüber war der Kropf in Norddeutschland seltener und in manchen anderen küstennahen Gegenden fast unbekannt. Die Fortschritte der Analytischen Chemie und der Medizin machten dieses merkwürdige Phänomen verständlich: Die menschliche Schilddrüse erzeugt Thyroxin, eine jodhaltige Verbindung, die Vorstufe des Schilddrüsenhormons Thyreoglobulin. Da die Böden der Alpenländer extrem arm an Jodverbindungen sind, gelangt weder mit dem Wasser noch mit der Nahrung genügend Jod in den Körper, um eine einwandfreie Funktion der Schilddrüse sicherzustellen. Die Drüse wächst krankhaft in dem Bestreben, jedes vorbeikommende Jodatom auszunutzen, um den Körper dennoch ausreichend mit jodhaltigem Hormon zu versorgen. Gelingt dies trotzdem nicht, so entsteht eine Schilddrüsenunterfunktion mit den Symptomen Müdigkeit, Gewichtszunahme, Darmträgheit und Ödemen (Wasseransammlungen im Bindegewebe); die Haut trocknet aus.

Die Böden der norddeutschen Tiefebene sind dagegen besser (wenn auch keineswegs ausreichend) mit Jod versorgt; einen zusätzlichen Beitrag liefert Meersalz, wenn es für die Essenszubereitung verwendet wird. Darüber hinaus nahmen die Anrainer von Küstenregionen, die sich früher stärker als heute an regionale Nahrungsangebote halten mußten, beim Verzehr von Seefischen, Krabben, Muscheln und anderen Meerestieren relativ große Mengen von Jod auf. Bei Japanern, die traditionell neben rohem Seefisch auch große Mengen an Seetang verzehren, der hohe Mengen an Jod enthält, ist Kropfbildung praktisch unbekannt. In anderen Ländern, aus deren Böden die Jodate nicht durch die Schmelzwässer der eiszeitlichen Gletscher ausgewaschen wurden, reicht der Jodgehalt des Wassers und der Nahrung aus, die Entstehung eines Kropfes zu verhüten. In der ehemaligen DDR war die Jodierung des Speisesalzes zwingend vorgeschrieben, und für die Lebensmittelherstellung in Kantinen und Konservenfabriken durfte nur jodiertes Kochsalz verwendet werden; dementsprechend waren Schilddrüsenerkrankungen wegen Jodmangels selten. In der Bundesrepublik steht es damit nicht zum besten. Bis Mitte 1989 war die Verwendung von Jodsalz bei der Herstellung von Fertiggerichten oder Gemeinschaftsverpflegung verboten. 28,5 Millionen Einwohner der alten Bundesrepublik verwendeten auch privat kein Jodsalz, davon 11,7 Millionen, obwohl ihnen die Bedeutung des Jodsalzes für die Gesundheit bekannt war. Fachleute des Statistischen Bundesamtes vermuten hinter der ablehnenden Haltung Vorbehalte gegen jegliche Art von Lebensmittelzusatzstoffen. Trotz einer inzwischen angelaufenen Aufklärungskampagne verwendeten 1995 immer noch 15,3 Millionen Einwohner der neuen Bundesrepublik kein jodiertes Speisesalz, davon 7,6 Millionen, obwohl ihnen die Folgen bekannt waren. Auch die Metzger, Lebensmittelhersteller und Kantinenköche salzen meist mit gewöhnlichem Natriumchlorid, weil sie Jodatzusätze deklarieren müssen und jodiertes Speisesalz teurer ist als jodfreies. Da fast jeder einen Teil seines täglichen Salzbedarfs mit deren Produkten zu sich nimmt, ist die Jodversorgung selbst für die Mitglieder der jodsalzverwendenden Privathaushalte keineswegs gesichert. So ist es nicht weiter verwunderlich, daß nach einer kürzlich mittels eines Schilddrüsen-Diagnose-Mobils durchgeführten Untersuchung von 7000 Bundesbürgern in 30 Städten jeder zweite einen beginnenden Kropf aufwies. Fachleute schätzen die Zahl der an Struma leidenden Kranken auf sechs bis acht Millionen; Jahr um Jahr müssen sich etwa 90 000 Patienten an der Schilddrüse operieren lassen. Die Kropfoperation ist der vierthäufigste chirurgische Eingriff in unserem Land. Viel Leid und Kosten in Milliardenhöhe ließen sich vermeiden, wenn durch die regelmäßige Verwendung von jodiertem Speisesalz in Schlachtereien, Lebensmittelfabriken, Kantinen und Haushalten die Bevölkerung wirklich ausreichend mit Jod versorgt würde.

Anders als die Jodate wirken Natriumbromid und Kaliumbromid trotz der chemischen Verwandtschaft zwischen Brom und Jod nicht auf den Hormonhaushalt, sondern nervenberuhigend und krampflösend, in größeren Mengen auch schlaffördernd. Lange Zeit wurden sie bei nervösen Beschwerden und bei Epilepsie eingesetzt. Inzwischen gibt es organische Arzneimittel, die den Einsatz von Bromiden entbehrlich gemacht haben. Nur in Ausnahmefällen enthalten diese Medikamente noch Brom in chemisch gebundener Form (zum Beispiel Bromazepam).

Im Gegensatz zu den Bromiden sind die Fluoride wieder ein unentbehrlicher Bestandteil unserer Nahrung. Sie sind für den Aufbau unserer Knochen und Zähne erforderlich, denn diese bestehen zum größten Teil aus Apatit, einem Mineral, das auch in der Natur vorkommt und der Formel $Ca_5(PO_4)_3F$ entspricht. Bei Fluormangel baut der Körper statt Fluoridionen Hydroxidionen in den Apatit ein – die Folge sind «weichere» Knochen (die leichter brechen) und kariesanfällige Zähne. Daher empfehlen die Ärzte Natriumfluorid in niedriger Dosierung zur Vorbeugung von Karies im Kindesalter, in höherer Dosierung auch zur Anregung des Knochenwachstums und zur Behandlung der Osteoporose. Fluoridhaltige Zahnpasten reichen bei Erwachsenen anscheinend zur Erhaltung eines gesunden, fluorapatithaltigen Zahnschmelzes aus. Eine Überdosierung führt zu Zahnschmelzdefekten (allerdings nur während des Zahnwachstums), darüber hinaus zu Glieder- und Gelenkkrankheiten, manchmal auch zu Verdauungsstörungen.

Unter den zehn Elementen, welche in allen Pflanzen vorkommen, ist das Calcium ein vielseitiger Tausendsassa. Calciumionen spielen – ähnlich wie Natrium-, Kalium- und Chlorionen – bei der Reizleitung speziell des Herzmuskels und bei der Muskeltätigkeit eine Rolle. Calciummangel verursacht Knochenschwund (Osteoporose) und Zahnschäden – kein Wunder, weil ja diese Skelettbestandteile hauptsächlich aus der Calciumverbindung Apatit bestehen. Aber auch beim Stoffwechsel der Zellen und bei der Blutgerinnung sind Calciumionen unentbehrlich. Möglicherweise weiß auch nicht jeder, daß eine «Calciumtablette» (meist ist das Calciumcarbonat oder das Calciumsalz der Milchsäure) Allergikern gegen ihre Beschwerden helfen kann. Vitamin D begünstigt die Aufnahme von Calciumionen in den Körper.

Magnesium ist bei der Arbeit unserer Muskeln ein Gegenspieler des Calciums. Während Calcium bewirkt, daß sich die Muskeln zusammenziehen, führt Magnesium zu einer Entspannung, im Extremfall sogar zu einer Lähmung der Muskulatur. Bei Herzrhythmusstörungen und Herzinfarkt ist Magnesium möglicherweise ebenfalls hilfreich; eine gewisse Schutzwirkung gegen Schlaganfälle glauben amerikanische Ärzte entdeckt zu haben.

Oral aufgenommen wirkt Magnesiumsulfat – ähnlich wie Natriumsulfat – abführend; Magnesiumcarbonat, Magnesiumhydroxid oder Magnesiumoxid wirken säurebindend im Magen. Die Ärzte setzen diese Magnesiumverbindungen daher gegen Sodbrennen und bei der Behandlung von Magengeschwüren ein. Da sie gar kein oder weniger Kohlendioxid freisetzen als Natriumhydrogencarbonat, werden sie im allgemeinen besser vertragen als das früher vielverwendete «doppeltkohlensaure Natron». Sicher macht es Ihnen Spaß, die Reaktionsgleichungen aufzustellen und auszurechnen, wieviel weniger CO_2 entsteht, wenn die gleiche Menge Magensalzsäure mit $MgCO_3$ statt mit $NaHCO_3$ bekämpft wird. Ein Argument für die Magnesiumsalze und gegen das Natriumhydrogencarbonat ist ferner die Tatsache, daß Magnesium im Darm unlösliche Phosphatverbindungen bildet, die weitgehend verhindern, daß die Magnesiumionen in den Körper gelangen. Demgegenüber können Natriumionen in den Körper aufgenommen werden und eventuell den Blutdruck erhöhen. Aluminiumhydroxid ist ein anderes magensäureneutralisierendes Mittel, dem ebenfalls die beim Natriumhydrogencarbonat auftretenden Nebenwirkungen fehlen.

Eisen-II-sulfat und Eisen-II-chlorid sind bewährte Mittel gegen «Blutarmut» (Anämie), die genaugenommen meist einen Mangel an roten Blutkörperchen darstellt. Der Wirkungsmechanismus ist hier besonders leicht zu durchschauen, weil Eisenionen für die Bildung des Blutfarbstoffs Hämoglobin benötigt werden. Die in diesem Molekülkomplex gebundenen vier Eisenionen sind fähig, vier Sauerstoffmoleküle zu binden und nach dem Transport durch die Blutgefäße am jeweiligen Zielort abzugeben, wo Sauerstoff für den Stoffwechsel (die biochemische Verbrennung der Nahrung) benötigt wird. In den Muskeln nimmt ein ähnliches eisenhaltiges Protein, der Muskelfarbstoff Myoglobin, dem Hämoglobin die Sauerstoffmoleküle ab und leitet sie an die Muskelfasern weiter. Ohne Hämoglobin würden wir also innerlich ersticken. An den Bindungsstellen des Sauerstoffs im Hämoglobin kann aber auch eine Reaktion ablaufen, die zur innerlichen Erstickung führt, und zwar dann, wenn wir Kohlenmonoxid (CO) einatmen. Das Hämoglobin kann diese Verbindung nicht vom Sauerstoff unterscheiden, bindet sie statt des Sauerstoffs und wird dann seiner Aufgabe nicht mehr gerecht. Glücklicherweise ist die Bindung des CO umkehrbar; bei rechtzeitiger Beatmung mit Sauerstoff wird es wieder gegen Sauerstoff ausgetauscht.

Demgegenüber ist das Kupfer ein typisches Spurenelement, das unser Körper in Mengen von etwa zwei Milligramm pro Tag benötigt, um gewisse Biokatalysatoren (Enzyme) herzustellen, die für Wachstum und Fortpflanzung unentbehrlich sind. Bei extremem Kupfermangel, der sehr selten vorkommt, ist die Blutbildung gestört.

Auch das Zink ist ein Spurenelement, dessen Mangel zu Haut- und Schleimhautentzündungen führt, Haarausfall verursacht, das

Längenwachstum verzögert und die Wundheilung beeinträchtigt. In höheren Konzentrationen ist es wie fast alle Schwermetalle ziemlich giftig.

Die Beobachtung, daß Tumorpatienten häufig einen erniedrigten Selenspiegel im Blut aufweisen, hat zu der Theorie geführt, daß Selen vorbeugend gegen Krebs wirken könnte. Sicher erwiesen ist, daß es Bestandteil eines wichtigen Enzyms ist (der Glutathionperoxidase), und daß Selenmangel zu Herz- und Kniegelenkkrankheiten führt, die allerdings nur in einigen Gegenden Chinas auftreten, wo die Böden extrem selenarm sind. Es gibt Hinweise, daß Selen in höherer Dosierung krebserregend sein kann.

Dies gilt auch für das Mangan, das andererseits bei Unterversorgung zu Sterilität und Mißbildungen führt. Erfreulicherweise ist auch Manganmangel extrem selten, da unsere Nahrungsmittel ausreichende Mengen dieses Spurenelements enthalten.

Bis vor wenigen Jahren träufelten Geburtshelfer oder Hebammen jedem Neugeborenen eine verdünnte Lösung von Silbernitrat in die Augen. $AgNO_3$ wirkt desinfizierend und verhütet dadurch zuverlässig Blennorrhöe, eine eitrige, durch Gonokokken hervorgerufene Bindehautentzündung. Heute wird durch geeignete Diagnosemaßnahmen geprüft, ob eine Infektion besteht oder möglich ist, und nur in solchen Fällen eine Behandlung mit Silbernitrat vorgenommen. In konzentrierter Lösung wirkt es ätzend; $AgNO_3$ wurde daher auch unter dem Trivialnamen «Höllenstein» zum Entfernen von Warzen eingesetzt. Tiefgehende Gewebeschäden entstehen nicht, weil die Chloridionen der Gewebeflüssigkeit die Silberionen als unlösliches Silberchlorid binden (Versuch 12).

Aktivkohlepulver ist ein uraltes und vielseitiges Mittel gegen Vergiftungen. Es wird aus Pflanzenteilen durch Verkohlen hergestellt. Bei diesem Vorgang erhitzt man unter Luftausschluß so lange, bis nur noch ziemlich reiner Kohlenstoff zurückbleibt. (Im Prinzip handelt es sich um das gleiche Verfahren, mit dem die

Köhler in ihren Meilern seit Jahrtausenden Holzkohle herstellen.) Die entstehende Pflanzenkohle ist außerordentlich porös und besitzt deshalb eine riesige innere Oberfläche, an der sie mit Hilfe der zwischenmolekularen Kräfte viele Giftstoffe binden kann. So bindet ein Gramm Aktivkohle im Reagenzglasversuch 1,8 Gramm Quecksilber-II-chlorid beziehungsweise ein Gramm Strychninnitrat oder 0,5 Gramm Salicylsäure. Da selbst schädliche Darmbakterien «adsorbiert» werden, helfen zwei bis drei Kompretten Aktivkohle auch gegen Durchfall. Selbst bei Tablettenvergiftung wirkt Aktivkohle vielseitig und zuverlässig. Das erstaunliche Adsorptionsvermögen der Aktivkohle zeigt unser letzter Versuch.

Versuch 57
Aktivkohle und Jodtinktur

Wir verdünnen drei Tropfen Jodtinktur so weit mit Wasser, daß die Lösung goldbraun gefärbt ist, und erwärmen sie anschließend mit einer Spatelspitze Aktivkohle oder feinzerriebenem Holzkohlepulver. Wir filtrieren nach dem Abkühlen. Die Lösung ist farblos geworden, weil die Kohle das Jod mit Hilfe der zwischenmolekularen Kräfte gebunden hat.

Ähnlich, wenn auch weniger vielseitig, wirken Bentonit, ein natürlich vorkommendes Silicat mit großer Oberfläche, und Kieselerde. Letztere besteht im wesentlichen aus feinverteiltem, oberflächenreichem Siliciumdioxid. Kieselsäurepräparate wirken auch gegen brüchige Nägel und sprödes Haar.

Eines der wirksamsten Vitamine, das Vitamin B_{12}, enthält Kobalt in komplex gebundener Form. Es fehlt dem Körper bei rein vegetarischer («veganer») Ernährung und bei gewissen Erkrankungen der Magenschleimhaut; Mangelerscheinungen treten jedoch bei Erwachsenen mit chronischer Fehlernährung erst nach

Jahren ein, weil das Vitamin in der Leber gespeichert wird. Falls allerdings Kinder und Heranwachsende gar keine Möglichkeit erhalten, einen ausreichenden Vitaminvorrat aufzubauen, leiden diese später unter perniziöser Anämie und nicht selten auch unter Ausfallerscheinungen des Zentralnervensystems. Bleibende Schäden sind durchaus möglich, vor allem, wenn dem Mangel nicht rechtzeitig durch Vitamingaben abgeholfen wird. Der Tagesbedarf an Vitamin B_{12} liegt bei 1 Millionstel Gramm. Vitamin B_{12} ist also ein Grenzfall unter den hier behandelten Verbindungen: Es enthält zwar ein anorganisches Schlüsselatom, das Kobalt, ist jedoch eine typisch organische Verbindung und kann vom menschlichen Körper nicht synthetisiert werden.

Wir brechen unsere Ortsbesichtigung hier ab, ohne eine ausgedehnte Rundreise durch berühmte Badeorte anzutreten – sie würde den Umfang dieses Buches sprengen. Das Ergebnis einer solchen Exkursion können wir hier in wenigen Worten zusammenfassen: Die meisten Heilquellen und Mineralwässer verdanken ihre wohltuende Wirkung dem Gehalt an anorganischen Salzen (Mineralien) oder anorganischen Substanzen wie Schwefel, Schwefeldioxid, Schwefelwasserstoff, Radon oder Kohlendioxid und nicht etwa ihrer «natürlichen» Entstehung. Einige Trinkbrunnen wirken allerdings gerade, weil sie «mineralarm» sind; dies wäre ein Beweis dafür, daß selbst ziemlich reines Wasser eine Arznei sein kann.

Das Ende einer Reise

Unsere Ausflüge durch das weite Feld der Anorganischen Chemie sind hier zu Ende. Ausgehend von den Gedanken Demokrits haben wir uns an die Grundlagen dieser «stinkenden» Wissenschaft herangetraut und uns Schritt für Schritt in ihre einzelnen Bereiche hineingearbeitet. Nicht nur Begriffe wie das Bohrsche Atommodell, das Periodensystem der Elemente und die Gesetzmäßigkeiten der Thermodynamik sind uns nun ein bißchen vertrauter geworden. Viele Erscheinungen des Alltagsleben, die uns bisher recht rätselhaft vorkamen, haben wir verstehen gelernt: warum Flüssigkeiten beweglich und Festkörper starr sind, warum manche Stoffe hohe und andere niedrige Schmelzpunkte haben, warum Metalle schmiedbar sind und Strom leiten, wovon sich Pflanzen ernähren und womit wir sie düngen, wie Seife wirkt und warum Wintersport soviel Spaß macht. Bewundernd standen wir vor dem Riesenrad des Kohlenstoffkreislaufs und bestaunten die Photosynthese, eine uralte Erfindung der Blaualgen. Erkenntnisse über Klima und Wetter, Verwitterung und Bodenbildung, Entstehen und Vergehen von Bergen und Höhlen, ja über Hausbau und Löslichkeitsverhalten fielen uns fast nebenher in den Schoß. Einige Vorurteile blieben unterwegs auf der Strecke – zum Beispiel die Illusion, alles Natürliche sei gesund und alles Künstliche schädlich, oder die Meinung, biologisch erzeugte Stoffe seien von chemisch erzeugten grundverschieden. Alter, Herkunft und Lebenslauf der

Atome, aus denen wir bestehen, regten uns zu einigen philosophischen Betrachtungen an, die überraschend zu den Ideen Demokrits vom rastlosen Wirbeln der Atome zurückführten. Auch die Tatsache, daß wir zum tieferen Verständnis chemischer Sachverhalte die Bibel, Lukrez, Laotse, Lessing, Heine und Heraklit herangezogen haben, wird nur diejenigen verwundern, nach deren Auffassung Natur- und Geisteswissenschaften unvereinbare Gegensätze darstellen. Diese «Trennung» ist sowieso noch eine recht junge Entwicklung; Newton, den wir heute eindeutig als Physiker bezeichnen würden, nannte seine Werke eine «mathematische Philosophie», während andererseits der «Geisteswissenschaftler» Goethe zutreffende Beobachtungen über die Metamorphose des Blattes anstellte – sich also tief in ein Teilgebiet der Biologie vorwagte. Nach langen Jahrzehnten der Entfremdung mehren sich heute wieder die Berührungspunkte zwischen Natur- und Geisteswissenschaften. Wer sich für Kernphysik interessiert, weiß, daß manche Erkenntnisse der Quantenmechanik das Interesse der Philosophen und Theologen wecken, weil sie sich mit unserer alltäglichen Erfahrung nicht mehr begreifen lassen. Offenbar verhalten sich Natur- und Geisteswissenschaften heute ähnlich wie ein geschiedenes Ehepaar, das nach jahrelanger Trennung feststellt, daß man sich doch noch manches zu sagen hat und doch noch ganz gut miteinander auskommen kann.

Ja, höre ich die Skeptiker sagen, aber wo bleiben die Umweltprobleme, Giftgase, Sprengstoffe und chemische Waffen?

Um die noch bestehenden Umweltprobleme kümmern sich die Chemiker selbst; sie sind auch diejenigen, die am besten wissen sollten, wie man sie lösen kann. Wer ihnen allzuviel hineinredet, stiehlt ihnen nur die Zeit, die sie dafür brauchen.

Es wäre herzlos und unredlich, die anderen Schattenseiten der Chemie abzustreiten oder die Milliarden der Menschen, die sie vor dem Verhungern bewahrt, gegen die Millionen von Kriegstoten und Verstümmelten aufzurechnen. Fast jede große Erfindung

– von der Sprache, die zum Verkünden der Wahrheit *und* der Lüge dient, bis zur Biologie und der Atomphysik – wurde nicht nur zum Segen, sondern auch zum Verderben der Menschheit eingesetzt. Es liegt an den Menschen, nicht an der Chemie, wenn Katastrophen und Kriege geschehen. Und wir sollten nicht die Chemie, sondern diejenigen ächten, die diese schöne Wissenschaft mißbrauchen. Denn die Chemie ist unentbehrlich für den Fortbestand der Menschheit. Und es gilt, in Abwandlung eines berühmten Ausspruchs Arthur Schopenhauers: Die Chemie ist nicht alles, aber ohne Chemie ist alles nichts.

Anhang

Ein paar Trostworte zur Namensgebung

Die Namen der chemischen Verbindungen sind ein Haupthindernis für das Verständnis dieser Wissenschaft. Das beruht teilweise auf historischen Gründen: Salzsäure erhielt ihren Namen, weil sie aus Salz stammt, beim Selen stand die griechische Mondgöttin Pate, Phosphor bedeutet im Altgriechischen «Lichtträger»; er heißt so, weil weißer Phosphor im Dunkeln leuchtet. Auch die Elemente Brom und Jod bezogen ihre Namen aus dem Griechischen, denn *bromos* = Gestank spielt auf den stechenden Geruch des Broms und *iodos* = veilchenfarbig auf die violette Farbe des Joddampfes an. Viele historische Namen sind inzwischen überflüssig, aber leider kaum mehr aus der Welt zu schaffen (Soda, Gips, Natron, Salpeter, Bicarbonat statt Hydrogencarbonat und andere). Folgende Regeln bringen etwas mehr Ordnung und System in die Nomenklatur der anorganischen Verbindungen:

Metalle behalten auch in den Verbindungen ihre Namen. Beispiele sind Natriumchlorid NaCl, Eisensulfat $FeSO_4$, Kupfersulfid CuS.

Nichtmetalle erhalten die Endsilbe «id», wenn sie direkt und allein an andere Elemente gebunden sind. Beispiel: Natriumchlorid, Eisenbromid $FeBr_2$, Aluminiumjodid AlI_3, Schwefeldichlorid SCl_2, Borphosphid BP. Häufig wird allerdings der Wortstamm verändert. Daher heißt es nicht «Eisensauerstoffid», sondern Eisenoxid (von Oxygen = Säurebildner) für FeO, nicht «Kaliumschwefelid», sondern Kaliumsulfid (von *sulfur* = Schwefel) für K_2S, und ähnliches gilt für Bornitrid BN, Siliciumcarbid SiC, Natriumhydrid NaH usw.

Die Sauerstoff enthaltenden Säuren heißen meist nach ihrem Hauptelement: Schwefelsäure H_2SO_4, Phosphorsäure H_3PO_4, Kohlensäure H_2CO_3, Borsäure H_3BO_3, Chlorsäure $HClO_3$. Eine Ausnahme bildet die Salpetersäure HNO_3. Die Salze heißen Sulfate, Carbonate, Borate, Chlorate Phosphate und auch hier gibt es als Ausnahme Nitrate.

Sauerstoffhaltige Säuren, in denen das Zentralatom eine niedrigere Oxidationszahl hat als in den oben genannten, heißen Schweflige Säure H_2SO_3, Phosphorige Säure H_3PO_3, Chlorige Säure $HClO_2$ und Salpetrige Säure HNO_2. Die zugehörigen Salze heißen Sulfite, Phosphite, Chlorite und Nitrite. Chemiker dürfen also, selbst wenn sie aus Sachsen oder der Pfalz stammen, das t nicht wie d aussprechen, wenn sie Mißverständnisse vermeiden wollen.

Bei noch niedrigerer Oxidationszahl des Zentralatoms spricht man dann von Unterschwefliger Säure H_2SO_2, Unterchloriger Säure HOCl usw. Die Salze nennt man dementsprechend Hyposulfite, Hypochlorite (vgl. Natriumhypochlorit NaOCl).

Bei den Salzen von unvollständig neutralisierten Sauerstoffsäuren ist der noch vorhandene Wasserstoff namengebend: Natriumhydrogencarbonat $NaHCO_3$, Natriumhydrogensulfit $NaHSO_3$ usw. Sollten mehrere Wasserstoffatome (oder auch andere Elemente) vorhanden sein, so zählt man sie griechisch: di = 2, tri = 3, tetra = 4, penta = 5, hexa = 6. Also Natriumdihydrogenphosphat NaH_2PO_4, Antimonpentachlorid $SbCl_5$, Schwefeldichlorid SCl_2, Phosphortrichlorid PCl_3, auch Tetraschwefeltetranitrid S_4N_4 usw. Beispiele für alltägliche Fremdwörter, die griechische Zahlen enthalten, sind Dipol, Triangel (ein dreieckiges Musikinstrument), Tetrapack (von Tetraeder = regelmäßiger Körper mit vier Seiten), Pentagramm (ein fünfzackiges Sternsymbol) und hexagonal (sechseckig).

Möchte man ausnahmsweise betonen, daß nur **ein** Atom oder Ligand vorliegt, so nimmt man die an die Monarchie (= Herrschaft eines einzelnen) erinnernde Vorsilbe «mono», wie in Kohlenmonoxid CO oder Dinatriummonohydrogenphosphat Na_2HPO_4.

Um die Oxidationszahl eines Elements anzugeben, verwendet man römische Ziffern, also Eisen-II-Sulfat $FeSO_4$, Eisen-III-Phosphat $FePO_4$. Das ist manchmal überflüssig, z. B. bei Eisendichlorid, Eisentrichlorid.

Viel seltener benötigen Sie die Bezeichnungen «Orthokieselsäure» H_4SiO_4 und «Metakieselsäure» H_2SiO_3. Sie erkennen, daß die Oxidationszahl des Siliciums in beiden +4 beträgt; in der «Orthosäure» sind jedoch vier OH-Gruppen am Zentralatom gebunden, in der «Metasäure» weniger, weil sich ein Wassermolekül abgespalten hat. Kleine Zentralatome wie N, S, F oder Cl können aus Platzgründen keine Orthosäuren bilden.

Das für Basen typische Ion OH^- heißt Hydroxidion (früher auch Hydroxylion), die Verbindung mit basischer OH-Gruppe Hydroxid, ein Wortzwitter aus Hydrogenium (Wasserstoff) und Oxygenium (Sauerstoff). Beispiele sind Natriumhydroxid NaOH, Aluminiumhydroxid $Al(OH)_3$ oder Eisen-III-hydroxid $Fe(OH)_3$.

Als Neuerung wird vorgeschlagen, sauerstoffhaltige Salze durch Angabe der Oxidationszahl des Zentralatoms zu kennzeichnen. Zwei Beispiele wären Natriumtetraoxosulfat-VI für das bisherige Natriumsulfat Na_2SO_4 und Natriumtrioxosulfat-IV für das bisherige Natriumsulfit Na_2SO_3. Der Vorteil dieser Regelung liegt darin, daß die historischen Bezeichnungen Sulfit, Hyposulfit usw. überflüssig werden. Es bleibt allerdings abzuwarten, ob sich die neuen Bezeichnungen einbürgern.

Ernstgemeintes zu den Versuchen

Die Versuche sind so ausgewählt und gestaltet, daß sie einerseits den Text veranschaulichen und einprägen helfen, andererseits keine nennenswerte Umweltbelastung verursachen und sich im wesentlichen mit leicht zugänglichen Substanzen durchführen lassen. Ausgesprochen gefährlich ist keiner; dennoch sollten Sie einige Vorsichtsmaßregeln nie außer acht lassen:

1. Verwenden Sie möglichst kleine Mengen an Substanzen, weil sich so eventuell begangene Fehler oder Ungeschicklichkeiten viel weniger dramatisch auswirken. Sie verringern außerdem die Umweltbelastung, den Chemikalienverbrauch und sparen Zeit beim Filtrieren oder Eindunsten.

2. Verwenden Sie vorsichtshalber beim Umgang mit Säuren oder Laugen Schutzbrille und Gummihandschuhe. Tragen Sie keine guten Kleider, statt dessen eher Schürze oder einen Arbeitskittel («Blaumann»). Sollte Ihnen doch ein ätzender Stoff in die Augen gelangt sein, so spülen Sie **sofort** und gründlich unter fließendem Wasser, wobei Sie das Auge mit den Fingern offenhalten; anschließend müssen Sie unverzüglich zum Augenarzt! Besonders Laugenverätzungen sind für die Sehkraft äußerst gefährlich. Spritzer auf Haut oder auf Kleider behandeln wir ebenfalls mit viel Wasser. Auch verschüttete Substanzen nehmen wir – gegebenenfalls nach dem Verdünnen mit viel Wasser – mit einem feuchten Lappen auf (Gummihandschuhe!).

3. Halten Sie Reagenzgläser und andere Reaktionsgefäße immer so, daß eventuell herausspritzende Substanzen weder Sie noch andere treffen können. Beim Erhitzen im Reagenzglas sorgen wir durch sanftes Schütteln dafür, daß kein Siedeverzug entsteht. Das

Glas muß gleichmäßig erwärmt werden, da es sonst springt. Auch ein außen hängender Wassertropfen verursacht, daß das Reagenzglas oder Becherglas springt, ebenso ein ins heiße, trockene Reagenzglas innen herunterlaufender Wassertropfen. Bechergläser erhitzen wir auf einem Drahtnetz.

4. Brennbare Substanzen nie in nennenswerten Mengen in der Nähe des Laborbrenners, eines Heizkörpers oder einer Lichtquelle lagern!

5. Als Unterlage verwenden Sie bei Versuchen mit Säuren und Laugen am besten ein Kunststofftablett; noch besser ist eine große Keramikplatte. Wenn Sie Kunststoffgeräte verwenden, sollten Sie bei der Arbeit mit offener Flamme immer an ihre Brennbarkeit denken! Sicherheitshalber prüfen wir auch mit einer kleinen Probe der eingesetzten Substanzen, ob der Kunststoff gegen sie beständig ist.

6. Zum Erhitzen verwenden Sie bitte feuerfeste Glasgefäße. Auch bei Versuchen, die viel Wärme erzeugen, sollten Sie ausschließlich derartige Geräte einsetzen.

7. Beim Verdünnen von Säuren und Laugen wegen der dabei auftretenden Wärme immer zuerst das Wasser ins Gefäß schütten und dann die Säure oder Lauge eintropfen oder langsam eintragen, nie umgekehrt! Dabei ist behutsames Schütteln oder Umrühren mit einem Glasstab notwendig. Niemals konzentrierte Säuren mit konzentrierten Laugen mischen! Die Angabe «halbkonzentrierte Salzsäure» bedeutet, daß Sie ein Volumenteil konzentrierte Säure mit einem Volumenteil Wasser verdünnen sollen; «1:5 verdünnt» heißt 1 Teil Säure mit 5 Teilen Wasser mischen, «1:10 verdünnt» sind ein Teil Säure plus zehn Teile Wasser usw.

8. Alle Substanzen nur in Behältern mit leserlichem Etikett aufbewahren. Beim Ausgießen aus einer Flasche achten wir darauf, daß die Beschriftung nicht durch herablaufende Flüssigkeit benetzt wird, indem wir die Flasche so drehen, daß das Etikett oben ist.

9. Nur saubere, trockene Reagenzgläser und Geräte einsetzen.

10. Es ist ratsam, in der Nähe eines Ausgusses zu arbeiten oder wenigstens einen Eimer mit Wasser und Lappen für Notentsorgungen bereitzustellen.

11. Bei Versuchen, bei denen unter Umständen giftige Gase entstehen, sollte der Raum gut durchlüftet sein (Fenster auf!).

12. Während der Arbeit nicht rauchen, essen oder trinken.

13. Geräte und Chemikalien für Kinder und Jugendliche unzugänglich aufbewahren.

14. Jugendliche nur unter Aufsicht von Erwachsenen Versuche durchführen lassen.

Niemals von der Versuchsvorschrift abweichen oder eigenmächtig experimentieren!

Die Laborausrüstung

Für knapp drei Viertel aller Versuche benötigen Sie überhaupt keine chemische Ausrüstung; Sie arbeiten mit den Geräten und Substanzen, die ein gutgeführter Haushalt, der Werkzeugkasten und die Hausapotheke hergeben, insbesondere, wenn Sie einen ausgedienten Kaffeefilter und einen nicht mehr benötigten Fonduebrenner benutzen können. Fein ist es natürlich, wenn Sie sich für die restlichen Versuche ein wenig besser ausrüsten.

Sie brauchen zwölf Reagenzgläser, einen Reagenzglasständer, eine Reagenzglasbürste, einen Reagenzglashalter, ein oder zwei Bechergläser mit 100 Milliliter Fassungsvermögen, ein Drahtnetz von etwa 10 × 10 cm, einen Trichter aus Glas oder Kunststoff mit 60 Grad Öffnungswinkel, kreisrundes Filterpapier, das nach zweimaligem Falten zur Tütenform bequem in den Trichter paßt, eine oder zwei Tropfpipetten mit angesetzter Gummikappe zum Ansaugen und Wiederaustropfen von Flüssigkeiten, einen Glasstab, einen Metallspatel oder ein kleines Löffelchen, einen Spiritusbrenner oder einen Gasbrenner, einen Meßzylinder (25–50 ml), pH-Papier und Lackmuspapier. Sehr selten wird ein Thermometer oder ein starker Magnet benötigt. Hilfreich ist eine starke Lupe (zehnfache Vergrößerung), eine Briefwaage oder wenigstens eine Küchenwaage sowie ein Stativ mit Klammer und zum Trichter beziehungsweise Drahtnetz passendem Ring; doch kann man sich auch selbst eine standfeste Halterung bauen. Ein (sehr einfaches) Mikroskop für 300fache Vergrößerung können wir uns vielleicht leihen. Weitere Hinweise bei den einzelnen Versuchen.

Die wichtigsten Einrichtungsgegenstände verkauft Ihnen wahrscheinlich der Apotheker oder der Drogist. In manchen Orten gibt es spezielle Chemikalien- oder Laborfachgeschäfte, wo auch Labors und kleinere Betriebe ihre Materialien beziehen. Andernfalls hilft Ihnen auch ein Fachversandgeschäft. Hier die Adresse: Dr. G. Schuchardt, 37024 Göttingen, Postfach 34 42, Tel. 05 51-79 49 19, Fax 05 51-7 90 62 00. Ganz ideal ist ein «Chemiebaukasten», wie ihn die Spielwarenläden anbieten.

Die Entsorgung hat das letzte Wort

Bei der Hälfte aller Versuche ist die Entsorgung unproblematisch, weil entweder keine Abfälle entstehen oder weil Wasser, Milch, Essig, Essigessenz, Kochsalz, Kernseife und Bärlappsporen keine Gefahrstoffe sind. Bei allen anderen werden sorgfältig durch Dekantieren Flüssigkeiten von Feststoffen getrennt. Die flüssigen Abfälle mit pH-Papier prüfen. Diejenigen, die sauer reagieren (pH-Wert kleiner als 7), in einem fünf Liter fassenden Kunststoff-Kanister sammeln, in dem drei Liter Wasser vorgelegt werden. Er sollte mit «Säureabfälle» beschriftet und bei der nächsten Schadstoff- oder Problemmüll-Sammlung abgegeben werden.

Neutral oder alkalisch reagierende Abfälle (pH-Wert 7–14) sammeln wir in einem zweiten 5-Liter-Kanister, der ebenfalls schon drei Liter Wasser enthält. In ihm sammeln wir auch die geringen Feststoffmengen, die bei unseren Versuchen anfallen. Die Beschriftung dieses Kanisters lautet «Laugenabfälle». Auch ihn als Problemmüll oder Schadstoff abgeben.

Ort und Termin der nächsten Sammelaktion für derartige Stoffe erfahren Sie beim Ordnungs- oder Umweltamt Ihrer Gemeinde oder Stadt.

Glossar

Absolute Temperatur	gibt in Kelvin an, wie viele Celsiusgrade über null Kelvin
Absoluter Nullpunkt	null Kelvin oder –273 Grad Celsius
Affinität	chemische Verwandtschaft, Neigung, sich zu binden
Aggregatzustand	fester, flüssiger oder gasförmiger Zustand
Alchimie	Vorläuferin der Chemie
ambivalent	zweiseitig, zweideutig
amphoter	zwitterartig zwischen Säure und Base
analog	ähnlich
Analyse	Zerlegung einer Verbindung, auch: Untersuchung eines Gemischs
Anion	negativ geladenes Ion, wandert zur Anode
Anode	positive Elektrode
Anomalie	Abweichung von der Norm
Atom	Kleinstes Teilchen eines Elements
Atombindung	⇒ homöopolare Bindung
Atomgewicht, relatives	Massenzahl eines Elements, wenn H Massenzahl 1 hat
Azeotrop	Mischung mit konstantem Siedepunkt
Bar	Einheit für Druck
Bürette	kalibriertes Glasrohr mit Hahn und Austropfspitze

Chemie	Wissenschaft von den Stoffen und ihren Veränderungen
Cluster	Molekülgruppe
dekantieren	Abgießen der klaren Lösung von einem Niederschlag oder Kristallbrei
Delokalisierte Elektronen	Elektronen, die über mehrere Bindungen verschmiert sind
diffundieren	einsickern
Dipol	hat zwei Pole
Disproportionierung	Zerfall eines Elements in Ionen verschiedener Oxidationszahlen
Dissoziationskonstante	gibt an, wie viele Moleküle in Ionen zerfallen sind
dynamisches Gleichgewicht	liegt vor, wenn Hin- und Rückreaktion gleich schnell sind
Elektrode	eingetauchter elektrisch leitender Stab oder Platte
Elektrolyse	Zerlegung durch elektrischen Strom
Elektrolyt	Salzlösung oder Schmelze für die Elektrolyse
Elektron	fast masseloser Atombaustein mit der Ladung –1
Element	Grundstoff, besteht aus nur einer Sorte von Atomen
endotherm	wärmeverbrauchend
Enthalpie	innere Energie eines Stoffs, bei konstantem Druck gemessen
Entropie	Maß für die Unordnung
Enzym	biochemischer Katalysator
Evolution	Entwicklung der Lebewesen
exotherm	wärmeerzeugend
fossile Rohstoffe	Kohle, Erdöl, Erdgas
Frequenz	Schwingungszahl pro Sekunde
Galvanische Zelle	besteht aus zwei Metallen, die in eine Salzlösung tauchen

Grammatom	so viele Gramm, wie das Atomgewicht angibt
heteropolare Bindung	Bindung zwischen entgegengesetzt geladenen Ionen
homöopolare Bindung	Bindung mit gemeinsamen Elektronen
Hydratisierung	Anlagerung von Wasser
Hydrokultur	Pflanzenanbau in wäßriger Nährsalzlösung
Hydrolyse	Zersetzung durch Wasser
Hypothese	Annahme, Vermutung
Indikator	Stoff, der das Ende einer Reaktion anzeigt
inert	nicht reagierend
interstellar	zwischen den Sternen
Ion	elektrisch geladenes Atom oder Atomgruppe
Ionenbindung	Bindung zwischen entgegengesetzt geladenen Ionen
Ionenprodukt	Produkt der Konzentrationen von zwei zusammengehörigen Ionen
Isomere	gleich zusammengesetzte, aber verschieden gebaute Verbindungen
Isotope	Atome mit gleicher Ordnungszahl, aber verschieden vielen Neutronen im Kern
Joule	Einheit für Wärmeenergie
Kalorimeter	gut isoliertes Gefäß zur Messung von Wärmemengen
Katalysator	Reaktionsbeschleuniger
Kathode	negative Elektrode
Kation	positiv geladenes Ion, wandert zur Kathode
Komplexverbindungen	Verbindungen mit mehreren verschiedenen Bindungsarten
Kompressor	Maschine, die ein Gas komprimiert

komprimieren	zusammendrücken
Kondensation	Umwandlung eines Gases in eine Flüssigkeit
Konfiguration	Anordnung
konstant	gleichbleibend
Koordinationszahl	gibt an, wie viele Liganden ein Zentralatom hat
Kovalente Bindung	⇒ homöopolare Bindung
Kristallisation	Erstarren einer Flüssigkeit zu Kristallen
Kristallographie	Wissenschaft von den Kristallen
Kritische Temperatur	muß unterschritten sein, wenn ein Gas durch Druckerhöhung verflüssigt werden soll
Leguminosen	Hülsenfrüchtler
Ligand	Bindungspartner
Membran	halbdurchlässige Wand
Mesomere Grenzformen	Strukturformeln, welche die wahre Struktur eines Moleküls eingrenzen
Mol	so viele Gramm, wie das Molekulargewicht angibt
Molekül	chemische Verbindung aus mindestens zwei Atomen
Molekulargewicht	Massenzahl eines Moleküls
Molvolumen	Volumen, das 1 Mol eines Gases bei 0 °C und 760 mm Druck einnimmt (22,4 Liter)
Monochromatisches Licht	Licht mit nur einer Wellenlänge
multipel	mehrfach
neutralisieren	Säure mit Lauge umsetzen
Neutron	Atomkern-Baustein der Masse 1, elektrisch neutral
Nomenklatur	Namensgebung
Objektiv	untere Linse eines Mikroskops
Ordnungszahl	gibt an, wie viele Protonen im Atomkern eines Elements vorliegen

Osmose	Wanderung von Ionen oder Molekülen durch eine halbdurchlässige Wand
Oxidation	Reaktion mit Sauerstoff, Erhöhung der Oxidationszahl
Oxidationszahl	gibt an, wie viele Elektronen einem Element fehlen
partiell	teilweise
Periode	Gruppe von Elementen, die im Periodensystem regelmäßig aufeinander folgen
Periodensystem	Ordnung der Elemente nach Ordnungszahl und Verwandtschaft
Photon	kleinste Lichtenergie-Einheit
Photosynthese	Erzeugung von Kohlehydraten durch Licht aus CO_2 und H_2O
Photovoltaik	Umwandlung von Licht in Strom
pH-Wert	negativer Exponent der Wasserstoff-Ionenkonzentration in Grammatom pro Liter
Pipette	Glasrohr mit genau bekanntem Rauminhalt und Auslaufspitze
Postulat	Behauptung
postvulkanisch	nach Ende der Vulkantätigkeit
Proportionen	Verhältnisse
Proton	Atomkern-Baustein mit der Massenzahl 1 und einer positiven Ladung; auch Wasserstoff-Ion
Puffer	Mischung von Salz und zugehöriger Säure, hält den pH-Wert fest
Quant	kleinste Energie-Einheit
quantitativ	vollständig
Reduktion	Erniedrigung der Oxidationszahl
Reformer	ein Reaktortyp
Resonanzhybride	⇒ Mesomere Grenzformen
reversibel	umkehrbar

semipermeabel	halbdurchlässig
Senke	(Schad-)stoffverbrauchende Reaktion oder Einrichtung
Spannungsreihe	ordnet die Metalle nach ihrer Neigung, Elektronen abzugeben
Spektroskop	Gerät zur Zerlegung des weißen Lichts
Spektrum	Regenbogenfarben beim Zerlegen des weißen Lichts
spezifisch	auf den Stoff bezogen
Suspension	Aufschlämmung eines Feststoffs in einer Flüssigkeit
Symbiont	Partner in einer ⇒ Symbiose
Symbiose	vorteilhaftes Zusammenleben zweier verschiedener Lebewesen
synonym	gleichnamig
Synthese	Aufbau einer Verbindung aus ihren Elementen oder Vorprodukten
Theorem	Lehrsatz
thermisch	durch Wärme
Titer	Gehalt, Konzentration einer Lösung
Valenzelektron	außen kreisendes Elektron, bereit zu chemischer Bindung
Volumen	Rauminhalt
Wärmekapazität	Speicherfähigkeit für Wärmeenergie

Wichtige Elemente des Periodensystems

Name	Symbol	Ordnungszahl	Atomgewicht
Aluminium	Al	13	27.0
Antimon	Sb	51	121.8
Argon	Ar	18	39.9
Arsen	As	33	74.9
Barium	Ba	56	137.3
Beryllium	Be	4	9.0
Blei	Pb	82	207.2
Bor	B	5	10.8
Brom	Br	35	79.9
Cadmium	Cd	48	112.4
Calcium	Ca	20	40.1
Cäsium	Cs	55	132.9
Cer	Ce	58	140.1
Chlor	Cl	17	35.5
Chrom	Cr	24	52.0
Eisen	Fe	26	55.8
Fluor	F	9	19.0
Gallium	Ga	31	69.7
Germanium	Ge	32	72.6
Gold	Au	79	197.0
Helium	He	2	4.0
Indium	In	49	114.8
Iridium	Ir	77	192.2
Jod	I	53	126.9
Kalium	K	19	39.1
Kobalt	Co	27	58.9
Kohlenstoff	C	6	12.0
Krypton	Kr	36	83.8

Kupfer	Cu	29	63.5
Lanthan	La	57	138.9
Lithium	Li	3	6.9
Magnesium	Mg	12	24.3
Mangan	Mn	25	54.9
Molybdän	Mo	42	95.9
Natrium	Na	11	23.0
Neon	Ne	10	20.2
Nickel	Ni	28	58.7
Niob	Nb	41	92.9
Osmium	Os	76	190.2
Palladium	Pd	46	106.4
Phosphor	P	15	31.0
Platin	Pt	78	195.1
Quecksilber	Hg	80	200.6
Radium	Ra	88	226.0
Radon	Rn	86	222.0
Rhodium	Rh	45	102.9
Rubidium	Rb	37	85.5
Ruthenium	Ru	44	101.1
Sauerstoff	O	8	16.0
Scandium	Sc	21	45.0
Schwefel	S	16	32.1
Selen	Se	34	79.0
Silber	Ag	47	107.9
Silicium	Si	14	28.1
Stickstoff	N	7	14.0
Strontium	Sr	38	87.6
Tantal	Ta	73	180.9
Tellur	Te	52	127.6
Thallium	Tl	81	204.4
Thorium	Th	90	232.0
Titan	Ti	22	47.9
Uran	U	92	238.0
Vanadium	V	23	50.9

Wasserstoff	H	1	1.0
Wismut	Bi	83	209.0
Wolfram	W	74	183.9
Xenon	X	54	131.3
Yttrium	Y	39	88.9
Zink	Zn	30	65.4
Zinn	Sn	50	118.7
Zirkonium	Zr	40	91.2

Literaturverzeichnis

Dickerson, R. E./Geis, I.: Chemie. Eine lebendige und anschauliche Einführung, Wiley-VCH, Weinheim (1999)

Christen, H. R./Meyer, G.: Grundlagen der Allgemeinen und Anorganischen Chemie, Diesterweg, Frankfurt a.M. (1997)

Holleman, A. F./Wiberg, E.: Lehrbuch der Anorganischen Chemie, Walter de Gruyter, Berlin (1995)

Jander, G./Wendt, H.: Lehrbuch der Analytischen und Präparativen Chemie, S. Hirzel, Stuttgart (1995)

Sturm, H./Buchner, A./Zerulla, W.: Gezielter düngen, DLG-Verlag, Frankfurt a. M., (1994)

Register

Haupt- / **Nebengruppen**

Periode	I (1)	II (2)	IIIb (3)	IVb (4)	Vb (5)	VIb (6)	VIIb (7)	VIIIb (8, 9,	
1	1 1H Wasserstoff								
2	7 3Li Lithium	8 4Be Beryllium							
3	23 11Na Natrium	24 12Mg Magnesium							
4	39 19K Kalium	40 20Ca Calcium	45 21Sc Scandium	48 22Ti Titan	51 23V Vanadium	52 24Cr Chrom $3d^5 4s^1$	55 25Mn Mangan	56 26Fe Eisen	59 27C Coba
5	85 37Rb Rubidium	88 38Sr Strontium	89 39Y Yttrium	90 40Zr Zirconium	93 41Nb Niob $4d^4 5s^1$	98 42Mo Molybdän $4d^5 5s^1$	(98)* 43Tc Technetium $4d^6 5s^1$	102 44Ru Ruthenium $4d^7 5s^1$	103 45R Rhodiu $4d^8$ 5
6	133 55Cs Caesium	138 56Ba Barium	139 57La Lanthan $4f^0 5d^1$	180 72Hf Hafnium	181 73Ta Tantal	184 74W Wolfram	187 75Re Rhenium	192 76Os Osmium	193 77I Iridiu
7	(223)* 87Fr Francium	(226)* 88Ra Radium	(227)* 89Ac Actinium $5f^0 6d^1$	(261)* 104Rf Rutherfordium^0 Db Dubnium^0	(262)* 105Ha Hahnium^0 Jl Joliotium^0	(263)* 106Sg Seaborgium^0 Rf Rutherfordium^0	(264)* 107Ns Nielsbohrium^0 Bh Bohrium^0	(267)* 108Hs Hassium^0 Ha Hahnium^0	(268) 109M Meitner
Elektronen-zustand	s^1	s^2	d^1	d^2	d^3	d^4	d^5	d^6	d^7

Erläuterungen zur Auswertung des Periodensystems

Zahl in der Spalte «Periode»
= Nummer der Periode
Tonwert = Schale N, L, M, …
Römische Ziffern I bis VIII = Hauptgruppen
Römische Ziffern I b bis VIII b = Nebengruppen
= Übergangselemente
Arabische Ziffern 1–18 (IUPAC-Empfehl. 1985)
= Haupt- und Nebengruppenelemente

1. Auffinden des **neu hinzugekommenen Elektrons**
   a) welche Schale?
   Der Tonwert der Schale gibt an, in welche Spalte das neu hinzugekommene Elektron eingebaut wird. Beispiel: Bei Fe wird das neue Elektron in die 3. Schale eingebaut.
   b) welcher Elektronenzustand?
   Es ist ein $3d^6$ -Elektron (siehe Fußleiste «Elektronen-Zustand» senkrecht unter Fe).

56
26F
Eiser

2. Aufstellen der Zustände aller Elektronen **(Elektronenkonfiguration)** eines Atoms
   a) Man verfolgt alle Vorgänger bis zu dem interessierenden Atom, z. B. bis **Fe**:

   1. Reihe 1 s^2
   2. Reihe 2 s^2 2 p^6
   3. Reihe 3 s^2 3 p^6
   4. Reihe 4 s^2 3 d^6

   also $1s^2\, 2s^2\, 2p^6\, 3s^2\, 3p^6\, 3d^6\, 4s^2$

   b) **Ausnahmen**
   in der Elektronenkonfiguration sind unter dem Elementsymbol vermerkt;
   im 1. Beispiel bedeutet es «anstatt Regelzustand $3d^9\, 4s^2$ erfolgt Umbau zu $3d^{10}\, 4s^1$»

63
29C
Kupfe
$3d^{10}$ 4

An der mit einem senkrechten schwarzen Strich gekennzeichneten Stelle stehen i

-gruppen

	Ib (11)	IIb (12)	III (13)	IV (14)	V (15)	VI (16)	VII (17)	VIII (18)	Schale Haupt- quanten- zahl n
								4 2 **He** Helium 1s^{2}	K n = 1
			11 5 **B** Bor	12 6 **C** Kohlenstoff	14 7 **N** Stickstoff	16 8 **O** Sauerstoff	19 9 **F** Fluor	20 10 **Ne** Neon	L n = 2
			27 13 **Al** Aluminium	28 14 **Si** Silizium	31 15 **P** Phosphor	32 16 **S** Schwefel	35 17 **Cl** Chlor	40 18 **Ar** Argon	M n = 3
Ni kel	63 29 **Cu** Kupfer 3d^{10} 4s^{1}	64 30 **Zn** Zink	69 31 **Ga** Gallium	74 32 **Ge** Germanium	75 33 **As** Arsen	80 34 **Se** Selen	79 35 **Br** Brom	84 36 **Kr** Krypton	N n = 4
Pd dium 5s^{0}	107 47 **Ag** Silber 4d^{10} 5s^{1}	114 48 **Cd** Cadmium	115 49 **In** Indium	120 50 **Sn** Zinn	121 51 **Sb** Antimon	130 52 **Te** Tellur	127 53 **I** Iod	132 54 **Xe** Xenon	O n = 5
Pt tin 6s^{1}	197 79 **Au** Gold 5d^{10} 6s^{1}	202 80 **Hg** Quecksilber	205 81 **Tl** Thallium	208 82 **Pb** Blei	209 83 **Bi** Bismut	(209)* 84 **Po** Polonium	(210)* 85 **At** Astat	(222)* 86 **Rn** Radon	P n = 6
1)*	(272)* 111	(277)* 112							Q n = 7
8	d^{9}	d^{10}	p^{1}	p^{2}	p^{3}	p^{4}	p^{5}	p^{6}	

ukleonenzahl
Protonenanzahl +
Neutronenanzahl
im **häufigsten**
natürlichen Isotop
otonenzahl
Kernladungszahl
Ordnungszahl

138
56 **Ba**
Barium

Bariumatom

() Nukleonenzahl im
langlebigsten Isotop
m (1 Proton) ≈ 1 u
m (1 Neutron) ≈ 1 u

(261)*
104 Rf
Rutherfordium^{0}
Db Dubnium^{0}

* alle Isotope der Atomart sind radioaktiv

Rf Db alle Isotope nur künstlich

0 vorläufiger Name

ler es bedeutet (rechts) «anstatt Regel-
stand 4d^{8} 5s^{2} sind die 5s^{2} abgenommen
ld zu 4d^{10}-Elektronen eingebaut».

~~106 46 Pd Palladium 4d^{8} 5s^{2}~~ → 106 46 **Pd** Palladium 4d^{10} 5s^{0}

5. Periode die Seltenen Erdmetalle und in der 7. die Actiniden.

science

Die Reihe **rororo science** bietet Lesern, die sich für Naturwissenschaft und Technologien interessieren, aktuelle und verläßliche Informationen. Die Autoren sind Wissenschaftler und Wissenschaftsjournalisten, die ohne Formelhuberei und Fachkauderwelsch, dafür mit Sachverstand, Witz und farbiger Sprache, über verschiedene Bereiche der Forschung und deren Auswirkungen auf unser Leben berichten.

Hans-Peter Beck-Bornholdt / Hans-Hermann Dubben
Der Hund, der Eier legt *Erkennen von Fehlinformation durch Querdenken*
(rororo science 60359)

Hans Christian Baeyer
Das All, das Nichts und Achterbahn *Physik und Grenzerfahrungen*
(rororo science 60357)
«Der Autor ist ein Meister der Analogie, der das Abstrakte durch klug gewählte Beispiele mit dem Vertrauten verknüpft.»
bild der wissenschaft
Das Atom in der Falle *Forscher erschließen die Welt der kleinsten Teilchen*
(rororo science 19923)
Regenbogen, Schneeflocken und Quarks *Physik und die Welt, die wir täglich erleben*
(rororo science 19709)

Yuri B. Chernyak / Robert M. Rose
Die Hühnchen von Minsk *und 99 andere hübsche Probleme für Rätselknacker, Knobelcracks und Hirnakrobaten*
(rororo science 60363)

rororo sachbuch

Michael Monka / Manfred Tiede / Werner Voß
Gewinnen mit Wahrscheinlichkeit
Statistik für Glücksritter
(rororo science 60730)

Gero von Randow
Das Ziegenproblem *Denken in Wahrscheinlichkeiten*
(rororo science 19337)
Roboter *Unsere nächsten Verwandten*
(rororo science 60553)

Gero von Randow (Hg.)
Der Fremdling im Glas *und weitere Anlässe zur Skepsis entdeckt im «Skeptical Inquirer»*
(rororo science 19665)
Mein paranormales Fahrrad *und andere Anlässe zur Skepsis, entdeckt im «Skeptical Inquirer»*
(rororo science 19535)

Pedro Waloschek
Besuch im Teilchenzoo *Vom Kristall zum Quark*
(rororo science 19741)

Weitere Informationen in der **Rowohlt Revue**, kostenlos im Buchhandel, oder im **Internet: www.rowohlt.de**

3414/9

rororo science

Pierre Basieux
Die Welt als Roulette
Denken in Erwartungen
(rororo sachbuch 19707)

Sie planen einen Casino-Coup – ohne krumme Tricks, versteht sich. Was sollten sie beachten? Nichts, weil ohnehin alles nur Zufall ist? – Weit gefehlt! Es gibt beim Roulette Erkenntnisse über Abweichungen vom reinen Zufall, und einige von ihnen konnten zu wissenschaftlich fundierten Methoden mit positiver Gewinnerwartung ausgebaut werden.
Aber das gilt nicht nur für den Spieltisch, sondern auch für die Welt und das tägliche Leben – der Zufall läßt sich zähmen. Dazu ist neben dem Denken in Wahrscheinlichkeiten das Denken in Erwartungen notwendig, das die Probabilistik umfaßt und ergänzt.

3712/1

Oliver Sacks

Oliver Sacks wurde 1933 in London geboren. Nach einem Medizinstudium in Oxford und neurophysiologischen Forschungen übersiedelte er in die USA. Er ist heute Professor für Klinische Neurologie am Albert Einstein College of Medicine in New York.

Der Mann, der seine Fau mit einem Hut verwechselte
(rororo sachbuch 18780 und in der Reihe Großdruck 33121)
Erzählt werden zwanzig Geschichten von Menschen, die aus der «Normalität» gefallen sind. «Oliver Sacks ist ein Neurologe, der ein Sachbuch geschrieben hat – und was für eins! Ein Fachbuch, das ich jedem Neurologen, überhaupt jedem Arzt auf den Nachttisch legen möchte ...» *Die Zeit*

Der Tag, an dem mein Bein fortging
(rororo sachbuch 18884)
«... wahrheitsgetreue, sachkundige Horrorgeschichten aus der Welt der Medizin und Neurologie, erzählt als Stoff, aus dem Romane sind.» *Stern-TV*

Stumme Stimmen *Reise in die Welt der Gehörlosen*
(rororo sachbuch 19198)
«Ein spannendes, auf jeder Seite neu befriedigendes, bewegendes Buch ... Am Ende möchte man fast dasselbe tun, was Oliver Sacks nach dem Schreiben getan hat: die Gebärdensprache lernen.»
Journal München

rororo sachbuch

Awakenings – Zeit des Erwachens
(rororo sachbuch 18878)
«Dies ist Literatur, wie sie nur wenige, Freud vielleicht und C. G. Jung, schreiben konnten, und ist zugleich sachliche Information.»
Gero von Randow

Migräne
(rororo sachbuch 19963)
«... unter Migränebetroffenen ist es längst ein Geheimtip.»
Tagesanzeiger Zürich

Eine Anthropologin auf dem Mars *Sieben paradoxe Geschichten*
Deutsch von Hainer Kober, Alexandre Métraux und Jutta Schust
448 Seiten mit 16 Farbtafeln. Gebunden und als rororo sachbuch 60242

Die Insel der Farbenblinden
Deutsch von Hainer Kober
336 Seiten inkl. Abbildungen. Gebunden und als rororo sachbuch 60560

3462/4